U0290226

自然资源与生态文明译丛

城市生态学

跨学科系统方法视角

[美] 默纳·H. P. 霍尔
斯蒂芬·B. 巴洛格 编

顾朝林 李志刚 梁思思
顾江 高喆 苏鹤放 陈乐琳 译

UNDERSTANDING URBAN ECOLOGY

An Interdisciplinary Systems Approach

Myrna H. P. Hall   Stephen B. Balogh

商务印书馆
The Commercial Press   Springer

"自然资源与生态文明"译丛
"自然资源保护和利用"丛书
总序

（一）

新时代呼唤新理论，新理论引领新实践。中国当前正在进行着人类历史上最为宏大而独特的理论和实践创新。创新，植根于中华优秀传统文化，植根于中国改革开放以来的建设实践，也借鉴与吸收了世界文明的一切有益成果。

问题是时代的口号，"时代是出卷人，我们是答卷人"。习近平新时代中国特色社会主义思想正是为解决时代问题而生，是回答时代之问的科学理论。以此为引领，亿万中国人民驰而不息，久久为功，秉持"绿水青山就是金山银山"理念，努力建设"人与自然和谐共生"的现代化，集聚力量建设天蓝、地绿、水清的美丽中国，为共建清洁美丽世界贡献中国智慧和中国力量。

伟大时代孕育伟大思想，伟大思想引领伟大实践。习近平新时代中国特色社会主义思想开辟了马克思主义新境界，开辟了中国特色社会主义新境界，开辟了治国理政的新境界，开辟了管党治党的新境界。这一思想对马克思主义哲学、政治经济学、科学社会主义各个领域都提出了许多标志性、引领性的新观点，实现了对中国特色社会主义建设规律认识的新跃升，也为新时代自然资源治理提供了新理念、新方法、新手段。

明者因时而变，知者随事而制。在国际形势风云变幻、国内经济转型升级的背景下，习近平总书记对关系新时代经济发展的一系列重大理论和实践问题进行深邃思考和科学判断，形成了习近平经济思想。这一思想统筹人与自然、经济与社会、经济基础与上层建筑，兼顾效率与公平、局部与全局、当前与长远，为当前复杂条件下破解发展难题提供智慧之钥，也促成了新时代经济发展举世瞩目的辉煌成就。

生态兴则文明兴——"生态文明建设是关系中华民族永续发展的根本大计"。在新时代生态文明建设伟大实践中，形成了习近平生态文明思想。习近平生态文明思想是对马克思主义自然观、中华优秀传统文化和我国生态文明实践的升华。马克思主义自然观中对人与自然辩证关系的诠释为习近平生态文明思想构筑了坚实的理论基础，中华优秀传统文化中的生态思想为习近平生态文明思想提供了丰厚的理论滋养，改革开放以来所积累的生态文明建设实践经验为习近平生态文明思想奠定了实践基础。

自然资源是高质量发展的物质基础、空间载体和能量来源，是发展之基、稳定之本、民生之要、财富之源，是人类文明演进的载体。在实践过程中，自然资源治理全力践行习近平经济思想和习近平生态文明思想。实践是理论的源泉，通过实践得出真知：发展经济不能对资源和生态环境竭泽而渔，生态环境保护也不是舍弃经济发展而缘木求鱼。只有统筹资源开发与生态保护，才能促进人与自然和谐发展。

是为自然资源部推出"自然资源与生态文明"译丛、"自然资源保护和利用"丛书两套丛书的初衷之一。坚心守志，持之以恒。期待由见之变知之，由知之变行之，通过积极学习而大胆借鉴，通过实践总结而理论提升，建构中国自主的自然资源知识和理论体系。

（二）

如何处理现代化过程中的经济发展与生态保护关系，是人类至今仍然面临的难题。自《寂静的春天》（蕾切尔·卡森，1962）、《增长的极限》（德内拉·梅多斯，1972）、《我们共同的未来》（布伦特兰报告，格罗·哈莱姆·布伦特兰，1987）这些经典著作发表以来，资源环境治理的一个焦点就是破解保护和发展的难题。从世界现代化思想史来看，如何处理现代化过程中的经济发展与生态保护关系，是人类至今仍然面临的难题。"自然资源与生态文明"译丛中的许多文献，运用技术逻辑、行政逻辑和法理逻辑，从自然科学和社会科学不同视角，提出了众多富有见解的理论、方法、模型，试图破解这个难题，但始终没有得出明确的结论性认识。

全球性问题的解决需要全球性的智慧，面对共同挑战，任何人任何国家都无法独善其身。2019 年 4 月习近平总书记指出，"面对生态环境挑战，人类是一荣俱荣、一损俱损的命运共同体，没有哪个国家能独善其身。唯有携手合作，我们才能有效应对气候变化、海洋污染、生物保护等全球性环境问题，实现联合国 2030 年可持续发展目标"。共建人与自然生命共同体，掌握国际社会应对资源环境挑战的经验，加强国际绿色合作，推动"绿色发展"，助力"绿色复苏"。

文明交流互鉴是推动人类文明进步和世界和平发展的重要动力。数千年来，中华文明海纳百川、博采众长、兼容并包，坚持合理借鉴人类文明一切优秀成果，在交流借鉴中不断发展完善，因而充满生机活力。中国共产党人始终努力推动我国在与世界不同文明交流互鉴中共同进步。1964 年 2 月，毛主席在中央音乐学院学生的一封信上批示说"古为今用，洋为中用"。1992 年 2 月，邓小平同志在南方谈话中指出，"必须大胆吸收和借鉴人类社会创造的一切文明成果"。2014 年 5 月，习近平总书记在召开外国专家座谈会上强调，"中国要永远做一个学习大国，不论发展到什么水平都虚心向世界各国人民学习"。

"察势者明，趋势者智"。分析演变机理，探究发展规律，把握全球自然资源治理的态势、形势与趋势，着眼好全球生态文明建设的大势，自觉以回答中国之问、世界之问、人民之问、时代之问为学术己任，以彰显中国之路、中国之治、中国之理为思想追求，在研究解决事关党和国家全局性、根本性、关键性的重大问题上拿出真本事、取得好成果。

是为自然资源部推出"自然资源与生态文明"译丛、"自然资源保护和利用"丛书两套丛书的初衷之二。文明如水，润物无声。期待学蜜蜂采百花，问遍百家成行家,从全球视角思考责任担当,汇聚全球经验,破解全球性世纪难题,建设美丽自然、永续资源、和合国土。

(三)

2018 年 3 月,中共中央印发《深化党和国家机构改革方案》,组建自然资源部。自然资源部的组建是一场系统性、整体性、重构性变革,涉及面之广、难度之大、问题之多,前所未有。几年来,自然资源系统围绕"两统一"核心职责,不负重托,不辱使命,开创了自然资源治理的新局面。

自然资源部组建以来,按照党中央、国务院决策部署,坚持人与自然和谐共生,践行绿水青山就是金山银山理念,坚持节约优先、保护优先、自然恢复为主的方针,统筹山水林田湖草沙冰一体化保护和系统治理,深化生态文明体制改革,夯实工作基础,优化并发保护格局,提升资源利用效率,自然资源管理工作全面加强。一是,坚决贯彻生态文明体制改革要求,建立健全自然资源管理制度体系。二是,加强重大基础性工作,有力支撑自然资源管理。三是,加大自然资源保护力度,国家安全的资源基础不断夯实。四是,加快构建国土空间规划体系和用途管制制度,推进国土空间开发保护格局不断优化。五是,加大生态保护修复力度,构筑国家生态安全屏障。六是,强化自然资源节约集约利用,促进发展方式绿色转型。七是,持续推进自然资源法治建设,自然资源综合监管效能逐步提升。

当前正值自然资源综合管理与生态治理实践的关键期,面临着前所未有的知识挑战。一方面,自然资源自身是一个复杂的系统,山水林田湖草沙等不同资源要素和生态要素之间的相互联系、彼此转化以及边界条件十分复杂,生态共同体运行的基本规律还需探索。自然资源既具系统性、关联性、实践性和社会性等特征,又有自然财富、生态财富、社会财富、经济财富等属性,也有系统治理过程中涉及资源种类多、学科领域广、系统庞大等特点。需要遵循法理、学理、道理和哲理的逻辑去思考,需要斟酌如何运用好法律、经济、行政等政策路径去实现,需要统筹考虑如何采用战略部署、规划引领、政策制定、标准规范的政策工具去落实。另一方面，自然资源综合治理对象的复杂性、系统性特点，对科研服务支撑决策提出了理论前瞻性、技术融合性、知识交融性的诉求。例如，自然资源节约集约利用的学理创新是什么？动态监测生态系统稳定性状况的方法有哪些？如何评估生态保护修复中的功能次序？等等不一而足，一系列重要领域的学理、制度、技术方法仍待突破与创新。最后，当下自然资源治理实践对自然资源与环境经济学、自然资源法学、自然地理学、城乡规划学、生态学与生态经济学、生态修复学等学科提出了理论创新的要求。

中国自然资源治理体系现代化应立足国家改革发展大局，紧扣"战略、战役、战术"问题导向，"立时代潮头、通古今之变，贯通中西之间、融会文理之壑"，在"知其然知其所以然，知其所以然的所以然"的学习研讨中明晰学理，在"究其因，思其果，寻其路"的问题查摆中总结经验，在"知识与技术的更新中，自然科学与社会科学的交融中"汲取智慧，在国际理论进展与实践经验的互鉴中促进提高。

是为自然资源部推出"自然资源与生态文明"译丛、"自然资源保护和利用"丛书这两套丛书的初衷之三。知难知重，砥砺前行。要以中国为观照、以时代为观照，立足中国实际，从学理、哲理、道理的逻辑线索中寻找解决方案，不断推进自然资源知识创新、理论创新、方法创新。

（四）

文明互鉴始于译介，实践蕴育理论升华。自然资源部决定出版"自然资源与生态文明"译丛、"自然资源保护和利用"丛书系列著作，办公厅和综合司统筹组织实施，中国自然资源经济研究院、自然资源部咨询研究中心、清华大学、自然资源部海洋信息中心、自然资源部测绘发展研究中心、商务印书馆、《海洋世界》杂志等单位承担完成"自然资源与生态文明"译丛编译工作或提供支撑。自然资源调查监测司、自然资源确权登记局、自然资源所有者权益司、国土空间规划局、国土空间用途管制司、国土空间生态修复司、海洋战略规划与经济司、海域海岛管理司、海洋预警监测司等司局组织完成"自然资源保护和利用"丛书编撰工作。

第一套丛书"自然资源与生态文明"译丛以"创新性、前沿性、经典性、基础性、学科性、可读性"为原则,聚焦国外自然资源治理前沿和基础领域,从各司局、各事业单位以及系统内外院士、专家推荐的书目中遴选出十本,从不同维度呈现了当前全球自然资源治理前沿的经纬和纵横。

具体包括:《自然资源与环境:经济、法律、政治和制度》,《环境与自然资源经济学:当代方法》(第五版),《自然资源管理的重新构想:运用系统生态学范式》,《空间规划中的生态理性:可持续土地利用决策的概念和工具》,《城市化的自然:基于近代以来欧洲城市历史的反思》,《城市生态学:跨学科系统方法视角》,《矿产资源经济(第一卷):背景和热点问题》,《海洋和海岸带资源管理:原则与实践》,《生态系统服务中的对地观测》,《负排放技术和可靠封存:研究议程》。

第二套丛书"自然资源保护和利用"丛书基于自然资源部组建以来开展生态文明建设和自然资源管理工作的实践成果,聚焦自然资源领域重大基础性问题和难点焦点问题,经过多次论证和选题,最终选定七本(此次先出版五本)。在各相关研究单位的支撑下,启动了丛书撰写工作。

具体包括:自然资源确权登记局组织撰写的《自然资源和不动产统一确权登记理论与实践》,自然资源所有者权益司组织撰写的《全民所有自然资源资产所有者权益管理》,自然资源调查监测司组织撰写的《自然资源调查监测实践与探索》,国土空间规划局组织撰写的《新时代"多规合一"国土空间规划理论与实践》,国土空间用途管制司组织撰写的《国土空间用途管制理论与实践》。

"自然资源与生态文明"译丛和"自然资源保护和利用"丛书的出版,正值生态文明建设进程中自然资源领域改革与发展的关键期、攻坚期、窗口期,愿为自然资源管理工作者提供有益参照,愿为构建中国特色的资源环境学科建设添砖加瓦,愿为有志于投身自然资源科学的研究者贡献一份有价值的学习素材。

百里不同风,千里不同俗。任何一种制度都有其存在和发展的土壤,照搬照抄他国制度行不通,很可能画虎不成反类犬。与此同时,我们探索自然资源治理实践的过程,也并非一帆风顺,有过积极的成效,也有过惨痛的教训。因此,吸收借鉴别人的制度经验,必须坚持立足本国、辩证结合,也要从我们的实践中汲取好的经验，总结失败的教训。我们推荐大家来读"自然资源与生态文明"译丛和"自然资源保护和利用"丛书中的书目，也希望与业内外专家同仁们一道，勤思考，多实践，提境界，在全面建设社会主义现代化国家新征程中，建立和完善具有中国特色、符合国际通行规则的自然资源治理理论体系。

在两套丛书编译撰写过程中，我们深感生态文明学科涉及之广泛，自然资源之于生态文明之重要，自然科学与社会科学关系之密切。正如习近平总书记所指出的，"一个没有发达的自然科学的国家不可能走在世界前列，一个没有繁荣的哲学社会科学的国家也不可能走在世界前列"。两套丛书涉及诸多专业领域，要求我们既要掌握自然资源专业领域本领，又要熟悉社会科学的基础知识。译丛翻译专业词汇多、疑难语句多、习俗俚语多，背景知识复杂，丛书撰写则涉及领域多、专业要求强、参与单位广，给编译和撰写工作带来不小的挑战，丛书成果难免出现错漏，谨供读者们参考交流。

编写组

前　言

本书源自纽约州立大学环境科学与林业学院（SUNY College of Environ-mental Science and Forestry，SUNY-ESF）的"城市倡议"（Urban Initiative），这个倡议是在新千年（2000 年）即将来临，为了应对日益城市化的世界中环境素养培育的挑战提出的。时任环境科学与林业学院院长的尼尔·墨菲（Neil Murphy）博士说：

> 虽然许多人将环境与荒地和相连的农村地区联系在一起，但未来几十年最重要的环境和生活质量问题将与城市环境有关。

城市环境科学计划旨在吸引：

> 所有学生，尤其是那些对城市居民面临的挑战有深入了解的学生……使他们可以在从城市林业和城市野生动物到城市空气和水质、废物处理、人口增长和城市扩张、可持续性评估以及环境正义和公平等问题上做出专业贡献。

作为教师，城市生态学课程将为学生提供系统地处理这些问题所需的基本知识。本课程是由来自环境化学、环境和森林生物学、森林和自然资源管理、环境研究、环境工程和景观建筑系的自然科学家、社会科学家和教职员工组成的跨学科团队设计的一门探索城市新陈代谢的课程。本书的许多作者为本课程提供了讲座和实习。

本书即起源于这项工作和这门课程。本书和随附的实习，旨在帮助大学本科生或高中生修读城市环境、理解生态系统的课程，也为研究生提供了相关研究概述和许多主题的丰富文献。贯穿始终的生态系统观点包括：量化城市运行所需的能量、养分和物质的流动，自然和人类决策对这些流动的控制，以及改变这些"自然"流动①可能对城市的生物和社会质量的影响。引导学生追踪能量和物质在城市生态系统内外的流动与转化，发现影响这些流动的生物物理、社会和文化因素，认识由此产生的城市环境结构，以及发生的结构和功能转变的环境、经济与社会后果。特别强调重视那些源于人们的看法，影响个人、企业和政府决策的反馈。与大多数城市研究方法不同，这本书提出的系统方法，不仅能让学生基本了解自然资源对城市持续运营的根本重要性以及城市化对水文、气候、空气质量等的影响，而且给出量化和分析城市环境与社会经济子系统之间联系的工具，可以让学生最终掌握达到实现评估和生成可持续的城市系统目标的知识体系。

　　本书的主要组织概念是社会生态代谢（social-ecological metabolism），即城市及其周边环境中生物和产业能量的流动。系统"健康"和"可持续性"根据社会（S）和生态（E）代谢进行评估。新陈代谢的概念及其相关特性允许评估有助于生物体或生态系统生物健康的许多因素，整个社会的健康评估也一样可以按此来做。这本书概述的生态分析主要以能源、物质和养分的输入与输出、衍生"动力"或"赋能"和系统浪费的形式关注生物物理过程。从社会科学视角看，包括对构成生态系统过程的人类维度的文化和经济要素研究，如人类感知和行为、制度行为、社会文化规范和偏好以及人口和资本流动。社会分量与生态分量一样，既是城市生态系统结构和功能的驱动因素，也是由于结构和功能的改变而远离我们认为的"自然"生态系统过程的影响的接收者。因为基于"人类是自然的一部分"的认知，所以本书采用"自然"来区分生态系统的质量，如清洁的空气和清洁的水，或如涉及人的管理和控制的土壤过滤水能力的生态系统功能等。人类对更加舒适的生活方式的需求，特别是在引入化石燃料之后，极大地加速了营养和物质在城市生态系统中的流动，通常导致所有物种依赖的生物环境和生态条件受到胁迫与压力。案例表明，研究自然在人类干预和没有人类干预的情况下如何运作对于避免城市崩溃（urban collapse）及设计可持续的城市未来至关重要。

　　这些章节一一描述了城市环境的不同子系统，它们各自的组成部分和功能，以及它们之间创造我们生活的社会生态环境的相互作用。本书也提供了 12 个详细的实习教程，以促进城市生态系统结构和功能的实践经验、观察及量化研

---

　　① 比如：规划和重建过程。——译者注

究,以便学生能够从生态系统容量、潜在的正负反馈、热力学定律以及社会文化感知和适应性等方面,评估城市可持续性并给出对策建议。其目的是促进基于自然科学和经验主义而非直觉和情感的生态意识,因为直觉和情感的生态意识往往会导致对城市问题的适得其反的解决方案。

本书的结构如下:

本书的第一部分提供城市生态学的定义、当前与城市增长相关的全球人口统计数据以及当今城市面临的紧迫问题,阐述为什么城市生态学作为一个研究领域越来越重要。作者提供了许多证据来支撑这样的观点:如果提议的解决方案是可持续的,并且不会在系统的某些其他部分造成或促成违反直觉的影响,则现在或在未来必须从跨学科系统方法评估未来紧迫的环境和社会问题。本部分也提出要将城市看作生态系统,强调被城市生态学家普遍接受的社会生态代谢方法,是了解城市结构和功能如何促进或削弱城市生活质量,需要向学生提供的必要基础知识。

第二部分着眼于从古至今的城市史介绍,描述了地理、资源和人类决策对城市新陈代谢(城市经济的增长和衰退)的重要性。这部分的两章都关注能源在复杂社会制度发展中的作用以及城市如何受到可用能源的限制。18 世纪,城市发生了根本性的转变,化石能源的获取使城市发展更加复杂、更加专业化并出现劳动分工,让城市可以以"透支"的方式推动经济增长。

第三部分旨在让学生了解八个主要社会生态系统,它们的结构和功能,它们如何控制或受城市化控制,以及它们如何影响城区(微观)及郊区(宏观)的社会生态代谢。

第四部分介绍了有助于维持城市环境中生态系统功能的土地规划、景观建筑、食品研究和生态工程的概念。

本书也特别希望读者能够更好地理解城市生态系统惊人的复杂性,更好地理解城市生态系统的生物和非生物成分如何在随时间推移的不断变化条件下相互作用和适应(或无法适应),从中获得启发并创造出解决问题的新方案,这将有助于使未来的城市能够适应目前正在经历并将持续的环境变化挑战。

本书附带 12 个实习。多年来,纽约州立大学环境科学与林业学院教授的城市生态学课程中对全部实习进行了实践。这些实习可以让学生直接接触城市生态系统的结构和功能,并为他们提供实践经验。除了两个以外的全部实习可以在实地进行,并且大部分实习可以在典型的 3 小时大学实验课时段、两个连续的实验课时段或周末一整天的短途旅行中完成。当然,在实际教学中,并非所有章节都安排有相关的实习,但课程中应尽量涵盖所有章节的内容,以便学生最全面地掌握城市生态学知识。具体的课程实习,可根据课程教授地点的特定情况进行修改。尽管本书是立足美国东北部城市编写的,但相关的实习活动可以适应任何城市条件和状况。在某些特定情况不能满足时,建议免去可能无法获得的实验设备,设计出收集类似资料和数据的替代方案,也可以选择省略实习中的某个元素。希望你能像我们的学生多年来一样喜欢这些短途旅行和批判性思维的实习内容。

以下是实习内容以及它们最贴切的章节的例子:

实习	实习说明	相关章节	推荐的参观地点
1	采用分段的化学和物理分析方法进行城乡河流水质分析	一、六	选择从农村环境到城市环境的小溪
2	城市街区的新陈代谢分析(可在实习 6 之后)	二、八	最好选择混合住宅(单户住宅和公寓住宅)以及商业设施齐全的城市街区
3	社区风险认知、信念和态度的评估	三、十三	根据问题和机构审查委员会(Institutional Review Board,IRB)的许可确定具体地点
4	城市水文和绿色基础设施	六	具备从高点到低点,即贡献区、洪水区的城市水文系统要素;绿色基础设施
5	城市热岛评估	七	具有不同数量的建筑和植被覆盖的各种城市场地
6	测量并计算城市树木的空气污染去除能力	八	城市街区或残余城市森林内的树木(可用作实习 2 的输入数据)
7	城市从餐桌到污水处理厂再到当地受纳水体的氮通量分析	九、十四	污水处理厂;如果时间允许可看杂货配送仓库;排放污水的水体
8	画出固体废物流的系统图	十	选择当地的垃圾发电厂或其他固体废物处理设施
9	不同群落生境的城市植物群落评价	十一	选择草坪、荒地、路面裂缝、墙壁和/或公园或住宅花园、墓地、市中心工业景观多要素组合

续表

实习	实习说明	相关章节	推荐的参观地点
10	采用松鼠映射器（Squirrel Mapper）①实验进行城市野生动物适应和进化观察	十二	计算机实验室
11	使用地理信息系统（GIS）分析方法评估环境正义诉求	十三	计算机实验室
12	城市土壤中的铅含量测定	十三	实地和化学实验室

美国纽约州（NY）锡拉丘兹（Syracuse）　默纳·H. P. 霍尔

美国罗得岛州（RI）纳拉甘西特（Narragansett）　斯蒂芬·B. 巴洛格

（顾朝林 译，李志刚 校）

---

①　Squirrel Mapper 是教师通过引导有关松鼠着色的课堂讨论来开始项目体验，然后是"猎松鼠"活动，最后是使用数据表收集当地松鼠的观察结果并提交观察数据。——译者注

致　谢

这本书是许多学者合作的成果，既包括撰写这些章节的人，也包括许多其他杰出的学者，他们审阅了这些章节并在整个过程中提出了非常有帮助的建议。感谢他们慷慨的时间和想法，这里按字母顺序——列出，以表谢意。

里德·R. 科夫曼（Reid R. Coffman），园林景观硕士、博士，美国俄亥俄州（OH）肯特市（Kent）肯特州立大学建筑与环境设计学院副教授

小约翰·W. 戴（John W. Day, Jr.），美国路易斯安那州（LA）巴吞鲁日市（Baton Rouge）路易斯安那州立大学海洋学和海岸科学系名誉教授

劳拉·埃尔班（Laura Erban），美国环境保护署（US Environmental Protection Agency，US EPA）国家健康与环境影响研究实验室，美国罗得岛州纳拉甘西特大西洋生态学部/研发办公室

约翰·M. 高迪（John M. Gowdy），美国纽约州特洛伊市（Troy）伦斯勒理工学院经济学和科学技术研究教授

彼得·M. 格罗夫曼（Peter M. Groffman），美国纽约州米尔布鲁克（Millbrook）卡里生态系统研究所高级研究员

J. 唐纳德·休斯（J. Donald Hughes），美国科罗拉多州（CO）丹佛市（Denver）丹佛大学历史学名誉教授

高在英（Jae-Young Ko），博士，美国密西西比州（MS）杰克逊市（Jackson）杰克逊州立大学公共政策与行政副教授

凯瑟琳·兰迪斯（Catherine Landis），美国纽约州锡拉丘兹市纽约州立大学环境科学与林业学院土著居民与环境中心

杰奎琳·卢（Jacqueline Lu），加拿大多伦多市人行道实验室（Sidewalk Labs）公共领域副主任

阿里尔·E. 卢戈（Ariel E. Lugo），波多黎各（Puerto Rico）圣胡安市（San

Juan)美国农业部(USDA)林务局国际热带林业研究所所长

内特·梅里尔(Nate Merrill),美国环境保护署国家健康与环境影响研究实验室,美国罗得岛州纳拉甘西特大西洋生态学部/研发办公室

凯特·马尔瓦尼(Kate Mulvaney),美国环境保护署国家健康与环境影响研究实验室,美国罗得岛州纳拉甘西特大西洋生态学部/研发办公室

蒂沙·穆尼奥斯-埃里克森(Tischa Munoz-Erickson),波多黎各圣胡安市美国农业部林务局国际热带林业研究所社会研究科学家

伊恩·耶西洛尼斯(Ian Yesilonis),美国马里兰州(MD)巴尔的摩市(Baltimore)美国农业部林务局北部研究站土壤科学家

（顾朝林 译，李志刚 校）

目 录

作者简介 ……………………………………………………………… xix

第一部分　城市运行的系统方法

第一章　什么是城市生态学？为什么要研究它？ ………………………… 3
　　　　默纳·H. P. 霍尔

第二章　生物物理学与系统科学视角下的城市生态学 ………………… 29
　　　　查尔斯·A. S. 霍尔

第三章　社会过程、城市生态系统与可持续性 ………………………… 65
　　　　理查德·C. 斯马尔登

第二部分　历史上的城市

第四章　古代城市的规模与代谢 ……………………………………… 97
　　　　约瑟夫·塔恩特

第五章　现代城市的经济与发展 ……………………………………… 115
　　　　肯特·克里特高

第三部分　城市生态系统：结构、功能、控制及其对社会生态代谢的影响

第六章　城市水文系统 ………………………………………………… 135
　　　　孙宁　卡琳·E. 林堡　洪邦吉

第七章　气候系统 …………………………………………………… 155
　　　　戈登·M. 海斯勒　安东尼·J. 布拉泽尔

第八章　大气系统:空气质量与温室气体 ·················· 197

　　　　戴维·J. 诺瓦克

第九章　城市系统的营养生物地球化学·················· 225

　　　　丹尼斯·P. 斯瓦尼

第十章　物质循环·· 245

　　　　布兰登·K. 温弗瑞　帕特里克·坎加斯

第十一章　生物系统:城市环境中的植物 ················ 267

　　　　默纳·H. P. 霍尔

第十二章　生物系统——城市野生动物、适应和进化:城市化作为灰松鼠当代

　　　　进化的驱动力 ······································· 299

　　　　詹姆斯·P. 吉布斯　马修·F. 布夫　布拉德利·J. 科森蒂诺

第十三章　城市环境中的环境正义·························· 319

　　　　默纳·H. P. 霍尔　斯蒂芬·B. 巴洛格

第四部分　解决城市化影响的方案设计：过去、现在与未来

第十四章　城市食物系统······································ 341

　　　　斯蒂芬·B. 巴洛格

第十五章　面向更加整体系统的城市设计:强化学科整合与可持续性评价 ····· 357

　　　　斯图尔特·A. W. 迪蒙特　蒂莫西·R. 托兰德

第十六章　结语·· 385

　　　　斯蒂芬·B. 巴洛格

名词索引··· 395

译后记··· 409

作 者 简 介[①]

斯蒂芬·B. 巴洛格(Stephen B. Balogh)

环境科学家,从纽约州立大学环境科学与林业学院获得博士学位,博士论文题为"为21世纪的城市提供食物和燃料"(Feeding and Fueling the Cities of the 21st Century)。现在美国环境保护署大西洋生态学部研发办公室从事博士后研究,主要从事全球、区域和地方范围内的社区及其与环境的联系研究,其中包括营养问题、生态系统服务、能源和物质流及其恢复。在任现职前也曾在纽约州立大学环境科学与林业学院担任客座助理教授,并在锡拉丘兹大学(Syracuse University)惠特曼管理学院(Whitman School of Management)担任兼职教授,讲授《城市生态学、可再生能源和可持续商业策略》课程。

安东尼·J. 布拉泽尔(Anthony J. Brazel)

地理学家和气候学家,亚利桑那州立大学(ASU)地理科学与城市规划学院名誉教授,曾担任亚利桑那州州长任命的州气候学家和西南环境研究与政策中心主任,美国气象学会城市环境委员会的前成员和国际城市气候协会的奖学金委员会成员,亚利桑那州立大学可持续材料和可再生技术计划[美国环境保护署朱莉·安·瑞格利(Julie Ann Wrigley)全球可持续发展研究所]成员,沙漠城市决策中心(NSF)气候科学团队成员,参与亚利桑那州中部—凤凰城长期生态研究项目(CAPLTER,NSF)等。曾获国际城市气候协会卢克·霍华德奖(Luke Howard Award)、美国气象学会赫尔穆特·E. 兰茨伯格奖(Helmut E. Lands- berg Award)和本古里安大学(Ben-Gurion University)的杰弗里·库克(Jeffrey Cook Prize)以色列沙漠建筑奖。

---

① 翻译时对作者简介进行了部分的语序调整和措辞删改。——译者注

马修·F. 布夫（Matthew F. Buff）

获纽约州立大学环境科学与林业学院环境与森林生物学学士学位，纽约州奥尔巴尼市纽约自然遗产项目组成员。

布拉德利·J. 科森蒂诺（Bradley J. Cosentino）

获伊利诺伊大学生态学、进化和保护生物学博士学位，霍巴特和威廉·史密斯学院生物学系副教授。研究重点是环境变化对野生动物种群的影响，讲授《生态学》《保护生物学》《进化遗传学》和《生物统计学》等课程。

斯图尔特·A. W. 迪蒙特（Stewart A. W. Diemont）

纽约州立大学环境科学与林业学院环境与森林生物学系副教授，获北卡罗来纳大学和俄亥俄州立大学博士学位。主要研究人类与自然系统的相互关系，评估绿色基础设施的相对可持续性和设计城市食物系统。讲授《生态系统恢复》《系统生态学》和《生态工程》课程。尤其关注拉丁美洲保护生物学和农林业，研究墨西哥南部、危地马拉和伯利兹玛雅社区的传统生态知识。

詹姆斯·P. 吉布斯（James P. Gibbs）

纽约州立大学环境科学与林业学院特聘教授，加拉帕戈斯保护区兼职科学家。获耶鲁大学林业与环境研究博士学位，具有野生动物管理、生态学研究背景。讲授《保护生物学》和《爬虫学》课程。

查尔斯·A. S. 霍尔（Charles A. S. Hall）

纽约州锡拉丘兹市纽约州立大学环境科学与林业学院环境与森林生物学和环境科学名誉教授，获北卡罗来纳大学教堂山分校博士学位，师从 H. T. 奥杜姆（H. T. Odum）。研究兴趣是系统生态学、能量学和生物物理经济学，在《科学》（Science）、《自然》（Nature）、《生物科学》（BioScience）、《美国科学家》（American Scientist）和其他科学期刊上发表近 300 篇文章，出版 14 本著作（含合著或编辑）。

默纳·H. P. 霍尔(Myrna H. P. Hall)

纽约州锡拉丘兹市纽约州立大学环境科学与林业学院"环境研究"荣誉教授(Professor emerita of Environmental Studies),在 2001 年建立了学院"城市倡议"计划,并担任纽约州立大学环境科学与林业学院研究中心主任,其与一个跨学科的教师团队合作设计了自己退休前任教 12 年的《城市生态学》课程。作为一名空间生态学家,她的研究和出版物主要集中在人类活动对环境的影响领域,其中包括城市/郊区蔓延对纽约市卡茨基尔—特拉华(Catskill-Delaware)流域水质的影响、冰川国家公园冰川流失对生态系统的影响、替代性城市绿色基础设施建设对城市能量收支的影响等。她还在巴西、墨西哥、玻利维亚和伯利兹进行了广泛的土地利用变化建模,以估算避免森林砍伐的碳效益。她的兴趣涵盖城市生态学和建筑学、地理信息系统以及土地变化建模。

戈登·M. 海斯勒(Gordon M. Heisler)

气象学家,在纽约州立大学环境科学与林业学院获得森林影响博士学位。专注研究城市森林对气候的影响,并应用于建筑物供暖和制冷的能源使用、人体健康和舒适度等的研究。

洪邦吉(Bongghi Hong)

北卡罗来纳州环境质量部(Department of Environmental Quality)水资源司(Division of Water Resources)高级环境专家。曾在纽约州伊萨卡市康奈尔大学生态与进化生物学系担任研究助理,并在纽约州锡拉丘兹市纽约州立大学环境科学与林业学院环境与森林生物学系担任研究科学家。研究重点是人类和生态系统联系的跨学科研究,特别是对流域中的水文和养分输送进行建模,以及贝叶斯不确定性估计等统计分析。与瑞典斯德哥尔摩市斯德哥尔摩大学波罗的海巢穴研究所的研究人员合作,担任环境顾问,分析陆地和空气对波罗的海的养分输入及其与人类活动的关系。具有林业、环境毒理学、统计学和建模科学背景。

帕特里克·坎加斯(Patrick Kangas)

系统生态学家,获佛罗里达大学环境工程科学博士学位,东密歇根大学和马里兰大学环境科学与技术系副教授。发表50多篇论文、书籍章节和报告,出版《生态工程:原理与实践》教科书。

肯特·克里特高(Kent Klitgaard)

威尔斯学院的经济学和可持续发展教授,获新罕布什尔大学博士学位,国际生物物理经济学会副主席。主要教学与研究领域是生物物理和生态经济学,专注生物物理限制与资源质量下降中的增长,以及在动态中发现资本积累。对经济思想史、经济史和政治经济学感兴趣。

卡琳·E. 林堡(Karin E. Limburg)

纽约州立大学环境科学与林业学院环境与森林生物学系教授,瑞典农业科学大学水产研究系客座教授。主要研究和教学范围:从流域和城市生态学到渔业科学和生态经济学。发表多项关于城市化对流域影响的研究。

戴维·J. 诺瓦克(David J. Nowak)

美国农业部林务局纽约州锡拉丘兹北部研究站高级科学家和团队负责人,获加州大学伯克利分校博士学位。获得国际树木栽培学会L. C. 查德威克树木栽培研究奖(L. C. Chadwick Award)、R. W. 哈里斯作者引文奖(R. W. Harris Author's Citation)、J. 斯特林·莫顿奖(J. Sterling Morton Award)、国家植树节基金会最高荣誉奖、美国环境保护署研发办公室荣誉奖、美国森林城市森林奖章、东北研究站杰出科学奖。2007年诺贝尔和平奖获得者政府间气候变化专门委员会(IPCC)成员。注重城市森林结构、健康和变化及其对人类健康和环境质量的影响调查研究。发表300多篇出版物。领导团队开发i-Tree软件套件(www.itreetools.org),该套件量化了全球植被的益处和价值。

理查德·C. 斯马尔登(Richard C. Smardon)

纽约州立大学杰出教授,获加州大学伯克利分校环境规划博士学位、景观建筑硕士学位,马萨诸塞大学阿默斯特分校环境设计学士学位。1996 年被纽约州 xxi州长任命为大湖盆地咨询委员会成员并任主席。任《国际科学》(*Science International*)、《亚洲环境科学杂志》(*Asian Journal of Environmental Science*)编委。任《环境研究与科学杂志》(*Journal of Environmental Studies and Sciences*)副书评编辑。主要研究领域:景观评估和管理、湿地评估和减缓、能源政策、环境管理和公民参与、生态旅游/遗产资源管理以及五大湖和海岸管理政策。

孙宁(Ning Sun)

华盛顿州里奇兰太平洋西北国家实验室水文建模科学家,获纽约州立大学环境科学与林业学院博士学位。研究领域:流域水文建模和区域极端水文气候评估、多尺度地球系统模型的开发和应用。

丹尼斯·P. 斯瓦尼(Dennis P. Swaney)

康奈尔大学生态与进化生物学系环境系统的数学建模师。研究主要关注生物地球化学、运输过程和环境中的扩散、大流域的养分核算方法以及净人为养分输入与河流氮和磷通量的关系等。研究包括开发估计河口生态系统代谢的方法,模拟从流域到海岸的养分运输,以及模拟流域和沿海生态系统对气候和土地利用变化的生态响应。2005～2011 年,曾在国际地圈—生物圈计划(IGBP)的沿海地区陆地海洋相互作用(LOICZ)计划的科学指导委员会任职,担任《河口和海岸》(*Estuaries and Coasts*)杂志副主编。

约瑟夫·塔恩特(Joseph Tainter)

获西北大学人类学博士学位。曾在新墨西哥大学和亚利桑那州立大学任教,2005 年之前一直负责落基山研究站的文化遗产研究项目,2007 年以来一直担任环境研究系(ENVS)教授,2007～2009 年担任系主任。关注土地利用冲突和人类对气候变化的响应研究。曾出现在纪录片和电视节目、印刷媒体和广播 xxii

节目中。其知名作品是剑桥大学出版社 1988 年出版的《复杂社会的崩溃》(*The Collapse of Complex Societies*)。

蒂莫西·R. 托兰德(Timothy R. Toland)

纽约州锡拉丘兹市纽约州立大学环境科学与林业学院景观建筑系助理教授,拥有纽约州立大学科布尔斯基尔(Cobleskill)农业技术学院景观开发副学士学位和植物科学学士学位,以及纽约州立大学环境科学与林业学院景观建筑硕士学位。在纽约州锡拉丘兹市从事景观设计,从事北卡罗来纳州夏洛特市、弗吉尼亚州亚历山大市和俄亥俄州克利夫兰市的项目,包括校园规划和设计、交通和城市规划、市政规划、基础设施规划、场地规划和详细设计。注册景观设计师和绿色能源与环境设计先锋(LEED)认证的专业人士。

布兰登·K. 温弗瑞(Brandon K. Winfrey)

澳大利亚莫纳什大学土木工程系讲师,教授《水工程》。获马里兰大学环境科学与技术专业博士,博士论文侧重于开发动态能值核算模型。研究重点涉及雨水管理的生态领域、雨水花园中的植物功能生态学、雨水管理中的生态工程等。

第一部分

城市运行的系统方法

第一章　什么是城市生态学？为什么要研究它？

默纳·H.P. 霍尔[①]

城市作为生态系统是如何运行的？在考虑了方方面面的因素后，怎么才能提出让城市更具可持续性的方案？这是一种城市生态学分析方法，基于社会生态代谢概念和系统生态学基本原理，对城市以及人口所依赖的物质、养分和能量的流动进行量化分析，应对未来人口增长、气候不确定性和自然资源减少给城市居民及其领导人所带来的挑战。很显然，城市生态学对确保更具韧性的城市来说，是一种非常重要的方法。

一、城市生态学定义

城市生态学是研究人造环境的结构和功能，这些环境的生物和非生物部分如何相互关联，以及量化研究维持城市系统所需的能量、材料和养分等流动的科学。城市生态学研究可以通过多种方式在多个尺度上进行。也许最根本的是，城市的生态学(ecology of cities)和城市中的生态学(ecology in cities)通常是有区别的(Alberti,2007)。前者是将整个城市作为一个生态系统，研究整个城市生态系统及其多个相互关联的子系统的新陈代谢状况。我们将其归类为城市新陈代谢的系统生态学方法，这本书强调的正是这种观点。后者"城市中"的生态

---

① 美国纽约州锡拉丘兹市，纽约州立大学环境科学与林业学院环境研究系，邮箱：mhhall@esf.edu。

学研究，则更侧重于城市内的栖息地，以及这些地点的条件是如何改变或驱动该级别生态系统的结构和功能。前者的典型例子是解决类似必须开发多少城市外的区域来养活城市人口（见第十四章）？或提供多少未经过滤的饮用水来养活城市人口？后者的例子可能会是解释为什么会有那么多的松鼠进入城市公园（见第十二章）或社区居民对减少雨水径流（见第三章）、下游污染（见第六章）的各类绿色基础设施提案的态度。尽管生态学、结构、功能、新陈代谢和系统思维这些学术术语对你来说可能是陌生的，但是我们还是从这些定义开始。

1. 城市

　　人类社会的第一个城邦出现在新月沃地（Fertile Crescent）（图 1-1）。该地区也被称为城市文明的发源地。城市发源通常与农业、宗教、书写、历史、科学和贸易的兴起有关。这里成为城市文明的发源地并不奇怪。因为人类社会从狩猎、采集果实的生活到依靠相对多产的农业的生活方式的转变，使得人类可以在一个地方比较长时间定居下来并从事除了获取食物之外的其他人类活动。这里

图 1-1　新月沃地

注：新月沃地是人类社会首批城市乌尔和乌鲁克等产生的地方，也是"城市"一词的来源地。最
　早的城市乌尔位于波斯湾，乌鲁克在幼发拉底河边上。后来才在尼罗河河谷以西建立了城市。

资料来源：Sayre，2013。

气候温暖，土地肥沃，特别是在底格里斯河与幼发拉底河之间，有这样一个地方，希腊语称为美索不达米亚（Mesopotamia），阿拉伯语称为贾兹拉（Al Jazirah），在今天的伊拉克境内，可能早在公元前 10000 年就形成了人类最早的定居地。第一个城邦（city-state）埃里杜（Eridu）可以追溯到公元前 5400 年左右。紧随其后的是城邦乌尔（Ur）和乌鲁克（Uruk），城市（Urban）这个词就是从这两个词的词根"Ur"派生出来的。城市可以从数量上和质量上进行定义。从数量上讲，人口规模或人口密度一直是用来定义城市的指标。公元前 3100 年，最大的城市是埃及的孟菲斯（Memphis），人口已经超过 30 000 人（表 1-1）。

表 1-1　不同年代世界上最大的古代城市

城　　　市		年代	人口数（人）
孟菲斯,埃及	Memphis, Egypt	3100 B. C. E.	＞30 000
阿卡德,巴比伦尼亚（伊拉克）	Akkad, Babylonia(Iraq)	2240 B. C. E.	
拉加什,巴比伦尼亚（伊拉克）	Lagaš, Babylonia(Iraq)	2075 B. C. E.	
乌尔,巴比伦尼亚（伊拉克）	Ur, Babylonia(Iraq)	2030 B. C. E.	65 000
底比斯,埃及	Thebes, Egypt	1980 B. C. E.	
巴比伦,巴比伦尼亚（伊拉克）	Babylon, Babylonia(Iraq)	1770 B. C. E.	
阿瓦里斯,埃及	Avaris, Egypt	1670 B. C. E.	
孟菲斯,埃及	Memphis, Egypt	1557 B. C. E.	
底比斯,埃及	Thebes, Egypt	1400 B. C. E.	
尼尼微,亚述	Nineveh, Assyria	668 B. C. E.	
巴比伦,巴比伦尼亚（伊拉克）	Babylon, Babylonia(Iraq)	612 B. C. E.	第一个人口超 200 000 的城市
亚历山大,埃及	Alexandria, Egypt	320 B. C. E.	
帕塔利普特拉（巴特那）,印度	Pataliputra(Patna), India	300 B. C. E.	
长安（西安）,中国	Changan(Xi'an), China	195 B. C. E.	400 000
罗马,意大利	Rome, Italy	25 B. C. E.	

资料来源：Chandler,1987。

今天，美国人口普查局（Federal Register,2010）在数量上将土地面积大于 3 平方英里（约 7.8 平方千米）、人口密度不小于每平方英里（约每 2.5 平方千米，下同)1 000人以及人口密度不小于每平方英里500人的连续建成区或混合土地利用(住宅/工业)地区定义为城市。然而,人们对城市与农村的看法很少是基于人口规模或人口密度的,而更多的是基于主观印象。一说到城市,让人联想到的是令人眼花缭乱的城市夜景(图1-2)、公园里的爵士音乐节、欢呼雀跃的球迷涌出大型体育场的场景,或者是令人厌恶的城市中心的交通嘈杂声、下水道的臭气以及邋里邋遢、睡在街上的流浪汉的身影。最近几个世纪以来,人们一直被城市作为包括治理、贸易、文化、学习和娱乐在内的文明中心所吸引。熙熙攘攘的商业中心、无穷无尽的就业机会以及多姿多彩的艺术和文化展示活动,是吸引人们来到城市的原因,也是城市与其他人类栖息地(如农村)不同的原因。道格拉斯(Douglas,1983)曾经将城市(civitas),文明(civilization)一词的起源,即城市的文化和政治功能,与城市(Urbs)或其自然形态或物理结构进行对比,陈述了城市的来龙去脉。

a. 白天的纽约市

b. 晚上的芝加哥市

图 1-2　纽约和芝加哥的城市景观

资料来源：图 1-2a 来自詹妮弗·金德(Jennifer Kinder)；

图 1-2b 来自海伦·玛丽·哈夫纳尔(Helen Marie Havnaer)。

正如 E. P. 奥杜姆(E. P. Odum,1968)将生态学定义为"研究自然界的结构和功能之间的关系"一样,从生态学的视角看,城市生态学就是将生态学应用于城市研究的科学,既包括社会科学家研究的人类行为,也包括自然科学家研究的生态系统行为,以及两者之间如何联系在一起共同构成城市生态系统的学问。

2. 生态学与生态系统

生态学(Oekologie)来自希腊语"logia"(逻辑,理)与"oikos"(栖所)的复合词,oikos 有壁炉边(hearth)或家(home)的意思。1866 年,欧内斯特·海克尔(Ernest Haeckel)创造了生态学一词并将其定义如下：

生态学,是关于自然的经济的知识体系——研究动物与其有机和无机环境的总体关系;最重要的是,它与它直接或间接接触的那些动植物的友好和敌对关系的研究——总而言之,生态学是研究达尔文所说的生存斗争条件的复杂相互关系的科学。(Haeckel,1986)

海克尔将生态学的概念凝练为"有机体与环境关系的综合科学"(Stauffer,1957)。基于这一概念,1935年,坦斯利(Tansley)首次使用生态系统一词,将其定义为"物理学意义上的整个生物群落的环境(the environment of the biome),不仅包括有机体复合体,还包括整个自然因素复合体的形成环境;是最广泛意义上的栖息地因素概念",不仅包括生物圈,还包括岩石圈、水圈和大气圈(Tansley,1935)。1954年,安德鲁阿尔萨和比尔齐(Andrewartha and Birch,1954)进一步将生态学定义为"对生物体分布和丰度的科学研究"。后来克雷布斯(Krebs,1978)同名教科书中"生态学"采用了这个定义,成为长期以来最常用的定义。在20世纪中叶,生态学及其定义已经从仅关注结构的分类和统计计算转向强调生态系统的生物和非生物成分之间的功能相互作用的分析。上面引用的E. P. 奥杜姆的定义(E. P. Odum,1968)被他的兄弟H. T. 奥杜姆简化为"环境系统研究"(H. T. Odum,1971,1983)。奥杜姆两兄弟被认为是系统和生态系统生态学之父,这种观点非常适合研究像城市这样复杂的系统。从这些早期生态学家的工作中,我们可以得出城市生态学的定义,即研究城市的生物和非生物结构和功能(的科学)。

但是,什么是生态结构与生态功能? 城市生态结构是环境、数量、规模、组成要素和性质总和的"代名词",包括生物部分和非生物部分。生物部分包括城市中的所有生物——人、植物、松鼠、鸟类、昆虫,甚至老鼠;非生物部分如流经城市的水和空气,汞、铅和臭氧等非有机化学品的数量与性质,当然还有建筑物、街道、下水道等;这些组成部分共同构成了城市生态系统的结构。城市生态学就是研究它们如何相互关联、怎样发挥作用,包括物种如何适应城市环境或它们在城市环境中如何演化。总体来说,这些都是城市生态学家所面临的有趣挑战。由于工业化以来发生了大规模、快速的生态系统变化,城市生态系统不再是长期稳定和不受干扰的生态系统,这为研究动态生态学提供了机会。当然,更多地了解植物、动物和人类对来自工业化、城市化变化的反应,可以为社会提供更多关于如何创造更可持续和宜居的城市栖息地的知识与见解。

3. 代谢

生态系统最重要的功能与代谢有关。代谢被定义为"生物利用食物获取能量和生长的化学与物理过程"（https://dictionary. cambridge. org/us/dictionary/english/metabolism），或作为①"生物体中物理和化学过程的总和，通过这些过程，其物质材料被生产、维持和破坏，并由此获得能量"，或作为②"任何基本的有机体作用或运作的过程，如国家经济代谢的变化"（https://www. dictionary. com/browse/metabolism）。因此，我们可以看到，代谢既指生物/生理过程，也指社会过程。代谢的概念在生理学和生态系统研究中已经得到很好的发展，成为核心内容（Gosz et al. ,1978;H. T. Odum,1962）。

二、为什么要研究城市生态学？

1. 全球城市化：社会与环境影响

21世纪初，世界上有超过一半的人口生活在城市群中。这种空间增长现象导致宏大人类生活区的出现，但也迫使人类栖息地日益退化，包括人类在内的所有生命赖以生存的自然生态系统逐步丧失。城市贫民窟正在成为全球最大的不断增长的人类栖息地，即使像西雅图、华盛顿这样的经济繁荣城市，作为波音、微软、星巴克和亚马逊的故乡，在其环保文化、愿景和规划方面也经常被吹捧为"绿色"城市的典范，但具有讽刺意味的是，当你俯瞰曾经生物丰富的普吉特海湾（Puget Sound）①时，你会发现壮观的逆戟鲸已经踪迹难寻，有机构预计在未来30年内它们将会从这里消失。还有西海岸西雅图邻居城市波特兰、俄勒冈、圣弗朗西斯科和加利福尼亚州洛杉矶，假如你到高速公路、桥下、公园走走看看，会发现这里到处都是蔓延的无家可归者的帐篷"飞地"（enclaves）。

今天，大多数"自然"生态系统直接或间接地被人类活动所主导，许多生态系

①　普吉特海湾位于美国太平洋西北区，通过胡安·德富卡海峡与太平洋相连。整个海湾周边地区集中了华盛顿州九大城市中的六个：西雅图、塔科马、埃弗里特、肯特、贝尔维尤和费德勒尔韦，人口约400万。——译者注

统所面临的人类影响的压力越来越大,特别是通过资源开采和废物的产生以及沉积来维持日益城市化世界的消费需求。仅在 2010 年夏天,就发生了一系列生态环境灾难,例如由于深水平台石油钻探灾难对墨西哥湾水生生物造成的破坏,被酸雨烧毁的高加索山脉森林,俄罗斯莫斯科郊外的泥炭沼泽自燃等,还有巴基斯坦相当于意大利全国面积的洪水泛滥。这些只是由城市对资源的需求所引起的未曾受人类干扰的自然功能环境改变的数千个例子中的几个。城市环境问题可能成为未来几十年人类面临的全球最大问题,因此,全球城市生态环境的话题将变得越来越重要。在中国,清华大学齐晔教授就认为,"城市环境质量是当今中国面临的最大问题"(个人通信)。

世界正面临前所未有的人口增长。截至 2018 年,全球 76 亿人口中有一半以上(55%)居住在城市,联合国(United Nations,2018)预计,到 2050 年世界城市化水平将达到 68%。无论是在人们需要清洁空气、清洁水、营养食品和能源的城市,还是在为城市居民提供这些的农村环境中,生态的影响已经相当可观,而且在未来只会不断增加。根据兰德斯(Randers,2012)的说法,由于资源有限,全球人口估计在 2040 年之前最多增加到 80 亿;或者根据富勒和罗默(Fuller and Romer,2014)的预测,到 2210 年可能会增加到 113 亿。无论预测的数据如何,这都将是一个巨大的人口规模,而且人口统计学家普遍认为,大部分增长都将发生在城市地区。联合国预计,2100 年城市化水平最高的 20 个城市将位于现在被视为发展中国家的南半球(表 1-2)。2018 年东京是世界最大的城市,其次是新德里、上海、墨西哥城和圣保罗。这意味着越来越多的人将需要清洁的水和清洁的空气,而这些地方已经无法充分提供这些资源。2018 年,全球有 30%的城市人口生活在城市贫民窟。根据联合国世界城市计划(UN World Cities)的定义,所谓城市贫民窟(urban slums),就是城市中缺乏诸如自来水、永久性结构的住房、污水处理设施等居民基本生活条件的人类居民点或社区。世界上著名的大城市贫民窟有南非开普敦的哈耶利沙(Khayelitsha)、肯尼亚内罗毕的基贝拉(Kibera)和印度孟买的达拉维(Dharavi)(照片见 Bendicksen,2008)。世界卫生组织报告说,每年约有 200 万人死于室外空气污染,另有 400 万人死于炉灶产生的室内空气污染。除了对空气质量的影响之外,城市的加速发展还将对各种系统产生影响,如农业、气候、淡水、能源供应和野生动物等等。

表 1-2 联合国预测的 2100 年世界前 20 位大城市

序列	城 市		估计人口（人）
1	拉各斯，尼日利亚	Lagos, Nigeria	88 344 661
2	金沙萨，刚果民主共和国	Kinshasa, Democratic Republic of Congo	83 493 793
3	达累斯萨拉姆，坦桑尼亚联合共和国	Dar es Salaam, United Republic of Tanzania	73 678 022
4	孟买，印度	Mumbai, India	67 239 804
5	德里，印度	Delhi, India	57 334 134
6	喀土穆，苏丹	Khartoum, Sudan	56 594 472
7	尼亚美，尼日尔	Niamey, Niger	56 149 130
8	达卡，孟加拉国	Dhaka, Bangladesh	54 249 845
9	加尔各答，印度	Kolkata, India	52 395 315
10	喀布尔，阿富汗	Kabul, Afghanistan	50 269 659
11	卡拉奇，巴基斯坦	Karachi, Pakistan	49 055 566
12	内罗毕，肯尼亚	Nairobi, Kenya	46 661 254
13	利隆圭，马拉维	Lilongwe, Malawi	41 379 375
14	布兰太尔市，马拉维	Blantyre City, Malawi	40 910 732
15	开罗，埃及	Cairo, Egypt	40 542 502
16	坎帕拉，乌干达	Kampala, Uganda	40 136 219
17	马尼拉，菲律宾	Manila, Philippines	39 959 024
18	卢萨卡，赞比亚	Lusaka, Zambia	37 740 826
19	摩加迪沙，索马里	Mogadishu, Somalia	36 371 702
20	亚的斯亚贝巴，埃塞俄比亚	Addis Ababa, Ethiopia	35 820 348

资料来源：本表基于联合国经济和社会事务部人口司《世界城市化展望》2011 年修订版的人口预测。

2. 对未来挑战的明智解决方案的需求

2010 年 1 月 3 日，《纽约时报》教育生活副刊刊发亨利·方廷（Henry Fountain）专题文章"实用度：新世界秩序的 10 个硕士学位"，其中第 4 位是"城市环境：可持续发展的时代到来"（Henry，2010）。的确，在过去的 20 年里，我们目睹了生态研究的历史重点从荒野地转移到大多数人居住和大多数环境问题的发源地。生态学曾经主要是专注于地球荒野地的生物学家的领域，最近则将探索生态理论的重点转向了城市。城市生态学旨在了解人类福祉与支持人类生活的环境系统之间的联系。越来越多的城市规划师、教育家和决策者都在寻求城市生态学的帮助,以帮助设计一个更可持续、更具韧性或"绿色"的城市未来。有待回答的问题包括:①我们能否提供可靠且环境友好的能源来支持城市新陈代谢?②我们如何在可相互替代的城市土地用途中进行选择(例如城市森林与社区菜园、社区太阳能装置、水处理湿地与低收入住房、社区公园等等)?③我们如何评估每个项目对城市能量收支、水或空气质量以及市民生活质量的潜在影响?④我们如何让公民参与和支持可以促进城市新陈代谢的活动,例如鼓励城市动植物群(urban flora and fauna)、促进生态系统服务、生物多样性等的增强?

随着城市的发展,人们越来越远离为城市和他们自己提供生存所需资源的农村或自然环境。有趣的是,在其历史上,生态学学科,通常更多地关注野生生物和野生系统,而不是人类住区、人类管理和人类干预起主要作用的系统,并将人类与自然隔开来研究。欧洲生态学家率先打破了这个传统,开启城市生态学研究。今天,美国国家科学基金会支持自然—人类系统耦合研究(coupled nature-human systems research)、生态学—生物物理经济学(bio-physical economics)以及生态经济学,强调工业和自然能量流动、生态系统服务功能、生态系统可持续性和生态系统的韧性。这些尝试重新唤醒人们去了解和重视生物物理世界对维持城市的重要性。理解这种联系应该有助于我们教育后代知道这两者之间的联系是多么的重要。

此外,当必须做出影响城市居民及其环境的艰难抉择时,强调从系统的角度研究城市生态学,应该会导向更明智的决策。正如人们经常说的,无知可能是一种幸福,但城市居民和他们选举的政府往往做出代价高昂的决定,这些决定有时是目光短浅的。杰伊·福雷斯特(Jay Forrester)在1961年出版的《城市动力学》(Urban Dynamics)一书中指出,那个时代的许多决定给许多美国城市带来了意想不到的负面影响,尤其是美国"锈带"地区的城市,这些城市因大量工业关闭而陷入经济衰退(Forrester,1961)。他还指出,如果决策者缺乏跨系统思考的训练以及缺少对社区的长期影响的评估,就会造成很大问题。一个当时流行的例子是在内城建设低收入补贴住宅的"项目"。它不仅为居住在那里的人们创造了一个不人道的环境,造成了犯罪和社会困境,而且还导致投资远离内城,占用了本可以用来建设新产业的优质房地产资源。人们的工作和收入是他们真正需要的东西,包括良好的住房,只有这样才能拥有高质量的生活。

当你读完本书时,我们希望贯穿始终的系统视角能让你更好地了解如何将气象学、水文学和能源的生物物理系统,与社会科学视角的心理感知、决策制定等表征人类社会系统的行为相结合。这两种视角和两类系统都会影响我们创建与管理建成环境的方式,并影响我们购买的东西和处理它的方式。同时,这些相关决定又反过来影响我们赖以生存的生物物理资源(图 1-3)。如果我们能够理解所有这些因素以及随着城市化而变化时它们之间的相互作用,我们就将会更

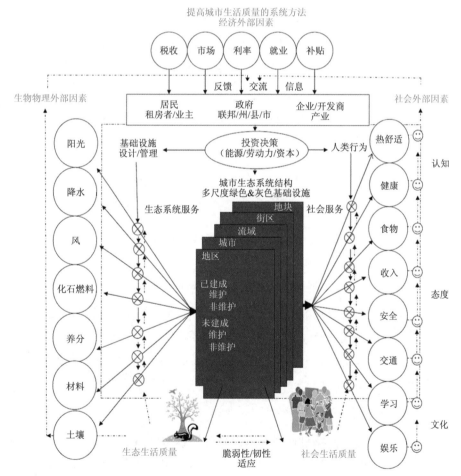

图 1-3 决定城市生态系统代谢以及社会和生态生活质量的社会生态因素的图解系统模型

资料来源:默纳·H. P. 霍尔。

有可能减轻城市化带来的不利影响，并有利于形成更可持续的解决方案，以支持韧性城市发展。

最后，学习城市生态学，了解你周围的世界是如何运作的，成为受过教育的人本身就是一件好事。生态学和化学、生物学、物理学一样，是一门有助于理解的科学。本书的作者相信，当你了解了周围世界的生态，包括城市，与你学习艺术史或欣赏音乐一样，对于创造充实而有趣的生活意义重大。在早期专注于"野生"①系统的生态研究中，我们已经了解了很多关于生态系统如何组织和维护的知识，这些知识同样适用于城市。随着物种在新栖息地的进化，城市反过来又提供了有趣的温室和易于接近的生态系统，以供观察和研究，例如城市热岛给树木和人带来压力，土壤被压实但植物仍能找到生存之道等。新发现可以带来新发明，而且城市生态学也提供了探索生物物理世界和社会经济世界之间的紧密联系的机会，这对于设计我们的未来至关重要。即使你并不准备成为著名的生态学家，这种对重要的环境和社会问题进行广泛及批判性思考的能力也会对你和你周围的人在物质和精神上有所裨益。

三、分析方法

生态学研究通常使用一些共同货币（交易媒介），例如能量或物质，来追踪生态系统组成部分之间的流动，并探索它们对不同输入（如阳光、降水、养分和能量）或对变化（如捕食、剥削和人口增长）的敏感性。本书旨在探讨城市生态系统的主要子系统以及支持城市生活质量的每个子系统的特定流量，其中包括水文系统、气候系统、大气系统、能源系统、养分循环系统、物质循环系统、生物系统、经济系统和社会系统。人类决策如何影响这些系统的流量是理解城市生态系统结构和功能的关键。

1. 系统生态学方法

尽管现在生态学领域对自然—人类系统耦合研究给予了很多关注，但他们倾向于仅将人类系统视为改变自然世界的来源。相比之下，从系统生态学的角

---

①　这里使用"野生"而不是"自然"系统，因为作者认为人是自然的一部分，他们所做的都是自然的。

度来看，人类是自然的一部分，就像鱼、熊和海龟一样。它们的代谢需求，它们对生态系统材料和资金流动的控制，可以用与量化其他生物体的这些因素相同的方式来测量和建模。从系统生态学的角度来看，还需要社会科学研究来了解驱动人类选择的各种因素，以及我们如何看待构成这些选择的环境风险和影响。将社会科学和自然科学联系起来，以全面评估人类在生态系统功能中的作用至关重要。生态学，尤其是 H. T. 奥杜姆所提出的系统生态学建模视角，提供了最有效地做到这一点的视角和分析工具(H. T. Odum，1983)。

　　传统上，人们将生态系统一词应用于生活在由不同气候和地质条件组成的环境中的自然生物群落，这些环境共同产生了非常不同的结构，例如沼泽、森林、沙漠或池塘。因为生态学通常被认为是生物学的一个分支，是研究活生物体的一般科学，所以生态学研究的重点是这些系统的生物学。这是非常不幸的，因为生态学应该研究整个系统，包括物理、化学、水文学和其他非生物的部分。换句话说，由于人类的存在以及他们为调节城市生活而创建的机构，对城市系统的研究传统上主要是社会科学家的领域。然而，人类与任何其他生物一样，都是大自然的一部分，包括他们依赖自然生态系统获取资源和处理废物。就城市而言，虽然其物理结构与更"自然"的系统有很大不同，主要是基于石油时代推动的技术，但在生物和非生物成分之间表现出相同的功能关系。生物体，包括人类，可以在许多不同的层次予以研究，从蛋白质和核酸到它们在生态系统中的作用，再到生物圈以及许多不同的学科，如生物学、生理学或心理学等，也都有涉猎。由于生态系统的复杂性，生态学必须是多学科的，或者说是跨学科的，它应该是关于部分之间和部分之间关系的研究，它应该包括地质学、地理学、生物地球化学、水文学和心理学等几个基本学科。因此，使用系统生态学方法来理解城市生态系统不同组成部分之间的关系，比单独学科的研究更合适，如果我们要为今天和明天创建可持续的城市社区，这是非常必要的。

　　然而，生态学领域长期以来一直忽视生态系统中的人类成分，社会学家长期以来也忽视了人类活动和行为的生物物理基础。因此，我们试图在本书中将生态学扩展为社会学—生态学(sociology-ecology)，这是一种系统视角。科学界的领导者，尤其是欧洲和最近的美国，一直在推动自然科学家和社会科学家共同从事社会生态研究。挑战来自如何让生物物理科学家与社会科学家有效互动，反

14

之亦然(Lockaby et al.,2005)。由于人类依赖于社会和生态系统,而城市在很大程度上是由人类主导的生态系统(Grove and Burch,1997;H. T. Odum, 1971;Redman et al.,2004;Vitousek et al.,1997),因此探索结合方法的概念、方法和语言至关重要。哈贝尔等人(Haberl et al.,2006)确定了四个对社会生态研究至关重要的主题,这些主题有助于真正跨学科参与:社会生态代谢、土地利用和景观、治理、交流沟通。在这本书中,我们以这四大支柱为基础,将社会生态代谢作为整合的概念"黏合剂"。它们包括土地利用和城市景观的冲突与权衡,以及政府和公民为各种城市社会生态问题寻找可持续、具有成本效益的解决方案的需求与限制。学生将通过随附的实习了解如何制作评估新陈代谢基本过程的模型(以定量图的形式)。这种综合性的行动有助于评估和传达拟议管理决策的影响,并为决策对话提供信息。

15

　　从实践的角度来看,让我们考虑一些来自世界各地城市的例子。这些例子都因缺乏系统视角或对社会代谢的理解而导致意想不到的结果。福雷斯特(Forrester,1961)将这些称为违反直觉的结果,或在没有系统思考的情况下制定的政策的意外后果,即没有考虑整个系统的响应。他以20世纪60年代美国芝加哥和纽约布朗克斯(Bronx)等地盛行的内城高层低收入住房开发项目为例,其中大部分现在已被拆除。这些项目原本是为了提供住所,后来实际上成为犯罪的滋生地。原本这些宝贵的城市土地,通过其他类型的开发项目,可为城市失业者和就业不足者提供更多就业机会。内城高层低收入住房开发项目导致税基减少,城市学校资金减少,为警察部队过度征税以及中心城市的总体城市衰落。另一个例子是罗斯福时代制定的红线政策。该计划旨在启动美国的住房建设和改造投资,根据房产是否位于地方当局划定的指定投资的绿线、蓝线、黄线或红线区,按总贷款的不同百分比为银行贷款提供担保"风险"水平。这些政策的遗留问题是,因为找不到资金为居住在那里的人们提供再投资,美国各地的城市特别是东北部的城市,直到今天内城街区都极度破败,到处都是木制的空置房,处于衰退的后期阶段。第三个例子是在美国各地建设穿入城市中心的超车道高速公路。最初该类项目被预计会对城市商业有好处,但最终却因为没有考虑对社会的所有潜在影响而导致政策失败。从艾森豪威尔时代(the Eisenhower era)的这项计划,可以看到美国主要城市后来都拥有了嘈杂的高架公路,尽管郊区的人们更容易到市中心上下班,但也加快了城市扩散和城市衰退,并让这些人付出更多的通勤费用。2007 年,马萨诸塞州波士顿市完成了耗资 220 亿美元的"大挖掘"(Big Dig)项目,将高架州际公路埋到地下,促进内城与海滨和北端社区(the North End neighborhoods)重新连接起来,增强了城市的社会和经济代谢能力,但由于多年前缺乏系统考虑,最终导致了波士顿市的巨额公共开支。

相比之下,巴西库里提巴市前市长贾米·勒讷(Jaime Lerner)就是一位系统思想家。他认识到城市的生计是第一位的。在众多创新性城市项目中,他实施了一个系统,为失业家庭提供附近农场的新鲜水果和蔬菜,以换取他们从城市街道收集的可回收物。回收物的收益返还给农场的农民,用于补贴为失业家庭提供水果和蔬菜造成的损失。这样,内城没有了垃圾,而且变得充满活力。蔓延不是问题,因为城市是一个非常理想的栖息地,农田得到保护,因此附近仍然可以生产新鲜食物(Adolphson,2001)。如果我们选择经常用绷带包扎城市伤口,反而会加剧城市问题;正确理解一个系统的生态学和经济学,可以增强生态系统的功能,就像在库里提巴所看到的那样。

2. 社会生态代谢

我们选择社会生态代谢作为研究城市生态概念分析范式的原因有三个:

(1)所有有运动的过程,也就是说,基本上发生在城市中的一切,都具有热力学上的必然性,与能量的流动和转移相关并依赖于能量的流动和转移,即能量利用代谢,代谢由能量的生产、捕获或产生以及呼吸或消耗组成(见第二章)。副产品或代谢物包括受关注的污染物:污水、二氧化碳、燃烧颗粒物和过量的营养物(见第六、八、九、十章)。因此,代谢作为一个概念,整合了许多城市过程,并且与研究评估土地利用和土地覆盖变化对未来可持续性的影响特别相关。

(2)代谢是显示所有城市过程的连通性、相对重要性和某种程度相似性的一种手段,无论是严格的生物物理过程还是社会过程。社会生态代谢已被证明在认识和理解城市方面具有巨大的力量(Baccini and Brunner,1991;Decker et al.,2000;Haberl et al.,2006;Kennedy et al.,2007;Newman,1999)。特别是哈贝尔等人(Haberl et al.,2006)的研究已经表明,代谢在概念上与城市的社会观点并不分离,而且代谢是城市的核心。从某种意义上说,人类决策是一种指导、控制或增强代谢的手段。甚至金钱也可以被视为对能量的留置权,因为没有能量流动,金钱就没有价值。2015 年,在美国,每 1 美元的经济活动需要大约 6 mJ(百万焦耳的能量)(Hall et al.,2008)。今天的城市几乎总是支持比生产更多的消耗,无论是食物还是化石能源,它们总是依赖于外部生产而获得(Hall,2011)。

(3)关注城市代谢的第三个原因是,城市代谢的大部分城市能量来自化石燃料,尤其是石油、煤炭和天然气,其中石油对于运输从一个城市到另一个城市所需的能源变得越来越重要。在本书许多读者的有生之年,由于价格上涨和实际物质短缺,这些燃料可能会变得越来越难以获得(Hall and Day,2009;Hall et al.,2008)。2008 年下半年的大部分金融危机都归因于前 13 个月油价上涨导致可支配收入的损失(Hamilton,2009)。我们认为,油价上涨和实际短缺的可能性很大,是城市领导和居民必须面对的关键问题,这为评估社会生态流动与人类活动之间的关系、可能缓解气候变化的影响提供了强有力的依据。在许多气候/能源政策讨论中,绿色基础设施正在作为一种缓解形式得到推广。

四、分析工具

生态学家使用许多诊断和分析工具来认识、了解生物与其环境之间的关系。我们将在此处从概念上描述其中的几个,以便满足你评估生态系统结构和功能、生态系统组件之间的关系以及可持续性的需要。作为初学者的生态学家,给你的第一个建议是简单地观察和思考:为什么生态系统的某些组成部分会出现在它们所在的位置? 它们是如何维持生命的? 对于植物和动物,你可能需要考虑它们是在哪里进化的? 它们如何在城市中生存? 它们如何获得食物、阳光和水分? 它们如何影响其他生物的环境或反过来被影响? 或者它们如何改变它们的生物物理环境或被其改变? 这些问题同样适用于人类。

1. 环境梯度分析

一种更正式的方法是收集生物体样本,并根据收集样本的不同环境因素来评估样本中的变化。这种方法通常被称为环境梯度分析(environmental gradient analysis),每个因素都可以被认为存在环境梯度(从高到低的变化),比如河水中的养分浓度或城市街区的树冠覆盖百分比。梯度分析首先假设生物体在其生态最优或生态梯度空间的中心生长和生产最好，即它利用的环境优势，随着时间的推移而进化。几乎所有的生物有机体都受温度控制。当它们遇到的温度越来越远离它们的生态最佳时，它们会达到能量储备低到无法生产的阈值（threshold）和无法生存的另一个阈值（Hall et al.，1992）。

在城市生态学中，研究城市化引起的生物体丰度变化的办法之一，是沿着城乡梯度进行研究（Luck and Wu，2004；McDonnell and Pickett，1990）。如果该梯度一端包括工业化出现之前该地区存在的环境类型，那么，梯度以时间代替空间，就使我们能够看到该地区过去可能存在的生态环境。土壤、溪流、植被和栖息在其中的生物沿着这样的梯度发生了巨大的变化（图1-4）。与从不发达到非常发达的景观的简单梯度（即城乡梯度）相比，沿着环境梯度评估物种的存在/不存在、丰富度或丰度，可以为我们提供更多信息。例如，你可以沿着土壤有机质（从无到大量）或土壤容重（soil bulk density）（从松散到压实）或养分有效性（nutrient availability）（从高到低）的梯度进行评估，这对城市可持续发展具有重要

18

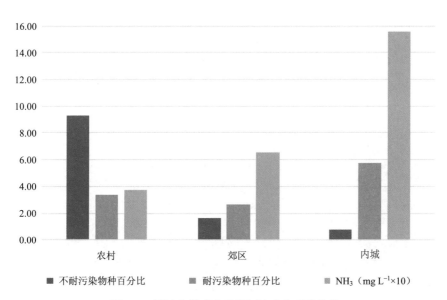

图 1-4　沿城乡梯度变化的河流生态系统结构

注：每个地点（农村、郊区、内城）的样本百分比，由不耐污染与耐污染底栖大型无脊椎动物物种组成。请注意，氨（NH_3）的环境梯度浓度增加，而不耐污染物种的百分比下降。

意义。当城市土壤中缺少土壤生物时,克服这种生物缺乏需要巨大的经济成本,如通过添加通常从遥远地点运来的有机物质,或清除没有生物将其重新变成土壤的落叶。例如,如果我们希望维护一个为城市居民提供凉爽和美感的城市森林,土壤生物替代的成本,可能无法持续很长一段时间,因此,这种类型的生态研究使我们能够评估如何重建城市土壤群落,以完成永久维护森林所需的工作。

2. 相关性分析

假设你对有机体的分布和丰度进行了一些控制,可用于此类研究的另一个简单工具是探索你收集的样本(例如每个地点发现的生物体数量)与不同环境因素(例如温度、土壤 pH 值或每小时通过的汽车数量)的测量值之间的相关性,也就是皮尔逊相关系数,R^2 告诉你因变量[例如来自纽约市饮用水流域的总磷(TP)的数量]与流域中铺砌的或不透水表面面积的相关程度。在我们的例子中(图 1-5),R^2 等于 0.621 5,这意味着测量的 62% 的总磷值变化可以通过每个流采样点上方的不透水表面面积来解释。

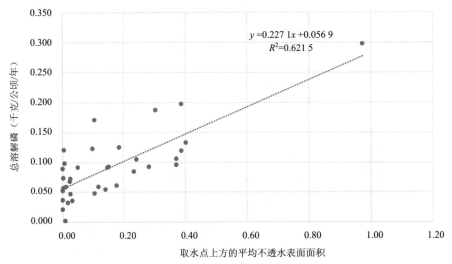

图 1-5　因变量[纽约市流域河流样本中总溶解磷(TDP)量]
与自变量[每个采样点产生径流的平均不透水表面面积(IS)]之间的相关性

注:平均不透水表面面积测量自 2002 年国家土地覆盖数据集中的 IS 在位于
贡献区域的总单元格中的每个 30 米×30 米单元格中所占百分比的平均值。

资料来源:Myers et al.,2011。

R^2值为 0 表示没有相关性，值为 1 表示完全相关。当将自变量作为 x 轴上的梯度、因变量作为 y 轴上的梯度进行绘图时，等于 1 的 R^2 将用 45°角的直线表示。这种类型的分析可以更进一步，使用统计分析包来确定哪些因素共同解释了样本中的大部分变化。这称为多元逐步回归分析。在这种情况下，R^2告诉我们数据中有多少变化是由与观察到的分析物数量相关的每个因素解释的。在以下方程中，对纽约市卡茨基尔山脉(Catskill Mountains)流域河流中土地利用养分输出的研究，对产生的总溶解磷(TDP)量的逐步回归分析 $R^2=0.77$(Hall and Myers,2011)。这意味着这些流中 TDP 量的 77% 的变化可以通过多种因素来解释，包括农业土地利用(AGR)、不透水表面面积(MeanIS)、以地块数量定义的地块密度(ParDen)和土壤可蚀性因子(Kfact)的组合：

$$TDP(kg/ha/yr) = 0.398\,89 + 0.228\,38(AGR) + 0.218\,17(MeanIS)$$
$$- 0.004\,51(ParDen) - 1.548\,74(Kfact) \qquad (1\text{-}1)$$

饮用水中的磷和氮需要监测及控制。当应用于这些和许多其他未受损害生态系统功能的重要指标时，这种方法论使我们能够认识和了解城市化或其他人类土地利用是否以及何时可能破坏城市长期可持续发展所依赖的自然系统，即生态系统服务功能，如清洁未经过滤的饮用水。

3. 生态足迹分析

考虑城市生态系统是否可持续的一个有趣的方法是计算城市地区对更广泛地理区域的需求以及该地区提供的资源，即必须在其他地方提取多少能量或任何物质材料来支持一个家、一个街区或是一个城市本身的生活方式？这被称为生态足迹分析(ecological footprint analysis)(Wachernagel and Rees,1996)。2006年，不列颠哥伦比亚省温哥华市的计算显示，其生态足迹为 10 071 670 全球公顷(global hectares,gha)，约为城市本身面积的 36 倍，这样才能支持城市的代谢(Moore et al.,2013)。食品生产是这个面积的最大的组成部分(见第十四章)。

4. 系统流图

图解模型，例如系统动力学流图，是一种非常有用的分析工具，可以帮助我们了解城市环境不同组成部分的功能。由于其对电气系统电路语言的兴趣，H. T. 奥杜姆发明了这种类型的图表来跟踪生态系统中能量存储和流动的变化

(H. T. Odum,1971)。为了制作这样的图表,人们就得根据能量和物质流以及对这些流的控制来考虑系统中最重要的组成部分。制作图表的行为还可以帮助我们了解这些元素是如何连接和相互作用的。通过确定城市能量或物质材料的输入、转化和输出,可以建立计算机模型,计算和模拟生态系统存量与流量的变化。如果其中一项输入发生变化,例如消费模式改变或实施再利用废料的方法变化,整个系统都将最终发生变化(见第十章)。

　　图 1-6 是祖凯托(Zucchetto,1975)为佛罗里达州迈阿密市创建的最早的城市系统动力学流图之一。这幅图绘制并计算了自然和人造的土地、能源和物质材料的流动与储存,它们如何进入城市的生产活动,如开发和工业活动,产生的反馈,造成的废物,以及政府和个人对这些流量的控制。实际上,这幅图与图 1-3所示的概念模型没有什么不同。因此,该图可能需要修改以反映现代城市的代谢过程(见第五章)。

21

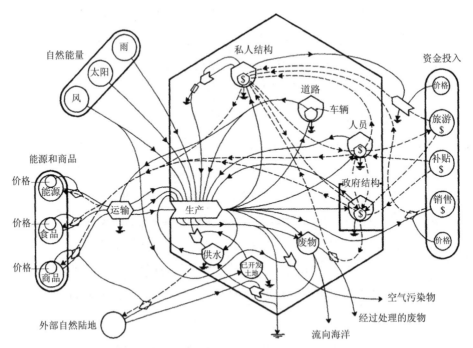

图 1-6　佛罗里达州迈阿密系统流图

资料来源:Zucchetto,1975。

5. 能源投资回报（EROI）分析

为了了解城市对能源的巨大依赖，以及使用风能、太阳能和生物燃料等替代传统化石燃料，看看能源是否能让城市保持目前的运转状态，需要评估单位能源投资回报（per unit energy return on unit of energy invested，EROI），以获取当前生活方式所需的单位能源消耗量。世界各地的绿色燃料（green fuels）、绿色基础设施（green infrastructure，GI）和绿色工作的倡导者提出了各种基于自然的技术作为振兴城市经济的手段（UNECE，2011）。虽然已经研究了其中的许多好处，但尚未对它们之间的权衡（trade-off）进行研究。它们中的许多设施在安装和维护过程中都非常耗能。在有限的城市空间中，一种绿色基础设施可能会排除其他绿色基础设施。霍尔等（Hall et al.，2013）评估了三种社区绿化策略的能源成本和收益——植树、屋顶太阳能（热水加热）系统和城市食品生产——后发现，太阳能热能产生的单位能源投资回报是城市食品生产的两倍，是城市森林的三倍以上（表 1-3）。

表 1-3　纽约州锡拉丘兹近西区社区的三个拟议城市绿化解决方案的年度能源(GJ)成本和收益　22

绿色战略	成本	收益	净能(net energy)	单位能源投资的 单位能源回报(EROI)
植树①	20.5	21.83	1.33	1.06∶1
太阳能②	103	370	267	3.6∶1
食品生产③	170	320	150	1.9∶1

注：①能源成本等于实施和维护成本，树木的能源收益与减少雨水径流有关，从而降低污水处理（泵送和化学品）成本和家庭空调成本（见第八章）。

②太阳能热能带来的能源收益是减少用于加热水的电能消耗。

③食品生产的能源收益是提供给公民饮食的卡路里，全部以千兆焦耳计算。

6. 能值分析

最后，系统流图和能源分析的扩展是能值分析（emergy analysis），用它计算社会使用的每种物质材料产品中包含的隐含能源（embodied energy），包括工业能源（例如化石燃料）和自然能源（包括阳光、雨水等）以及如何通过使用进行转换（H. T. Odum，1988）。隐含能源是为生产某种东西而消耗的所有能量。它可以包括原材料提取的能源成本、将这些材料转化为一些可用产品的能源成本、将产品推向市场的运输能源成本等。能值分析的例子是用于计算中国北京和台北的城市社会经济代谢（Huang et al. , 2006; Zhang et al. , 2009; Zheng et al. , 2017）。其他示例在第十章和第十五章中给出。

以上各类型的分析，每一种都旨在帮助社会评估我们的生活方式或文化对自然环境的影响，并评估什么是可持续的，什么是不可持续的。

五、结论

面对日益城市化的世界，城市生态学研究至关重要。城市和国家面临着我们赖以生存的自然系统和我们居住的城市栖息地的退化。本章描述的科学方法为理解我们生活的世界（即城市生态系统的结构和功能）提供了合理的经过测试的工具，也提供了评估替代选择之间权衡的方法，我们在努力保护环境和社会生活质量时必须考虑这些选择。

本书将鼓励使用科学方法，以避免出现看似有用、但有时只是权宜之计的政策，这些政策通常基于直觉或文化诱导的感知，而不是基于数据的分析。正如我们从这里列出的几个例子中看到的那样，解决一个问题的政策，虽然通常是善意的，但实际上可能会加剧另一个问题，导致不受欢迎但不可预见的后果。分析方法和分析工具，首先是为了了解生态系统的各个组成部分对变化的敏感性；其次，是为了了解各种行动的潜在反馈，更有可能为城市问题找到解决方案，从而产生持久的积极成果，而不是浪费金钱或能源，并有望为更可持续和更具韧性的城市做出贡献。

（顾朝林 译，李志刚 校）

参 考 文 献

1. Adolphson DL, Remor R (2001) A tale of two cities: economic development in Southern Brazil. Bridges, 2001 fall report of the Brigham Young University Kennedy Center for In-

ternational Studies

2. Alberti M (2007) Advances in urban ecology: integrating humans and ecological processes in urban ecosystems. Springer, New York

3. Andrewartha HG, Birch LC (1954) The distribution and abundance of animals. Chicago Press, Chicago

4. Baccini P, Brunner PH (1991) Metabolism of the anthroposphere. Springer, Berlin

5. Chandler T (1987) Four thousand years of urban growth: an historical census. St. David's University Press, Lewiston

6. Decker EH, Elliott S, Smith FA, Blake DR, Rowland FS (2000) Energy and material flow through the urban ecosystem. Ann Rev Energy Environ 25:685-740. https://doi.org/10.1146/annurev. energy. 251. 685

7. Douglas I (1983) The urban environment. Arnold, London

8. Federal Register (2010) Proposed urban area criteria for the 2010 census, vol 75, 163rd edn. US Dept of Commerce Bureau of Census, Washington, DC

9. Forrester J (1961) Urban dynamics. MIT Press, Cambridge

10. Fountain H (2010) The utility degree: 10 master's degrees for the new world order: urban environment; sustainability comes of age. The New York Times Education/Life Supplement, January 3, 2010

11. Fuller B, Romer P (2014) Urbanization as opportunity (English). In: Policy research working paper; no. WPS 6874. World Bank Group, Washington, DC. http://documents. worldbank. org/curated/en/775631468180872982/Urbanization-as-opportunity

12. Gosz J, Holmes RT, Likens GE, Bormann FH (1978) The flow of energy in a forest ecosystem. Sci Am 238:92-102

13. Gouravitch P, Bendicksen J (2008) Jonas Bendicksen: The places we live. Aperture, New York. https://www. magnumphotos. com/arts-culture/jonas-bendiksen-the-places-we-live/

14. Grove JM, Burch WR (1997) A social ecology approach and applications of urban ecosystem and landscape analyses: a case study of Baltimore, Maryland. Urban Ecosyst 1: 259-275

15. Haberl H, Winiwarter V, Andersson K, Ayres RU, Boone C, Castillo A et al. (2006) From LTER to LTSER: Conceptualizing the socioeconomic dimension of long-term socio-ecological research. Ecol Soc 11 (2): 13. http://www. ecologyandsociety. org/vol11/iss2/art13/

16. Haeckel E (1866) Generelle Morphologie der Organismen. Allgemeine grundzüge der organischen formenwissenschaft, mechanisch begründet durch die von Charles Darwin reformirte descendenztheorie, translated by Stauffer 6, p 140

17. Hall CAS, Day JW Jr (2009) Revisiting the limits to growth after peak oil. Am Sci 97: 230-237

18. Hall CAS, Powers R, Schoenberg W (2008) Peak oil, EROI, investments and the economy in an uncertain future. In: Pimentel D (ed) Renewable energy systems: environmental and energetic issues. Elsevier, London, pp 113-136

19. Hall CAS, Stanford JA, Hauer FR (1992) The distribution and abundance of organisms as a consequence of energy balances along multiple environmental gradients. Oikos 65(3): 377-390

20. Hall M, Sun N, Balogh S, Foley C, Li R (2013) Assessing the tradeoffs for an urban green economy. In: Richardson RB (ed) Building a green economy: perspectives from ecological economics. Michigan State University, East Lansing, pp 151-170

21. Hall MH, Myers S (2011) Calculation of future nutrient export (tons/ha/yr) based on land use projections and the statistical relation derived between export coefficients and land qualities, In: Hall MH, Germain R, Tyrrell M, Sampson N (eds) Predicting future water quality from land use change predictions in the Catskill-Delaware watersheds. August 2011, pp 241-287. https://www.esf.edu/cue/documents/Catskill_Delaware_study.pdf. Accessed Oct 2018

22. Hall MHP (2011) A preliminary assessment of socio-ecological metabolism for three neighborhoods within a rust belt urban ecosystem. Ecol Model 223:20-31

23. Hamilton JD (2009). Causes and consequences of the oil shock of 2007-08. Brookings Papers Spring 2009. http://www.brookings.edu/economics/bpea/~/media/Files/Programs/ES/BP. Accessed June 2009

24. Huang SL, Lee C-L, Chen CW (2006) Socioeconomic metabolism in Taiwan: emergy synthesis versus material flow analysis. Resour Conserv Recycl 48:166-196

25. Kennedy CA, Cuddihy J, Engel-Yan J (2007) The changing metabolism of cities. J Industr Ecol 11:43-59. http://www.mitpressjournals.org/doi/abs/10.1162/jiec.0.1107

26. Krebs CJ (1978) Ecology: the experimental analysis of distribution and abundance. Harper & Row, New York

27. Lockaby BG, Zhang D, McDaniel J, Tian H, Pan S (2005) Interdisciplinary research at the urban rural interface: the West GA project. Urban Ecosyst 8:7-21

28. Luck M, Wu J (2004) A gradient analysis of urban landscape pattern: a case study from the Phoenix metropolitan region, Arizona, USA. Landsc Ecol 17(4):324-339

29. McDonnell MJ, Pickett STA (1990) Ecosystem structure and function along urban-rural gradients: an unexploited opportunity for ecology. Ecology 71:1232-1237

30. Moore J, Kissinger M, Rees WE (2013) An urban metabolism and ecological footprint assessment of Metro Vancouver. J Environ Manag 124:51-61. https://doi.org/10.1016/j.jenvman.2013.03.009

31. Myers S, Hall M (2011) Statistical evaluation of the importance of watershed landscape characteristics, including land use/land cover, to the export of individual analytes from

watersheds, Sect. 4.2.5 In: Hall M, Germain R, Tyrrell M, Sampson N (eds) Predicting future water quality from land use change projections in the Catskill-Delaware Watersheds: revised final report of the New York State Department of Environmental Conservation. The State University of New York College of Environmental Science and Forestry and the Global Institute of Sustainable Forestry Yale University School of Forestry and Environmental Studies, Syracuse, pp 223-240. Available at: www. esf. edu/ cue/documents/Catskill_Delaware_study. pdf. Accessed 14 Dec 2018

32. Newman PWG (1999) Sustainability and cities: extending the metabolism model. Landsc Urban Plan 44:219-226

33. Odum EP (1968) Energy flow in ecosystems: a historical review. Am Zool 8:11-18

34. Odum HT (1962) Ecological tools and their use: man and the ecosystem, Proceedings of the Lockwood conference on the suburban forest and ecology. Connecticut Agricultural Experiment Station, New Haven

35. Odum HT (1971) Environment, power and society. Wiley, New York

36. Odum HT (1983) Systems ecology: an introduction. Wiley, New York, p 644

37. Odum HT (1988) Self-organization, transformity, and information. Science 242: 1132-1139

38. Randers J (2012) 2052: a global forecast for the next forty years. Chelsea Green Publishing, Vermont, p 62

39. Redman CL, Grove JM, Kuby LH (2004) Integrating social science into the long-term eco-logical research (LTER) network: social dimensions of ecological change and ecological dimensions of social change. Ecosystems 7:161-171

40. Sayre HM (2013) Discovering the humanities, 2nd edn. Pearson, New York

41. Stauffer RC (1957) Haeckel, Darwin, and ecology. Q Rev Biol 32:138-144

42. Tansley AG (1935) The use and abuse of vegetational concepts and terms. Ecology 16 (3):284-307

43. United Nations (2018) World urbanization prospects: the 2018 revision. https://population. un. org/wup/Publications/Files/WUP2018-KeyFacts. pdf

44. United Nations Economic Commission for Europe (UNECE) (2011) UNECE, UN-HABITAT and partners hold green infrastructure events in run-up to rio + 20. http:// www. unece. org/press/pr2011/11env_p04e. htm

45. Vitousek PM, Mooney HA, Lubchenco J, Melillo JM (1997) Human domination of Earth's ecosystems. Science 277(5325):494-499

46. Wachernagel M, Rees W (1996) Our ecological footprint, reducing human impact on the Earth, The new catalyst bioregional series. New Society Publishers, Philadelphia

47. Zhang Y, Yang Z, Yu X (2009) Evaluation of urban metabolism based onemergy synthesis: a case study for Beijing (China). Ecol Model 220(13-14):1690-1696

25

48. Zheng H, Fath BD, Zhang Y (2017) An urban metabolism and carbon footprint analysis of the Jing-Jin-Ji regional agglomeration. J Ind Ecol 21(1):166-179. https://doi.org/10.1111/jiec.12432

49. Zucchetto J (1975) Energy-economic theory and mathematical models for combining the systems of man and nature, case study: the urban region of Miami, Florida. Ecol Model 1:241-268

深 入 阅 读

1. Fischer-Kowalski M (1998) Society's metabolism—the intellectual history of materials flow analysis. Part I: 1860-1970. J Ind Ecol 2(1):61-78

2. Kennedy C, Pincetl S, Bunje P (2011) The study of urban metabolism and its applications to urban planning and design. Environ Pollut 159(8-9):1965-1973

3. Tarr JA (2002) The metabolism of the industrial city: the case of Pittsburg. J Urban Hist 28(5):511-545

4. Warren-Rhodes K, Koenig A (2001) Escalating trends in the urban metabolism of Hong Kong: 1971-1997. Ambio 30(7):429-438

5. Wolman A (1965) The Metabolism of cities. Sci Am 213:156-174

第二章 生物物理学与系统科学视角下的城市生态学

查尔斯·A. S. 霍尔①

城市是过去一万年来自然和人类文化共同的、自然的特征体。从生态学上来说,自然城市和人类城市都是动物生活集中、能源消耗(呼吸作用,respiration,R)密集、物质积累和流动集中的区域。它们需要城市以外更大的净生产(net production,P)区域来生产城市区域内使用的食物和其他资源,以及大量辅助能源将食物和其他需求转移到城市并清除废物。自然生态系统和城市之间有许多相似之处。两者都包含非生物的(岩石、水、矿物质、养分、房屋)和生物的(树木、植物、动物)结构。例如,森林生态系统形成了土壤(非生物结构),树木(生物结构)捕获太阳能并将能量提供给包括土壤的生态系统的其他部分。这种能量对于建造结构至关重要,而结构对于保持系统继续捕获和利用传入的太阳能以及捕获和保持水及回收废物的能力也至关重要。本章给出了各种例子,说明城市生态系统在结构和功能上如何与自然生态系统相似并得出结论,因为人类是生物圈的一部分,城市是真正的自然系统。本章还得出结论,前新石器时代(石器时代)人类社会与新石器时代社会,或新石器时代社会与现代工业社会之间的主要区别在于,创建和维护现代城市令人难以置信的基础设施所需的能源量。现代城市地

---

① 美国纽约州锡拉丘兹市,纽约州立大学环境科学与林业学院环境与森林生物学系;美国纽约州锡拉丘兹市,纽约州立大学环境科学与林业学院环境科学系;邮箱:chall@esf.edu。

区的人均 GDP、能源消耗和温室气体排放量，比贫穷国家高出 2～3 个数量级。这表明城市化并不能解决 21 世纪与资源稀缺相关的问题。

28 ## 一、引言

城市是当代地球景观中明显且将长期存在的一种类型。大约 5 000 年前，人类就创建了有特色的城市地区，即高度半永久性集中居住、社会分层、纪念性建筑、大型公共工程项目等（Day et al. ,2007,2012）。第一批城市的出现代表了我们现在所说的文明内涵，这也是早期的国家形态和人类复杂社会组织的开始。这些城市主要分布在沿海地区和下游河谷，这与末次冰期（last glaciation）末海平面稳定后沿海边缘生物生产力（biological productivity）的急剧增加有关。这种生物生产力提供了源源不断的能量补贴（energy subsidy），使人类能够从村庄/农业组织跨越到更大的城市地区生活。城市地区代表了"自然"，也就是人类未触及的世界和人类所改造的世界之间的最大差别。让这个"自然"世界变得比以往任何时候都更丰富、更强大。现在世界上有越来越多的城市，人口超过 100 万的城市有 500 多个，世界的大部分地区已经被 1 000 万或更多人口的"巨型城市"（megacity）所操控。许多环保主义者（environmentalists）不顾今天城市发展的现状，鼓动人类"回归自然"，退回到更简单、据称对生态环境影响较小且更自然的生活方式（例如 Bookchin,1992;Devall and Sessions,2007）。但是，城市是不自然的吗？我们在自然界中找到城市了吗？它们与人类城市有何相似之处又有何不同？我们如何将城市视为生态实体？当我们研究人类城市在历史上的作用和活动及其与能源使用的关系时，我们将尝试回答这些问题。

我们应该如何看待城市？

印度斯坦（Indostan）的六个人

对学习非常有兴趣，

谁去看大象（虽然他们都是瞎子），

每个人都通过观察

可能会满足他的心。

……

约翰·戈弗雷·萨克斯(John Godfrey Saxe,1816~1887)①

印度有一个古老的故事,讲的是六个有学识的盲人被带到一头他们不熟悉的大象面前并被要求描述这头大象。有人摸大象的身子说大象像墙,有人摸大象的鼻子说大象像蛇,有人摸膝盖说大象像树,等等。换句话说,对于那些经历不同或观点不同的人来说,大象是许多不同的东西,但事实上,大象就是所有这些东西,甚至更多。同样,城市也是由许多不同的事物组成,这取决于不同的人体验它的方式或根据他们的背景解释他们的体验。因此,正如其他章节所分析的,城市可以被视为历史、人口统计、地理、文化或经济实体,这取决于进行描述的人的观察和背景。最根本的是,城市可以被视为社会和生物物理实体。本章是关于城市的生物物理特性(biophysical properties)和特征(characteristics),下一章重点是社会视角。我们认为,必须首先考虑生物物理特性,因为所有其他特性至少在某种程度上取决于生物物理特性,通常这些特性决定了城市的位置、经济状况并最终决定人们采取什么样的生活方式。考虑到这些生物物理特性,里斯(Rees,2012)认为:现代工业社会和现代城市本质上是不可持续的,从能源的角度来看,"城市是自组织的远离平衡的耗散结构,其自组织完全依赖于获取丰富的能源和物质资源"。

城市的生物物理特性包括它在地球上的位置、地理环境(geographical setting)、气候、土壤、地貌、与河流和海洋的关系,以及对可能影响它的自然灾害(例如洪水、飓风、火灾)和支持它的自然资源(包括食物、水和能源)(图 2-1)等的获取。这些资源可能来自当地或邻近地区,也可能通过贸易从更远的地方获得,但它们都是必不可少的。所有这些特征都与城市的成功程度有很大关系,因为它们会随着时间的推移而发展,有时甚至会退化。纵观历史,城市的能源和物质消耗率较高,而且现代城市地区的消耗率显著提高,比工业化前的城市高出几

---

① 这里作者引用 19 世纪美国诗人约翰·戈弗雷·萨克斯的诗《盲人与象》(*The Blind Men and The Elephant*),借喻人们基于不完整数据和片理理解得出对城市的印象。印度斯坦是印度的主体民族印度斯坦族集中居住地。印度斯坦人,属欧罗巴人种印度地中海类型,混有澳大利亚人种成分,祖先可能与农业文明相关联,至少传承了人类的农业文明。印度斯坦语包括印地语和乌尔都(Urdu)语,其中词根"Ur"也许与人类最早的城邦乌尔有关。——译者注

个数量级(Burger et al.,2019)。

30

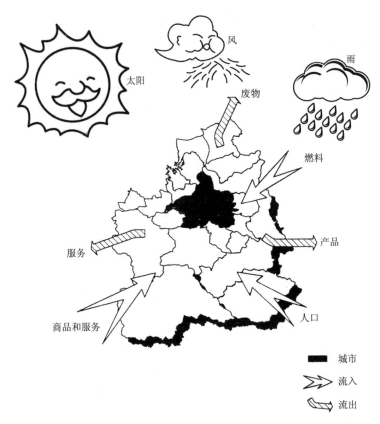

图 2-1　现代城市(中国台湾台北)物质和能量流动的"生态"视图

资料来源:Huang,2003。

1. 地理

我们首先考虑城市的地理环境。城市的最初形成都发生在资源丰富的地区,这些地区提供丰富的自然资源,毗邻水源,提供廉价而远距离的交通路线(Day and Hall,2016)。例如,世界上大多数最大的城市(例如东京、孟买、上海、马尼拉、纽约和伦敦)都位于有防护港(protective harbors)和容易进入海上航线的河口。这些沿海地区还拥有丰富的自然资源,如渔业。美国东海岸的大多数原始定居点都在沿海地区,如萨凡纳(Savannah)、查尔斯顿(Charleston)、纽约和波士顿。此外,还有一连串的城市[奥古斯塔(Augusta)、里士满(Richmond)、华盛顿、巴尔的摩、费城等]位于皮埃蒙特(Piedmont)地区与沿海平原的交汇处,远洋轮船不得不在此停下来,由于这里的河流已无法通航,因此卸货后进一步向内陆运输货物。由于河流落差陡降,这些地区也是水力充沛的地区。乔治·华盛顿最初是一名测量员,通常被认为是美国东西部运输之父,因为他提出了一系列运河的想法,可以将货物穿过"波托马克"(Potowmack)河的下降线,最终连接到俄亥俄州。所有这些想法之所以可以实现,能源都是关键。利用河水或风的船跑运输比牛车需要更少的能源,并且便宜得多。显然,用马或牛运输应尽可能避免山丘。例如,纽约州锡拉丘兹①就位于海拔相对较低的南北和东西走廊(现在拥有州际公路)的交汇处(图 2-2)。科特雷尔(Cottrell,1955)就论述过河流将上游生产的木材和食物带到河口城市的重要性。

2. 气候与肥沃程度

除了地球上最极端的气候外,人类似乎都能适应包括炎热潮湿的热带环境(拉各斯、新加坡、孟买)和季节性寒冷的北方气候(斯德哥尔摩、圣彼得堡、多伦多)在内的所有气候。气候影响人类的主要方式可能是高温限制了人类因过热而无法工作的生理能力。瑞典伐木工人每天可以砍伐的木材可能是马来伐木工人的三倍,但如果你把瑞典人带到马来西亚,一旦他适应了马来西亚,他也只能砍伐与马来人大致相同的木材数量(Sundberg,1988)。另外,无论季节如何,热带林务员或农民每天大约有 12 小时的白日工作时间,而瑞典人在夏季有 16 小时,在冬季只有 8 小时。显然,在热带地区,中午是不宜工作的,因此热带地区的许多农民和店主都早早起床干活,中午因为天气炎热就小睡一会儿,然后下午晚些时候再继续工作。

比温度更重要的是周边地区的生产力或肥沃程度(fertility),这取决于各种因素,包括降雨量及其分布、温度及其年度模式、日长,当然还有土壤肥力(soil fertility)。日长似乎出奇地重要,并且似乎是温带与热带地区农业生产力差异的重要决定因素。与热带地区相比,温带地区每年每公顷玉米(maize,美国用

---

① 锡拉丘兹,或译雪城,绰号"盐城"(The Salt City),美国纽约州中部的交通枢纽,位于两条州际高速公路(81 号高速公路和 90 号高速公路)的交叉点上。——译者注

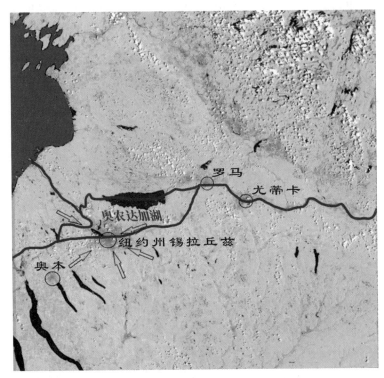

图 2-2　　纽约州锡拉丘兹(圆圈)及其周边地区的卫星影像图

注:图中可以看到曾经为早期人类居民提供许多鱼类的奥农达加湖(Onondaga Lake)。东、西、北、南的山谷中地势相对较低的平地以及丰富的水路(以蓝色表示),使得运输所需的能源相对便宜。目前州际公路还沿着这些较早的路线。其他城市,东边的罗切斯特,西边的罗马、尤蒂卡和奥尔巴尼(都用紫色表示),或多或少地在更大的森林(绿色)和农业生产(粉色)景观中以一定的间隔分布,维持着消费中心的地位。箭头显示为城市提供食物、燃料和纤维的生产投入区的接近程度。

corn)的产量大约高四倍。因为在生长季节,热带地区一天中的白天净生产时间是温带地区的两倍。在热带地区,昼夜比总是接近 1∶1(Rees,2012)。世界各地的土壤肥力差异很大。一般来说,新土壤更肥沃,而旧土壤因为雨水冲刷带走了许多养分,肥力差些。新土壤往往出现在冰川覆盖的地区和火山附近,尤其是河流周期性地在地貌上蔓延的地方,从上游侵蚀的物质在下游得以沉积,从而丰富了河岸两边的土壤。此外,天然草原(natural grasslands)似乎通常会形成特别肥沃的土壤。人类面临的最根本问题之一,尤其是在城市众多的情况下,虽然自然生态系统往往会随着时间的推移维持甚至产生土壤，但一旦自然系统被清除并被农业取代，土壤就会受到侵蚀。正如约瑟夫·塔恩特在第四章中所呈现的那样，世界上到处都是摧毁土壤的古城遗迹。

3. 水

水对生命至关重要。城市要想生存和繁荣，就必须要有充足的水供应。一般来说，雨水落在山区并流向大海。人类以多种方式获取和转移这些水（参见Vörösmarty et al.，2010；Vörösmarty et al.，2015）。水主要被用于农业，但现在水也被越来越多地输送到城市，以满足城市生产、生活和发展的需求。随着城市的发展和当地水源受到越来越多的污染，城市经常不得不向越来越远的地方获取所需的水量和水质。例如，纽约市在 1800 年是从曼哈顿的溪流中取水的，但随着城市的发展改向北到克罗顿流域（the Croton watersheds）取水，后来到数百千米外的卡茨基尔山脉取水，在哈德孙河下建输水通道。可以说，将卡茨基尔山脉的水输送到纽约，确是一项了不起的引水工程！随着城市人口的增长，所有其他大城市，例如菲律宾的马尼拉，都不得不越来越深入到内地获取赖以生存和发展的基本资源（Guzman，2005）。

可以将所有这些想法放在一起，解释为什么世界上大多数主要城市都位于河口：这些稀有地区可以使用廉价的海洋运输，地处沉积环境，土壤形成并且淡水不断从上游输入（通过河流或管道），由于营养丰富而具有较高的鱼类和贝类内在生产力，因其高能量资源而成为人类定居的理想场所。出于某些相同的原因，次级大城市大多位于大河沿岸。

4. 能源

所有系统中的各项活动都需要能量，包括系统自身结构的创建和维护（Hall and Klitgaard，2018；H. T. Odum，1971）。对生态系统来说，包括自然生态系统和人类建造的生态系统及其各种组合而成的系统，都需要能量来构建和维持结构。在传统意义上，这种能量是由阳光和阳光的衍生物（包括雨、风、河流、土壤形成、木材和食物）提供的。但是，现在系统中这种能量流，得到了化石燃料的极大补充，其中大部分用于逆梯度集聚水、食物和其他物质材料，并进行新陈代谢以维持其结构。当盈余超过维持现有结构所需的水平时，城市就可以发展；反之亦然。由于化石燃料的补充，城市变得更大更复杂，而且往往更富裕。尽管人类文明在尼罗河、印度河和黄河河谷已经存在了数千年，但现代学术研究表明，城市乃至整个人类文明，经常会经历增长和崩溃的循环（见第四章）。许多古代文明消失的主要原因是，在最初的繁荣时期，由于人口增长以及由此产生的对能源和其他资源的过度开发，很快耗尽了建构它们的资源。目前还不清楚的是，在未来化石燃料预算受到极大限制的情况下，我们今天的城市是否还能继续存在下去。尽管继续存在下去是一种很可能的未来情景，但我们也需要未雨绸缪。不管怎么说，城市不可持续可能将是未来几十年城市管理者和其他政治家必须面临的最大挑战。今天，假如我们无视或否认这个问题的存在，或者将高质量资源日益枯竭造成的限制归咎于其他原因，并且完全没有准备好应对其不可避免的后果，那肯定是人类的灾难。我们要为明天做好各种准备，第一步就是确定和限定这些在今天（或历史上）的能量流究竟是什么？本章将提供给你一个大致的框架答案。

5. 自然中的城市：太阳的作用

如上所述，城市受制于并依赖于无数源自太阳能的输入：来自气候的各种贡献（包括温度、降雨、河流流量）以及食物、动物运动和所有有运动的活动。事实上，当任何事物运动时，都会消耗能量。几乎所有这些自然能量的来源都是太阳。沿海城市的潮汐运动、火山喷发以及相关的地质活动是例外。太阳也是一整套与生命相关的特殊行动或活动的来源，我们通常称之为光合作用（photo-synthesis，能量捕获）和呼吸作用（respiration，能量使用），或者更广泛地说是生产和消费。

34 ## 二、自然中的城市：理解生产与消费的空间模式

尽管有很多人认为人类城市是"不自然的"，但从一个地方密集的动物群落的意义上看，城市在自然界中也是以多种形式出现的。因此，我们可以将城市视为消费大于光合作用的区域。也许自然界中的经典例子是牡蛎礁。在这里，数以千计的个体牡蛎相互叠加在一起，在此过程中形成了一个多孔的牡蛎巢穴，甚至是居住着各种螃蟹、虾、细菌和其他较小生物以及牡蛎本身的牡蛎城（图2-3）。这些生

a. 处于低潮时间的牡蛎城
（可以看到一部分湾区，该湾区需要生成为牡蛎城提供食物所需的植物材料）

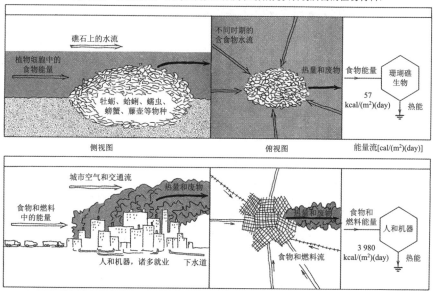

b. 牡蛎城和人类城市在食物与其他能源投入、废物扩散和运输系统需求方面的比较

图 2-3　牡蛎城和人类城市的生产与消费

资料来源：图 2-3a 来自 Imarcade，图 2-3b 来自奥杜姆（Odum，1994）。

物中的每一种都需要有自己的能量来源(即食物)。在生态学中,我们倾向于使用"营养"(trophic)这个词(指食物)。在牡蛎城中,动物的数量和密度使其必须提供大量食物并带走大量废物。支撑牡蛎城的能量来自何方?就像几乎所有其他生物一样,牡蛎的食物必须直接或间接来自绿色植物。牡蛎是滤食动物(filter feeder)——也就是说,它们通过从水中过滤浮游植物(悬浮在水中的小植物)和其他有机物质来获取食物。因为牡蛎非常有效的过滤系统,据说假如将半升牛奶放入 10 升装有牡蛎的盐水中,一小时内,牡蛎可以过滤掉牛奶颗粒,混浊的盐水会变得清澈透明。牡蛎的这种效率也会导致另一个问题——它们往往会通过自己的过滤来耗尽食物供应。但是,牡蛎选择有大潮汐的地方建筑牡蛎礁,让它们的营养补给源源不断,从而解决食物可能耗尽的问题。这样的过程,我们可以称之为牡蛎城的自然能量补贴。牡蛎向自建的"城市"集中,增加了潮水在它们"城市"上空的流动速度,使得向它们的"城市"输送所需的食物的速度增加,流量扩大,并能够从这座"城市"带走更多的废物。因此,具有非常大的集中度,可以确保牡蛎持续拥有动物生命能量供给。卡尔·莫比乌斯(Karl Möbius)在150 年前研究了牡蛎礁,并记录了他在那里发现的复杂动物群落(animal community)[他称之为生物群落(biocoenoses)](Möbius,1877)。因此,可以说供应给牡蛎和牡蛎城其他生物的营养能来自浮游植物捕获的太阳能以及将营养能转移到牡蛎城的潮汐能补贴。其他自然城市(natural cities),如蚁丘、蜂箱、树干与树叶、草原犬城等,都存在类似的原理(图 2-4)。

因此,我们可以将牡蛎礁和自然界中其他动物的聚集地视为城市,从某种意义上说,它们至少有一个物种的数量非常多,并且是有机物的消费中心,而且必须由其他更大的生产区域提供有机物。牡蛎城的情景是,更大的生产区域是大型海湾,其中的浮游植物从太阳中捕获大量能量,但没有高密集度的动物来使用它。潮汐能(tidal energies)将食物运送到牡蛎城并清除牡蛎城的集中废物。从化学上讲,绿色植物减少二氧化碳(以及其他元素,包括氮和硫)以产生我们称之为燃料的富含能量的化合物,动物、细菌、真菌和大多数其他生物通过氧化这些燃料、使用它们进行自己的新陈代谢。这是必不可少的,因为所有生物都必须有持续的能量供应来"对抗熵"(fight entropy),即投资于维持自身细胞和生物体的完整性。我们将这种能量使用叫作"维持新陈代谢"(maintenance metabolism),

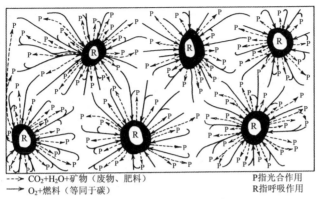

<--->　CO₂+H₂O+矿物（废物、肥料）　　　P指光合作用
——→　O₂+燃料（等同于碳）　　　　　　R指呼吸作用

a. 植物光合作用化学反应的P-R系统

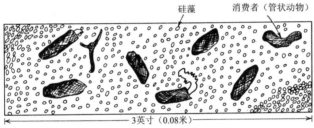

b. 佛罗里达州银泉溪流的硅藻玻片

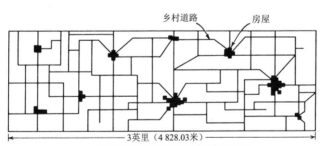

c. 堪萨斯州的农业系统（例如玉米或麦田）

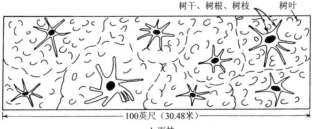

d. 雨林

图2-4　自然界中的其他"城市"或集中呼吸区域

资料来源：Odum，1994。

这是一项绝对必要的活动。例如,在生产者和消费者之间,在绿色植物和动物之间,都存在着物质的持续循环利用。例如,存在于大气中的与二氧化碳相同的碳原子被植物还原为糖和其他食物,然后被动物呼吸。植物也必须进行维持代谢,因此,由绿色植物固定的能量必须满足植物自身的维持需求以及所有其他消费者的需求。通常,与动物利用的光合能量相比,植物使用的光合能量大约是其自身需要的十倍。

与牡蛎和蚂蚁一样,人类也是群居的生命群体。人类不能单独生活,而是需要成群结队地一起生活,部分原因是他们作为猎人和采集者——以及后来作为耕种者和牧民——的效率在人类组合成小型觅食单位时往往会更大。因此,即使在遥远的过去,人类住区也往往是人群的特征。这些聚居地——无论是狩猎采集者的营地,还是今天的特大城市——共同成为能源消耗中心,必须通过来自更大区域的光合作用和食物链来提供能量(图2-5a)。我经历过的最令人惊奇的事情之一是在错误的时间(卡车高峰时间)在墨西哥城北部的高速公路上行驶,因此被困在由成千上万辆巨大的"半"卡车组成的大篷车中,这些大篷车必须每天带着食物、燃料和其他资源运送给一个拥有2 000万人口的巨型城市。在锡拉丘兹,这种情况也在发生,但是因为规模上小得多,大多数集散中心都位于学生看不到的城市北部的铁路沿线。城市也有一些自然能量流动,这取决于城市的"绿色"程度,即城市森林或公园的面积。但是,如果没有化石燃料的大量流动从附近和遥远的生产区带来满足城市消费的必需品,今天的城市早就不复存在。

据此,今天的城市可以使用生态概念来研究,这些生态概念最初是为了通过自然生态系统的食物链来跟踪能量(流动)。最近,在纽约州锡拉丘兹市进行了围绕食物能量流动的研究工作(Balogh et al.,2012;Balogh et al.,2016)。结果与"生态足迹"分析的结果类似,表明城市通常需要比其自身面积大数十至数百倍的区域来提供所需的资源(Wackernagel et al.,2016;Wackernagel et al.,2017)。

营养动力学(trophic dynamics)是生态学的一部分,致力于研究通过生态系统的能量流动。太阳能被草食动物吃掉的初级生产者(绿色植物)或食肉动物吃掉的初级消费者(或更具体地说是次级消费者)捕获,依此类推到顶级食肉动物。微生物等分解生物将有机物质分解成无机形式。一个物种在生态系统中的特定

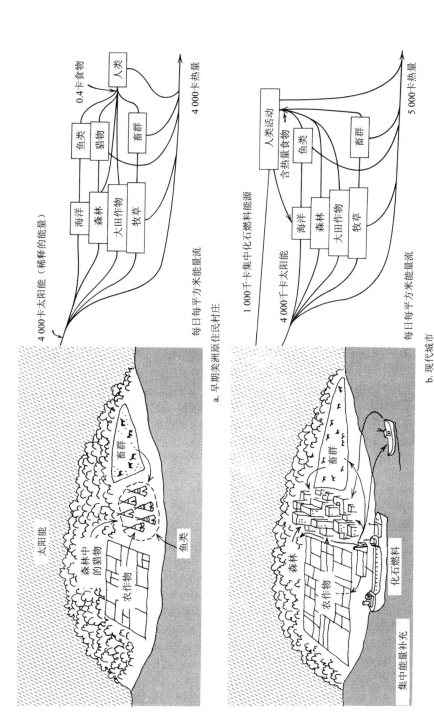

4 000 卡太阳能（稀释的能量）

0.4 卡食物 人类

鱼类 猎物 畜群

海洋 森林 大田作物 牧草

4 000 卡热量

每日每平方米能量流

a. 早期美洲原住民村庄

太阳能

森林中的猎物

农作物

畜群

鱼类

集中能量补充

1 000 千卡集中化石燃料能源

人类活动

含热量食物 鱼类 畜群

海洋 森林 大田作物 牧草

4 000 千卡太阳能

5 000 卡热量

每日每平方米能量流

b. 现代城市

森林

农作物

畜群

化石燃料

图 2-5　同一地点早期美洲原住民村庄和现代城市的结构与能量流动对比

资料来源：Odum，1994。

功能被称为生态位(niche),不要与栖息地(它生活的地方)混淆。海洋中的一种大型金枪鱼,是除人类之外的顶级食肉动物,通过食用经过多达五到七个营养级的能量来生存和生长。每个营养级捕获的大部分能量都被用于其自身维持新陈代谢和运动,因此一般来说,给定营养级捕获的能量中只有大约 10% 被传递出来。因此,制作一个金枪鱼三明治,可能需要一百万千克或更多的浮游植物。同样,一个汉堡包或一杯牛奶需要种植大量的草。

有时我们使用简写来描绘这些循环:生产＝P,呼吸＝R。对于规模足够大的大多数生态系统,当然以整个世界为例,在一年多的时间里,P 必须等于 R(即 P/R 比为 1);换句话说,我们不能使用比植物产生的更多的能量。同样,对于一个城市及其配套的农业区,全年的 P＝R,虽然 P 是分散的,并且发生在大范围内,但 R 既存在于农业区,也集中在城市。现代城市需要的不仅仅是食物,可想而知的必须还有食物流布区(food sheds)或能源流布区(power sheds),以支撑城市地区。

综上所述,城市是自然界中或由人类主导的大片区域,那里有大量的营养消费,而营养生产却少得多。因此,人类城市就像牡蛎礁一样,需要能量补贴。在古代,这种能源过剩来自周围的农田、马和奴隶的劳动以及吹动帆船的风。最近,这种能量补贴主要来自化石燃料的使用(图 2-5b)。支撑城市的更大的外部区域所提供的不仅仅是食物,数百万年形成的浓缩矿体对于支撑前工业和工业城市也是必要的。由于来自化石燃料的能源比自然能源流动更加集中,这使得城市在过去 200 年中变得更大。因此,人类城市可能并不比牡蛎礁更自然,并且和曾经的牡蛎礁一样普遍。有人认为,城市存在一种"生态决定论",它们将不可避免地存在,因为消费集中在能源使用量大,尤其是能源过剩的地区是事物的自然状态(Diamond,1999)。

三、能源与城市:历史回顾

人类使用的燃料在过去(木材、谷物、草和其他植物为人类和马提供燃料)甚至现在(石油、天然气和煤)几乎都是碳氢化合物,它们增加了舒适度、寿命和人类的富裕程度,尤其是人口数量。大多数能源技术依赖于氢和碳的化学键。大自然喜欢将太阳能储存在植物和动物的碳氢键中,因为这些元素丰富且相对便宜,而且碳有四个价电子,能够与其他原子形成四个键,因此生物结构非常复杂。与氢的结合极大地增加了在分子中储存能量的能力,人类文化进化已经有效利用了这种碳氢化合物能量。因此,植物和动物是以碳和氢为基础的[还有一些氧反映在"化合物"(ates)中]——因此是碳水化合物(carbohydrates)。所有这些发展都有助于人类开发更寒冷、更偏北部的生态系统。这些新能源技术中最重要的是农业,它将一个地区的光合能源从自然食物链转向了人类食物链。

1. 人类文化进化作为对能源日益控制的历史

人类文化的历史,可以看作是新能源及其相关转换技术的发展进程(Bookchin,1992;Hall,2000)。即使是石器时代的技术,如矛尖和刀片,也与能量有关,是一种特别的力量集中的装置,可以让人类将肌肉的力量集中到边缘或点上,从而进行新的工作。这些新的工作活动包括穿透大型野兽的皮肤,或将动物皮切割成衣服。这些活动反过来又允许开发更多的动物资源和更冷的气候。火尤其重要,因为它可以让人类烹饪植物,破坏植物细胞的细胞壁,从而从人类食用的食物中获取更多能量(Wrangham,2010)。火还允许人类冶炼金属和烘烤陶瓷。木材作为早期燃料特别重要,伯罗奔尼撒(Peloponnese)和印度等整个次大陆,都在砍伐木材以获取燃料(Perlin,1989)。在生产力相对较低的地区,特别是人类可以利用的类型的地区,人们倾向于游牧,实际上是在利用生产力相对较低的大片地区的生产力。因此,猎人和采集者不得不走遍大片区域才能获得足够的食物。即便如此,对相对现代的狩猎采集者(例如非洲喀拉哈里沙漠的)如宫(Kung)的研究发现,他们狩猎和采集的能源投资回报相当高,约为10:1,并且他们主要将这种过剩能量用于休闲活动,例如讲故事和与孩子玩耍(Glaub and Hall,2017;Lee,1969)。早期欧洲移民不了解美国西部许多美洲原住民必然的游牧生活方式,他们觊觎其土地并迫使原始居民进入与他们的文化非常不相容的保留地(Crosby,1986;Culotta et al.,2001)。

纵观人类历史,间歇性太阳能推动了社会的发展(这意味着大多数人的生计生活方式的变化)。与现代社会的能源投资回报高达30:1(Lambert et al.,2014)相比,农业社会的能源投资回报往往非常低,为5:1或更低。农业社会投资回报率如此低,是因为可支配收入非常少。在前工业社会,大部分GDP用于获取基本能源以供应食物、饲料和木材燃料。例如,在 17 世纪中叶之前,英国社会花费了总支出的 50%～80% 或更多,以获取生存所需的基本能量(人类的食物、牲畜的饲料和木材燃料)以及应付影响收成规模的气候模式导致的净能和生活质量的急剧波动。殖民帝国导致从殖民地输入大量潜在能源(以食物、木材、金属、思想、奴隶等形式),这降低了英国用于获取基本能源 GDP 的数量。工业革命通过化石燃料的广泛开发以及自动化和电力使用,大大提高了能源效率,这导致英国的能源支出在 20 世纪后期下降到 GDP 的 7% 左右(Court and Fizaine,2017;King et al. ,2015)。

2. 农业的曙光与城市的演变:增加自然能量流动的置换

从大约 10 000 年前开始,在全球许多地方,人类社会组织各自发生了显著变化。人类开始定居并开始从事耕作。中美洲种植南瓜,中国种植水稻,而今伊拉克底格里斯河和幼发拉底河河谷附近的新月沃地种植小麦、扁豆和亚麻(Day et al. , 2012)(图 1-1)。在那之前,由于自然系统中可食用植物的丰度低和消化率低,人类利用完全天然的食物链的能力有限。在智人(Homo sapiens)成为公认物种之前,这种狩猎采集生活方式已经存在了数百万年。早期的农民发现,他们可以将一些可能会立即被吃掉的种子投资于未来更多的食物,从而极大地增加流向他们自己和家人的食物能量。这件事是如何发生的不得而知,但正如贾里德·戴蒙德(Jared Diamond)在《枪炮、病菌和钢铁》(Guns , Germs and Steel)中所描述的那样,这可能发生在人们观察到他们自己的厨房垃圾(kitchen middens,垃圾区),从被有意或无意丢弃的种子中生长出新的作物时开始的(Diamond,1999)。

农业在欧亚大陆和非洲东北部迅速蔓延,并在其他地方独立发展(Day et al. , 2012;Sauer,1952)。随着农业的发展,村庄以农民净利润为基础发展起来。然而,这些聚落相对较小,不具备成熟城市的特征和属性(如极端的社会分层、纪念性建筑和大型公共工程项目)。真正具有邦(state)组织特征的城市,直到农业革命后的 5 000 多年才开始出现。为什么城市的产生需要这么长时间?戴等人(Day et al. ,2012)的研究结论是,由于末次冰期后海平面稳定下来,给人类社会提供了城市初始状态允许形成的背景和资源。这也被称为原始状态形成(pristine state formation)。随着大约 6 000 年前海平面的稳定,由于海水淹没浅层大陆架,高产浅水栖息地面积大幅扩大,沿海边缘生产力大幅提高,空中生产力也显著提高。戴等人估计,生态系统生产力提高了大约一个数量级。这为邦级组织的建立提供了优质的粮食资源。就在海平面稳定的几千年之内,大约1 500 年,所有城市的原始状态形成都建立起来,它们几乎都分布在沿海边缘地区。

第一个发生这种情况的地方,似乎是在底格里斯河—幼发拉底河河谷,那里是最早建立的城市之一,被称为乌尔(图 2-6)。今天,我们称这个古老的文明为苏美尔文明,那里的人称为苏美尔人。当时(大约 4 700 年前)有许多大城市和地区,包括吉尔苏(Girsu)、拉加什(Lagash)、拉尔萨(Larsa)、马里(Mari)、特尔卡(Terqa)、乌尔和乌鲁克。其中许多不仅位于沿海边缘(图 1-1),而且与森林茂密区接近。尽管今天基本上看不到树木,也没有城市,但从废墟中残存的大量木材可以想象当时的情景。事实上,在公元前 2400 年,森林就消失了。到公元前 2000 年,港口和灌溉系统淤塞或需要大量能源来维持,土壤枯竭和盐碱化,大

图 2-6　位于美索不达米亚(图 1-1)的乌尔市("城市"一词由此而得)
及其金字塔(被认为是寺庙建筑群的一部分的大型建筑)遗迹的航拍照片

资料来源:图片由乔治·格斯特(Georg Gerster)通过科学资源网发布于纽约。

麦产量从每公顷约 2.5 吨下降到不到 1 吨，苏美尔文明已不复存在。世界上第一个伟大的城市文明，实际上是第一个伟大文明，在 1 300 年的时间里，耗尽并摧毁了它的资源基础，然后消失了。这些故事在许多地方被很好地理解，并以引人入胜的细节讲述，包括佩林（Perlin，1989）、米切纳（Michener，1963）和塔恩特（Tainter，1990）。其他文明也在现在巴基斯坦的印度河流域、中国的黄河流域、秘鲁的南美洲西海岸、与格里哈尔瓦—乌苏马辛塔河三角洲相关的中美洲、密西西比河波弗蒂角（Poverty Point），也许还有尼日尔河三角洲等地独立发展起来。

43　　　　一个重要但不太令人愉快的信息是大多数文明都是短暂的。只有在作为其内生的经济资源仍然存在的情况下，城市才会蓬勃发展，因为人类的大多数经济活动实际上往往会侵蚀、消耗和毒害支撑城市的基础资源。今天，化石燃料通常可以从很远的地方恢复所需的资源。但随着化石燃料的枯竭，工业革命支撑的城市很可能会衰落。至少如果核能或太阳能没有大规模开发的话，城市的命运将会如此。

　　农业对人类的影响是巨大的。首先，就真实的平均数据而言，人类的营养、体型和健康状况一直都在下降，这看似违反直觉。最佳研究之一是安吉尔（Angel，1975）做的，他研究了目前包括现代土耳其和希腊边境地区的安纳托利亚（Anatolia）过去 10 000 年左右埋葬的人骨。安吉尔推断了古代墓地中发现的骨头的年代，并且可以从骨头本身说出许多关于曾经住在那里的人的事情。例如，他们的身高和一般身体状况以及营养质量，都可以从骨骼的长度和强度来判断。耻骨上的疤痕可以显示女性生育的孩子数量，骨骼中产生骨髓的区域的外观可以显示该人是否患有疟疾，等等。数据表明，随着农业的出现，人类实际上变得越来越矮小，这表明人类的营养质量有所下降。事实上，该地区人们的营养质量，直到 20 世纪 50 年代左右才恢复到他们狩猎采集的祖先的水平。据此，可以看出，尽管农业可能在人类自己的能量收支方面，给了第一批农业人口优势，但随着人口的增长，这些多余的能量相对较快地转化成更多营养水平不足的人。玛雅人考古报告也有类似的发现，那些可以获得沿海资源的人，要比内陆人更健康。尽管如此，由于农业的发展，每个地区的可用食物大幅增加，促使人口大量增加。越来越多的人口增长集中到城市，由于贸易、工匠和特殊产品的需求增加，城市本身的人口也在增长。农业的明显后果之一，就是人们可以在一个地方定居,以前遵循狩猎和植物结果的季节性模式的人类游牧方式不再是常态。人类在同一个地方占据更长的时间,将自己的精力投入到通常由石头和木头建造的相对永久性的住宅中,这些为今天的考古学家留下了重要的文物。

其次,对全体人类而言,实际参与保障粮食安全的人数不断减少。许多人被解放出来成为工匠、牧师、政治和军事领袖,更不用说士兵了,尤其在休耕季节。从生态学的角度来看,发展了农业和农业现代化,人们可以填补更多的生态位、功能或角色去发展其他部门①。城邦最初是基于沿海边缘生产力的提高形成的人类社会组织形态,现在不同了,可以在世界的任何地方建设和发展城市。城市还允许权力集中,这增强了政府和暴君通过强制手段榨取更多剩余税收(通常以粮食形式)的能力。

在游牧民族和定居者(即农人)相遇的地方,经常会发生基于文化(或宗教)优越性的激烈冲突。桑德伯格(Sundberg,1992)对 17 世纪瑞典贸易和冲突②的能源成本进行了非常有趣的评估。当时的情形,需要大面积的生产性森林来生产木炭为士兵铁制武器的制造所用。1700~1800 年,由欧洲移居美国的农民与游牧的美洲原住民的冲突,也是一个经典且历史悠久的例子。如今,这样的冲突还在发生,肯尼亚的游牧马赛(Maasai)③牧民发现,他们祖传的许多牧场都被人口不断增长的农民占据了。

44

---

① 比如工业化和城市化。——译者注

② 据贡德·弗兰克《白银资本》等,早在 13~14 世纪,连接欧亚非地区的世界贸易网已经形成,欧洲在其中一直处于边缘地位。这不仅因为欧洲的经济总量远远无法与亚洲的中国、印度相比,还由于欧洲人在从亚洲输入香料、丝绸、瓷器、棉织品等商品时,能向亚洲销售的产品极少,多数情况下只能以金、银等贵金属交易,欧洲的贵金属货币日益紧缺。16 世纪欧洲在世界经济贸易中的这种处境开始改善。自 1617 年《斯托波伏条约》签订之后,俄罗斯就不得不在西方直面一道"波罗的海之墙",包括已归属瑞典的东波罗的海诸省、爱沙尼亚以及英格利亚。其后瑞典王国分别于 1621 年征服里加以及于 1629 年正式把立窝尼亚纳入附庸的扩张行动,直接把俄罗斯对波罗的海的传统贸易出口给彻底封闭,这就迫使俄罗斯必须在两个次等选项中选其一,要么是以波罗的海的德意志商人为中介,向瑞典缴纳大量的关税,要么就是另辟蹊径,发展位于北冰洋的港口阿尔汉格斯克。莫斯科朝廷最终做出了可以理解的选择,决定大力发展大陆北部的贸易路线,这也是因为相比北部路线只需要面对丹麦的征税(挪威此时还在丹麦王国手中),许多来自西欧的商人更倾向于躲避波罗的海上的重重关税。这个俄罗斯传统对外贸易模式的重大改变也挫败了瑞典人通过控制波罗的海东岸的对俄贸易来实现财政扩张的企图。——译者注

③ 马赛指马赛马拉国家保护区(Maasai Mara National Reserve),位于肯尼亚西南部与坦桑尼亚交界地区,与坦桑尼亚塞伦盖蒂动物保护区相连。该保护区始建于 1961 年,面积达 1 800 平方千米。保护区内约有 95 种哺乳动物和 450 种鸟类,是世界上最好的野生动物保护区之一。——译者注

再次，农业促进了城邦形成，伴随着沿海边缘生产力的急剧增加，社会分层也急剧增加——邦出现形成的先兆。在新石器时代，农业发展起来的村庄使村民可用资源增加，经济专业化也发展起来。例如，假如一个人特别擅长生产农具或了解成功耕作的逻辑和数学（即推导出最佳种植日期），那么村里的人就愿意与其进行有价值的信息交流，用他们的粮食换取农具或种植知识，农村的市场就会慢慢形成并逐步正规化。从能量消耗的角度来看，农业劳动者与高价的专家劳动者的交易过程节省了能量消耗。很多人拥有必要的技能后，生产力水平也随之提高，让生产的过程更节省能量消耗。如果专家在提升农业产量的能力方面做得好，每小时劳动产出就更多，对人类社会群体组织来说，就是更高质量的。这样就鼓励投入大量精力，通过学校教育和学徒培训来培训更多的专家。与此同时，人们发现，学徒必须在他或她早期生产力水平较低的时候被喂饱（得到粮食），以期在未来可以获得更大的回报。因此，可以说，工匠的能源投资回报高于农民，即使不那么直接，而且通常他或她的工资和地位也是如此。但如上所述，直到农业建立后大约 5 000 年才出现邦（state），主要得益于海平面稳定后沿海边缘生产力的大幅提高。

最后，农业促进了人类与栽培品种（人类种植的植物）间的相互作用，最终也极大地改变了植物本身。从细菌到昆虫，再到大型食草或食肉哺乳动物，所有植物都处于被食草动物食用的持续危险境地中。在过去，食草恐龙填补了今天哺乳动物的生态位。植物对放牧压力的进化反应是形成各种防御，例如物理保护（如刺，尤其是沙漠植物中的刺），但更常见的是化学保护，如生物碱、萜烯（terpenes）和单宁等化学物质。因为解毒有毒化合物的能量成本非常高，这些化合物通过抑制消费收取高能量成本，给食草动物或是潜在食草动物更重的成本负担（Whittaker and Feeny，1971）。人类也不喜欢带有苦味、有毒的化合物，并且数千年来一直优先从味道更好或具有人类喜欢的其他特征的植物中保存和种植种子（De Candolle，1885）。也有例外，如芥末、咖啡、茶、大麻和其他植物，它们的苦生物碱是有毒的，但是假如你小剂量食用，却成为一种有趣的膳食补充剂。此外，栽培的农作物品种通常对昆虫的防御能力很差，需要人们发明和使用额外的杀虫剂，这样问题就变得很复杂。还有许多作物品种无法在野外生存，已经与人类共同进化成相互依赖的系统。假如真的有来自外太空的访客，它们可能会得出这样的结论，人类已经被玉米俘虏了，我们已经成为玉米的奴隶，人类让玉米的日子尽可能地过得舒适且富有成效！另外，各种害虫本身，也在不断适应人类的集聚、生长和储存的食物，反过来可能对人类造成灾难性的影响（McNeill，1976；Zinsser，1935）。

农业、农业盈余和城市的共同进化还有许多其他方面的东西。比如，粮仓被用来储存食物，这给控制粮仓的人带来了越来越大的权力。农业盈余意味着可以有更多的人专注于获取食物之外的其他事情。这使得工具制造商、工匠、奢侈品供应商、士兵甚至专业知识分子得以发展。

到公元前 5000 年，城邦已经遍布世界各地。在 1 500 年内，在埃及、印度河和黄河河谷、墨西哥和秘鲁出现了很大的城市。这些城市都是位于不同大陆的，显而易见，它们是相当独立进化的。这意味着，一旦满足足够的能量盈余，城市就会有某种"自然选择"自发生长出来。商业、专业化分工和社会生活质量等，成为城市特别重要的方面。然而，这个时期的城市也到了承担严重生态责任的时候。它们需要不断输入食物和燃料，并不断清除废物。如果没有得到很好的照顾，那么城市就会增强疾病细菌的传播，因为废物回收的自然过程和人与人之间的密切接触，使得病原体（疾病生物）很容易传播。虽然我们通常认为，历史是英雄和战斗者创造的，但从发生的很多事情看，有时候"老鼠、虱子也创造历史"。也就是说，老鼠和虱子等疾病携带者以及它们携带的疾病，曾经对人类社会产生过非常深远的影响。

3. 当今城市的营养状况

自然生态系统的初级（植物）产量从每天每平方米 2 000（沙漠或苔原）到 25 000（落叶林）再到 35 000（河口或热带雨林）千焦不等，具体取决于纬度和湿度。相比之下，城市中使用的化石燃料通常要大得多，从每年每平方米数百万到数十亿千焦（Huang，2003）。如今，维持生存水平国家（subsistence-level coun-tries）的平均能源消耗约为 500 瓦，约为基本代谢需求的五倍，而在高度城市化的第一世界国家，人均能源消耗在 10 000～50 000 瓦（Burger et al.，2019）。在一些公园中的植物产量可能与原始生态系统相似，而在空地和草坪中则少很多，在铺砌路面或建筑区域几乎接近于零。虽然许多自然生态系统的 P/R 比通常相似，但城市的 P/R 比非常非常小。霍尔（Hall，2011）发现，在三个城市社区，

46　消耗量超过生产量的 200～700 倍。这反映了从城市外部带进来的居民家庭和汽车燃料的集中消耗。如果包括食品消费，P/R 比会更小。

与当代世界范围内城市营养分析相关的另一个重要问题是：许多地区变得越来越富裕，随之而来的是蛋白质消耗量需求不断增加，这也意味着营养链中的多余的部分会引起人类对植物材料量的更大需求，因为植物向动物能量的转移只有 10%～20%。沃尔曼（Wolman，1965）以非常笼统的方式考查了城市的新陈代谢，包括水和其他材料的进出口需求。例如，白（Bai，2018）认为，随着我们越来越多地将人们及其需求和废物集中到更小的区域，如果我们要适应城市面临的许多问题，需要采用系统方法（意味着对重要问题和所需资源以及每个问题的相互作用进行全面和系统的检查）来理解城市生态。很好的例子是祖凯托（Zucchetto，1975）在迈阿密、黄和苏（Huang and Hsu，2003）在台北均采用了H. T. 奥杜姆（H. T. Odum，1994）提供的非常全面的系统方法工具。

4. 城市选择过程

一旦农业产生足够的净能盈余，人们就可以离开农场（或其附近）生活，最初的城市就会基于生态系统生产力的提高而兴起，并成为贸易中心、防御点以及行政、税收和娱乐中心。古代最著名的例子是马可波罗提到的丝绸之路，来自东方的精美织物和香料，被马和骆驼带到千里之外的欧洲，以非常高的价格出售。丝绸之路沿线发展了一系列城市，包括今天人们熟悉的威尼斯、君士坦丁堡（Constantinople）、大马士革（Damascus）、巴尔米拉（Palmyra）①、巴格达、德黑兰、喀布尔以及包括南京在内的一些中国城市。在最初建立城邦的海滨城市，贸易也蓬勃发展起来。例如，在公元前数千年，黎巴嫩人就成了地中海的航海贸易商（seafaring traders）。玛雅人在尤卡坦半岛（Yucatan Peninsula）沿岸也进行了广泛的海上贸易。位于塔霍河（Tagus River）口的里斯本，尤其是在葡萄牙人学会了如何轻松地绕过非洲、进入非常有利可图的香料贸易时，也成为长途贸易的中心。还有经常从奥斯陆出航的维京人，可能商人多于掠夺者。因此，人口向城市集中的主要动机可能一直是经济原因，这是由于专业创新、制造和商品交易中

---

①　巴尔米拉古城处于叙利亚中部广阔的沙漠中，地中海东岸和幼发拉底河之间的沙漠边缘的一个绿洲上，是叙利亚境内丝绸之路上的著名古城，又名泰德穆尔。——译者注

资源与技巧(技术)集中带来的好处。

城市发展的第二个强大动力是防御的需要。自从有人类史记录以来,我们一直在袭击、争吵和交战中度过。狩猎采集者当然会争吵,但游牧生活可能使蓄意军事行动很难定位目标,而城市则是非常容易被定位的目标。普鲁塔克(Plutarch)①提供了许多古代人的传记,这些人因成功攻击其他城市并将战利品带回自己的城市而庆祝。早期的城市通常有大面积的城墙用于防御,显然是花费巨大代价建造的[参见 McFarland(1972)]。例如,古代雅典完全被城墙包围,这使得斯巴达人在伯罗奔尼撒战争的大部分时间里都被阻隔在城墙以外[例如华纳(Warner,1954)翻译自修昔底德(Thucydides)]。意大利也到处都是城墙,反映了过去持续不安全的时期。当然,城市也是掠夺性军队驻军和训练的中心。这些防御工事通常由树木制成,并且一次又一次地导致古代世界大部分地区的森林被完全砍光。同样,也有很多古老的森林被砍伐成燃料,用以冶炼白银支付军费(Perlin,1989;Redman,1999)。

城市演化的第三个因素是知识创新。随着人们技能差异化的更多发展,城市成为寻找这些新技能的焦点,例如,你想要新型犁或种子,你会知道到城市去获得相关的服务。还有一些技能差异化的新发明在娱乐和教育(如音乐、戏剧和书籍等)领域出现。因此,直到最近,大多数农民还是周末经常来城镇或城市出售他们的农产品,换回更专业的非农产品,并在城里享受一些娱乐活动。所有这些因素都为城市的发展提供了财政激励。

也许还有许多其他更具体的城市发展要素,但是上述三个要素似乎是最普遍的。在各种情况下,邦层面的结构导致财富向顶层集聚,形成经济的极端不平等。

5. 工厂发展与工业革命

城市最初发展的主要推动力是农业的发展,其次是沿海边缘生产力的提升及其产生的剩余能量。公元前 1000 年开始的殖民帝国扩张,一直到欧洲殖民主

①　普鲁塔克(希腊文:Πλούταρχος;拉丁文:Plutarchus,公元 46～120 年),罗马帝国时代的希腊作家、哲学家、历史学家,以《比较列传》(οἱ βίοι παράλληλοι)(又称《希腊罗马名人传》或《希腊罗马英豪列传》)一书闻名后世。他的作品在文艺复兴时期大受欢迎,蒙田对他推崇备至,莎士比亚不少剧作都取材于他的记载。——译者注

义时代,以食物、木材、贵金属、思想、奴隶等形式从殖民地输入潜在的能源以维持城市生态系统的运行。工业革命加速了城市发展,随之而起的是生产和工厂的大规模扩张,尤其使用化石能源越来越多,从 18 世纪中叶开始使用煤炭,持续到今天,形成了以煤炭、天然气和石油以及少量水电、核能和最近的风电、光伏为基础的能源系统[例如 Day et al.(2018)]。自 1750 年以来,全球碳氢化合物燃料使用量增加了近 800 倍,仅在 20 世纪就增加了约 12 倍,大约是人口增长率的 2~5 倍(图 2-7)。这样的能源系统使每个人可以在农业、工厂、战争和人类生存的许多其他方面找到工作。

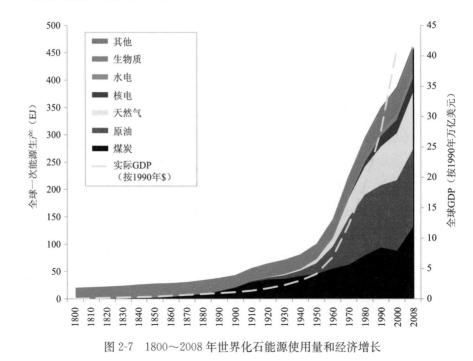

图 2-7　1800~2008 年世界化石能源使用量和经济增长

因此,随着历史的发展,人类使用的能源也在不断发展:从自己的肌肉到奴隶,到牲畜,再到统称为化石燃料(fossil fuels)的煤炭、石油和天然气,在人类生存的大部分时间里,木材是烹饪、取暖和冶炼金属的主要能源,但木材在 19 世纪被化石燃料取代(图 2-7)。到 18 世纪后期,新的能源正在开发中,例如在新英格兰,那里丰富的水力潜力允许按照当时的标准建造巨大的制造纺织品、鞋类、化学品和各种铁制工具和设备的新工厂。

如前所述，化石能源使用使得工人在曼彻斯特、新罕布什尔州（New Hampshire）、洛厄尔（Lowell）、马萨诸塞州、波士顿、纽约市以及瀑布线以南的城市大量集中。水轮机（water-powered machines）大大增加了工人在一小时内可以生产的商品数量（即劳动生产率），以及随后至少在新英格兰，一些人的财富也得到巨大积累。所有这些活动及其背后的能源都被认为是由工业化引起的。水、风，尤其是化石能源被越来越多地使用，工厂、人员和机器集中地的商品制造量和效率也不断增加。与此同时，由于燃料需求，新英格兰①的农田和宅基地的森林被砍伐，移居的欧洲人随着工业化扩散到东南部，然后向西扩展，最后扩散到几乎整个中西部。18 世纪中叶，鲸油是主要照明材料，马萨诸塞州有丰富的鱼类资源，海员为了获得鲸油大量捕杀鲸鱼，导致世界鲸鱼数量大大减少。很明显，如果没有化石燃料，工业革命就会受到鲸油、森林、水和风能资源稀缺的限制。

19 世纪初，英国和德国开始了巨大的工业转型，利用在煤炭中发现的集中太阳能产生大量新的高温热量，可比水力、木材或木炭做更多的功。特别重要的是詹姆斯·瓦特蒸汽机的发展及其许多应用，尤其被用于铁路运输。这项技术被传到美国。因为美国拥有非常丰富的煤炭储量，到 1850 年美国就修建了约 9 000 英里（14 484 千米）的铁路，到 1890 年建成铁路达到约 160 000 英里（257 495 千米）。这些铁路迅速取代了城市之间的其他交通方式，例如纽约的伊利运河，并使城市之间的人员和货物运输变得更加容易、便宜和快捷。1859 年，埃德温·德雷克上校（Colonel Edwin Drake）钻探了世界上"第一口"油井（尽管早在 4 年前加拿大安大略石油公司也进行了钻探），煤油开始取代鲸油作为首选照明能源（当许多鲸鱼物种被猎杀到濒临灭绝时，幸运的是有了这项技术）。因为流经尼亚加拉大瀑布（Niagara Falls）的水越来越多地被用来发电，也许美国最集中的早期工业化就发生在布法罗（Buffalo）市及其附近地区。新工业化产生的巨额财富，使"工业领袖"成为世界巨富。再加上他们与工人之间的巨大财富差距，19 世纪 90 年代产生了"镀金时代"（The Gilded Age）一词。但这并不是

①　美国大陆东北毗邻加拿大的区域。——译者注

一个平稳的增长模式,因为周期性的经济萧条,导致许多人无论穷人还是富人的财富都严重流失。最终,大多数人仍然贫穷,或者至少远未富裕,只能勉强维持生计和家庭。在美国,尽管收入存在差距,但与欧洲和世界其他大部分地区相比,财富分配还相对公平,部分原因是许多人能够获得土地和太阳能(也导致美洲原住民流离失所)。在大型石油和煤动力机器的帮助下,美国开始建造大型水坝,为农村地区的许多人提供灌溉用水和电力,从而大大增加了每个美国人的生物和物理能源的可用性。尽管如此,大部分工业活动还都集中在城市,城市在经济和居住方面变得越来越重要。

1900年,美国主要依靠煤炭、木材和畜力运行。然后,在1901年出现了巨大的"纺锤顶"(Spindletop)油井和许多类似的油井。随着20世纪的发展,以欧洲裔美国人为主的美国发展成为世界新兴的农业和工业巨型国家。随着新油井的出现以及汽车、卡车和拖拉机的发展,石油变得越来越重要。这些汽车、卡车和拖拉机可以使用以前煤油工业的废品——汽油。整个国家的大部分人口第一次变得相当富裕,有些人变得异常富裕。这种巨大的富裕程度与能源使用量的增加有关,而且显然依赖于能源使用量的增加,而能源使用量的增长速度与以国内生产总值(GDP)衡量的财富增长速度几乎完全相同(图2-7)。最普遍的是,碳氢化合物被用于化石燃料机器,例如卡车和拖拉机以及工厂中的机器(图2-8),极大地提高了人类从事各种工作的能力,也替代了原先通过人或牲口的能量完成的工作。也许最重要的是,这些工作机器也为人类生产食物。

有人说,今天我们生活在信息时代,或者说是后工业时代。这是不真实的。今天,我们还生活在石油时代。环顾四周,运输以石油为主,我们所有的塑料和大部分化学品都由天然气或石油制成,采用拖拉机施的化肥也来自化石燃料。对于人类发展的三个主要领域:经济、社会和环境来说,碳氢化合物的能源都十分重要。在未来,我们只有将总经济规模降下来,才能保证社会所需的能源安全(图2-9)。鉴于此,我们需要更多地考虑可供我们使用的石油的质量和数量。

6. 石油质量

石油是一种极好的燃料,能量密度高,相对易于运输和用途广泛,并且可以以相对较低的能源成本和(通常)环境影响进行提取。我们所说的石油,实际上是一大类不同的碳氢化合物,其物理和化学性质反映了这些碳氢化合物的不同

a. 100年前的33马力联合收割机

b. 今天的200马力联合收割机

图2-8 化石燃料允许做功增加的例子

资料来源:图2-8a来源于"Evolution of Sickle and Flail—33 Horse Team Harvester, Cutting, Thrashing, and Sacking Wheat, Walla Walla, Washington"(New York Public Library Digital Collection, 1902);图2-8b来源于纽荷兰(New Holland)拖拉机广告。

52

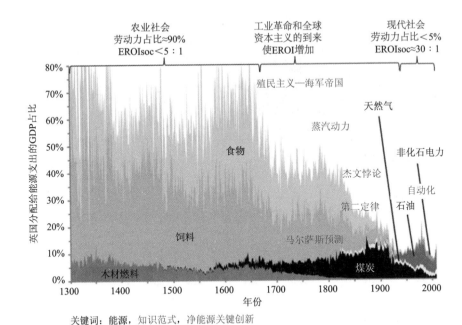

图 2-9　1300~2008 年英国按能源分类的 GDP 百分比

注:能源用黑色标记,关键创新用红色标记,知识范式用蓝色标记。

资料来源:改编自 Fizaine and Court(2016)。

来源,尤其是不同程度的自然加工。基本上,油是浮游植物(phytoplankton,小型水生或海洋植物)在缺氧的环境下,加压蒸煮 1 亿年或更长时间的产物。一般来说,因为较大的储油层更容易发现和开发,而且轻质石油更有价值,提取和提炼所需的能源少,人类首先在大型储油层开发短链的"轻质"石油资源(shorter-chain "light" oil resources)。随着时间的推移,在成熟地区开采最初的最高质量石油,然后慢慢往越来越小、越来越深、越来越近海、越来越重的石油资源开采。一旦石油资源逐渐枯竭,这就意味着,曾经通过天然气压力等自然驱动机制浮出水面的旧油田中的石油,现在必须使用能源密集型的二级和增强技术进行开采。因此,技术进步正在与更高质量资源的枯竭赛跑。石油作为一种资源的能源投资回报的净效应持续下降。美国曾经为寻找能源所花费的每单位能源达到 30 或更多单位。最近,每单位能源投资回报下降到 10 或更少(Hall,2017),并且许多研究人员得出结论,需要至少 10∶1 的能源投资回报来推动现代工业社会。石油资源质量的另一个方面是石油储量,通常由其确定性程度和开采难易程度来定义,分为"确定储量"(proven)、"推定储量"(probable)、"可能储量"(possible)或"推测储量"(speculative)。此外,还有非常规资源(unconventional resources),例如重油(heavy oil)、深水油(deep-water oil)、油砂(oil sands)和页岩油(shale oils),这些资源的开发需要消耗大量能源。这意味着在未来,无论生产何种能源,向社会输送的净能都会减少,我们必须对大部分经济活动进行转变,以使能源能够支撑剩余经济运行。

7. 石油数量

大多数对剩余常规石油资源量的估计都是基于"专家意见",这是地质学家和其他熟悉特定地区的人仔细考虑的意见。最终可采资源(ultimate recoverable resource,URR)是将要生产的石油总量,包括迄今为止开采的 1.3 万亿桶。最近对世界最终可采资源的估计倾向于分为两个阵营。较低的估计来自几位在石油行业拥有悠久历史的知名分析师。他们建议最终可采资源不超过 2.3 万亿桶,甚至可能更少[例如 Campbell and Laherrère(1998)]。根据美国地质调查局(US Geological Survey,USGS)最近的一项研究,3 万亿桶是中等估计值,4 万亿桶是最高估计值(Ahlbrandt,2000)。美国地质调查局预测仍有待发现的约 1.4 万亿桶石油,其中约一半来自新发现,另一半来自储量增长。后者描述了技术改进和更正早期保守估计增加数量。这种对美国地质调查局方法的相对较新的补充,是基于美国和其他一些有据可查的地区的经验。新的总量基本上假设世界各地的石油储备都将以与美国相同的技术、经济激励和效率水平进行开发。尽管时间会证明这些假设的实现程度,但过去 10 年的数据表明,与较高的最终可采资源估计值相比,大多数国家的生产量与较低的最终可采资源估计值更加一致(Hallock et al.,2014)。

最近,一项名为"水平钻井和水力压裂"(horizontal drilling and fracking)的新技术,使过去开采不经济的油藏得以开采。这扭转了美国石油产量长期下降的趋势,2017 年的产量超过了上一个出现于 1970 年的峰值。然而,这种方法将会持续多久尚不清楚,在撰写本章时,该行业并没有从中盈利(Williams et al.,2018)。此外,人们越来越关注化石燃料燃烧导致的气候变化。许多人相信光伏(photovoltaics)和风力涡轮机(wind turbines)等"更清洁"的新技术将能够取代化石燃料。但在撰写本章时，这些新技术仅占能源总量的2%左右。如果它们要取代化石燃料，还有很长的路要走。另外，清洁能源的价格正在下降，许多人对此持乐观态度。

四、生物物理现实与城市的未来

现在一半以上的人口生活在城市，即所谓的城市转型（urban transition）。现在，发达国家城市地区人均能源消耗量越来越大（部分原因是它们往往更富有——见下文）。因此，在未来，是否拥有足够的能源支撑至关重要。除此之外，也有其他担忧。可能排在首位的是气候变化。也许最重要的是城市变暖，不仅是由于全球气候变化，而且还因为城市规模变大，越来越多的部分被硬质地面所覆盖，吸收了更多的阳光（US EPA，2018）。一种反应是，世界各地的空调越来越多。而空调（即热交换器）将热空气排放到建筑物外的大气中，进一步促进了城市变暖。冷却城市的一种方法，见第七章，是增加绿色（即活植物）基础设施，通过遮阴（shading）和蒸腾（transpiration）（通过树叶蒸发）来冷却城市空气。另一个问题是洪水和干旱的增加。这同样是由全球气候变化和人类行为造成的，例如在过去用来吸收雨水的土壤上铺路（见第六章）。因此，洪水变得越来越频繁，部分原因是人类正在以各种方式改变当地和全球环境。

许多城市以各种方式宣称自己是"绿色"或"可持续"的，但很少有人进行过能量和物质分析［黄和苏（Huang and Hsu，2003）以及祖凯托（Zucchetto，1975）已经这样做了］，这可能就是想让人认为城市的自我推销（self-promotion）是正确的。戴和霍尔（Day and Hall，2016）认为，"绿色"波特兰并不比附近的西雅图，或实际上任何其他类似规模的城市，更具可持续性。现代工业城市消耗大量能源。伯格等（Burger et al.，2019）的研究报告说，从最贫穷的发展中国家到高度城市化的发达国家，人均GDP、能源使用和温室气体排放量增加了2～3个数量级。菲克斯（Fix，2019）得出的结论是，通过服务脱碳（decarbonization）的想法是不正确的，因为富裕的城市地区直接和间接的能源使用率很高。

甚至减少化石燃料以减少二氧化碳排放的概念也存在许多问题。因为太阳能替代品（如光伏和风力涡轮机）的建造成本非常高，而且由于阴天、无风的日子在美国的许多地方很常见，不仅建造起来非常昂贵，而且会受到间歇性供电的困扰。就金钱和能源而言，电力存储（storage of electricity）是昂贵的。当然，如果可能的话，解决这些问题是未来面临的最大挑战之一（Day et al.，2018；Day and Hall，2016）。

今天，全球许多城市正在变成特大城市（见表 1-2 中联合国的预测）。虽然有许多工作和便利设施使这些大城市对人们有吸引力，但它们也通常非常拥挤、污染和昂贵。有些人搬出大城市去寻求更简单的生活。但这是否可能适用于整个人群？我们是否造成了城市必须继续运转的情况，因为我们别无选择，因为现在有这么多人，我们无法回到祖父母时期更简单的生活？如果是这样，我们如何确保我们的城市在食物、水、能源和其他生活必需品方面是可持续的？因此，人类文化必须做出决定，将我们剩余的化石能源（个人和集体）投资于有助于城市长期生存的方式。我们从约瑟夫·塔恩特等考古学家那里得知，历史上到处都是曾经引以为豪的城市，甚至整个文明，它们曾经以它们的方式与我们的今天一样强大，但现在只遗存在沙漠或丛林植被下的成堆岩石中。直到最近几年，当我们能够从卫星上观察风景时，我们才意识到这些曾经巨大的文明的范围，过去我们甚至不知道它们存在过。这不一定是所有文明的宿命。例如，数千年来，尼罗河、印度河和黄河河谷或多或少延续了人类文明存在，但即使是这些文明，也有兴有衰，其中大多数，以主要城市为代表的文明，已经消失了。同样，社会的大部分地区也经常消失。为什么会这样？当然，可能的原因有很多。它们包括入侵力量的破坏[例如古罗马被汪达尔人（Vandals）和来自中亚的凶猛骑手哥特人（Goths）控制]，种族主义驱逐了社会中最有生产力和最聪明的部分（如 1492 年在西班牙的犹太人和穆斯林）、疾病（15 世纪欧洲许多瘟疫肆虐的城市）以及导致社会动荡的统治阶级的贪婪（法国大革命推翻了法国皇室/贵族）。在所有情况下，能源的减少都导致了这些问题。

现代学术研究表明，许多古代文明毁灭的主要原因是，在最初的繁荣时期，由于过度开发和人口增长，它们耗尽了建立它们的资源。最常见的例子是水[参见米切纳（Michener，1963）的《大篷车》（Caravans）]；土壤，例如玛雅人[参见塔恩特（Tainter，1990）以及戴蒙德（Diamond，2005）的《崩塌》（Collapse）]；尤其是森林及其培育和维护的土壤。约翰·佩林的《森林之旅》（A Forest Journey）是一本适合所有学生阅读的好书，实际上是必读之书（Perlin，1989）。约翰·佩林展示了我们在整个教育过程中所教授的历史如何简单地忽略了通常最关键的因素：大树的可获得性，或者过度开发导致的不可获得性。从历史上看，大树是必不可少的，不仅可以用于建造房屋、宫殿和船只，还可以作为冶炼金属的能源。其他从一些不同的角度提出类似案例的书，有庞廷（Ponting，1993）和雷德曼（Redman，1999）的著作。所有这些历史研究的重点是，虽然我们倾向于将历史事件归功于伟人（男人或女人），但如果没有各自的自然资源基础，马其顿的菲利普、凯撒大帝、克利奥帕特拉、凯瑟琳大帝、纳尔逊海军上将和拿破仑等都不会成功。这是一个生态学家显而易见的历史视角，但在我们学校的大部分历史课程中却没有（Burger et al.，2019）。这也是我们传统经济学教学中所缺少的一个观点。最近在生物物理经济学中发现了一种现实的方法（Hall and Klitgaard，2018）。

五、结论

城市是人和其他动物聚集在交通走廊交叉点和/或重要资源丰富的地方。它们只能通过开发、生产和使用更大区域的额外资源而存在。就像牡蛎礁一样，它们是在一片生产商的海洋中的消费孤岛，它们需要大量的能源才能将其庞大的"生态足迹"（即世界其他地区满足它们的需求并消散它们的废物所需的面积）的成果集中到相对较小、密集的城市环境中。相应地，该区域的新陈代谢，从通常的接近平衡的生产与消费之比，转变为消费（能源使用，呼吸作用）与生产（能源生产）相比要高得多。随着全球人口经历了城市转型，现在有超过50%的人口居住在城市中，因此需要生产越来越多的化石能源，才能将所需的食物和其他材料运送到城市中。这导致温室气体排放量大幅增加。随着我们如此依赖的石油和其他化石燃料在未来不可避免地变得越来越少，人类将面临新的挑战。目前尚不清楚这些化石燃料的功能是否可以被其他能源替代。也许，现代工业城市的时代即将开始衰落。

（顾朝林 译，李志刚 校）

参 考 文 献

1. Ahlbrandt T (2000) World Energy Assessment Team. The world petroleum assessment 2000 vol 5 USGS Digital Data Series 60 Version 2.1 United States Geological Survey (USGS), distributed on CD-ROM by USGS Information Services

2. Angel J (1975) Paleoecology, paleodemography, and health. In: Population, ecology, and social evolution. Mouton, The Hague, pp 167-190

3. Bai XM (2018) Advance the ecosystem approach in cities. Nature 559:7-7

4. Balogh S, Hall C, Guzman A, Balcarce D, Hamilton A (2012) The potential of Onondaga county to feed the population of Syracuse New York: past, present and future. In: Pimentel D (ed) Global economic and environmental aspects of biofuels. Taylor and Francis, Boca Raton

5. Balogh S, Hall CA, Gamils DV, Popov AM, Rose RT (2016) Examining the historical and present energy metabolism of a Rust Belt City: Syracuse, NY 1840-2005. Urban Ecosyst 19:1499-1534

6. Bookchin M (1992) Urbanization without cities: the rise and decline of citizenship. Black Rose Books, Montréal

7. Burger JR, Brown J, Day Jr JW, Flanagan TP, Roy ED (2019) The central role of energy in the urban transition: global challenges for sustainability. BioPhysical Economics and Resource Quality 4:5. https://doi.org/10.1007/s41247-019-0053-z

8. Campbell CJ, Laherrère JH (1998) The end of cheap oil. Sci Am 278:78-83

9. Cottrell F (1955) Energy and society: the relations between energy, social change and economic development. McGraw-Hill, New York

10. Court V, Fizaine F (2017) Long-term estimates of the energy-return-on-investment (EROI) of coal, oil, and gas global productions. Ecol Econ 138:145-159

11. Crosby AW (1986) Ecological imperialism: the biological expansion of Europe, 900-1900. Cambridge University Press, Cambridge

12. Culotta E, Sugden A, Hanson B (2001) Introduction: humans on the move. Science 291:1721

13. Day J, D'Elia C, Wiegman A, Rutherford J, Hall C, Lane R, Dismukes D (2018) The energy pillars of society: perverse interactions of human resource use, the economy, and environmental degradation. Biophys Econ Resour Qual 3:2. https://doi.org/10.1007/s41247-018-0035-65

14. Day J, Gunn J, Folan W, Yanez A, Horton B (2012) The influence of enhanced post-glacial coastal margin productivity on the emergence of complex societies. J Isl Coastal Ar-

chaeol 7:23-52

15. Day J, Gunn J, Folan W, Yáñez-Arancibia A, Horton B (2007) Emergence of complex societies after sea level stabilized. Eos 88:170-171

16. Day JW, Hall C (2016) America's most sustainable cities and regions. Springer, New York

17. De Candolle A (1885) Origin of cultivated plants, by Alphonse de Candolle. D. Appleton, New York

18. Devall B, Sessions G (2007) Deep ecology: living as if nature mattered. G. M. Smith, Salt Lake City

19. Diamond J (1999) Guns, germs and steel. Norton, New York

20. Diamond J (2005) Collapse. How societies choose to fail or succeed. Viking Press, New York

21. Fix B (2019) Rethinking economic growth theory from a biophysical perspective. Springer, New York

22. Fizaine F, Court V (2016) Energy expenditures, economic growth, and the minimum EROI of society. Energy Policy 95:172-186

23. Glaub M, Hall CA (2017) Evolutionary implications of persistence hunting: an examination of energy return on investment for ! Kung hunting. Hum Ecol 45:393-401

24. Guzman A (2005). Resources for Metropolitan Manila. PhD dissertation SUNY College of Environmental Science and Forestry

25. Hall CAS (2000) Quantifying sustainable development. Academic, San Diego

26. Hall CAS (2017) Energy return on investment: a unifying principle for biology, economics, and sustainability. Springer, New York

27. Hall CAS, Klitgaard K (2018) Energy and the wealth of nations: an introduction to biophysical economics. Springer, New York

28. Hall MHP (2011) A preliminary assessment of socio-ecological metabolism for three neighborhoods within a rust belt urban ecosystem. Ecol Model 223:20-31

29. Hallock JL Jr, Wu W, Hall CA, Jefferson M (2014) Forecasting the limits to the availability and diversity of global conventional oil supply: validation. Energy 64:130-153

30. Huang SL, Hsu WL (2003) Materials flow analysis and energy evaluation of Taipei's urban construction. Landsc Urban Plan 63:61-74

31. King CW, Maxwell JP, Donovan A (2015) Comparing world economic and net energy metrics, part 1: single technology and commodity perspective. Energies 8:12949-12974. Data from Roger Fouquet

32. Lambert JG, Hall CAS, Balogh S, Gupta A, Arnold M (2014) Energy, EROI and quality of life. Energy Policy 64:153-167

33. Lee RB (1969) Kung Bushmen subsistence: an input-output analysis. In: Damas D (ed)

Contributions to anthropology: ecological essays. National Museums of Canada, Ottawa, pp 73-94

34. McFarland JW (1972) Lives from Plutarch: the modern American ed. of twelve lives. Random House, New York

35. McNeill WH (1976) Plagues and peoples. Anchor Press/Doubleday, Garden City

36. Mitchener JA (1963) Caravans: a novel. Random House, New York

37. Möbius K (1877) Die Auster und die Austernwirtschaft. Verlag von Wiegandt, Hempel & Parey, Berlin

38. New York Public Library Digital Collection (1902) The Miriam and Ira D. Wallach Division of Art, Prints and Photographs: Photography Collection, https://digitalcollections. nypl. org/items/510d47e1-bd86-a3d9-e040-e00a18064a99. Accessed 14 Dec 2018

39. Odum HT (1971) Environment, power and society. Wiley-Interscience, New York

40. Odum HT (1994) Ecological and general systems: an introduction to systems ecology. University Press of Colorado, Boulder

41. Perlin J (1989) A forest journey: the role of wood in the development of civilization. W. W. Norton, New York

42. Ponting C (1993) A green history of the world. The environment and the collapse of great civilizations. Penguin, New York

43. Redman CL (1999) Human impact on ancient environments. The University of Arizona Press, Tucson

44. Rees WE (2012) Cities as dissipative structures: global change and the vulnerability of urban civilization. In: Sustainability science. Springer, New York, pp 247-273

45. Sauer CO (1952) Agricultural origins and dispersals; the domestication of animals and food-stuffs. American Geographical Society, New York

46. Sundberg U (1992) Ecological economics of the Swedish Baltic Empire: an essay on energy and power, 1560-1720. Ecol Econ 5:51-72

47. Sundberg U, Silversides CR (1988) Operational efficiency in forestry, vol 1. Kluwer Academic, Dordrecht

48. Tainter J (1990) The collapse of complex societies. Cambridge University Press, Cambridge

49. US Environmental Protection Agency (2018) Heat Island Effects. US EPA. https://www. epa. gov/heat-islands/learn-about-heat-islands. Accessed 26 Oct 2018

50. Vörösmarty CJ et al. (2010) Global threats to human water security and river biodiversity (vol 467, p 555, 2010). Nature 468:334-334

51. Vörösmarty CJ, Hoekstra AY, Bunn S, Conway D, Gupta J (2015) Fresh water goes global. Science 349:478-479

52. Wackernagel M, Hanscom L, Lin D (2017) Making the sustainable development goals con-

sistent with sustainability. Front Energy Res. https://doi. org/10. 3389/fenrg. 2017. 00018

53. Wackernagel M, Kitzes J, Moran D, Goldfinger S, Thomas M（2016）The ecological footprint of cities and regions: comparing resource availability with resource demand. Environ Urban 18:103-112

54. Warner R（1954）Thucydides: history of the Peloponnesian war. Penguin, Harmondsworth

55. Whittaker RH, Feeny PP（1971）Allelochemics: chemical interactions between species. Science 171:757-770

56. Williams-Derry C, Hipple K, Sanzillo T（2018）Energy market update: red flags on U. S. fracking, disappointing financial performance continues vol October 2018. Sightline Institute, Institute for Energy Economics and Financial Analysis, Cleveland, OH

57. Wolman A（1965）The metabolism of cities. Sci Am 213:178-193

58. Wrangham RW（2010）Catching fire: how cooking made us human. Basic Books, New York

59. Zinsser H（1935）Rats, lice and history: a study in biography. Pocket Books, New York

60. Zucchetto J（1975）Energy-economic theory and mathematical models for combining the systems of man and nature, case study: the urban region of Miami, Florida. Ecol Model 1:241-268

第三章 社会过程、城市生态系统 与可持续性

理查德·C. 斯马尔登[①]

本章的目的是了解有助于可持续管理城市生态系统的社会科学概念和治理方法。为此，将从这一角度回顾一些基本的社会科学概念、城市生态系统/社会科学术语、理论模型和应用社会科学研究。源自绿地和绿色基础设施的环境服务将成为影响生活质量与人类健康益处的重要专题。本章将结合几个案例研究，展示可以高度适用于可持续性规划潜力的社会科学模型和结构。

一、城市社会科学理论

许多规划从业者和研究人员已对城市的城市化进程进行了数十年研究。这一群体包括城市规划师（Campbell，1996；Forrester，1989；Smardon，2008；Spirn，1984；Swanwick et al.，2003）、地理学家（Harvey，1975，1989；Hayden，1997；Neimela，1999；Park and Burgess，1925）、社会学家（Berkes and Folke，1998；Giddens，1991；Harrison and Burgess，2003；Macintyre et al.，1993；Sanders，1986；Stokols，1995）、环境心理学家（Gobster，2004；Hartig et al.，1991；Kaplan and Kaplan，1989；Korpela et al.，2001；Kuo，2001；Ulrich et al.，1991；

---

① 美国纽约州锡拉丘兹市，纽约州立大学环境科学与林业学院环境研究系，邮箱：rsmardon@esf.edu。

Wells,2000)、历史学家(Hayden,1997;Alonso,1964;Cronon,1991;Fraser and Kenny,2000;Jacobs,1961;Worster,1977)等。本节将从系统的角度,简要概述一些最有影响力的城市化的社会理论。

作为北美城市研究的一个传统方向,芝加哥学派将城市视为系统。其中最有影响力的两部早期作品分别是由帕克和伯吉斯(Park and Burgess,1925)以及黑格(Haig,1926)所著,他们提出了城市形态的历史理论及解释城市发展的同心圆假说(the concentric zone hypothesis)。该理论认为,市中心本是富裕居民住房的所在,随着时间的推移,这些住房逐渐流向低收入居民,而较富裕的居民则迁往郊区,之后又随城市更新而迁回城里。该理论所涉及的关键因素包括结构的老化、与收入水平相关的入住率和人口增长(Alonso,1964)。

地理学家戴维·哈维(David Harvey)的著作也提供了此类历史背景的分析,在其著作《社会正义与城市》(*Social Justice and the City*)(Harvey,1975)中,哈维论述了社会进程、城市空间形式以及资源分配与公平问题。此外,威廉·克罗宁(William Cronin)的著作《自然的大都会》(*Nature's Metropolis*)(Cronon,1991),也为我们提供了芝加哥大都市区随着时间推移而发展的丰富历史背景。彼得·桑德斯(Peter Saunders)探讨了社会理论和城市生活的多个维度的特征,如资本主义、生态环境、文化形式、社会空间系统、意识形态和空间定义等。还有,简·雅各布斯(Jane Jacobs)在其名著《美国大城市的死与生》(*The Death and Life of Great American Cities*)(Jacobs,1961)中,批判了城市规划的物质环境决定论,呼吁观察人们的行为以识别城市品质和需要保护或增强的城市空间。

近30年来,社会和城市主义(urbanism)的语境主义理论(contextualist theories)已经发展起来,挑战了传统的还原论方法(reductionalist approaches),这些方法将社会呈现为具有理性利己行为的个体的集合(Giddens,1991;Harrison and Burgess,2003;Giddens and Lash,1994)。当代社会理论将"个体作为社会存在物,其行为反映了其社会衍生的意义、价值观和知识"(Harrison and Burgess,2003,第138页)。这种行为被视为是一个复杂的、反思性的参与过程——它取决于诸多因素如对情感依恋的反应、对权威的信任以及相信(或不相信)个人行为会影响结果。组织的社会和文化地位可能是影响公众对此类信息的信任度的重要因素(Wynne,1994)。

　　还原论的理论和模型倾向于通过市场所表达的个人偏好因素;将决策权授予专家和专业人士;使现有的权利和决策权永久化,也就是不欢迎新的参与者(Forrester,1989)。相比之下,语境主义方法论(contextualistic approaches)则更倾向于任何对结果感兴趣的利益相关者的参与。这两种理论方法都可用于研究城市系统,但最近的趋势偏向于语境主义理论。这种社会方法带来了一系列额外的复杂性、联系和传统生态学研究的能量流。

　　当前城市生态系统的社会科学方法包括治理方法(governance approach)、土地利用/景观方法(land use/landscape approach)和生态代谢方法(ecological metabolism approach)。治理方法借鉴了语境社会科学的理论(contextual social science),强调广泛的参与者和组织的重要性以及社会生态系统中的时间模式。这种方法有助于解决四个主要的城市生态问题:

　　(1)理解过去自然的状况和组织;

　　(2)探索社会条件与经济、环境等之间的相互作用;

　　(3)确定环境政策与决策进程;

　　(4)探索与社区态度相关的环境意识的观念演化历史(Worster,1977)。

　　土地利用/景观方法强调空间模式在社会生态系统(social-ecological systems,SES)中的重要性。(学者们)将社会动力学(social dynamics)和空间模式联系起来的努力已取得很大进展,尤其关注了尺度问题(scaling issues)(Liverman et al.,1998)。尺度问题通常涉及从大尺度到小尺度以及嵌套尺度(nested scales)对区域的审视。新陈代谢和土地利用之间存在着重要联系,例如改变景观的社会经济的新陈代谢变化(Krausmann et al.,2003)。一个例子是城市化进程的加快会减少绿地、绿色基础设施以及削弱吸收环境污染物的能力。

　　社会生态代谢是生物体中发生的化学过程的总和,导致生长、能量生产、有用功、废物消除、运输和生产(Beck et al.,1991)。对于社会系统而言,这包括人口再生产以及需要物质和能源流动的经济生产与消费过程(Ayres and Simonis,1994;Fischer,1998)。这些情况在专栏 3-1 中进行了描述。代谢提供了一种将生物物理和社会经济过程与社会生态系统中的物理存量和流量的经验量化相结合的方法。代谢分析区分了自然和社会经济等驱动因素。通过将所统计的社会

61

领域数据与历史物理资源相结合,社会生态模型重构了过去的系统状态,从而整合了经济和生态机制(Ayres,2001;Ibenholt,2002)。在此基础上,可以将此类模型与智能体模型(agent-based models)相结合(Jannssen,2004),以解析参与者的决策与生物物理流之间的相互作用。

专栏 3-1   城市系统

城市生态系统的生态可以从系统的角度去思考,其中土地利用的生态效应改变,资源(非生物的和生物的)或种群(生物的)的空间分布以及整个系统的新陈代谢(能量流动)被重新考虑(图 3-1)。生物物理能量/驱动力的例子包括:

- 能量流动;
- 物质循环;
- 信息流动(Decker et al.,2000)。

这些能量对五种主要模式/过程产生影响:

- 初级生产(植物通过光合作用产生的能量);
- 人口(增长或下降);
- 有机物(生食);
- 营养物(可利用食物);
- 干扰(人类和自然)。

反过来,社会经济驱动因素会通过以下方式影响过往的生物物理过程:

- 信息流动;
- 文化价值和制度;
- 经济系统;
- 权力等级体系;
- 土地利用和管理;
- 人口学模式;
- 设计或建成环境。

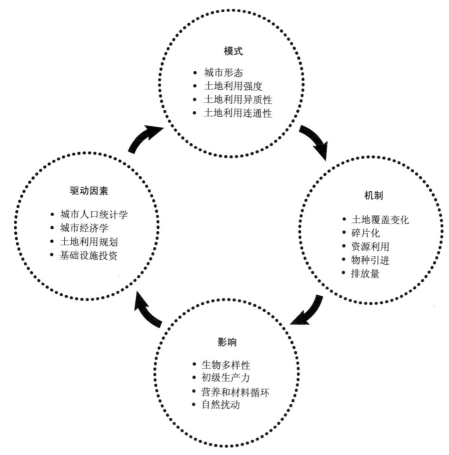

图 3-1　城市生态系统模式、驱动因素、机制和影响

资料来源：根据艾伯蒂（Alberti，2005，第 175 页）重绘。

　　因此，人们需要一种涵盖并追踪城市系统中社会经济驱动因素的综合机制（integrative mechanisms）。同时，我们需要了解这些过程和模式如何影响城市环境质量、生活质量、人类健康和生态健康。其中的一些关键定义请参见专栏 3-2 中所提供的信息。

专栏 3-2　部分基本概念

以下是本章将大量使用的关键术语的定义:

· 健康是指有完整的身体、精神和社会幸福感的状态。

· 幸福是指物质保障、人身自由、社会关系良好和身体健康(Millennium Assessment,2003)。

· 健康的生态系统对压力和退化具有弹性,并且随着时间推移仍能保持组织、生产力和自主性(Costanza,1992;Rapport et al.,1998)。

· 生态系统服务是人类从生态系统功能中获得环境产品和利益的供给、保障和/或维系(Millennium Assessment,2003;De Groot et al.,2002)。

· 绿色基础设施可以被认为是在所有空间尺度的城市区域内部、周围和之间的全自然、半自然以及人工多功能生态系统网络(Tzoulas,2007,第169页)。

· 社会生态系统是人类社会与生态系统持续相互作用下形成的复杂综合的生物和非生物结构及功能(Redman et al.,2004;Haberl et al.,2006)。

二、社会科学与城市生态系统整合的研究框架

那么,有哪些概念框架已用以联系城市生态系统、人类和生态健康呢? 我们将在下一节探讨这个问题。当前应用于城市生态系统研究的整合了社会学和生态领域的概念框架主要有四个:①巴尔的摩长期生态研究(LTER)项目中的人类生态系统框架;②环境对人类身心健康的影响;③生物物理系统为人们所提供的生态服务;④宜居/生活质量和环境正义/公平模型。

人类生态系统框架(图 3-2)源自巴尔的摩城市生态系统长期生态研究工作(Pickett et al.,1977;Pickett et al.,2004;Pickett and Cadenasso,2002,2006)。这是一个整合了人类社会系统和生态资源系统的模型。该研究框架包括模型上部的社会制度、社会周期和社会秩序,以及模型下部的资源系统内的文化资源。与图 3-1 进行比较,后者主要是一个不包括社会过程的生态模型。该模型已被

格里姆等人(Grimm et al.,2000)改编和利用,用来分析亚利桑那州凤凰城土地利用变化的变量、相互作用以及对城市生态系统社会方面的反馈。

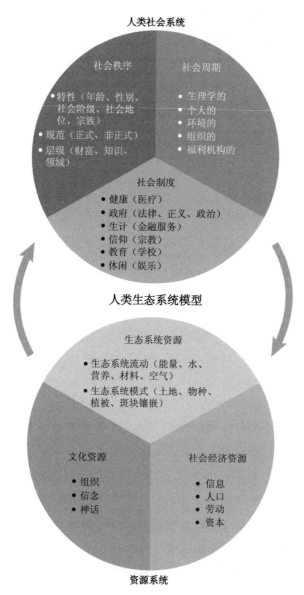

图 3-2　人类生态系统模型

资料来源:根据格鲁夫等(Grove et al.,2003,第 170 页)重绘。

　　第二个概念研究框架涉及环境对人类心理和身体健康的影响。越来越多的工作将城市绿地与身心健康以及社区关系改善联系起来。学者们已经研究了各种模型理论、物理环境因素和相关的人类健康领域(表 3-1)。绿色城市空间和生物多样性可能对改善城市居民的身心健康具有价值,但我们还需要大量工作以进一步证明这种联系和益处。

表 3-1　生态系统与人类健康相关的模型和理论

作者	模型/理论	环境方面	人类健康方面
弗里曼(Freeman,1984)	心理/身体健康影响	物理、社会和文化因素	神经系统和疾病
亨伍德(Henwood,2002)	社会心理压力和健康	环境差	慢性焦虑、压力和高血压
世界卫生组织(WHO,1998)	健康建筑	环境、文化和社会经济因素	社区、生活方式和遗传因素
帕顿等(Paton et al.,2005)	健康的生活和工作模式	环境、文化和社会经济因素	生活和工作条件
麦金太尔等(Macintyre et al.,1993)	基本需求框架	自然环境、资源和景观	健康——各方面

资料来源:经 Elsevier 许可,改编自祖拉斯等(Tzoulas et al.,2007)。

　　第三个研究框架是千年生态系统评估(Millennium Ecosystem Assessment)(Millennium Assessment,2003),用于评估全球生态系统变化及其对人类福祉的影响(Cairns and Pratt,1995)。其主体是一个概念研究框架,通过社会经济因素将一些生态系统服务和人类福祉联系起来。其中包括四类生态系统服务:供应、监管、支持和文化服务,这些服务提供五类人类福祉:安全、基本资源获取、健康、良好的社会关系和选择自由。

　　第四个研究框架是一个涉及宜居性和生活质量的综合模型,是由范坎普等(Van Kamp et al.,2003)和塞西基亚(Circerchia,1996)等人所集成的。该模型描绘了影响生活质量的因素之间的复杂相互作用,包括个人、社会、文化、社区、自然、建成环境以及经济因素等。

　　第五个是环境正义(environmental justice)研究框架(Campbell,1996;Floyd et al.,1993;Heynen,2006;Kuo et al.,1998;Turner,2002)。美国环境保

护署将环境正义定义为"在制定、实施和执行环境法律、法规与政策方面,所有人不分种族、肤色、国籍或收入,都能得到公平对待和有意义的参与"①(见第十四章)。环境正义运动是对不受欢迎的设施选址的回应,这些设施对传统上不参与决策过程的社区造成负面的社会和环境影响。该研究框架主要面向城市居民的两个主要公平问题:①低收入社区中的有不良环境影响的项目;②获得促进身心健康和福祉的绿地。

　　以上均是可以纳入长期耦合社会生态研究模型(Haberl et al. ,2006)的方法的范例,它们可以:①调查环境状态的变化;②分析生态系统的社会压力及其驱动力;③提出可能减轻这些压力的措施;④评估生态变化对社会的影响(如气候变化)。

三、城市生态系统的社会科学实证研究

　　大量社会科学实证研究已经关注社会经济地位、健康和物理环境属性之间的联系。这些研究可分为流行病学研究、实验研究和基于调查的研究(表3-2)。绿地流行病学②研究的积极方面包括城市绿地与长寿、健康、福祉和社区意识之间的正向关系。被忽视的绿地的负面影响则包括对犯罪的恐惧(Kuo et al. ,1998;Kuo and Sullivan,2001;Bixler and Floyd,1997),以及疾病介体栖息地的增加和扩大(Smardon,1988;Patz and Norris,2004;Zielinski-Gutierrez and Hayden,2006)。城市绿地实验研究关注的益处包括被动观看、心理生理压力减小、健康恢复时间、注意力功能改善、血压降低和攻击倾向的减少。一般来说,城市生态系统内的绿地具有显著的公共健康效益(St Leger,2003;Stokols et al. ,2003)。调查研究表明,城市绿地是调节情绪、释放情绪、恢复体验和减少负面情绪的上佳场所。那些有健康问题的人往往会选择植被绿地作为他们喜爱之地(Kim and Kaplan,2004),可见与环境质量相关的生物多样性对于恢复健康具有重要意义(Horwitz et al. ,2001;Wilson,2001)。反过来说,城市缺乏绿地也可

66

67

---

① https://www.epa.gov/environmentaljustice.
② 意味着按时间和区域研究人口。

能导致居民的心理和身体健康问题增加。

表 3-2　绿地/自然对人类健康影响的研究

作者	学习类型	人类健康发现
凯勒特和威尔逊(Kellert and Wilson,1993)	跨学科研究综合	与生俱来的需要＞接触生物多样性＞心理健康
高野等（Takano et al.，2002；Tanaka et al.，1996)	流行病学研究	城市绿地＞长寿
德弗里斯等(De Vries et al.,2003)	流行病学研究	城市绿地＞更健康
佩恩等(Payne et al.,1998)	问卷和日记	城市公园用户＞感知健康、身体活动和放松
卡普兰和卡普兰(Kaplan and Kaplan,1989),哈蒂格等（Hartig et al.,1991),威尔斯(Wells,2000)	实验研究	自然景观可恢复注意力疲劳、加速恢复和认知能力
乌尔里希(Ulrich,1984),乌尔里希等(Ulrich et al.,1991)	实验研究	自然景观提供放松,增加积极情绪和压力恢复
法伯-泰勒等(Faber-Taylor et al.,2001)	实验研究	注意力不足障碍(ADD)儿童症状减轻
郭(Kuo,2001),郭和沙利文(Kuo and Sullivan,2001)	实验研究	绿色视图＞危机管理、有效性、减少精神疲劳、减少攻击性
科尔佩拉(Korpela,1989,2003),科尔佩拉和哈蒂格(Korpela and Hartig,1996),科佩拉等(Korpela et al.,2001),纽厄尔(Newell,1997)	基于调查的研究	参观喜爱的自然场所＞调节自我表达
金和卡普兰(Kim and Kaplan,2004)	基于调查的研究	住宅自然特色增强社区意识
帕尔默（Palmer,1988),斯马尔登(Smardon,1988),韦斯特法尔(Westphal,2003)	基于调查的研究	绿地个人审美偏好与社区意识

资料来源:经 Elsevier 许可,改编自祖拉斯等(Tzoulas et al.,2007)。

四、城市绿地的社会效益

也有大量工作关注了绿地(green space)的社会效益——尤其是社会凝聚力

和其他社会效益。这些社会效益包括公众可达的绿地，允许城市居民在没有身体或心理限制的情况下相互交流，允许居民相互结识，允许社会交往，提供信息和/或灵感，以及允许不同群体和个人之间的广泛接触（表3-3）。

表 3-3　城市绿地的社会功能

作　者	社会功能
伯吉斯等（Burgess et al.，1988），奥布赖恩和塔布什（O'Brien and Tabbush，2005），汤普森等（Thompson et al.，2004）	可进入的公共绿地允许社会互动
卡尔等（Carr et al.，1992），格尔（Gehl，1987），格林鲍姆（Greenbaum，1982），郭等（Kuo et al.，1998）	社会融合与认同
伯吉斯等（Burgess et al.，1988），格博斯特（Gobster，2002），戈麦斯（Gomez，2002），霍等（Ho et al.，2005），斯马尔登（Smardon，2009）	聚合社会联系
格尔（Gehl，1987），韦斯特法尔（Westphal，2003）	提供信息和灵感
伯吉斯等（Burgess et al.，1988），格博斯特（Gobster，1998），斯万维克等（Swanwick et al.，2003）	在多样化的群体间接触
奎恩等（Kweon et al.，1998），罗杰斯（Rodgers，1999）	提高个体的包容度

五、城市生态系统社会生态方法

最近的一些研究试图将社会生态驱动因素与生态系统结构的时空变化联系起来（表3-4）。例如，其中两个研究使用了前面讨论过的人类生态系统研究框架（Pickett and Cadenasso，2002，2006；Pickett et al.，2004；Grove et al.，2006）并结合了空间或梯度分析，涵盖从自然区到中心城市的一系列土地利用/植被覆盖类型。学者们正在大量开展此类研究，以便更好地确定哪些因素有助于规划优化和决策制定，从而使城市生态系统更具可持续性并促进生态与人类健康。

其中一些研究着眼于主要的社会经济驱动因素，如西雅图艾伯蒂（Alberti，2005）、不列颠哥伦比亚省的里斯（Rees，1992，1993）、南卡罗来纳州哥伦比亚的多夫（Dow，2000）和塞西基亚（Circerchia，1996）。其他人则更关注与自然景观变化相关的潜在社会生态背景因素，例如斯德哥尔摩的安德森（Andersson，2006；Andersson et al.，2007），巴尔的摩 LTER 的格鲁夫等（Grove et al.，

2006)以及皮克特与卡德纳斯(Pickett and Cadenasso,2006)。如果我们要了解对可持续性规划具有重要意义的城市生态系统和社会因素,这些问题就很重要。下一部分将会对面向城市生态系统的可持续性规划方法做一个述评。

68

表3-4　城市生态系统社会生态研究方法

作者/地点	研究类型	核心变量和概念
艾伯蒂(Alberti,2005),西雅图,华盛顿州	具有人口、经济和政策信息的仿真模型	量化在环境压力下的时空变异性
安德森（Andersson,2006；Andersson et al.,2007),斯德哥尔摩	与生态服务相关的管理实践的定性研究	潜在的社会机制、制度、地方性知识和地方感
塞西基亚(Circerchia,1996)	指标>生活质量	土地供需、领土负荷、均衡和临界的人口(质)量
多夫（Dow,2000),哥伦比亚市,南卡罗来纳	梯度分析	土地使用、土地管理工作和历史背景
格鲁夫等(Grove et al.,2006),巴尔的摩LTER	植被覆盖 vs. 社会因素	人口、生活方式和社会阶层
皮克特等(Pickett et al.,2004),巴尔的摩LTER	社会生态路径和动态特殊组合	韧性、生态效益和社会功能
雷德曼等(Redman et al.,2004)	社会生态系统	核心社会科学研究
里斯(Rees,1992,1993)	人口容量和足迹分析	社会承载力

六、可持续城市运动简史

自 1972 年在斯德哥尔摩举行的第一届联合国人类环境大会（UN Conference on the Human Environment)之后,(全球)环境意识开始增强。国际发展机构(如世界银行)将由该会议发展出来的城市环境议程(urban environmental agendas)改为"棕地议程"(Brown Agenda)。在此之前,国际上对环境问题,特别是在发展和资源开采方面,关注的焦点一直是农村环境(rural environment)。"棕地议程"开始认识城市所面临的环境问题,特别是发展中国家,包括缺乏监管的工厂和汽车污染排放、使用低等燃料、缺乏污水处理装置和清洁水供应设施、固体和危险废物处置设施不足等。第二届联合国环境与发展大会(UN Conference on Environment and Development)于 1992 年在里约召开,随后 1996 年又在伊斯坦布尔举行了联合国人居会议(UN Habitat Conference),联合国的这些活动发展了可持续城市的概念。里约会议制定了"绿色议程"(Green Agenda),聚焦解决森林砍伐、资源枯竭、全球变暖、生物多样性和污染等紧迫问题。可持续城市概念融合了"棕地议程"和"绿色议程",并在城市中实施了"21 世纪议程"(Agenda 21),进而全面启动了可持续城市计划(Sustainable Cities Programme,SCP)。

　　可持续城市计划是一个联合国人居署/环境署(UNCHS/UNEP)的联合计划,致力于发展可持续的城市环境,提高环境规划和管理能力,同时促进广泛的公众参与。目前,可持续城市计划是一个以地方为重点的计划,在城市层面的活动和计划得到了一些国家、区域及全球的支持。可持续城市计划提供了一个研究框架,将地方行动和创新与国家、区域及全球层面的活动结合起来。一些全球性网络如联合国计划与国际地方环境倡议理事会(International Council of Local Environmental Initiatives,ICLEI)等的工作协作展开。可持续城市计划的主要作用是在城市层面,在实施的前五年将使用 95％以上的资源。可持续城市计划的目的是将需要合作的所有利益相关者聚集在一起,以便:①摸清环境问题;②就联合战略和协调行动计划达成一致;③实施技术支持和资本投资;④保持环境规划和管理的可持续与制度化。该计划强调,一个城市对发展的潜在贡献的充分实现往往受到严重环境退化的阻碍。这种退化威胁到:①稀缺资源使用的经济效率;②发展收益和成本分配中的社会公平;③来之不易的发展成就的可持续性;④城市经济中提供商品和服务的生产力。其他促进城市地区生物多样性的国际计划还有三类:①侧重于根据"地方 21 世纪议程"(Local Agenda 21)使城市更具可持续性的计划;②评估城市生物多样性和城市生物圈保护区(urban biosphere reserves)计划;③绿地功能的保护(Smardon,2008)。

　　我们将专注于"21 世纪议程"的实施。对这些计划的回顾如我们所见(Smardon,2008)。在"21 世纪议程"的支持下,出现了大量城市可持续发展项目(专栏 3-3)。

69

专栏 3-3　国际城市可持续发展项目

· 联合国人居署最佳实践数据库（http://www.bestpractices.org.html）。

· 环境国际看守人（Caretaker of the Environment International）——一个由积极参与环境教育的教师和学生组成的全球网络（http://www.caretakers.boker.org）。

· 气候保护的城市计划（Cities for Climate Protection，CCP），一项为减少温室气体和节约能源的全球行动议程。该项目包含全球超过 500 个城市（http://wwwiclei.org/ccp/）。

· 可持续城市国际中心（International Center for Sustainable Cities）运用加拿大的专家和技术，通过世界范围内城市的实践示范项目促进可持续发展（http://www.icac.ca/index.html）。

· 国际城市环境研究所（International Institute for the Urban Environment）在 2005～2007 年欧洲城市计划基础上建立城市多功能集约土地利用（Multi-functional Intensive Land Use，MILU）网络（http://www.urban.nl）。

· 城市环境论坛和联合国人居署致力于城市环境的城市和国际支持计划的全球联盟（http://www.unchs.org/programmes/uef/）。

· 联合国人居署可持续城市计划，该计划包含全球范围的至少 40 个城市（http://www.unesco.org/mab/urban/）。

· 城市环境管理虚拟图书馆包括用以解决城市环境管理问题的项目、专题和主题（http://www.gdrc.org）。

· 世界卫生组织（WHO）健康城市计划包括大约 1 500 个地方参与。

所有这些项目都旨在支持 1992 年在巴西里约热内卢召开的联合国环境与发展大会所通过的"地方 21 世纪议程"的实施，同时也服务于地方或区域的可持续发展规划。"21 世纪议程"的第 28 章阐明了制定和实施地方可持续发展计划的过程。第 28 章并未阐明规划的内容，而是强调地方规划应以过程为导向。它

强调地方规划的编制应通过教育和动员当地公民来解决当地需求及问题。欧洲的 5 300 多个地方政府已经编制了"21 世纪议程"的行动规划,在北美则只有100 多个城市编制了此类规划(Smardon,2008)。

欧洲大量编制"地方 21 世纪议程"的可持续发展规划的原因之一是《奥尔堡宪章》(*Aalborg Charter*),也就是《欧洲城镇可持续发展宪章》(*Charter of European Cities and Towns Towards Sustainability*),该宪章为可持续发展规划提供了详细指引(Smardon,2008)。宪章的第二部分为可持续发展规划提供了具体指导:

- 理清现有规划和财务框架以及其他规划和项目;
- 通过广泛公众咨询,系统地明确所涉及的问题及其原因;
- 明确解决问题的任务的优先级;
- 依托社区各部门的参与,创造可持续发展的社区愿景;
- 考察和评估各种可能的替代性战略选择;
- 为可持续发展编制长期的地方行动规划,其中包括可测度的目标;
- 编制规划实施计划,包括制定时间表和分配职责等内容;
- 建立系统及流程,监测和反馈规划的实施情况。

71

需要强调的是,要通过利益相关者的深度参与,将这些基础的社会科学理论以及个人看法、需求、价值观和知识与可持续性规划过程联系起来。这是落实"地方 21 世纪议程"的规划的核心。

七、决策与社会科学

坎贝尔(Campbell,1996)警告说,北美的可持续发展不会直接实现,而是必然会经历一段具有潜在冲突性的多领域的碰撞(图 3-3)。这些领域涉及经济发展与否、如何公正地分配增长成果以及生态系统维护。在公平/社会正义与经济发展之间存在权属冲突。在公平/社会正义和环境保护之间存在发展冲突;在经济发展与环境保护之间则往往存在资源冲突。坎贝尔(Campbell,1996)建议采用各种手段来解决这些冲突,例如重新定义冲突的语言、土地利用/设计创新以及生态区域(bioregional)方法等。

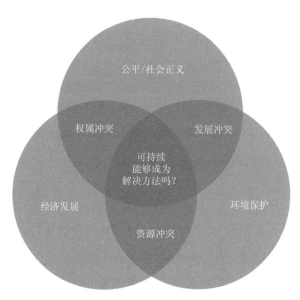

图 3-3   可持续性发展计划的冲突

资料来源:重绘自坎贝尔(Campbell,1996)。

从语境社会理论(contextual social theory)中得出的基本问题是城市具有多样性,而且往往具有争议性,尤其是在实现可持续性方面,因为我们面对着可能导致冲突的各种价值观、行动者及观点。不过,冲突本身并非天然具有负面性,可以通过包括本章第一部分"城市社会科学理论"中所提到的语境社会理论方法等在内的冲突解决及调节模型等予以解决。

这种潜在的冲突反映在纽约州锡拉丘兹奥农达加湖的清理工作中。根据在风暴期间减少流入湖泊的污水的法律要求,奥农达加县行政部门决定采用"绿色基础设施",而不是收集"合流制管道溢流"(combined sewer overflow,CSO)的流出物(参见第六章图 6-2),并将其引导至造价昂贵的变电站进行处理。具体策略是采用可渗透的路面、排水沟、雨水花园、雨水桶和更多植树等来减缓城市径流。问题是,这些"绿色基础设施"能否被市民所接受。已有研究表明(Palmer,1988;Smardon,1988),一些城市居民并不喜欢遮阴树木和灌木,其原因包括落叶、花园遮挡或助长非法活动等。为了解析可能影响市民对"绿色基础设施"的看法的因素(Fraser and Kenny,2000;Smardon,1988;Lee et al.,

2008)，社会科学家转向有关决策行为的理论（Stern，2000）、展望理论（prospect theory）以及对人们如何做风险决策的解析（Kahneman and Tversky，1979；Levy，2003）。基于这些认识，（专家们）设计了一系列焦点小组和调查，以揭示各种态度、偏好和价值观，这些工作主要围绕着绿色基础设施及其与环境服务供给和城市居民生活质量的关系（Barnhill and Smardon，2012）。此外，居民实施绿色基础设施措施的意愿及其机理问题也被予以评估（Baptiste et al.，2015）。

八、案例研究

以下案例研究展现了前面提到的城市生态系统绿地/基础设施的部分效益和功能。它们也呈现了关系实施及社会科学研究角色的决策与社会过程。

1. 管理斯德哥尔摩国家城市公园——社会网络结构的作用（Ernston et al.，2008；Ernston and Sorlin，2009）

靠近瑞典斯德哥尔摩市中心的国家城市公园，是一片面积 27 平方千米的混合林区（图 3-4）。该地区具有比较高的生物多样性水平和生态系统服务能力，主要在于：①各种社会群体以份地花园（allotment gardens）的形式的长期使用；②数百年来一直延续皇家管理。由于靠近瑞典的政治、行政和商业中心，国家城市公园也面临来自市政当局、政府和建筑公司等的巨大开发压力，尤其自 20 世纪 90 年代以来呈加速之势。尽管很早就出现了保护运动，但直到 1990 年，为了响应新的发展规划，"生态公园"（EcoPark）运动才出现（Ernston et al.，2008）。该运动也是全市范围的抗议运动的一部分，这些抗议的主要对象是斯德哥尔摩所规划的高速公路等开发项目。

通过 1995 年的立法，该保护运动在保护公园方面取得了成功，但政府仍在继续制定开发规划，致使这项保护运动一直持续到今天也没有结束。为应对开发，保护运动先是以新方式构建了公园地区，建立了该地区的发展新愿景。这一举措使得运动的范围扩展到更大的空间，这对动员活跃在"生态公园"中的各类组织具有重要意义。具体而言，通过将公园的不同区域以一个吸引人的名称"生态公园"来命名，保护运动创建了一种新的叙事方式，以解释这些城市公园地区在 1990 年之前的状况以及它们之间是如何相互联系的（Ernston and Sorlin，

73

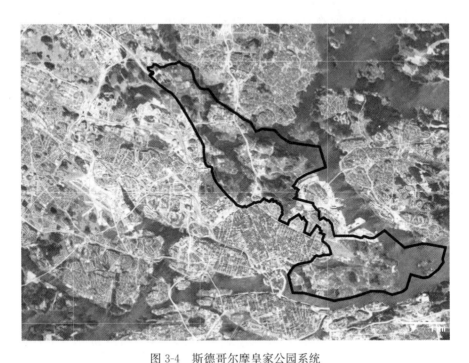

图 3-4　斯德哥尔摩皇家公园系统

资料来源:根据 https://www. visitstockholm. com/see%2D%2Ddo/attractions/
royal-national-city-park/和 https://en. wikipedia. org/wiki/Royal_National_City_Park 重绘。

2009)。基于其皇家历史,该地区所具有的大量文物也强化了这样的说辞。大量
文物(如规划的英式公园、雕塑、城堡、墓地、符石等)和与生态保护相关的科学证
据(如关于核心缓冲区和物种传播走廊的报告等)都被用来创造"一个关于保护
的故事"。1992 年,大约 22 个团体一起创建了一个伞式组织(umbrella organi-
zation)。目前"生态公园联盟"(Alliance of the EcoPark)已经汇集了大约 50 个
组织成员。

　　用于构建"保护的故事"的策略,还包括采用各种方法来激发人们的兴趣,比
如艺术家晚会、展览和游说等。这些创意活动创造出一种叙事与图景,将国家城
市公园的政治问题转移到了国家层面,从而压倒大斯德哥尔摩当局的强权。这
些努力在 1995 年取得成功,当年具有保护性质的《国家城市公园法》(*Law of
the National Urban Park*)得以通过。

74

根据恩斯顿等(Ernston et al.,2008)的说法,在制定该法律的过程中,"生态公园"运动不仅构建了这些斯德哥尔摩地区的绿色身份,还改变了治理结构。市政当局被迫推行跨区域合作,从而在更大的范围实行生态系统管理。国家行政管理委员会(Country Administrative Board)还被赋予否决瑞典强大的规划垄断的权力。这给公园管理的决策带来了新的影响和可能。恩斯顿等(Ernston et al.,2008)的网络分析详细记录了这种创造机会并改变园区管治结构的过程。

2. 埃克诺拉(Exnora)——印度城市基于社区的废物管理(Smardon,2008)

在快速发展的城市生态系统中最令人生畏的挑战之一是废物管理(见第十章),同时在印度城市我们也目睹了世界上发展最快的城市生态系统(见第一章)。"固体废物管理"(solid waste management,SWM)项目在印度环境管理工作中处于主导地位。一些地方政府试图争取社区、非政府组织和私营公司的支持,以利于解决这一紧迫问题。在艾哈迈达巴德和孟买,一家私营公司签订了对部分城市垃圾进行堆肥的合同。在孟买、班加罗尔和钦奈,非政府组织代表市政府参与垃圾的收集和处置。在浦那,当地政府鼓励居民们通过堆肥来分解有机废物。在拉杰卡特,市政当局正卓有成效地收集固体废物(HSMI,1996)。所有这些努力都始于20世纪90年代。

在艾哈迈达巴德,世界银行捐赠了3 800万卢比用于固体废物管理的现代化。案例研究表明,非政府组织和社区团体参与了数百户家庭的垃圾堆肥,其收集量随之增加了3~4倍(HSMI,1996)。在安得拉邦(Andhra Pradesh),市政管理人员通过"印度金禧城市就业"(India's Golden Jubilee Urban Employment)项目将固体废物收集工作外包给政府下辖的一个妇女团体(Rao,2000)。通过这样一种整体方法(holistic approach),当地社区和政府正在同步解决环境问题和贫困问题。

在此背景下,一个名为埃克诺拉的非政府服务组织开展了固体废物管理的实验(图3-5)。该组织于1989年在钦奈由市民们创办,他们出于对环境恶化的担忧而制订了收集垃圾的行动计划。埃克诺拉有着诸多优秀、新颖乃至激进的创意,以吸纳那些造成环境问题的人参与并解决问题。他们在街道上放置新垃圾箱,同时发起提高环境意识的运动。埃克诺拉向拾荒者提供贷款以购买三轮

车,后者被称为城市美化者(city-beautifier),他们使用这些三轮车上门收集垃圾
和清洁街道。他们每月从居民那里收取薪水并以此偿还贷款。如今,该市已经
拥有 1 500 个埃克诺拉单元,每个单元为 75 000 个家庭也就是 450 000 人提供
服务。

图 3-5　埃克诺拉国际团体

资料来源:图片来自维基百科 https://commons. wikimedia. org/wiki/File:ExnoraY. jpg,
得到埃克诺拉创始人 M. B. 尼马尔博士(Dr. M. B. Nirmal)的亲切应允。

　　许多埃克诺拉成员现在已经涉足其他环境活动,如水道监测、运河清淤、植
树、收集雨水等。他们还在学校参与环保项目,并开展有关工业发展的环境影
响、贫民窟改造和将废物转化为可用堆肥等的公共宣传活动。这些埃克诺拉项
目涉及诸多部门,解决了大量问题(Anand,1999)。

　　印度的其他城市也开展了类似活动。在印度西部古吉拉特邦(Gujarat)的
瓦多达拉市(Vadodara City),"市民委员会"(Citizens Council)和当地的一个非
政府组织在 1992 年开始收集垃圾,吸纳当地失业的年轻人、拾荒者等以月薪
300~400 卢比(7~10 美元)参与垃圾收集,这些薪水是由当地居民支付的。所

回收的废物(纸、塑料、金属等)由拾荒者运走并出售。可降解的废物被堆肥,剩余的材料则被倾倒至垃圾填埋场。在美国国际开发署(United States Agency for International Development, US AID)的支持下,该项目现在已经扩展至20 000户、100 000人(Cheril,1994)。类似的实验正在德里等的部分地区推广,当地非政府组织如阿塔万(Aatavan)等参与其中(Malik,1998)。

　　本案例研究是结合小额信贷和适用于发展中国家的技术,对固体废物管理予以系统管理的例子。非政府组织参与的方式也可在诸多发展中国家的城市生态系统中进行复制(Smardon,2008,第130~131页)。

九、结论

76

　　从早期的还原论到最近的语境社会理论,本章对于适用于城市生态系统研究的一系列社会科学理论进行了总结。接着,讨论了将基于社会理论的方法与城市生态系统理论联系起来的一些概念框架,包括人类生态系统框架、环境对身心健康的影响、生态系统服务、宜居性和生活质量模型以及环境正义及公平。许多社会科学的实证研究表明,城市绿地对于人类健康和社会大有裨益。本章回顾了城市社会生态研究、"可持续城市运动"和面向可持续性规划的"21世纪议程"的发展历程。最后,对决策过程和社会科学本身进行了讨论,这对可持续性和城市生态系统决策有着重要影响。

　　根据哈贝尔等(Haberl et al.,2006)的说法,从长期角度分析城市生态系统的主要方法至少有四种:①城市生态系统的新陈代谢;②土地利用/景观空间模式;③城市生态系统治理;④交流和知识的作用。本章介绍了两个案例来说明这些方法:一个是斯德哥尔摩国家城市公园管理案例,这首先是一个关于土地利用的故事,它也涉及交流和知识,还有治理。为了保护一个地区的具有历史性的土地利用,他们采用创造性的方式向公众讲故事、增加社区知识,这反过来又带来舆论压力,进而带来治理变化。对自然与社会长期互动中的交流和知识形式的关注,帮助我们评估了包括行动者和网络作用在内的转型过程。对知识和交流的研究,则使我们能够理解包括非制度权力在内的组织形式的内在机制(Smardon et al.,2018)。对利益相关者的纳入使得跨学科研究成为可能,这反过来也为互动过程的概念化分析提供了新思路。

第二个案例是印度的埃克诺拉所主导的社区废物管理项目,其中包含各类干预措施、通过各种参与者的合作和干预减少或再利用固体废物,进而成功改变了城市的新陈代谢。通过提供就业机会和收入,它还实现了其他效益。不仅如此,这也是一个通过社会生态系统方法解决土地利用问题的例子,城市将只需要更少的垃圾填埋场;它也是一个城市治理的例子,政府得以招募私人团体来参与解决固体废物管理问题;它也是一个隐含沟通和知识的例子,它们对于如何让人们了解并参与废物的处理、回收和再利用、将肮脏的城市街道转变为干净的街道,无疑也有着潜在的重要性。

最后,希望本章可以帮你了解城市新陈代谢概念的重要作用,它为整合生物物理和社会经济过程,分析能源、废物和其他人力资源的社会生态流动,进而整合经济和生态机制,提供了渠道。

(李志刚 译,顾朝林 校)

参 考 文 献

1. Alberti M (2005) The effects of urban patterns on ecosystem function. Int Reg Sci Rev 28: 168-192. https://doi.org/10.1177/01600176052755160

2. Alonso W (1964) The historic and the structural theories of urban form: their implications for urban renewal. Land Econ 40(2):227-231

3. Anand PB (1999) Waste management in Madras revisited. Environ Urban 11(2):161-176

4. Andersson E (2006) Urban landscapes and sustainable cities. Energy Soc 11(1):34

5. Andersson E, Barthel S, Ahrne K (2007) Measuring socio-ecological dynamics behind the generation of ecosystem services. Ecol Appl 17(5):1267-1278. https://doi.org/10.1890/06-1116.1

6. Ayres RU (2001) The minimum complexity of endogenous growth models: the role of physical resource flows. Energy 26(9):817-838

7. Ayres RU, Simonis UE (1994) Industrial metabolism: restructuring for sustainable development. United Nations University Press, New York

8. Baptiste AK, Foley C, Smardon R (2015) Understanding urban neighborhood differences in willingness to implement green infrastructure measures: a case study of Syracuse, NY.

Land Urban Plann 136：1-12. https：//doi. org/10. 1016/j. landurbplan. 2014. 11. 012

9. Barnhill K，Smardon R（2012）Gaining ground：green infrastructure attitudes and perceptions from stakeholders in Syracuse，New York. Environ Pract 14（1）：6-16. https://doi. org/10. 1017/S1466046611000470

10. Beck GM，Liem KS，Simpson GG（1991）Life：an introduction to biology. James Curry，Oxford

11. Berkes F，Folke C（eds）（1998）Linking social and ecological systems：management practices and social mechanisms for building resilience. Cambridge University Press，Cambridge

12. Bixler RD，Floyd MF（1997）Nature is scary，disgusting and uncomfortable. Environ Behav 29：443-467. https：//doi. org/10. 1177/001391659702900401

13. Burgess J，Harrison CM，Limb M（1988）People，parks and urban green：a study of popular meanings and values for open spaces in the city. Urban Stud 25（6）：455-473. https：//doi. org/10. 1080/00420988820080631

14. Cairns JJ，Pratt JR（1995）The relationship between ecosystem health and delivery of ecosystem services. In：Costanza R，Norton B，Haskel BD（eds）Ecosystem health-new goods for ecosystem management. Island Press，Washington，DC，pp 140-250

15. Campbell S（1996）Green cities，growing cities，just cities? Urban planning and the contradictions of sustainable development. J Am Plan Assoc 62（3）：297-312

16. Carr S，Francis M，Rivlin LG，Stone M（1992）Public space. Cambridge University Press，Cambridge

17. Cheril K（1994）Haul you own garbage. Down Earth 3（8）：10

18. Circerchia A（1996）Indicators for the measurement of the quality of urban life：what is the appropriate territorial dimension? Soc Indic Res 39：321-335. https：//doi. org/10. 1007/BF00286400

19. Costanza R（1992）Towards an operational definition of health. In：Costanza R，Norton B，Haskel BD（eds）Ecosystem health-new goods for ecosystem management. Island Press，Washington，DC，pp 239-256

20. Cronon W（1991）Natures metropolis：Chicago and the Great West. W. W. Norton，New York

21. De Groot RS，Wilson MA，Boumans RMJ（2002）A typology for the classification and evaluation of ecosystem functions，goods and services. Ecol Econ 41：393-408. https：//doi. org/10. 1016/S0921-8009（02）00089-7

22. De Vries S，Verheij RA，Groenewegen PP，Spreeuweberg P（2003）Natural environments-healthy environments? Environ Plan 35：1717-1731. https：//doi. org/10. 1068/a3511

23. Decker EH，Elliott S，Smith FA，Blake DR，Rowland FS（2000）Energy and material flow through the urban ecosystem. Annu Rev Energy Environ 25：685-740

24. Dow K (2000) Social dimensions of gradients in urban ecosystems. Urban Ecosyst 4(4):
    255-275

25. Ernston H, Sorlin S (2009) Weaving protective stories: connective practices to articulate
    holistic values in the Stockholm National Urban Park. Environ Plan A 41(6):1460-1479

26. Ernston H, Sorlin S, Elemquist T (2008) Social movements and ecosystem service — the
    role of social network structure in protecting and management urban green areas in Stock-
    holm. Energy Soc 13(2):39

27. Faber-Taylor A, Kuo FE, Sullivan WC (2001) Coping with ADD: the surprising connection
    to green settings. Environ Behav 33:54-77. https://doi.org/10.1177/00139160121972864

28. Fischer-Kowalski M (1998) Society's metabolism: the intellectual history of material flow
    analysis. Part 1: 1860-1970. J Ind Ecol 2 (1): 61-78. https://doi.org/10.1162/
    jiec.1998.2.1.61

29. Floyd MF, Gramman JH, Saenz R (1993) Ethnic factors and the use of public recreation
    areas: the case of Mexican-Americans. Leis Sci 15:83-98

30. Forrester J (1989) Planning in the face of power. University of California Press, Berkeley

31. Fraser EDG, Kenny WA (2000) Cultural background and landscape history as factors
    affecting perceptions of the urban forest. J Arboric 26(2):106-113

32. Freeman H (ed) (1984) Mental health and the environment. Churchill Livingstone, London

33. Gehl J (1987) Life between buildings: using public space. Van Nostrand Rhinehold,
    New York

34. Giddens A (1991) Modernity and self-identity. Polity Press, Cambridge

35. Giddens A, Lash S (1994) Reflexive modernization. Polity Press, Cambridge

36. Gobster PH (1998) Urban parks as green walls or green magnets? Interracial relations in
    neighborhood boundary parks. Land Urban Plann 41:43-55

37. Gobster PH (2002) Managing parks for a racially and ethnically diverse clientele. Leis Sci
    24:143-159

38. Gobster PH (2004) Human dimensions of urban greenways: planning for recreation and
    related experiences. Land Urban Plann 68: 147-165. https://doi.org/10.1016/S0169-
    2046(03)00162-2

39. Gomez E (2002) The ethnicity and public recreation participation model. Leis Sci 24:
    123-142

40. Greenbaum SD (1982) Bridging ties at the neighborhood level. Soc Networks 4(4):367-
    384. https://doi.org/10.1016/0378-8733(82)90019-3

41. Grimm JM, Grove JM, Pickett STA, Redman CL (2000) Integrated approaches to long
    terms studies of urban ecological systems: urban ecological systems present multiple chal-
    lenges to ecologists-pervasive human impact and extreme heterogeneity of cities, and the
    need to integrate social and ecological approaches,concepts and theory. Bioscience 50:571-

584. https://doi. org/10. 1641/0006-3568(2000)050[0571:IATLTO]2. 0. CO;2

42. Grove JM, Hinson KE, Northrop JR (2003) A social ecology approach to understanding urban ecosystems and landscapes. In: Berkowitz AB, Nilon CH, Hollweg S (eds) Understanding urban ecosystems: a new frontier for science education. Springer, New York, pp 167-186

43. Grove JM, Troy AR, O'Neil-Dunne JPM, Burch WR, Cadenasso ML, Pickett STA (2006) Characterization of households and its implications for the vegetation of urban ecosystems. Ecosystems 9:578-597. https://doi. org/10. 1007/s10021-006-0116-z

44. Haberl H, Winiwarter V, Andersson K, Ayres RU, Boone C, Castillo A, Cunfer G, Fisher-Kowalski M, Freudenburg WR, Furman E, Kaufman R, Krasman F, Langthaler E, Lotze-Campen H, Mirtl M, Redman GL, Reenberg A, Wardell A, Warr B, Zechmiester H (2006) From LTER to LTSER: conceptualizing the socioeconomic dimension of the long-term sociological research. Ecol Soc 11(2):13

45. Haig RM (1926) Toward an understanding of the metropolis. Q J Econ 40(3):402-434

46. Harrison C, Burgess J (2003) Social science concepts and framework for understanding urban ecosystems. In: Berkowitz AB, Nilon CH, Hollweg S (eds) Understanding urban ecosystems: a new frontier for science education. Springer, New York, pp 137-149

47. Hartig T, Mang M, Evans GW (1991) Restorative effects of natural environmental experiences. Environ Behav 23:3-26. https://doi. org/10. 1177/0013916591231001

48. Harvey D (1975) Social justice and the city. John Hopkins Press, Baltimore

49. Harvey D (1989) The urban experience. Johns Hopkins Press, Baltimore

50. Hayden D (1997) The power of place: urban landscapes as public history. MIT Press, Cambridge

51. Henwood K (2002) Issues in health development: environment and health: is there a role for environmental and countryside agencies in promoting benefits to health? Health Development Agency, London

52. Heynen M (2006) Green urban park ecology: toward a better understanding of inner-city environmental change. Environ Plan A 38:499-516. https://doi. org/10. 1068/a37365

53. Ho C, Sasidharan V, Elmendorf W, Willits FK, Grafe A, Godbey G (2005) Gender and ethnic variations in urban park preferences, visitation and perceived benefits. J Leis Res 37 (3):281-204

54. Horwitz P, Lindsey M, O'Conner M (2001) Biodiversity, endemism, sense of place, and public health: inter-relationships for Australian inland aquatic systems. Ecosyst Health 7 (4):253-265. https://doi. org/10. 1046/j. 1526-0992. 2001. 01044. x

55. Housing Settlement Management Institute (HSMI)/Waste management Collection (WMC) (1996) Citywide best management practices in solid waste management in collection, transportation and disposal. In: Singh BN, Maitia S, Sharman P (eds) Urban envi-

ronmental management — the Indian experience. Housing Settlement Management Institute/Institute for Housing and Urban Development Studies, New Delhi/Rotterdam

56. Ibenholt K (2002) Material flow accounting and economic modeling. In: Ayres RU, Ayres LW (eds) A handbook of industrial ecology. Edward Elgar, Northampton, pp 177-184

57. Jacobs J (1961) The death and life of great American cities. Random House, New York

58. Jannssen AM (2004) Agent based models. In: Proops J, Safonov P (eds) Modeling in ecological economics. Edward Elgar, Northampton, pp 155-172

59. Kahneman D, Tversky A (1979) Prospect theory: an analysis of decision under risk. Econometrica 47(2):263-291

60. Kaplan R, Kaplan S (1989) The experience of nature: a psychological perspective. Cambridge University Press, Cambridge

61. Kellert R, Wilson EO (eds) (1993) The biophilia hypothesis. Island Press, Washington, DC

62. Kim J, Kaplan R (2004) Physical and psychological factors in sense of community: new urbanist Kentlands and nearby Orchard Village. Environ Behav 36(3):313-340. https://doi.org/10.1177/0013916503260236

63. Korpela KM (1989) Place identity as a product of environmental self-regulation. J Environ Psychol 9(3):241-256. https://doi.org/10.1016/S0272-4944(89)80038-6

64. Korpela KM (2003) Negative mood of adult place preference. Environ Behav 35(3):331-346. https://doi.org/10.1177/0013916503035003002

65. Korpela KM, Hartig T (1996) Restorative qualities of favorite places. J Environ Psychol 16(3):221-233. https://doi.org/10.1006/jevp.1996.0018

66. Korpela KM, Hartig T, Kaiser F, Fuhrer U (2001) Restorative experience and self-regulation in favorite places. Environ Behav 33:572-589. https://doi.org/10.1177/00139160121973133

67. Krausmann F, Haberl H, Schulz NB, Erb K-H, Darge E, Gaube V (2003) Land use change and socio-economic metabolism in Austria. Part 1: driving forces of land use change 1950-1995. Land Use Policy 20(1):21-39. https://doi.org/10.1016/S0264-8377(02)00049-2

68. Kuo EF (2001) Coping with poverty: impacts of environment and attention in the inner city. Environ Behav 33:5-34. https://doi.org/10.1177/00139160121972846

69. Kuo FE, Bacaicoa M, Sullivan WC (1998) Transforming inner city landscapes: trees, sense of safety and preference. Environ Behav 30(1): 28-59. https://doi.org/10.1177/0013916598301002

70. Kuo FE, Sullivan WC (2001) Aggression and violence in the inner city: effects of environment via mental fatigue. Environ Behav 33:543-571

71. Kuo FE, Sullivan WC, Coley RL, Brunson L (1998) Fertile ground for community: inner

city neighborhood spaces. Am J Commun Psychol 26 (6): 823-851. https://doi. org/ 10. 1023/A:1022294028903

72. Kweon B, Sullivan WC, Wiley AR (1998) Green common spaces and the social integration of inner city older adults. Environ Behav 30 (6): 832-858. https://doi. org/ 10. 1177/001391659803000605

73. Lee S-W, Ellis CD, Kweon B-S, Hong S-K (2008) Relationship between landscape structure and neighborhood satisfaction in urbanized areas. Land Urban Plann 85:60-70

74. Levy JS (2003) Applications of prospect theory to political science. Synthese 135(2):215-241. https://doi. org/10. 1023/A:1023413007698

75. Liverman DE, Moran F, Rindfuss RR, Stern PC (1998) People and pixels, linking remote sensing and social science. National Academy Press, Washington, DC

76. Macintyre S, Maciver S, Sooman A (1993) Area, class and health: should we be focusing on place or people? J Soc Policy 22(2):213-234. https://doi. org/10. 1017/S004727900019310

77. Malik I (1998) Waste management in Delhi. Shelter 1(4):59-60

78. Millennium Assessment (2003) Ecosystem and human well-being: a framework for assessment, Millennium ecosystem assessment series. Island Press, Washington, DC

79. Neimela J (1999) Is there a theory of urban ecology? Urban Ecosyst 3:57-65

80. Newell PB (1997) A cross-cultural examination of favorite places. Environ Behav 29: 495-514

81. O'Brien L, Tabbush P (2005) Accessibility of woodland and natural spaces. Addressing crime and safety issues. Social Research Group of Forest Research, Edinburgh

82. Palmer JF (1988) Neighborhoods as stands in the urban forest. Urban Ecol 8(3):229-241. https://doi. org/10. 1016/0304-4009(84)90037-8

83. Park RE, Burgess E (eds) (1925) The city. University of Chicago Press, Chicago

84. Paton K, Senguta S, Hassan L (2005) Settings, systems and organization development: the healthy living and working model. Health Promot Int 20(1):81-89. https://doi. org/ 10. 1093/heapro/dah510

85. Patz JA, Norris DE (2004) Land use change and human health. Ecosyst Land Use Change 153:159-167. https://doi. org/10. 1029/153GM13

86. Payne L, Orsega-Smith B, Godbey G, Roy M (1998) Local parks and the health of older adults: results from an exploratory study. Parks Recreat 33(10):64-70

87. Pickett STA, Burch WR Jr, Dalton S, Foresman T, Grove J, Rowntree R (1977) A conceptual framework for the study of human ecosystems in urban areas. Urban Ecosyst 1: 185-199

88. Pickett STA, Cadenasso ML (2002) The ecosystem as a multidimensional concept: meaning, model and metaphor. Ecosystems 5(1):1-10. https://doi. org/10. 1007/s10021-001-0051-y

89. Pickett STA, Cadenasso ML (2006) Advancing urban ecological studies: frameworks, concepts, and results from the Baltimore Ecosystem study. Austral Ecol 31(2):114-125. https://doi. org/10. 1111/j/1442-9993. 2006. 01586

90. Pickett STA, Cadenasso ML, Grove JM (2004) Resilient cities: meaning, models and metaphor for integrating the ecological, socio-economic and planning realms. Land Urban Plann 69:369-384. https://doi. org/10. 1016/j. landurbplan. 2003. 10. 035

91. Rao KR (2000) Clean and green cities: participation of communities/neighborhood committees. Shelter 3(1):50-53

92. Rapport DJ, Costanza R, McMichad AJ (1998) Assessing ecosystem health. Trends Ecol Evol 13(10):397-402

93. Redman CL, Grove J, Lubey LH (2004) Integrating social science into the long-term ecological research network: social dimensions. Ecosystems 7(2):161-711

94. Rees WE (1992) Ecological footprints and appropriate carrying capacity: what urban economics leaves out. Environ Urban 4:121-130. https://doi. org/10. 1177/095624789200400212

95. Rees WE (1993) Urban ecosystems: the human dimension. Urban Ecosyst 1(1):63-75. https://doi. org/10. 1023/A:10143801

96. Rodgers R (1999) Towards an urban renaissance. Urban task force. DRTR, London

97. Sanders P (1986) Social theory and the urban question. Routledge, London

98. Sergeldin I (1995) The human face of the urban environment. In: Serageldin I, Cohen MA, Sivaramakrishnan KC (eds) The human face of the urban environment, proceedings of the second annual world bank conference on environmentally sustainable development. The World Bank, Washington, DC, pp 16-20

99. Smardon RC (1988) Perception and aesthetics of the urban environment: the role of vegetation. Land Urban Plan 16(1-2): 85-106. https://doi. org/10. 1016/0169-2046(88)90018-7

100. Smardon RC (2008) A comparison of local agenda 21 implementation in North America, European and Indian cities. Manag Environ Qual 19(1): 118-137. https://doi. org/10. 1108/14777830810840408

101. Smardon RC (2009) Urban park sustainability in an Asian context. Int J Appl Environ Sci 4(2):193-202

102. Smardon RC, Moran S, Baptiste AK (2018) Revitalizing urban waterway communities: streams of environmental justice. Earthscan/Routledge, London

103. Spirn AW (1984) The granite garden: urban nature and human design. Basic Books, New York

104. St Leger L (2003) Health and nature — new challenges for health promotion. Health Promot Int 18:173-175. https://doi. org/10. 1093/heapro/dag012

105. Stern PC (2000) Towards a coherent theory of environmentally significant behavior. J

81

Soc Issues 56(3):407-424. https://doi. org/10. 1111/0022-4537. 00175

106. Stokols D (1995) Translating social ecological theory into guidelines for community health promotion. Am J Health Promot 10(4): 282-298. https://doi. org/10. 4278/0890-1171-10. 4. 282

107. Stokols D, Grywacz JG, McMahon S, Philips K (2003) Increasing the health promotive capacity of human environments. Am J Health Promot 18(1):4-13. https://doi. org/10. 4278/0890-1171-18. 1. 4

108. Swanwick C, Dunnett N, Wooley H (2003) Nature, role and value of green space in towns and cities: an overview. Built Environ 29(2):94-106. https://doi. org/10. 2148/benv. 29. 2. 94. 54467

109. Takano T, Nakamura K, Wetanabe M (2002) Urban residential environments and senior citizens longevity in mega-city areas — the importance of walkable green space. J Epidemiol Community Health 56(12):913-916

110. Tanaka A, Takano T, Nakamura K, Takeuchi S (1996) Health levels influenced by urban residential conditions in a megacity — Tokyo. Urban Stud 33: 879-894. https://doi. org/10. 1080/00420989650011645

111. Thompson CW, Aspinall P, Bell S, Findlay C, Wherret J, Travlou P (2004) Open space and social inclusion: local woodland use in central Scotland. Forestry Commission, Edinburgh

112. Turner T (2002) Justice on earth. Chelsea Green, White River Junction

113. Tzoulas K, Korpela K, Venn S, Yli-Pelkonen V, Kazmierczak A, Niemela J, James P (2007) Promoting ecosystem and human health in urban areas using green infrastructure: a literature review. Land Urban Plann 81: 167-178. https://doi. org/10. 1016/j. landurbplan. 2007. 02. 001

114. Ulrich RS (1984) View through a window may influence recovery from surgery. Science 224:420-421. https://doi. org/10. 1126/science. 6143402

115. Ulrich RS, Simons RF, Losito BD, Fiorito E, Miles MA, Zelson M (1991) Stress recovery during exposure to natural and urban environments. J Environ Psychol 11:201-230. https://doi. org/10. 1016/S0272-4944(05)80184-7

116. Van Kamp I, Leidelmeijer K, Marsman K, De Hollander A (2003) Urban environmental quality and human wellbeing: towards a conceptual framework and demarcation of concepts: a literature review. Land Urban Plann 65:5-18. https://doi. org/10. 1016/S0169-2046(02)00232-3

117. Wells NW (2000) At home with nature: effects of "greenness" on children's cognitive functioning. Environ Behav 32:775-795. https://doi. org/10. 1177/00139160021972793

118. Westphal LM (2003) Social aspects of urban forestry: urban greening and social benefits: a study of empowerment outcomes. J Arboric 29(3):137-147

82

119. Wilson EO (2001) Nature matters. Am J Prev Med 20(3):241-242. https://doi.org/10.1016/S0749-3739(00)00318-4

120. World Health Organization (WHO) (1998) City health profiles: a review of progress. World Health Organization Regional Office for Europe

121. Worster D (1977) Nature's economy: a history of ecological ideas. Cambridge University Press, Cambridge

122. Wynne B (1994) Scientific knowledge and the global environment. In: Benton T, Redcliff M (eds) Social theory and the global environment. Routledge, London

123. Zielinski-Gutierrez EC, Hayden MH (2006) A model for defining West Nile virus risk perception based on ecology and proximity. EcoHealth 3:28-34. https://doi.org/10.1007/s10393-005-0001-9

第二部分

历史上的城市

第四章 古代城市的规模与代谢

约瑟夫·塔恩特[①]

　　古代城市与现代城市在某些重要方面十分相似,但在另一些方面则有所不同。比如,二者均具有密集的聚居区,其中居民的生活方式都是人类历史上未曾有过的。但二者在城市的规模与代谢上又存在明显的不同。本章以雅典、罗马和庞贝为例,探讨这些城市如何利用能量并通过贸易充分利用能量的时移(time-shifting)性质,进而既推进城市增长,又有效控制规模,从而避免这些古代城市如同今时今日之城那般无序蔓延。

一、古代城市的规模与代谢概述

　　古代城市与现代城市在某些重要方面十分相似,但在另一些方面则有所不同。二者均具有密集的聚居区,其中居民的生活方式都是人类历史上未曾有过的。城市居民职业多种多样,因而也形成了复杂的城市经济体系;各行业的从业人员需要培训,因此城市中必须有教育或培训机构;数量庞大的居住人口往往意味着可能会发生纠纷、盗窃、袭击和谋杀,为了保持和平与维持秩序,就需要有政府来维持治安、伸张正义并惩罚违法者;这些支持保障功能需要税收作为经费来源,但由于可能存在逃税者,所以政府必须通过会计、执行税收的雇员和法律专

---

① 美国犹他州洛根市,犹他州立大学环境与社会学系,邮箱:joseph. tainter@usu. edu。

家来强制收税；政府还必须提供街道、公共建筑、给排水和卫生设施等基础设施，并规范这些设施的使用；古代城市甚至当代城市通常存在健康隐患，因此城市中必须有医疗服务以及培训和认证医生的项目。此外，城市往往拥有被人觊觎的大量财富，因此古代城市需要配备城墙和军队，这又需要更多的税收，而现代城市则通过向国家纳税以寻求保护。古代和现代的城市都需要比聚居区规模更大的土地面积来支撑，因为无论古今，城市通常无法单纯依靠城区内种植的粮食来养活其居民，因而需要更多建设区域，这些区域的规模往往与城市的规模密不可分。

　　没有任何一个城市是简单的，每个城市都是一个复杂的系统。城市需要资源来维持其人口的生理需求，也需要资源来维持其复杂的文化、社会、政治和经济体系。正如复杂的生物体比简单的生物体具有更大的代谢需求一样，一个复杂的人类社会也比简单的人类社会具有更高的代谢率（资源吞吐量）。古代城市使用的产品要么是能量（食物、燃料），要么是能量所生产出的东西——如金属、各类原材料、器皿、建筑材料、牲畜等等，可以说，能量是城市代谢的公分母（common denominator）。古代城市的代谢需求不仅决定了城市规模，还决定了许多其他方面。尽管古代和现代城市有相似之处，但二者在规模和代谢上存在明显的区别。比如，罗马城是古代世界最大的城市，它在公元 1 世纪左右达到鼎盛，拥有约 100 万人口。而若放在今天，它只是一个中等规模的城市。现代城市比古代城市的规模大得多，并且能够利用全球其他区域的资源来支持其发展。无论是来自东亚的电子产品、来自法国的葡萄酒，还是来自智利的冬季水果，现代城市从全世界汲取着资源、产品和服务。尽管古代罗马城的富裕市民能够从印度购买香料或从中国购买丝绸，但没有任何一座古代城市能达到现代城市的规模。能量是造成两者规模和代谢差异的根本原因。今天的城市主要靠化石燃料来维持（也使用少量核能），而化石燃料来自于过去太阳能的积累，使今天的城市能够达到过去无法想象的规模、代谢和复杂性。

　　一些古代城市可以获得能量补给，但这些能量都无法与化石燃料相提并论。古代城市在规模和代谢方面都受到太阳能的限制，换句话说，它们能获得的能量主要来自于当时且当地的太阳光，并且基本无法获得"过去的能量"（energy from the past）。下文将会提到，部分古代城市确实在一定程度上突破了这个限制,但这种限制始终存在。太阳辐射以每平方米每分钟19.4千卡路里的速率到达地球的大气层,其中31%被反射或散射,23%被对流层或高层大气吸收,剩余46%(约9 000卡路里)的原始太阳辐射到达地面或近地面。随后,其中34%又会被雪或云反射回去,42%用于加热土地和水,23%驱动水循环、蒸发和降水,1%驱动风和洋流。这样,在最初的19.4千卡路里中,仅2.1%用于光合作用,这相当于每平方米每分钟400卡路里的热量,却足以支持地球上几乎所有生命,包括人类在开始依赖化石燃料之前所想、所做和完成的一切。而在这400卡路里热量中,植物本身需要一些热量,因此人类和其他消费者实际上获得的热量更少。城市的建造、管理、美化、围墙和防御都只消耗了这每平方米每分钟400卡路里中的一小部分。相比之下,一加仑汽油含有31 000卡路里,相当于一个人工作400小时的能量。

一个人要进行持续的代谢,每秒需要消耗大约24卡路里的能量(100瓦)。在一座古代城市中,管理、维持秩序、公共节日、建造建筑和城墙等所需的能量意味着总代谢需求远远超过维持人们生存所需的最低能量。大多数古代城市的人口都受限于城市用地范围的太阳能,因而其占地必然很小,如古雅典的领土阿提卡(Attica)面积仅约700平方英里(1 813平方千米)。雅典在其鼎盛时期可能容纳了大约25万人(不过并非所有人的能量资源都来自于阿提卡)。但对于当时的希腊城市来说,雅典的规模已然非同一般。意大利城市庞贝的规模则要小得多,只有8 000~12 000人,领土不到80平方英里(207平方千米)。为什么古代城市人口及其领土规模都如此之小? 答案依旧是能量,也就是交通上的能量需要。

能量学的铁律决定了古代城市的较小规模。当能量从一种形式转化为另一种形式时(例如从粮食到食草动物),大约有90%会以热量的形式散失。古代陆路运输以牛车为主,因为牛能拉动3~4倍于自身体重的东西。但从生物学角度来看,牛是十分低效的,它们需要额外的能量转换来进行自身的代谢。牛也是一种缓慢、吃力的役畜,这也就意味着古代的陆路运输成本极其昂贵。大宗商品无法以低成本进行远距离运输,一车小麦的价格若运输超过300英里(483千米)就会翻倍。正是由于陆路运输成本高昂且低效,以至于在饥荒时期,即使未受影响的地区粮食充足,它们也往往无法缓解内陆城市的饥荒。因此,城市的领土边界不会超出粮食有效运输的距离。

从生物学角度来说,肉类生产也是低效的,原因与上文中的牛一样。而由于猪可以用残羹剩饭喂养,是相对高效的能量转换器,只要离市场不远,它们就可以步行到市场,所以猪肉成为古代城市的主要食用肉类。但即便如此,肉类仍然很贵,并且只有在富人的餐桌上才经常出现,大多数人仍然以粮食为生。

毗邻通航水域的城市通常可以摆脱交通的限制。船舶运输虽然存在风险,并且仅能在可航行季节使用,但成本却相对经济。陆路运输的成本约是海运的28~56倍,将粮食通过航运从地中海的一端运到另一端甚至比通过陆路运输75英里(121千米)还要便宜。亚历山大、安条克、雅典、君士坦丁堡和罗马等古代地中海地区的大城市都靠水运维持。

古代的农业收成时有不佳,饥荒对人类而言一直是个威胁。古代地中海的城市很少采取特别措施来保护其公民免受食物短缺的影响。粮食供应掌握在私人手中,他们持有土地并出售粮食,进而控制了地方财富,这些人也控制着地方政府。在粮食短缺时,市政当局确实尝试过制止粮食囤积或阻止粮食进入市场的行为等措施,但很少为公众采购粮食。不过,城市中的富人为了获得声望,一般会有分发食物之类的慷慨行为,这在一定程度上也能缓解粮食短缺的现象。

无论古今,没有任何一座城市是孤岛,它们都是更大系统的一部分,而这个系统影响着城市的代谢。古代城市所在的政治和经济体系往往影响着城市的规模。随着帝国的扩张或衰落,城市扩大或缩小。贸易模式也影响着一个城市可以容纳的人口数量,如奴隶制对城市的规模就有很大影响。这些因素意味着我们不能孤立地讨论城市,而必须在各种社会、政治、军事和经济因素的背景下去理解它们。

早期的城市通常没有淡水和卫生设施,而拥挤意味着疾病的迅速传播。古代城市人口预期寿命很短,城市人口必须通过来自农村的定期移民来补充,通常农村的居民会认为城市很有吸引力并自愿迁入。然而,有时这还不足以维持一个城市的人口。例如,在公元740年的地震和公元747~748年的瘟疫之后,拜占庭皇帝君士坦丁五世(公元741~775年)发现君士坦丁堡人口不足,而其解决方案是强迫希腊大陆和爱琴海群岛的居民迁入这座城市。

由于缺少文献记载,大部分古代城市生活状况已不可考,而现代城市又在古代城市之上发展建设,因此对古代城市的考古研究相当困难。幸运的是,我们对其中一些重要的部分已有所了解。下文将讨论三个古代城市:雅典、罗马和庞贝。

二、案例研究

1. 雅典

古代人口普查只统计成年男性公民,但我们可以进而估算出自由公民的总人口,而至于奴隶,尽管其数量庞大却很难计算。公元前 431 年的雅典可能有16 万~17.2 万公民。到公元前 4 世纪,经过数十年战争的摧残与国家的衰败,雅典的公民人口可能已经跌至 8.4 万~12 万,雅典的例子展示了一座古城的规模和代谢如何受到更宏观的政治与经济因素的影响。

雅典领土阿提卡约有 35%~40% 的土地是耕地。当时通常两年一休耕,因此阿提卡每年可能只有 20% 的土地被耕种,即约 140 平方英里(363 平方千米)。据估计,小麦歉收的概率为 28%,而大麦的耐受性更强,歉收的概率只有 5.5%。但大麦不能被制成面包,只被用来喂养动物、奴隶和穷人,所以小麦才是城市居民的首选食物。如果把奴隶和非公民也算在内,公元前 431 年雅典的人口大约为 25 万,而这超出了阿提卡能够承受的人口,所以需要更多的粮食进口。

为了养活城市居民,雅典需要想方设法获取阿提卡地区之外的太阳能,这意味着要有可以交换粮食的能量替代品。能量替代品是最开始由能量生产、可用于购买或制造能量产品的物品,但其本身并不满足人类或文化的代谢需求。货币是最常见的能量替代品,其他贵重物品也有相似用途。时间和劳动也是能量的替代品,雅典人用时间和劳动生产出以陶器为形式的能量替代品用于出口。这些陶器有艺术价值并且非常受欢迎(至今仍然如此)。它们被广泛交易,至今仍有 4 万多件文物和碎片保存下来。以陶器为基础的出口经济使雅典能够获得其他地区的太阳能产品。

雅典在古代世界和今天的声誉有一部分来自于在公元前 490 年的马拉松战役中雅典人击败了波斯人。仅仅几年后的公元前 483 年,雅典在阿提卡南部发现了大量银矿并通过这笔财富建造了一支舰队,在公元前 480 年的萨拉米斯战

89

役中再次击败波斯。随后，雅典将位于小亚细亚的希腊城邦从波斯的统治中解放出来，并为了防止波斯人重返，组建了爱琴海城市联盟（league of cities of the Aegean Sea）。

但联盟中的城邦很快就发现它们只不过是换了一个主人，这些联盟很快成为一个雅典帝国（Athenian empire），城邦不得不向雅典进贡，由此更多的白银流入雅典。而随着城市的发展，雅典城吸引了越来越多的工匠和商人，城市人口也随之膨胀。粮食从附近的优卑亚岛（island of Euboia）与遥远的北非和黑海进口，并由海军保护着这些贸易路线。用于支付雅典进口商品的银币随之遍布了东地中海及更远的地区，成为公元前 4 世纪和公元前 5 世纪的主要贸易货币。雅典使用白银及其购买的军事力量作为能量替代品，这使它能够养活足够的人口并建造了如帕特农神庙这样的奇观，而这些仅靠阿提卡地区的太阳能资源是不可能实现的。

公元前 431～公元前 404 年，雅典在伯罗奔尼撒战争中与斯巴达作战。由于斯巴达在陆地上的优势，阿提卡的居民撤退回到雅典城中，城市的拥挤程度剧增。公元前 430 年，古代最著名的一场瘟疫袭击了雅典。这种疾病未得到研究的明确鉴定（最近有人提出可能是流行性斑疹伤寒），其后果是毁灭性的——城墙内约 1/3 的人口死亡。历史学家修昔底德留下了一篇关于这场瘟疫的著名记述，告诉我们生活在古代城市中会带来怎样的风险：

> 身体健康的人，突然就会头部发热，眼睛发红发炎，喉咙或舌头等内部器官开始出血并散发出一种奇怪的臭味。随之而来的便是打喷嚏和声音嘶哑，然后疼痛很快到达胸部并导致剧烈的咳嗽。当症状蔓延到心脏，患者会出现心烦意乱；伴随着剧烈的疼痛，各种胆汁被排出。在大多数情况下，还会出现无效的干呕和剧烈的痉挛。有些病人很快休克，有些则要很久才会死亡。从外表来看，病人的身体摸起来并不是很热，外观也并不苍白，而是微红、青紫并长出小脓疱和溃疡。但病人的体内却在燃烧，以致病人无法忍受身着的衣服或亚麻布，哪怕是最轻的东西，最希望的就是将自己扔进冷水里。一些被忽视的病人确实是这样做的，他们在无法抑制口渴的痛苦中跳入水箱，尽管他们喝多少水都无济于事。除此之外，无法入睡的痛苦一直折

90

磨着他们。在这期间,只要热病处于高峰,身体就不会消瘦下去,反而能够坚强扛住疾病的破坏;所以在大多数情况下,在内部炎症七八天后,身体仍然有一些力量。但是过了这个阶段后,疾病会进一步深入肠道,在那里引起剧烈的溃疡和严重的腹泻,这通常会导致致命的虚弱。这种紊乱首先出现在头部并从那里蔓延到整个身体,甚至在非致命的阴部、四肢上手指和脚趾留下痕迹。许多人,在失去这些部位后脱离了病魔;还有一些人,失去了眼睛;另一些人,在康复后完全失去记忆,既不认识自己,也不认识朋友。(Finley,1959)

　　基于有效的粮食供应方式,雅典城市很少遭受饥荒。已知的几次饥荒——公元前 405/404、295/294 和 87/86 年——都是由于围城引起。而公元前 338/337、335/334、330/329、328/327 和 323/322 年发生的粮食危机虽小却更为频繁。这是一个动荡的年代,马其顿的腓力二世(Philip Ⅱ of Macedon)征服了希腊,他的儿子亚历山大大帝征服了波斯,城邦时代由此让位于一个新时代。在这个新时代,希腊只是庞大亚历山大帝国的一部分。后来,亚历山大帝国也最终被融入不断扩张的罗马帝国之中。

2. 罗马

　　罗马最初是意大利中部台伯河畔的一个小定居点。在其历史的早期,罗马一直处于与邻邦的交战之中。罗马人非常擅长作战,在几个世纪的时间里,他们征服了一个又一个民族,直到公元前 3 世纪末,他们统治了意大利的大部分地区。到公元 1 世纪,罗马人统治了整个地中海沿岸和西北部的欧洲大陆地区。罗马城的规模和代谢反映了古罗马的规模与财富累积过程。

　　尽管缺少细节,但在古罗马早期的几个世纪里,有着各种各样可能的食物短缺的记录。解决的办法最常见的显然是战争。公元前 4 世纪~公元前 3 世纪,古罗马逐渐在地中海周边取得统治地位,粮食危机也就变得不那么频繁。在罗马共和国时期[①],官员由选举产生,其职责之一就是确保粮食和紧急分配。罗马

---

　　① 古罗马先后经历了罗马王政时代(公元前 753~公元前 509 年)、罗马共和国(公元前 509~公元前 27 年)、罗马帝国(公元前 27~公元 476 年/1453 年)三个阶段。——译者注

的食物供应,一直与世袭贵族(patricians)和平民(plebeians)之间的政治与阶级斗争交织在一起。

罗马城,在罗马共和国时期的公元前 270～公元前 130 年,人口从约 18 万人增长到 37.5 万人。随着城市的扩张,罗马城不得不从意大利以外的地区获取粮食。也正是这样,罗马帝国不断扩张,使其成为可能。到公元前 1 世纪中叶,西西里岛、撒丁岛和非洲都向罗马进贡粮食。在罗马帝国第一任皇帝奥古斯都(Augustus,公元前 27～公元 14 年)集权统治时期,人口快速增长到了 100 万人。

公元前 123 年,护民官(tribune)盖乌斯·格拉古(Gaius Gracchus)颁布了一项向罗马的下层阶级出售廉价粮食的措施,这在地中海城邦史上是前所未有的。公元前 58 年,粮食的收费被取消,免费粮食成为穷人的一项权利。恺撒大帝(Julius Caesar,公元前 46～公元前 44 年)成为独裁者后,发现接近 1/3 的公民,约 32 万人,都是这项政策的受益人,于是他将这一数字减少到 15 万,但之后此人数又再次上升。从奥古斯都(公元前 27～公元 14 年)到克劳狄乌斯(Claudius,公元 41～54 年),约有 20 万户家庭获得免费小麦。此时,罗马的小麦供应主要由专门的大型船只从埃及运输而来。塞普提米乌斯·西弗勒斯(Septimius Severus,公元 193～211 年)在食物发放政策中加入了橄榄油,奥勒良(Aurelian,公元 270～275 年)直接发放面包,而不再是面粉,并以低价提供猪肉、盐和葡萄酒给市民。到公元 2 世纪,罗马城中建起了一座水磨坊用于碾粉,其他地区随后也陆续建起更多的水磨坊。此外,罗马皇帝也经常向罗马人民分发钱财。

罗马帝国在把埃及作为主要粮食供应地的一个后果是,粮食供应受地中海航行条件影响。因此,天气状况也影响了人民的情绪。公元 6 年,罗马城发生了严重的粮食危机,以至于奥古斯都不得不将角斗士和奴隶放逐到距罗马城 100 英里(161 千米)的地方。奥古斯都和其他官员还解雇了他们的随从,法院休庭,长老们被准许离开罗马城。直到公元 7 年的春天,地中海通航,粮食才得以再次进口。在这之前,人们都沉浸在一种革命情绪中。

一个拥有 100 万人口的城市需要不断补充粮食库存。克劳狄乌斯在奥斯蒂亚(Ostia)(图 4-1)的海边建设了一个港口,图拉真(Trajan)(公元 98～117 年)其后又增建了另一个港口,粮食和其他商品从这里被装上小船,沿着台伯河运往罗马城。

图 4-1　奥斯蒂亚的葡萄酒储存罐

资料来源:约瑟夫·塔恩特。

罗马城每年至少进口 200 万加仑橄榄油。罗马的泰斯塔西奥山(Monte Testaccio)遗址显示了该城市进口的规模:泰斯塔西奥山是一座人造山,完全由废弃的双耳瓶(amphorae,一种大型运输罐)组成(图 4-2)。它占地 22 万平方英尺(18 581 平方米),高达 115 英尺(35 米),这座山在古代也许更高。泰斯塔西奥山遗址中大约有 5 300 万个双耳瓶。在公元 2 世纪,每年有多达 13 万个双耳瓶被弃置于此。

罗马城的街道,白天太过拥挤,以至于不得不在晚上供应食物,以致罗马市民抱怨夜晚马车的嘈杂让他们无法入睡。面包师也不得不在深夜开始工作。然而,许多罗马人的生活可能在我们看来仍然是非常悠闲的。他们将一天分为 12 小时的白天和 12 小时的黑夜。这样,冬天白天时间短,夏天白天时间长。早餐,至少对于那些比较富裕的人来说,是非常丰盛的,有面包、奶酪、牛奶、水果,也许

图4-2　20世纪初罗马的泰斯塔西奥山

资料来源:Wikimedia。

还有肉,也可能还有头天晚餐的剩菜。上午的时间都用来办公。穷人,为了拉拢有钱的主顾,一早就到他们家里去了;在富人家庭,女主人会监督奴隶购物、打扫、做饭、做园艺和教孩子,男主人可能会走到广场去处理事务。工作日,中午结束,商店也关门(图4-3)。所有的人,都可以在小酒馆享用快餐(图4-4)。当然,在罗马时代,这只是一顿小餐。

　　罗马市民下午的大部分时间都是在浴室里度过。人们可以在那里锻炼、洗澡和按摩。洗澡也是社交的时间,用来拓展商业和政治机会。

　　晚餐,在傍晚时分开始。穷人和中产阶层,会努力获取富人的晚餐邀请(但必须自备餐巾纸)。由于唯一的灯光来自油灯,而且油很贵,所以除奴隶之外,所有人都在天黑后休息。天黑后,罗马是一个危险的地方,没有强壮奴隶保护的话,外出是很危险的。

　　罗马的淡水供应充足,卫生条件良好。因此,它是一个比其他古代城市更健康的地方。然而罗马的空气污染严重,并且太过拥挤,导致疾病传播。在10岁之前,男孩死亡率高达43%,女孩的死亡率略低,为34%。而随着成年,分娩逆转了男女死亡风险的概率,从儿童疾病中幸存下来的男性预期寿命为41岁,女

图 4-3 罗马图拉真市场的一条商业街

资料来源:约瑟夫·塔恩特。

图 4-4 奥斯蒂亚的罗马式午餐柜台

资料来源:约瑟夫·塔恩特。

性却只有 29 岁。

94

与现在的住宅相比,罗马城中即使是富人的住宅也阴暗而多风,并且夏热冬冷。富人的房子会有地下供暖系统,这需要一个奴隶整夜值班补充木炭来实现。为了安全起见,卧室没有窗户,并且从里面上锁。

罗马城的兴衰反映了罗马帝国的命运。在经历了数十年的危机后,罗马城在 3 世纪 70 年代时建造了新的城墙,此时的总人口数量明显不再是其巅峰时期的百万人口。一场始于公元 165 或 166 年的瘟疫夺去了 1/4～1/3 的人口。公元 330 年,君士坦丁大帝(emperor Constantine,公元 306～337 年)将埃及的粮食转移到他的新首都君士坦丁堡①,但罗马并没有因此被惠及。那时罗马城的人口已经减少到大约 50 万人,这些人只能从北非得到粮食供应。公元 410 年,罗马城被哥特人洗劫,人口降至约 10 万人。公元 439 年,汪达尔人(Vandals)②征服了罗马帝国的非洲领土,罗马不得不依靠西西里的农产品供给。公元 452 年,罗马城人口已降至约 8 万人。到了公元 6 世纪,罗马城的人口似乎已降至 1.5 万人。此时的罗马城,由一系列聚集在教堂周围的村庄组成。罗马城再次回到几个世纪以前的城邦一样,通过邻近地区的粮食生产来供应,教皇们接管了分发食物的工作。

3. 庞贝

庞贝(Pompeii)是意大利的著名古城,于公元 79 年维苏威火山爆发时被掩埋。这座城市给我们展示了一个古代城市被定格在瞬间的独特景观。

庞贝人口估计为 8 000～12 000 人(尽管有些估计高达 20 000 人),其中大概有一半是奴隶。城中约 80% 的支出用于食品,在城市附近地区生产的粮食是消费的主要食物。而橄榄油和葡萄酒等高价值的消费品则从更远的地方廉价运输而来。每卡路里的橄榄油价格是小麦的 2～3 倍。整个庞贝地区面积约 77 平方英里(199 平方千米),地区人口约 3.6 万人。庞贝城人口约占地区人口的 25%～33%。

庞贝城居民从事约 85 种职业,其中大多数是为了迎合当地精英的小型工艺

---

① 今伊斯坦布尔。——译者注

② 汪达尔人,古代日耳曼人部落的一支,曾在罗马帝国的末期入侵过罗马,并以迦太基为中心,在北非建立一系列的领地。——译者注

品制作。大多数商业机构从事食品制作和销售,面包多在商店而不是在家中烘焙。此外,纺织业也是庞贝城主要产业之一。

　　和罗马城一样,庞贝有充足的淡水供应。水流汇集到中心点后,分成三个支流分散开来,最大的支流流向水池和喷泉,大多数人从那里取水;第二大支流流向浴室(图 4-5);第三个支流是为富裕的私人用户准备的,他们享有将水输送到家中的罕见特权。庞贝的喷泉几乎都位于十字路口(图 4-6),大多数人都住在距离喷泉 88 码(约 80 米)的范围内。

图 4-5　庞贝城的论坛浴场

资料来源:约瑟夫·塔恩特。

　　一项对庞贝城 1 600 件陶制容器的研究显示,29％是意大利中西部的坎帕尼亚(Campanian)生产的,35％来自意大利其他地方,23％来自东地中海,12％来自高卢(今法国),还有一些来自利比亚(非洲)。因此,超过 1/3 的陶制容器是通过水路到达庞贝的。尽管今天的意大利也是主要的葡萄酒生产地,但庞贝的

图 4-6　庞贝城的十字路口和喷泉

资料来源:约瑟夫·塔恩特。

葡萄酒却是从爱琴海进口。庞贝以其当时最受欢迎的鱼露而闻名,但近 30% 的鱼露其实是进口的。为了获得货币以支付罗马帝国的税收,早期帝国的非意大利省份不得不向意大利出售商品,这可能构成庞贝古城进口的一部分。城内的大部分土地都用于农业,葡萄、橄榄、坚果、水果和蔬菜都在城内生产。这些食物主要被种植在庞贝城人口密度较低的地区(但在人口较稠密的地区也有一些菜园),城内也同样有畜牧业。总体而言,城中生产性花园占城市面积的 9.7%,观赏性花园占 5.4%,城市和农村在经济上没有明显的区别。

三、古代城市的经济交换

96

　　能量和能量的产物主要从附近地区进入古代城市。在城市中,能量被分化为城内的各种职业和贸易以及这些行业需要的原材料。正如我们所见,庞贝城

有 85 种职业,而罗马城有 200 多种,安纳托利亚东南部(今土耳其)的小镇科里科斯(Kōrykos)有 110 种不同的贸易商品。科里科斯的食品销售额占贸易总额的 15%。相比之下,庞贝城食品约占贸易总额的 85%,也就是说,这里的面包师们十分繁忙。科里科斯的纺织业(在庞贝城也很重要)占所有职业的 18%,建筑业占 5%,陶器制作占 10%,铁匠占 5%,各种奢侈品贸易占 13%,航运占 8%,还有 26% 从事其他贸易。

城市代谢需要人们交换商品和服务,但他们是如何实现的呢? 货币当然是很好的能量替代品。然而,城市早在货币出现之前就已经存在了。即使最小的早期货币(来自安纳托利亚西部,约公元前 650 年),也因为价值太高,而无法购买基本的商品。如果连最小的货币也值一天的工资,商人们就无法找零。而且,这些最小货币的铸造数量有限,因为古代政府没有大量铸币来促进贸易,他们的铸币行为主要是用来支付政府债务(如最常见的军饷)。许多早期货币价值一个月或更多的工资,因此它们在日常贸易中毫无用处。(适合小额购买的青铜币最早出现于公元前 5 世纪的西西里岛。)

直接交换不可能成为商业的基础。织布工每天都需要面包,而面包师只是偶尔需要新衣服。如果面包师不需要新衣服的话,纺织工人就无法用衣服交换面包;反过来,如果纺织工人已经有刀,他也不会再买铁匠的刀;面包师亦然;甚至,建筑商无法用他的产品交换日常所需的任何东西。然而,不知何故,早期城市中的居民,在没有货币的情况下,还是能够成功地展开交易,以满足日常的需求。这些交易似乎是通过精心设计的信贷和债务体系完成的。这些体系以恒定价值的媒介(如金属条)为标准。在古代美索不达米亚的城邦里,一谢克尔(shekel)的白银(约 8.3 克)被确定为一蒲式耳(bushel)大麦的价值。白银以条状或块状的形式存在,但在大多数交易中并不被使用。债务通常使用白银计算,但不必用白银偿还,这些相关的详细记录在寺庙和宫殿中的泥板上被保存下来。农民则主要用每个人都需要的大麦来偿还债务。

日常交换都是通过临时的信贷体系进行的。此类体系源自早期的送礼制度,而这种送礼制度在所谓的"原始"社会中非常普遍(实际上在所有社会中都很常见)。简单社会中的社会和经济关系涉及"礼物"的赠予,这实际上是在期待未来的互惠。虽然从来没有明确的说明,但送礼者明白,在未来某个时间,当送礼者有需要时,接受者会用一些相同的物质或其他有价值的东西来回报"礼物"。每个人都凭直觉知道这种送礼制度是如何运作的。这些互惠制度在早期城市被改造为正式和非正式的债务体系,使贸易成为可能。

从屠夫、面包师等小商贩那里购买的日常物品,将通过人际关系的信贷来处理。在一个社区中,人们认识商人,商人也认识他们的顾客,每个人都认识其他人。社区层面的信贷和债务主要依靠商人和客户相互了解与信任,并有法律作为保障。商人和消费者会正式或非正式地,甚至在他们的头脑中保存记录。农民在收获季节用大麦还债,或者面包师可能会给铁匠几个月的面包,然后铁匠用一把新刀偿还。寺庙的债务记录在泥板上,泥板本身会像期票一样流通。显然,在这样的体系中存在分歧和违约,这些问题将会像今天一样通过官方或个人来进行处理。当时和现在一样,商家可以拒绝提供进一步的借贷。重要的一点是,尽管这个体系很笨拙,但其在货币开始流通之前已经运行了 2 500 年。事实上,类似的制度在各地的小酒馆、当铺、非正规经济中以及在日常为邻居和朋友提供的帮助中延续至今。

负债是一种"时移"的能量策略,过去是,现在也是。换句话说,某些能量产品在今天被接受时,可以承诺用未来的能量产品来偿还。就此而言,金钱也是一种时移的能量策略。金币不是用来吃的,它的价值体现在三个方面:首先,它可以制成装饰品,这一过程需要能量;其次,它可以在任何特定时刻用于购买工具或食物等有用的能量产品;最后,它构成了一种承诺(如债务),如果人们交出货币,就将会在未来获得能量产品。货币使人们能够在未来的某个时候获得能量产品,债务和金钱都是对未来能量的承诺。

早期的罗马货币让我们得以一窥,一旦货币以各种面额广泛流通,这样的货币体系将如何演变成一种现金经济。直到公元前 4 世纪晚期,罗马士兵的军饷都是铜块,他们在每场战役结束后得到报酬,并且他们的债务会累积到获得军饷为止。铜块之所以有价值,是因为它们最终可以制成工具。在短期内,它们被用来清偿债务。公元前 4 世纪末,罗马开始用标准化的一面或两面有图案设计的铜条作为军饷。到公元前 3 世纪初,青铜被铸造成又大又重的铜币,这是罗马铸币的开始。尽管找零的问题仍然很严重,但铜条和铜币的价值在于其标准化的重量。直到第二次布匿战争(Second Punic War,公元前 218～公元前 201 年)期间，一种灵活的，包含青铜、白银和少量黄金的货币体系被建立起来。尽管与之前一样，许多贸易仍将使用信贷和债务进行，但只有从此时起，罗马才实际上拥有了货币经济。

四、结论

　　古代城市与如今的城市既相似又不同：从古至今，几乎所有城市都存在肮脏、危险且不健康的风险。尽管如此，古代城市还是如今天的城市一样，凭借其经济和社会优势吸引了人们前来聚集。古代城市在很大程度上依赖于当时的太阳能，而能量从谷物转化为役畜时的散失使得运输成本很高，这限制了城市范围的大小，从而限制了城市本身的规模。在某些基本方面，古代和现代城市都遵循了类似的策略（尤其是城市增长策略）。其中有两种策略，简述如下：

　　首先，寻找能量补给。古代帝国通常通过扩张获得能量补给，例如罗马人在征服新的土地后会对这些土地及其居民征税。通过这种方式，整个地中海沿岸的太阳能被输送到罗马城，使这座城市发展到极其庞大的规模。这样大的规模，若仅靠意大利中部的太阳能资源，是远远无法支撑的。历史上的城市都一样，古代城市尽可能地利用水路交通作为补给来源，以规避陆路交通的限制；今天的城市，通过化石燃料和核能获得了能量补给，利用这些能量建成并运行，使其比过去规模更大、更复杂。

　　其次，利用能量的时移。债务和货币都是对未来能量的承诺，两者都允许人们消费当下的能量产品，并承诺提供未来的能量产品或提供可用于购买这些产品的替代品（如货币）。经济分化是城市的本质，交换是城市代谢的基础，无论是古代城市，还是现代城市，都不可能脱离债务而存在。由于城市的存在依赖于交易，因此若没有债务，城市化和城市主义就不可能出现。债务，即能量的时移，使城市成为可能。

（梁思思 译，顾朝林 校）

参 考 文 献

1. Finley MI（1959） The Greek historians: the essence of Herodotus, Thucydides, Xenophon, Polybius. Viking, New York, pp 274-275

深 入 阅 读

1. Angela A（2009）A day in the life of ancient Rome（translated by Gregory Conti）. Europa Editions, New York

2. Garnsey P（1988）Famine and food supply in the Graeco-Roman world. Cambridge University Press, Cambridge

3. Graeber D（2011）Debt: the first 5 000 years. Melville House, Brooklyn

4. Hopkins K（1978）Economic growth and towns in classical antiquity. In: Abrams P, Wrigley EA（eds）Towns in societies: essays in economic history and historical sociology. Cambridge University Press, Cambridge, pp 35-77

5. Jongman W（1988）The economy and society of Pompeii. J. C. Gieben, Amsterdam

6. Krautheimer R（2000） Rome: profile of a city, 312-1308. Princeton University Press, Princeton

7. Lançon B（2000）Rome in late antiquity（translated by Antonia Nevill）. Edinburgh University Press, Edinburgh

8. Laurence R（1994）Roman Pompeii: space and society. Routledge, London

第五章　现代城市的经济与发展

肯特·克里特高[1]

　　本章重点关注能量和资本积累战略作为城市发展主要决定因素的作用：首先对历史上的城市进行概述，从以手工业生产为特征的商业城市，到以大规模工业生产为特征的工业城市的兴起，再到以服务业为基础的企业城市(corporate city)，重点关注能量盈余在城市转型发展和扩大经济盈余方面的作用；其次，对第三世界城市尤其是巨型城市进行了讨论，包括其在全球化过程中的角色起源，并对未来可持续城市的可能性进行了思考。

一、引言

　　本章论述有关更近代历史上的城市是如何发生经济增长和衰退的。历史告诉我们，随着时间的推移，城市的经济有时会发生崩塌(见第四章)。这对于理解城市生态学，重视如何或是否有可能创建可持续城市而言，城市发展中的能量、经济盈余和市场至关重要。

　　从生物物理角度来说，城市是一个聚集能量并调节其吞吐量的开放系统(Melosi,2001)。城市要发展就必须增加它的能量吞吐。如果获取和分配能量的能力提高，那么，城市可能会急剧扩张且变得更加复杂。然而，如果能量获取急剧下降，那么，城市地区的增长将受到限制且复杂性慢慢退化。从社会角度来

---

① 美国纽约州奥罗拉市，威尔斯学院经济学系，邮箱：kentk@wells.edu。

看,城市神秘而矛盾。它们自古以来就是艺术和文化的中心。最令人惊叹的经典建筑都在城区。城市还拥有最好的博物馆、剧院和大学等。

城市也是金融、机会和振奋人心的中心。然而,与此同时,城市也是社会不平等的堡垒。美国人口调查局数据显示,采用基尼系数(Gini coefficient)[①]测度城市,不平等程度高于全国平均水平(Kurtzleben,2011)。这种城市社会不平等也是第三世界城市的特征。大多数贫穷国家的首位城市尤其明显,即使像香港、新加坡和吉隆坡这样的城市,基尼系数也超过了美国城市。在亚洲和拉丁美洲的大部分地区,即使大部分人口还是农村人口,城市中生活在贫困线以下的人口比例也高于农村(Drakakis-Smith,1987)。在发达国家,与获得巨额财富可能性并存的是看似不可避免的贫困、人满为患、不合格学校、不达标住房,以及在低工资、无止境的工作和经常性失业之间的选择。这种城市化的两面性,既不是美国独有,也不是现代社会的独有现象。

二、历史上的城市

在工业时代早期,当商品的生产取代了剩余产品的生产时,将原来的总体生产转变为切块生产的技术分工得到了充分发展。尽管这是在农业时代的先前社会制度的基础上发展起来的,但它的起源也可以在古城中找到。工人自己形成了社会劳动分工,但从历史上看,他们并没有将自己转变为终身的分项劳工,这是工业化制度强加给他们的。反过来,这也塑造了后来出现的工业城市的社会和物理特征,例如空间模式、阶级关系和建筑(Braverman,1974)。戴维·戈登(David Gordon)曾经断言,没有特定的建筑和社会环境的空间物理模式是注定要形成一个城市的。相反,城市的空间模式受生产方式的制约,生产方式是变化非常缓慢的社会(阶级)关系与变化非常迅速的生产力或技术的结合。快速变化的生产力或技术力量和缓慢变化的社会(阶级)关系之间的冲突,以及积累和增长模式,共同赋予了城市的独特特征(Gordon,1978)。马克思主义地理学家戴维·哈维更简洁地阐述了这个问题:为了认识城市进程,尤其是在资本主义时

---

① 基尼系数是收入不平等的概括统计量。数值越高,不平等程度就越高。

代,人们还必须理解资本积累和阶级斗争的相互作用与动力学。城市在历史进程中,因经济盈余的获得方式、经济盈余与能源盈余的关系以及市场在分配构成盈余物质基础的产品和资源中的作用都各自不同(Harvey,1985)。只有随着16世纪之后市场经济的发展,盈余再投资的内在动力才变得势在必行。

1. 工业城市

103

大约在16世纪到18世纪晚期,商业城市成为手工业品生产的中心。自中世纪以来,熟练的手工业者限制更多人进入手工业领域并对产量进行限制,严控技术外泄。城市是手工业行会的中心,也是中世纪行会权力的中心。蒸汽机的发明开启了工业化进程,早期的工业家们希望扩大生产规模并采用摆脱旧商业城市所需的新机器技术。在英格兰,工业城市的发展建立在煤炭和蒸汽机的基础之上,因此,煤炭成为纺织制造业和冶金业的主要燃料。

到17世纪后期,英格兰在很大程度上砍伐了硬木森林,用作炼铁燃料。由于当时可用煤含硫量大且其他杂质多,用煤冶铁的早期阶段只能生产出低质量的铁。经过多次失败的实验,亚伯拉罕·达比(Abraham Darby)终于发明了一种以煤炭为燃料冶炼出优质铁的工艺。威廉·斯坦利·杰文斯(William Stanley Jevons)曾经断言,19世纪英国的工业实力来源于改良后的冶金技术(Jevons,1865;Landes,2003)。煤炭和蒸汽机最终作为核心动力,对纺织制造业的发展产生了巨大的影响。此时的问题在于获取足够的劳动力供应。煤炭并没有取代木材,而是取代了水能。早期的英国纺织厂由水能驱动,大多位于有瀑布的偏远农村。棉花生产商面临的最大问题是找不到一支愿意从事长期、艰巨工作的劳动力队伍,对于以前的手工业者来说,这会降低照料水力机械的时间。农村工人往往有种田的选择,不愿意提供持续的劳动力。为了招募城市工人,在农村用水轮机生产棉花制品的资本家,不得不花费高昂的成本,建造整个村庄和生产设施。资本家的另一种选择是使用来自城市贫民窟的绑定"学徒"或本质上的奴隶。学徒们签订了契约,因此资本家不得威胁要解雇他们。殴打也无济于事,因此劳动生产率很低。到19世纪中叶,蒸汽机不是让工人获得动力,而是让资本家将权力转移给工人。第二代城市工人比农村工人更适应(或者说顺从)工厂的工作。随着劳动生产率的大幅增长,英国成为世界上最主要的纺织品生产国(Malm,2017)。

美国第一批工业城市同样沿新英格兰地区的湍急河流而兴起,水为大规模生产提供动力,而来自农村农场的年轻妇女提供的劳动力与商业城市的手工业者相比反抗性更低。然而,随着煤取代水以及铁路运输成本降低,商业城市也转变为工业城市。早期基于中央能源(水或蒸汽)的电力形式决定了工厂设计。早期工厂采用占地面积小的多层厂房结构。每台机器都需要靠近中央动力源,以便通过皮带和轴驱动。大量劳动时间只是用来在工厂的多个楼层之间上下搬运材料和成品。到 1899 年,美国有 40%的制造企业是工厂,尽管 1873 年开始发生严重的经济萧条,但 1859~1879 年,制造业的附加值翻了一番。到 1895 年,用作燃料来源的煤消耗量超过了相同用途的木材消耗量(Melosi,2001)。

对于工业生产为何会在全国最大的城市地区,存在不同意见。主流经济学家和历史学家强调集聚经济的概念。工厂位于大城市是为了靠近工人、中间产品和创新中心、消费者市场以及原材料和化石燃料(煤)的集中配送点。18~19世纪的工业城市是一个拥挤、嘈杂、污染且贫穷的地方。刘易斯·芒福德(Lewis Mumford)用"焦炭镇"(Coketown)来描述工业城市,这个词取自查尔斯·狄更斯(Charles Dickens)的《艰难时世》(*Hard Times*)。"工业主义是 19世纪的主要创造力,它造成了世界上前所未有的退化最严重的城市环境;即使是城市中统治阶级的居住区也依然污浊不堪且人满为患"(Mumford,1961,第 447页)。拥堵和规模不经济导致成本增加并阻碍中间产品的交换。城市人口的增长超出了社会和自然环境对人口的承载能力,这在第三世界城市尤其如此,这种现象被称为"过度城市化"(overurbanization)。尽管存在这些集聚导致的问题,但工厂在城市的集聚程度仍在增加。戈登将此归因于控制问题(Gordon,1978)。工厂在城市集聚使企业家能够更好地控制劳动力。商业城市一直饱受工人对生产率提高和技术变革的抵制。工匠和熟练工人反对强行实行劳动分工,因为这会威胁到他们对设计、工作节奏和质量的传统控制。然而,为了使规模经济发挥成本效益,必须实施劳动纪律。城市对工厂来说具有两大优势。首先,城市有利于劳动过程转换。城市对工厂来说,不仅是扩大生产规模,而且有利于劳动过程的转变。过去熟练工匠的劳动过程可以在城市工厂被更顺从的工人来承担,有些还可以是半熟练工人。其次,劳动力的同质化。按照积累社会结构学派的理论,劳动力需要同质化。只有在大城市,工人,尤其是移民,才更具有劳动力同质化的条件。此外,大城市的中产阶级和商人(店主)对工人(尤其是外来移民)的态度,较中等城市来说,更具有包容心。因此,大城市发生罢工和停工的次数较少,而且持续时间也没有小城市长。大城市中还有工人阶级和外来移民的隔离区。他们不像在前工业化城市或小城市中那样混在一起。因此,人们在小城市中比在大城市中更容易获得前工业化时期平等的态度(Gordon,1978)。

　　工业城市有四个与其特定空间区位无关的特征。首先,工业城市的市中心都集聚着规模前所未见的大型工厂。其次,隔离的工人居住区(segregated working class districts)出现在工厂区附近。那里采光和通风不佳,房屋鳞次栉比,例如纽约市下东区的公寓。再次,那些拥有足够财富或收入的人则逃往郊区。商业城市里到处都是穷人。在工业城市里,穷人和靠工资生活的工人占据了隔离的工人居住区(working-class wards),富人则围绕城市居住。弗里德里希·恩格斯(Frederic Engels)撰写的《1844年英国工人阶级状况》(*The Condition of the Working Class in England in 1844*)(Engels,1844)以及芝加哥学派城市研究理论家欧内斯特·伯吉斯(Ernest Burgess)在1924年都曾对这种现象进行丰富多样的描述(Burgess,1925)。在19世纪中叶,由于购置马匹和马车的成本高昂,除了少数非常富有的人之外的所有人都无法逃离城市的喧嚣、过度拥挤和污染。随后的有轨电车以及最终汽车的发展,为更多中产阶级打开了通往郊区生活的大门。最后,中上阶层在城市的活动主要发生在市中心的购物区(Gordon,1978)。只有到汽车时代终结之后,专卖店才会搬到郊区(Melosi,2001)。

　　在整个19世纪后期,工业城市的情况开始发生变化。在19世纪70年代的大萧条之后,劳动力控制开始变得更加困难,来自南欧和东欧的大规模外来移民数量激增。在19世纪90年代还曾掀起一波建筑热潮。外来移民的涌入压低了工资,住房和建筑供给的增加减缓了租金增长。然而,城市开始成为工会活动的温床。工厂再次开始设于大城市的郊区。如果没有化石燃料消耗量的增加和由此带来的技术创新,上述情况是不可能发生的。19世纪末至20世纪初的城市郊区依靠电力驱动机器并进行运输。

105

2. 从工业城市向企业城市的转变

社会和生物物理力量推动了工业城市向企业城市的转变。为了让以服务、大众消费、郊区生活和生产为基础的现代城市得以发展,城市中的能量流动必须发生根本性变化。从社会学角度看,对企业城市兴衰的解释非常不充分。诚然,劳动过程的合并和重组中产生的权力十分重要,但并没有得到充分的重视,而且空间转移、劳动过程转变和消费市场扩大等社会变化主要取决于生产与使用能源方式的根本变化。化石燃料和任何仅仅组织上的变革都为工业城市的塑造提供了支持。最早刘易斯·芒福德对塑造城市的社会和生物物理力量的相互关联的重要性提出解释。"新城市产生的动力是矿山、工厂和铁路"(Mumford,1961,第446页)。尽管工业城市依赖于组织和政治变革,例如淘汰手工业并控制行会,为工人阶级创造一种依附和永久的不稳定状态,以及伴随商品和服务市场而建立的劳动力市场,但是从经济学角度看,工业城市依赖于生物物理的发展(biophysical developments)。"工业城市的经济基础是煤矿的开采、钢铁产量的大幅增加,以及使用蒸汽机获得稳定、可靠(即使效率很低)的机械动力源"(Mumford,1961)。在对"历史上的城市"进行总结之前,有必要对现代企业城市进行解释。

3. 企业城市

在19世纪90年代后期,制造业开始迁往城郊。1899~1907年,中心城区的就业岗位略有增加(40.8%),但郊区的制造业就业岗位几乎翻了一番。在远离中心城区的工厂,工会的控制较弱且支付的土地租金较低,从而增加了制造商和那些在新兴的、高度投机的股票交易所拥有股份的人的利润,这些股票是随着铁路融资而出现的。戈登(Gordon,1978)阐释了1898~1903年合并浪潮导致工业从城区外迁的时间。只有大企业才能负担得起资本投资,尤其是在1893~1897年的大萧条之后。工人们跟随企业主来到郊区,老的市中心购物区被改造成更大的中央商务区,其中不仅包括零售区,还包括金融区和企业总部所在地。以前的工人居住区变成了城市隔离区(urban ghettos),在工业世界的许多不同城市留下了一致的模式——闪闪发光的新摩天大楼被旧工业城市中新移民破旧的居住区包围。这种模式随着20世纪下半叶的"去工业化"(deindustrialized)而依然存在,尤其在东部的老工业城市还拥有大量留待退化的物质资本。从工业城市到今天的企业城市的转变并不是一个容易的过程。这个过程花了至少50年的时间强迫穷人搬迁并用新商业建筑取代不达标但"经济适用"的住房(affordable housing)，这也加剧了无家可归的问题。在美国东北部老工业城市，这种绅士化(gentrification)过程尚未全部完成。西部和西南部的情况不同，那里的新城市建于20世纪且没有工业城市遗留问题。大多数新城市既没有建造市中心，也缺乏市中心工业区，并且都是为汽车而建造的"汽车城市"。因此，没有发生19世纪工厂遭受大规模破坏的现象(Gordon，1978；Mollenkopf，1975)。这些历史和地理格局对城市的能源消耗与未来发展具有很大影响。

　　工厂装配线(assembly line)的大量生产和大量消费都建立在电力的基础上。中产阶级逃离衰败的城市并在郊区过上更田园诗般的生活，主要得益于廉价的交通，而廉价交通则来自廉价能源。下一节将论述彻底改变生产和消费的电力的发展、汽油动力汽车的兴起以及能源消耗量变化对环境的某些影响。总之，现代企业和现代企业城市，都是建立在低成本、大量生产和大量营销相统一的基础之上(Chandler，1993)，很少有像电力这样的技术对生产和消费产生如此巨大的影响。

107

　　电力在生产中的普遍使用从根本上改变了劳动过程并促成了通常被称为"泰勒主义"(Taylorism)或"福特主义"(Fordism)的生产组织变革。泰勒主义将脑力劳动与体力劳动分离，或者更准确地说，将生产中的概念(如想法)与生产工程中的执行(如产品)分离，而且工厂的管理层将占据流传数千年的工艺知识传授给遵守明确指示的工人。泰勒通过更大程度的生产细节和管理控制，极大地强化了劳动分工过程。福特主义则将大规模工厂装配线的生产和产品大量营销相结合，并提高工人工资使其不需要在借贷的情况下可以购买如汽车等大宗商品(Braverman，1974)。如果没有电力，几乎不可能实现生产效率提高和由此带来的成本降低以及劳动力同质化。此外，电气化的到来，也帮助创造了大众消费文化(the culture of mass consumption)。芝加哥的塞缪尔·因苏尔(Samuel Insull)等电气化(electrification)早期先驱，将他们的商业战略建立在低成本生产和不断扩大市场之上，且两者密切相关。由于客户集中，电力首先进入城市。直到后来，农村电气化项目才占据政治和经济舞台。美国东北部最早的城市郊区依赖电气化铁路使中产阶级能够负担得起郊区生活。二战后的郊区生活高度依赖于电力，与现代社会联系在一起的大多数产品，包括冰箱、电子媒体、空调和计算机等消费品,都需要稳定可靠的电源。此外,用于制造消费品的机器和运输它们的交通系统都依赖于电力。假如停电,甚至都无法给汽车加油。

三、第三世界城市

欠发达国家的城市,与美国等富裕国家的城市相比,存在更多相同的问题和发展动力。然而,由于这些国家在世界经济中居于从属地位,因此,城市面临更多独特的问题和挑战。这些城市通常被称为第三世界城市(Third World cities)。这个概念出现于 20 世纪 50 年代,用于描述既不与西方资本主义国家(第一世界)结盟,也不与东方社会主义国家(第二世界)结盟的国家。第三世界城市,在很大程度上是"全球南方"(the Global South)贫穷国家的同义词,与"全球北方"(the Global North)富裕国家相反。1981 年,前德国总理威利·勃兰特(Willy Brandt)发布的联合国文件《勃兰特报告》(*Brandt Report*)中首次对富裕的北方和贫穷的南方进行了区分。第三世界城市呈现出巨大的多样性。有些城市历史悠久,如埃及的开罗,而另一些城市则没有什么历史,如津巴布韦的哈拉雷(Harare)或肯尼亚的内罗毕(Nairobi);有些城市保留了商业根基,有些则是工业生产的中心,有些还是被肮脏的贫民窟环绕的现代化、闪耀的全球金融前哨城市。尽管这些城市彼此之间存在差异,但由于全球经济和全球资本主义体系的联系,使它们紧密关联在一起(Drakakis-Smith,1987)。社会学家戴维·史密斯(David Smith)认为,在全球背景下,第三世界城市需要独立的理论研究框架(theoretical framework),他认定依附理论(dependency theory)及其后来演变而成的世界体系理论(world systems theory)可能是分析第三世界城市增长和发展最好的(如果不是唯一的)、可行的理论研究框架。

依附理论始于保罗·巴兰(Paul Baran)在 20 世纪 50 年代后期的研究。他在《增长的政治经济学》(*Political Economy of Growth*)(Baran,1957)中提出贫穷国家将会继续贫穷,因为帝国主义列强从前殖民地系统性掠夺可用于投资和增加消费的经济盈余,且这一过程并未以正式的非殖民化为终点。他称这个过程为不发达的发展(underdevelopment)(Foster,2007)。贫穷国家往往资源丰富却并未从中获益,因为全球南方至少最近 400 年来都是在全球帝国主义制度笼罩之下而得不到发展。在巴兰的研究引领下，安德烈·冈德·弗兰克（Andre Gunder Frank）提出了依附理论。在依附发展中，经济盈余从卫星国流向大都市。大都市既可以是经济盈余最终流向的富裕国家，也可以是经济盈余（通常是农业或矿产）朝全球北方国家流动的第三世界城市。第三世界的精英与国际资本家的联系比与本国人民的联系更紧密。安德烈·冈德·弗兰克嘲笑他们为"流氓资产阶级"（lumpenbourgeoisie）。（lumpen 在德语中是"破布"的意思。）城市增长通过这种方式发生改变，以适应全球总体经济需求。第三世界城市是卫星国遭受发达国家剥削的中枢（Smith，1996）。

依附理论已经演变为后来众所周知的世界体系理论。世界体系理论扩大了国家的分类，原来的大都市变为核心，而卫星国通常被称为边缘。介于两者之间的是半边缘地区的中等收入国家，例如阿根廷、巴西、墨西哥、南非和韩国等。世界体系理论的特征是连贯的分析重点。关键在于最好将城市化过程理解为世界经济扩张过程的一部分。戴维·史密斯认为，这是理解城市化的唯一方式。城市分析应重点关注：①城市发展和世界经济的历史背景；②国家政治；③城市中的社会不平等和非正规经济部门（informal sector）的作用；④过度城市化。

城市中的不平等与整体发展动力密切相关，许多不平等可以追溯到劳动力市场和劳动过程的运作。根本问题在于城市人口增长速度快于城市吸纳农村剩余人口的能力。尼日利亚的拉各斯就是一个典型案例。剩余劳动力不断增长导致工资下行压力不断加大，并在边缘和半边缘社会中形成了庞大的非正规经济部门。据德拉卡基斯-史密斯（Drakakis-Smith，1987）估计，印度 80% 的劳动力在非正规经济部门就业。妇女和儿童往往处于非正规部门的最底层，其特点是工资低、非正规和临时工、小企业且福利少。虽然许多主流评论家认为，非正规经济部门的兴起与过度城市化问题有关，其中大量涌入的人口导致生产和提供服务的效率低下，但史密斯和德拉卡基斯-史密斯等国际政治经济学家认为，非正规部门的兴起根本不是因为依附型边缘社会的功能失调。非正规部门通过保持低生产成本并从事对于跨国公司而言无利可图的经济活动（例如回收金属和电子产品），提供了一种将经济盈余从边缘和半边缘社会转移到核心经济体的有效机制（Drakakis-Smith，1987；Smith，1996）。非正规经济的作用与河流生态系统中的底栖大型无脊椎动物的作用并无太大不同，后者消耗落叶等碎屑，从而通过系统回收养分。这就是可以将城市作为社会生态系统来研究的原因，因为人类系统的功能和"自然"或"野生"系统的功能是相同的。

快速发展的第三世界城市中的穷人最有可能遭受环境退化的影响，尤其是来自大范围污染、土地退化、危险的生活和恶劣的工作条件的影响。环境问题尤其表现为霍乱、肺结核和伤寒等家庭健康问题，主要原因是无法获得纯净水和不合标准的住房(substandard housing)。事实上，住房可能是不平等最显著的标志(如美国一样)。西非城市，从蒙罗维亚(Monrovia)(50%)到洛美(Lomé)和伊巴丹(Ibadan)(75%)，有 50%～75% 的住房是棚户区(squatter housing)。不同于美国制订了清除贫民窟(slum clearance)运动和通过银行贷款支持的拥有住房计划(the debt-based expansion of homeownership)，大多数第三世界城市没有相应的方案。此外，许多国家还受到结构调整计划(structural adjustment programs，SAPs)条款的限制(专栏 5-1)，因为担心会造成恶劣的商业环境，从而放宽了提高外国投资者税收，用以支付医疗和住房费用的相应措施。需要指出的是，第三世界城市的小企业还造成了大量工业污染，特别是在食品加工、制革、纺织生产和电镀产业领域(Drakakis-Smith，1987)。倡导通过创业实现可持续性的人往往会忽视非正规部门边缘企业(对环境)的不利活动。

专栏 5-1　结构调整系统

为了应对 20 世纪 70 年代不断变化的形势，包括石油危机、债务危机、国际性的美元挤兑、滞涨和贫穷国家的持续性经济萧条，世界银行和国际货币基金组织于 20 世纪 70 年代末至 80 年代初启动了结构调整计划(SAPs)。该政策主要针对债务和财政失衡等宏观经济问题。为了获得未来贷款资格，债务国必须减少政府支出(尤其是教育和医疗保健领域的社会支出)并提高税收，从而使国家资产负债表能够吸引国际投资者。许多发展经济学学者将结构调整计划视为一种增加和延续第三世界依附性的方法。

萨森(Sassen，2006)将不平等的加剧归因于全球城市的兴起。全球城市在世界范围内执行企业城市的指挥和控制职能，这一过程得到信息技术进步的帮助。全球城市是生产性服务业(管理信息系统、法律、会计)和金融创新的所在

地。尽管集聚和过度城市化的成本很高,但高收入专业人士之间的协同效应使城市成为对于追求创新所需的信息共享而言具有吸引力的场所。然而,作为创新中心的全球城市也创造了无数的低工资就业岗位,例如门卫、保姆、清洁工和临时服务提供者,并且全球城市由于失去了制造业几乎没有中等工资就业岗位。新加坡和香港就是这样的全球城市,在所在地区的小城市看来,它们更像纽约或伦敦,并且它们确实依靠边缘地区的经济盈余转移实现繁荣发展(Sassen,2006)。

四、巨型城市的兴起

20世纪末出现了一种新现象,并且它肯定会随着21世纪的发展而成为最主要的城市特征之一:巨型城市的兴起。巨型城市被定义为人口超过1 000万的城市。1950年,世界上只有两个巨型城市:东京和纽约。到1975年,墨西哥城加入巨型城市的行列。2007年,全世界已有19个巨型城市,其中包括人口超过2 000万的超级城市(hypercity)东京。联合国预计,到2025年,全球将有27个巨型城市,其中有14个巨型城市(包括8个超级城市)在亚洲(United Nations,2006)。这里虽然关注点放到巨型城市,但实际上,3/4的城市增长还是在二线城市。如今,全世界人口超过100万的城市有400个,自20世纪50年代以来,这类城市吸纳了近2/3的人口增长。2008年,它们是世界上的大部分城市,预计这类城市的人口还将增长。全世界农村人口将在2020年达到峰值,然后趋于下降(Davis,2006)(表1-2)。

21世纪的巨型城市,尤其是欠发达国家的巨型城市,将具有怎样的特征?就像以前的城市一样,如今的巨型城市,一方面,可能拥有闪闪发光的中央商务区、文化多样性和许多机会;另一方面,也可能是贫困、失业和疾病的堡垒。新加坡是这样一个功能强大的巨型城市典型。新加坡作为马来半岛底部的前英国贸易港口,人口自1960年独立以来以平均每年2.2%的速度增长,每36年人口数量翻一番。人口增长与多数公民福祉的增加相匹配。新加坡已经发展成为富裕国家,根据世界银行的数据,新加坡人均收入达到60 688美元,位居世界第三,且基尼系数(0.473)略高于美国(0.450)。新加坡正在为东南亚大部分地区提供服务和技术,也是地区金融中心之一。

111

专栏 5-2　基尼系数

　　基尼系数以意大利经济学家科拉多·基尼(Corrado Gini)的名字命名,是收入不平等的概括统计量。为了构建该指数,首先将收入分配分成五个相等的组,每组占 20%(五分位数);然后,该指数提出了一条理论上的"绝对平等线",即每 1/5 人口获得国家收入的 20%;接下来,绘制现有的收入分配(洛伦兹曲线)并比较曲线之间的面积。基尼系数的计算方法是绝对平等线下方面积与洛伦兹曲线下方面积的比值,即 A/A+B 的比值。基尼系数介于 0~1。基尼系数越高,不平等程度就越高(图 5-1)。

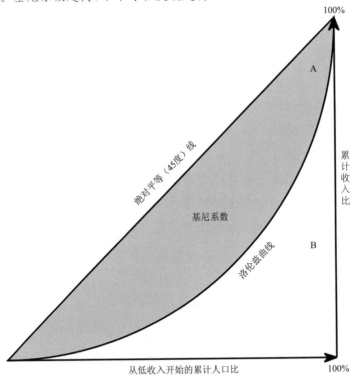

图 5-1　基尼系数

资料来源:Reidpath, Economics_Gini_coefficient2. svg at https://commons. wikimedia. org/w/ index.php? curid＝7114030, revision of the original file on WikiMedia Commons (http://en. wiki-pedia.org/wiki/File:Economics_Gini_coefficient.Svg) by Ben Franz Dale at en. wikipedia, vector drawing of original:File:Economics Gini coefficient.png by Bluemoose, License:Public Domain.

　　新加坡在制药和生物技术领域吸引外国投资，是世界上最繁忙的港口。新加坡也有一个民选政府，在传统基金会经济自由度指数列表中排名第二（Miller et al.，2015）。这份列表试图通过量化法治（主要是产权）、有限政府、监管效率和开放市场来衡量自由市场的新自由主义思想。美国在列表上排名第十，而朝鲜和古巴则垫底。〔很难想象，在石油时代上半叶末期，两个社会对粮食危机的反应会比朝鲜和古巴更不同，但传统基金会将它们的排名列在一起（Miller et al.，2015）。〕在城市功能的另一端是尼日利亚的拉各斯。拉各斯是西非金融的商业中心，尤其石油工业发达，也是非洲主要港口，还是非洲的教育中心（拉各斯州立大学在非洲名列前茅）和充满活力的音乐家乐园。然而，由于正规经济结构无法容纳大量涌入的农村移民，拉各斯的体制结构和基础设施已完全不堪重负。如同以前的商业城市一样，这座城市被拥挤的贫民窟围绕，移民的前景渺茫。用非洲政治学家塔康比·卢蒙巴-卡松戈（Tukumbi Lumumba-Kasongo）的话来说，"拉各斯行不通（does not work）。拉各斯为什么行不通？必须了解它的政治经济学"（塔康比·卢蒙巴-卡松戈，个人通信）。

　　要理解拉各斯的政治经济学，需要将其放到世界上的殖民国家背景下，根据阶级进程和与富人（此处指世界殖民国家）的历史互动进行分析。在企业城市时代，城市化必须被视为城乡连续体（urban-rural continuum）的结构转型。农村随着移民涌向城市而逐渐城市化。以前的乡镇自己变成了城市。问题仍然在于为什么移民要离开农村去城市？主流的解释是他们迁移是为了寻找更多的赚钱机会。因为即使城市的较低工资也高于农村的工资。个人获得财富的过程作为政治经济的解释变量在拉各斯和新加坡都同样重要。另外，城市必须在经济和地理层面发展以吸纳农村剩余人口（Smith，2010）。政治经济学方法更关注农村发生的结构性变化。城市贫民窟起源于农村。从生物物理学角度来看，化石燃料在农业中的应用（机械化、害虫防治、杂草防治等）已经导致大部分农村人口过剩。此外，新自由主义地区的"改革"，例如私有化、取消资本和出口管制、取消食品补贴以及公共部门的普遍衰落，使农村与跨国农业企业进行竞争。而传统的农民根本无法在国际市场上以价格竞争。移民离开他们的文化和土地大量涌入城市，而城市却无法容纳他们。这个过程被称为过度城市化。

　　虽然创造更少就业机会的过程是全球化经济体系的固有组成部分，但许多

第三世界国家的情况因 20 世纪 80 年代结构调整计划等新自由主义政策而变得
更糟。为了实现资本在全球范围内自由而畅通流动的新自由主义梦想,当务之
急是跨国银行和多边贷款机构的贷款偿还。但随之而来的紧缩政策减少了内部
需求并加剧了资本外逃,导致出口充其量仅略有增加以及价格上涨、实际工资下
降和正规就业减少。尼日利亚的极端贫困率从 1980 年的 28% 上升到 1986 年
的 66%,人均 GDP 低于 1960 年独立时的水平。城市不平等也呈爆炸式增长。
在布宜诺斯艾利斯,1984~1989 年,最高 1/10 收入与最低 1/10 收入的比值
(P-90/P-10 比值)从 10∶1 增加到 23∶1。在秘鲁利马,贫困率从 1985 年的
17% 增加到 1990 年的 44%(Davis,2006)。

　　困境在于增长失败的经济体:经济体为了提供就业和机会必须实现增长,但
这在全球化垄断金融资本主义背景下经济停滞(缓慢增长)的环境中根本无法实
现。移民由于无法找到稳定和高薪的工作而涌入非正规经济部门,与昔日的公
务员和被顶替的专业人员为伍(他们因为结构调整计划和国际货币基金组织实
施的紧缩措施导致国内需求下降而失业)。城市只是容纳剩余人口的场所。总
体上,截至 2004 年,欠发达国家的非正规部门工人占经济活动人口的 40%(拉
丁美洲为 57%),并占新增工作岗位的 80%。然而,即使是收入不稳定的非正规
就业也无法完全吸纳每周增加 100 万的新生儿和移民。例如,津巴布韦的非正
规部门每年创造大约 1 万个工作岗位,但该国城市每年被迫吸纳大约 30 万额外
的人口(Davis,2006)。城市增长对健康和环境的影响在目前的制度结构下没有
立竿见影的解决方案。

五、未来的城市

　　在气候变化、石油峰值、债务峰值、工资下降和收入分配差距扩大的时代,目
前的美国城市体系(例如住房、交通、教育和治理)将不再可行,因为目前的城市
结构建立在廉价能源的基础上。随着廉价能源时代过去,城市必须进行自我重
组,才能在石油时代下半叶保持活力。这个过程越早开始,其境况就会越好,不
至于等到真的"能源耗尽"再说。随着世界范围内常规石油峰值的到来,肯定会
出现相应替代品,但是不能保证(甚至没有迹象表明)替代品具有同样高的能源

投资回报。也就是说，替代品可能更昂贵且难以获得，并且很可能造成更多碳排放污染。现在能源行业的技术变革，并没有采取寻找新的碳氢化合物来源的形式，而是通过开发新方法提取先前发现但无利可图的能源。

截至 2013 年，水平钻井和水力压裂的结合以及加拿大油砂的开采向市场注入新的能源。高达 60％新发现的石油位于深水区。城市、国家和世界的现在与未来都要面临的根本能源问题是能源投资回报下降(Hall and Klitgaard, 2011)。当获取额外能源必须消耗比其更多的能源时会产生无数的经济问题。尽管过程并不顺利，但较高的投入成本会导致对消费者能源价格上涨。能源价格上涨会抑制需求并促成经济衰退。经济衰退会降低能源价格而有利于恢复繁荣。全球石油峰值看起来更像是一个"起伏的高原"，这种不确定性对未来高成本能源的融资产生了不利影响。化石燃料使那些有幸获得廉价能源的人从繁重的劳动中得到喘息，并使基础设施、教育和医疗保健系统得以扩大。我们似乎面临一个选择，即要么寻找新的廉价能源，要么学会用更少的能源生活。难怪绝大多数人不断寻找从甲烷水合物(hydrates)到氢气(hydrogen)再到页岩气(shale gas)等新能源。用更少的能源生活并恢复更长时间体力劳动对个人来说并不具有吸引力，并且用更少的能源生活在根本上与必须增长以提供就业和机会的经济体系不相容。此外，新能源也不是万能的。已经发现的碳氢化合物将把大气二氧化碳的阈值提高到 450 ppm 以上，而世界在 2009 年哥本哈根气候峰会上认定该阈值将带来不可逆转的气候变化。甲烷水合物很可能成为一种影响强烈的温室气体，因为它是一种易于开发且成本低廉的能源(Hansen, 2010)。

什么将取代廉价的化石燃料？詹姆斯·霍华德·昆斯特勒(James Howard Kunstler)等社会评论家认为，最先变化的城市将是美国西南部的沙漠新兴城市(Kunstler, 2006)。这些城市很快就会极度缺水和空调，而且没有使公共交通可行的城市中心，因此只能被迫放弃。早在城市预算因为抽水和在温暖干燥的环境中提供空调的电力成本而破产之前，提供大量就业机会的是非增长经济领域的建筑、金融、保险和房地产业，而且将无法获得修复，这就是被迫放弃的原因。

昆斯特勒和奥斯丁·特洛伊(Austin Troy)认为，未来在于通过填充式开发以及提供有吸引力的公共封闭和开放空间来构建小型紧凑城市(compact city)。自行车、步行和公共交通将占交通出行的大部分。特洛伊(Troy, 2012)引用斯

114

堪的纳维亚城市哥本哈根和斯德哥尔摩作为学习案例。而昆斯特勒指出,混合城市(mixed cities)的必要性在于商业和住宅与街道企业混合在一起,如同建于化石燃料时代之前的欧洲城市。这些变化必须是结构性的而非技术性的。正如他所说,"任何替代能源的组合都不可能支撑迪士尼乐园、拉斯维加斯和州际公路系统。"

　　迈克尔·斯通(Michael Stone)及其同僚指出,问题的根本在于收入成本矛盾。由于建造成本高昂,房价仍将居高不下。然而,提高收入至足以大多数工人买得起住房将会破坏劳动力市场的新自由主义愿景。而降低住房价格将导致房地产和金融业崩溃,并摧毁大多数美国人的主要财富来源——房屋净值(housing equity)。因此,他们推荐了社会住房战略的组合,即建设和维护良好的不受社会歧视的公共住房、合租以及建筑物可以私有但土地以信托方式持有的社会住房(Stone,1993)。

六、结论

　　这些问题,在新兴的第三世界城市,会更加严重。依附理论和世界体系理论说明了一件事,如果不改变依附发展和全球垄断金融资本主义制度结构,人们就无法做出必要的改变来创建宜居和可步行城市(livable,walkable cities)(具有可靠的公共交通,食品、商品和材料的区域生产,以及地方有机农业)。没有任何机制可以让时钟倒转,回到小规模、高能效、区域性小企业能够取代大规模、全球集中、金融主导的跨国企业的地步。也许正如鲁宾(Rubin,2009)所说,尽管我们采取了不惜一切的政治行动,但全球石油消费峰值的到来将迫使这些变化发生。但是,资源匮乏和经济增长停滞并不自然而然地意味着平等趋势,也不意味着为北方和南方许多城市公民提供相同的健康、住房、获得纯净水、就业和教育等基本人权。创建可持续城市的斗争就是改变当前国际制度秩序的斗争。我不知道在历史上的这个时刻它会是什么样,尽管我向往昆斯特勒设想的低消费、步行和宜居的城市。我确实知道未来不会是什么样,它既不会是被重工业包围的苏联风格的单调城市(Soviet-style drab cities),也不会是被破旧的房屋和绝望的人们所包围的广阔的郊区及闪闪发光的中央商务区。问题是我们如何从现在的境况达成我们想要的境况？我虽然不清楚这一点，但我确信城市将成为未来生产和消费的重要组成部分。

（苏鹤放 译，顾朝林 校）

参 考 文 献

1. Baran PA (1957) The political economy of growth. Monthly Review Press，New York

2. Braverman H (1974) Labor and monopoly capital. Monthly Review，New York

3. Burgess E (1925) The growth of the city. In：Park R，Burgess E，McKenzie R (eds) The city. University of Chicago，Chicago

4. Chandler AD Jr (1993) The visible hand：the managerial revolution in American business. Harvard University Press，Cambridge

5. Davis M (2006) Planet of slums. N Perspect Q 23(2):6-11

6. Drakakis-Smith D (1987) Third world cities. Routledge，London

7. Engels F (1844) The condition of the working class in England in 1844：with appendix written 1886，and preface 1887. J. W. Lovell，New York

8. Foster JB (2007) The imperialist world system. Mon Rev 59(1):1-16

9. Gordon D (1978) Capitalist development and the history of American cities. In：Tabb W，Sawers L (eds) Marxism and the metropolis. Oxford University Press，New York，pp 25-63

10. Hall CA，Klitgaard KA (2011) Energy and the wealth of nations. Springer，New York

11. Hansen J (2010) Storms of my grandchildren：the truth about the coming climate catastrophe and our last chance to save humanity. Bloomsbury，New York

12. Harvey D (1985) The urbanization of capital：studies in the history and theory of capitalist urbanization. Johns Hopkins University Press，Baltimore

13. Jevons WS (1865) The coal question：an enquiry concerning the progress of the Nation，and the probable exhaustion of our coal-mines. Macmillan，London

14. Kunstler JH (2006) The long emergency：surviving the end of oil，climate change，and other converging catastrophes of the twenty-first century. Grove/Atlantic，New York

15. Kurtzleben D (2011) Large cities have greater income inequality：New York，Los Angeles among the most unequal cities. US News. https://www. usnews. com/news/articles/2011/04/29/large-cities-have-the-greatest-income-inequality

16. Landes DS (2003) The unbound Prometheus：technological change and industrial development in Western Europe from 1750 to the present. Cambridge University Press，Cam-

bridge

17. Malm A (2017) Fossil capital: the rise of steam power and the roots of global warming. Verso, London

18. Melosi MV (2001) Effluent America: cities, industry, energy, and the environment. University of Pittsburgh Press, Pittsburgh

19. Miller T, Kim AB, Holmes K (2015) Index of economic freedom. The Heritage Foundation, Washington, DC

20. Mollenkopf JH (1975) The post-war politics of urban development. Polit Soc 5(3): 247-295

21. Mumford L (1961) The city in history: its origins and transformations, and its prospects. Harcourt, Brace & World, New York

22. Rubin J (2009) Why your world is about to get a whole lot smaller. Random House Canada, Toronto

23. Sassen S (2006) Cities in a world economy. Pine Forge Press, Thousand Oaks

24. Smith DA (1996) Third world cities in global perspective: political economy of uneven urbanization. Westview, Boulder

25. Smith LC (2010) The world in 2050: four forces shaping civilization's northern future. Penguin, New York

26. Stone ME (1993) Shelter poverty: new ideas on housing affordability. Temple University Press, Philadelphia

27. Troy A (2012) The very hungry city: urban energy efficiency and the economic fate of cities. Yale University Press, New Haven

28. United Nations. Department of Economic and Social Development. Population Division (2006) World urbanization prospects: the 2007 revision. United Nations, New York

第三部分

城市生态系统：结构、功能、控制及其对社会生态代谢的影响

第六章　城市水文系统

孙宁[①]　卡琳·E. 林堡[②]　洪邦吉[③]

　　本章将探讨城市系统与水循环的交叉领域，解释水循环过程并验证其对城市局部和整体区域的影响。这些影响包括：进出人类活动区的水路、水的消耗（饮用和其他用途）及污水处理系统；径流的相互作用、不透水表面如何影响降水径流，包括风暴水文图、街道的少量（径流）输送和风暴溢流；大气的相互作用、城市热岛和空气污染如何影响蒸发及降水；城市容纳的水体、溪流、湖泊、河流、河口和湿地；绿色基础设施在水文循环中的作用；气候变化的潜在影响。

一、引言

　　本章的主要目的是建立对城市系统如何与水循环（也称为水文循环）交叉互动的理解。我们首先概述水循环的自然功能，以及构成水循环的各组成部分或物理过程如何相互作用以实现水循环的驱动；其后，我们将分析城市环境中影响水的流动和分布的主要因素，继而回顾气候变化以及人为变化如城市发展（城市

---

　　①　美国华盛顿州里奇兰市，太平洋西北国家实验室水文学组，邮箱：ning. sun@pnnl. gov。

　　②　美国纽约州锡拉丘兹市，纽约州立大学环境科学与林业学院环境与森林生物学系，邮箱：klimburg@esf. edu。

　　③　美国北卡罗来纳州罗利市，北卡罗来纳州环境质量部水资源司，邮箱：bongghi. hong@nc-denr. gov。

化)对城市水文系统中水量(可用性)和水质的影响。掌握这些基本知识对于创造可持续的城市生活环境至关重要,因为人们需要获取淡水,需要了解洪水会对城市经济和人类健康造成损害,也需要维护下游水道的生态系统完整性。

二、水文循环

1. 定义

水文循环可以被描述为地球上的水通过水圈、大气圈、岩石圈和生物圈的持续循环。它是一个动态的、综合的存量和流量系统,由多种相互作用的过程驱动,包括降水、渗入和渗滤、蒸发、积雪和融化、树冠截流、升华/凝结等(Bedient and Huber,1992;Maidment,1993;Viessman et al.,1989)。为了将这个系统作为一个整体来理解,我们不仅要了解这个系统的各个组成部分,还要熟悉各个过程之间动态的相互作用和反馈机制。

水文循环没有起始点。然而,一般认为,这个循环是从太阳驱动的海洋蒸发开始的(图 6-1)。由于太阳辐射产生的热能,液态水会变成水蒸气并通过凝结过程在大气中形成云。在适当的温度和大气压力下,水汽变成液体并以雨、雪、冰雹等形式出现降水现象。在液体降水中,有一部分返回到海洋,在那里蒸发回大气层。然而,最初,一部分雨水可能被植被、建筑物和其他物体拦截(截流),雨水可能被蒸发回空气中或沿这些物体的表面向下移动到地表。一旦水到达地表,就会发生以下三个过程中的一个。①水被暂时储存在天然的洼地中,如坑或壕沟,并主要通过蒸发流失。②水浸入土壤,即渗入。一些渗入的水通过土壤蒸发和/或植物蒸腾而流失。这些过程结合在一起,称为蒸腾作用。剩余的水不断向下移动渗入后通过土壤剖面,在一个称为渗滤的过程中补给地下水,最终排入溪流并返回海洋(地下水径流),循环再次开始。③当土壤的持水能力过载时,雨水可能会流过地表(地表径流),最终会到达海洋。当降水以雪的形式落下时,其中大部分,特别是在高海拔山区,被暂时储存为雪包(积雪),尽管有些水通过升华过程回到大气中,升华是雪尚未融化就变成水蒸气的过程。水可以长期储存在冰川和冰盖中。上面描述的液体降水的水文过程开始于雪的融化(融雪)。

图 6-1　水文循环

资料来源:图片来自美国国家海洋和大气管理局国家气象局

(https://www.noaa.gov/resource-collections/water-cycle)。

2. 影响水文循环的物理因素

由于气候、地形、土壤和植被之间复杂的相互作用,水文过程在空间和时间上都是高度可变的。然而,全球的水文循环与较小地理尺度(如区域性的或小流域)的水文循环相比,变化较小,因为一些地区的变化可以被其他地区的相反变化所抵消。在此,我们重点讨论那些支配不同尺度水文循环的物理控制因素。物理因素可以归为两类:①气象因素,包括降水特征、空气温度、太阳辐射、湿度、风速等;②自然地理因素,如地形特征、造成地表和地下土壤层水文特征的地质因素、土地利用及土地覆盖。

(1)气象因素

在一个特定的地理位置,降水决定了水循环中的水利用能力,是水文循环在时间和空间上的主要驱动力之一(Ahrens,2006;Maidment,1993;Swift et al.,1988)。仅有雨水的情况下,降雨的量、时间、强度和持续时间等特征对地表径流、次表层径流和地下水径流以及土壤湿度有直接影响。在小规模降雨中,径流开始前,大部分的水都损失在所谓的初始取水中,其中包括保留在地表凹陷处的水、被植被吸收的水、土壤蒸发、渗入、渗滤等。如果剩余的雨水不超过土壤容量,就不会发生径流。(水文学家用"损失"来说明降水一旦落在地球上会发生什么,就像数学方程一样。)持续时间短、强度高的风暴往往会产生较高的流量峰值,而持续时间长的中等规模的降雨往往会产生较少的径流,因为很大一部分雨水会流失到土壤中。在高纬度山区,雪在降水中占相当大的比例,水文循环在许多方面受到冬季气象条件的影响。中等海拔地区以雪为主或瞬时雨雪区的水文过程往往比低海拔地区以雨为主的水文过程复杂得多(Mote et al.,2005)。美国西部山区的自然资源保护局雪情遥测站(NRCS SNOTEL)对雪水当量(snow water equivalent,SWE)长期观测证明,雪的积累和融化程度和时间在不同的点上有很大的不同(Mote,2006;Yan et al.,2018)。这种明显的空间异质性主要归因于当地气象(如降水、气温、辐射、风速和风向)、地形(坡度和方向)以及森林树冠和结构之间复杂的相互作用(Connaughton,1935;Dickerson-Lange et al.,2015;Sun et al.,2018)。

另一个对气象条件非常敏感的水文过程是蒸腾作用。土壤蒸发和植物蒸腾作用占植物与土壤失水的很大比例,特别是在干旱地区。在潮湿地区,蒸发蒸腾速度通常比干旱地区慢,因为大气中的水蒸气含量往往接近饱和,能够蒸发到空气中的水较少。在植物生长和新陈代谢普遍减弱的寒冷季节,蒸腾作用也明显减少(Maidment,1993;Viessman et al.,1989)。当我们讨论冬季条件下的蒸发过程时,我们必须考虑到由于土壤冻结和落叶植物缺少叶片而导致的额外蒸发减少。当土壤温度降到0℃以下时,土壤中的水可能会结冰,从而极大地阻碍水渗入土壤(Cherkauer and Lettenmaier,1999)。

（2）自然地理因素

有许多我们称为自然地理的因素在地表水文过程中起着关键作用,最主要的是径流。我们强调地表水的径流,因为作为水文循环的一部分,其对城市和农村的水道都是最有害的。洪水、侵蚀、河流沉淀和水道污染都与径流有关。影响径流的地形(地貌)特征是海拔/高程、坡度角和太阳方向或角度(北、南、东、西)。这些连同土地覆盖特征,如植被类型、植被数量、铺路数量等,是一个地区的物理特征。海拔和坡度在决定地表与地下径流方向、行进时间与体积方面起着重要作用。上坡贡献区决定了有多少降水被捕获并有可能排到流域的任何一点,这里可以被认为是流域的出口(Beven and Kirkby,1979;Hornberger et al.,1998;Jencso and McGlynn,2011)。坡度方向对到达地表的阳光或入射辐射量有直接影响,因此对土壤水分和植被的分布非常重要(Beven and Kirkby,1979;Hornberger et al.,1998;Jencso and McGlynn,2011;Wigmosta et al.,1994)。土地利用和土地覆盖特征在水文循环中也起着关键作用。自然植被覆盖和不透水的土地覆盖产生了完全不同的影响。在森林茂密的环境中,树冠覆盖通过蒸发、树冠遮蔽和树冠拦截显著改变了地表质量与能量平衡,从而控制了河流流量的可用性和季节性,特别是在冰雪融水补给河流时(Dickerson-Lange et al.,2015;Sun et al.,2018)。深根性树木和植物可以改善土壤结构,增加土壤渗透能力,从而减少潜在的径流(Bartens et al.,2008)。植被也被发现能有效地捕获由径流带来的污染物,作为天然过滤器保护地下水和地表水免受污染(EPA,2003;Karr and Schlosser,1977;Tsihrintzis and Hamid,1997)。

　　水文中另一个影响水文循环的地理因素是地质。地表和地下的土壤是一个地区很久以前的岩石的产物,这些岩石几个世纪以来一直受到天气的影响。例如,黏土和沙土具有不同的特性,影响到多少降水被吸收和多少成为地表径流。因此,地质决定了土壤的水文特性,如水力传导率、渗透性和水力梯度(Jencso and McGlynn,2011;Wigmosta et al.,1994)。这些特性共同决定了地下水的流动速度。(饱和)水力传导率是衡量含水层输水能力的一个指标。饱和水力传导率值表明含水层可以很容易地通过饱和区输水。一般来说,粗粒沙和砾石的水力传导率很高,这意味着水可以在50～1 000米/天之间移动,而粒状淤泥和黏土的水力传导率很低,为0.001～0.1米/天。渗透率是衡量流体在特定的水力梯度下流经多孔介质的难易程度,它与渗透能力直接相关,但与液体本身无关。渗透性是由土壤中孔隙的数量和大小决定的。砾石通常具有高孔隙率,意味着水很容易流过它们,而淤泥和黏土往往具有低孔隙率。地下水径流也可以将污染物输送到水道。水力梯度是导致水在地下流动的原因。它取决于两个不同点之间的水压头(压力和重力能)的差异。计算方法为两点间水头的变化量除以两点在流道上的距离。在这三个因素中,水力传导率通常对地下水的速度影响最大(Jencso and McGlynn,2011)。

124

三、水质动态

1. 河流代谢

溪流、河流和河口等流动的生态系统由非生物和生物部分组成,它们相互作用以完成生态工作(Power et al. ,1988)。这可以通过测量溪流的代谢来全面量化,通常通过监测溶解氧(dissolved oxygen,DO)在一个昼夜(日)周期内的变化来完成(Chapra and Toro,1991;Marzolf et al. ,1994;Wang et al. ,2003)。在一天中,由于初级生产(植物的光合作用),溶解氧在白天增加,由于呼吸作用(由整个植物、动物、细菌、真菌等组成的群落),溶解氧在夜间下降。必须考虑到氧气在水面和大气之间的扩散;这可以通过气体交换的直接测量或使用标准模型来完成,这些模型需要关于河道尺寸和排放的信息(在一个时间段内有多少水通过河道中的某一点)。氧气和其他水质参数(如温度、电导率和浊度)可以用数据记录仪以高时间分辨率进行监测。

2. 水质问题

营养物质和悬浮沉积物已被确定为水质恶化的主要来源,并经常作为水的生化特性的主要指标进行监测和评估(Burton and Pitt,2001;EPA,2003,2004;Sun et al. ,2016)。牧场和农田的农业径流以及人类和工业废水是常见的营养物污染源。营养物质污染物,主要是氮和磷,可以刺激水生初级生产力,导致水面富营养化(eutrophication)和随之而来的藻类大量繁殖。水生生产力的提高会多次导致水中溶解氧水平的下降,对水生生物构成威胁并对河流的代谢过程产生不利影响(EPA,2003)。沉积作用可以定义为无机或有机颗粒在重力作用下在河流或湖泊中迁移、悬浮和沉积的过程。沉积物的主要来源是坡面水流侵蚀和风化作用。过多的悬浮沉积物会降低水的透明度(衡量水中的透光量),从而影响植物的光合作用。沉积物会堵塞鱼的产卵床,破坏水生生境(Loperfido et al. ,2010;Mitchell et al. ,2003;Newcombe and MacDonald,1991)。通过径流运输的沉积物往往会给水体带来大量的营养物质和有毒化学物,从而损害水质(Sun et al. ,2016)。

125

四、城市化与气候变化的影响

1. 城市水文系统

在河流上或河流附近建设城市有着很长的历史，为了获得清洁的饮用水，通航的水道也提供了运输/贸易的手段并将废物从城市中输送出去。美国城市化在二战后迅速发展并在过去30年里加速发展，导致不透水区域（水泥和沥青，水不能流过）的扩大和自然植被区域的迅速减少。因此，自然水文循环从以渗透和蒸发为基础的系统转变为以地表径流为主导的系统（Booth，1990，1991；Knowles，1977；Newcombe and MacDonald，1991）。在过去的半个世纪里，面对日益有限的淡水资源，为了满足日益增长的水需求，全球已经建造了3万多座大型水坝，作为保障城市供水、水电、灌溉等用水的常见做法（Zhou，Haddeland et al.，2015；Zhou，Nijssen et al.，2015）。其中一些水力改造结构可以通过遵循各种管理协议（例如可能会阻止水、允许最小排放和/或管理下游生态流量需求的干旱响应计划）来显著地改变自然水流模式（Hanasaki et al.，2006；Wada et al.，2014；Zhou，Nijssen et al.，2015）。

在城市水文系统中，曾经自然的溪流现在可能是被人工改造或建造了的河床，而不是自然流淌。屋顶和街道表面的径流可以通过雨水沟、管道和沟渠转移到暴雨污水系统，形成各种类型的暴雨污水系统，包括合流制污水系统（combined sewer system，CSS）、卫生污水系统（sanitary sewer system，SSS）和城市独立暴雨污水系统（municipal separate stormwater sewer system，MS4）。雨水和污水系统是作为处理城市中两个一致问题的手段而建造的：①如何摆脱大量的废水；②如何保护财产和生命，特别是在大型暴雨事件的洪水中。今天的大多数下水道是在19世纪末和20世纪初建造的。合流制污水系统的管道将卫生污水和雨水流收集在一起并将其输送到污水处理设施。卫生污水系统的设计仅用于收集和输送来自家庭、商业及工业建筑的污水到污水处理系统。城市独立暴雨污水系统是指收集雨水并直接排放到地表水的系统。在低流量时期，来自合流制污水系统和卫生污水系统的污水被输送到废水处理设施。然而，在大规模的降雨或融雪事件中，当暴雨径流超过污水处理系统和/或管道的容量时，多余的水量会通过在压力下打开的闸门释放到邻近的地表水中。这些通常被称为合流制管道溢流（combined sewer overflow，CSOs）（图 6-2）和卫生管道溢流（sanitary sewer over-flow，SSOs）。

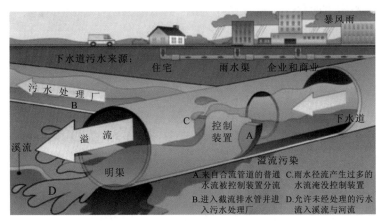

图 6-2　合流制管道溢流

注：当发生大量降水或融雪事件时，闸门自动打开，将雨水与合流制污水系统和卫生污水系统干线的卫生污水混合后直接排放到城市湖泊、河流、溪流中。

资料来源：www. moundsvillewwtp. com/CSOs. html，经总监拉里·博纳尔（Larry Bonar）许可。

　　污水回流的位置和时间会对溪流的水质与水量产生重大影响。城市径流中发现的污染物浓度升高与城市化程度直接相关，城市化增加了径流量和峰值流速（Elliott and Trowsdale，2007；Sun and Hall，2016）。当雨水流过不透水表面时，它往往会吸收各种人类和工业活动产生的污染物，如宠物粪便、用于防治昆虫和杂草的杀虫剂以及停车场的石油污染物。这些污染物与雨水径流一起进入雨水管道和附近的水体，导致水中的污染物浓度升高。大规模的雨水径流对另一个主要的水污染源贡献很大：沉积物污染。在一次大的降雨事件后，大量径流可能会将不透水表面的松散土壤冲入湖泊和溪流，对水生生物和植物构成威胁（Cao et al.，2016；Yan and Edwards，2013）。

2. 城市河流代谢

　　由于许多城市位于流水沿岸，高水流量事件后的污水溢出会对这些生态系统及其生物群产生不利影响，因为这些水域被用来接收处理前和处理后的污水。

通常情况下,污水将大量的有机物和营养物质输送到受水区。在下游,细菌会分解有机物并耗尽氧气,通常这是很严重的。如果人们在合流制管道溢流的上游测量溶解氧,然后在下游不同的距离测量,人们会观察到在合流制管道溢流下游的溶解氧明显下降,随后逐渐恢复。这被称为"溶氧量下降",是典型的城市河流病理学的一部分。

　　城市不透水表面与合流制管道溢流的影响是一个很好的例子,可以通过比较一个中小型温带城市中典型的城市河流沿岸的两个地点来看。纽约州锡拉丘兹市的奥农达加溪流上游站点是渠道化的,但周围地区是相对开放的,有森林和郊区的草坪。下游地点位于锡拉丘兹市中心,几乎完全不透水。在风暴事件中差异是最大的。在夏季低流量(干燥)条件下,溶解氧显示出典型的周期,即白天达到峰值,夜间达到最小值(图 6-3a)。然而,在暴雨期间,溶解氧的峰值/谷值模式大大减少,在市中心的合流制管道溢流区域,溶解氧的这种变化模式基本上消失了(图 6-3b)。

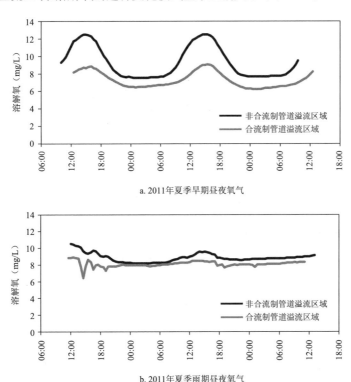

a. 2011年夏季旱期昼夜氧气

b. 2011年夏季雨期昼夜氧气

图 6-3　合流制管道溢流与非合流制管道溢流站点的溶解氧比较

　　生态系统的新陈代谢是一种速率测量,因此我们需要在考虑了扩散因素后整合溶解氧的变化率,如图 6-4 所示。我们可以看到,城市与上游(农村)地点相比,干燥天气生产力的白天峰值略有偏移(图 6-4a),但其他方面的动态是相似的。在暴风雨期间,氧气在上游和下游都迅速变化(图 6-4b 左),但城市地区的溪流变化要夸张得多。两个地点都受到云和雨的影响,但城市地区的径流反应确实是"浮夸"的。因此,可以得出结论,干燥时期无论表面覆盖物如何,溪流的行为都是类似的,但在潮湿时期,城市的混凝土表面和增强的径流会极大地影响溪流。

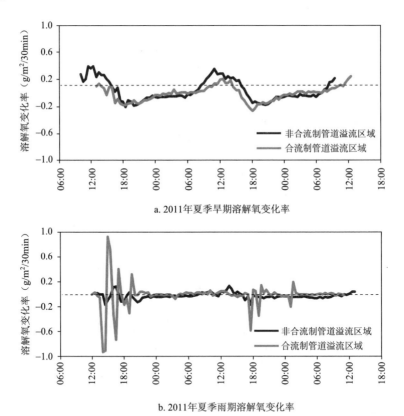

a. 2011年夏季旱期溶解氧变化率

b. 2011年夏季雨期溶解氧变化率

图 6-4　合流制管道溢流与非合流制管道溢流站点的溶解氧变化率比较

　　在这个例子中,河流浊度(浑浊度)是溶解氧动态的一个有趣的推论。浊度与沉积物负荷相关,因为它在某种程度上是由悬浮在水体中的颗粒造成的。由于上游的地下水上涌,奥农达加溪是一条浑浊的河流。在低水流量条件下,上游即农村地方的河流更加浑浊,但我们也看到了浑浊度上升和下降的昼夜模式(图6-5a)。浊度在夜间溶解氧浓度最低时达到峰值,这可能是由动物活动造成的。在暴风雨期间,城市的不透水表面将所有的表面沙砾冲到合流制管道溢流中,从那里它们与堆积在合流制管道溢流闸门后的泥沙一起被释放到溪流中,由于高流量的作用,它们也重新悬浮(图6-5b),造成浊度峰值(turbidity spikes)。这种峰值的生态效应尚不清楚,但可能对鱼类和其他生物造成了压力。

130

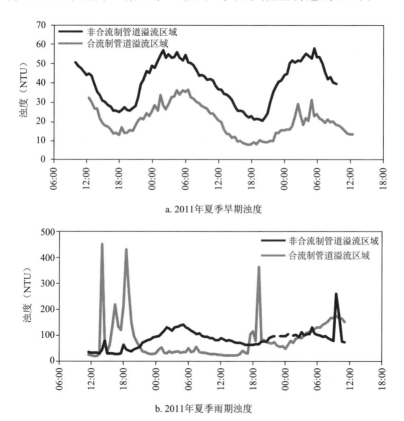

a. 2011年夏季旱期浊度

b. 2011年夏季雨期浊度

图6-5 合流制管道溢流与非合流制管道溢流站点的浊度比较

3. 气候对城市水文系统的影响

由于气候变化导致水文、热力和水质条件的改变,全球许多地区的水资源正面临越来越大的压力(Cao et al.,2016;Hodgkins and Dudley,2006;Lettenmaier et al.,1999;Sun et al.,2014)。自 1958 年以来,美国的强降水事件频率平均增加了约 20%。预计极端降水事件在未来将继续保持增长趋势,并可能在美国大部分地区加强(Coumou and Rahmstorf,2012;Wuebbles et al.,2014)。强降雨事件对城市排水基础设施构成了巨大的风险,因为这些设施的设计主要是为了应对 50 多年前的风暴。

虽然极端雨水事件通常是引起极端洪水事件的原因,但越来越多的大型洪水事件与深层积雪的融化有关,特别是在美国西部许多以雪为水源的河流中发生的雨上雪(rain-on-snow,ROS)事件(McCabe et al.,2007;Yan et al.,2018)。雨上雪事件通常发生在温暖和大风的情况下,极大加快了融雪的速度,在山区和低地都能产生严重的洪水事件。20 世纪空气温度的变暖趋势导致了山地积雪的变化,这在美国的许多地方都有详细记录(Cao et al.,2016;Hodgkins and Dudley,2006;Lettenmaier et al.,1999;Leung and Wigmosta,1999;Lins and Slack,1999;McCabe et al.,2007;Mote,2006;Mote et al.,2005)。预计全国平均气温的上升将减少降水的比例,并导致雪覆盖的时间缩短,造成雪制的转变。早期的融雪和缺乏足够的春季融雪将导致春末和夏季的河流流量下降,对城市和它们所处的生态系统造成深刻的压力。这对以融雪为主的地区的城市来说尤其如此,这些地区夏季干旱,对水的需求也最大,例如美国西部的大部分地区。

快速城市化将以多种方式加剧气候变化对城市河流的影响。首先,海洋变暖带来的飓风将带来更多的降雨。像得克萨斯州休斯敦那样在吸水的湿地上进行的城市开发模式,或在波多黎各圣胡安等城市上方的山坡上开发模式,会加剧如 2017 年飓风艾尔玛和玛丽亚带来的极强降雨有关的洪水。沿海城市将看到更多影响巨大的风暴潮淹没街道、房屋和排水系统。其次,与大江大河相比,城市小溪流的温度更容易受到空气温度上升的影响,因为它们的热容量相对较低,特别是在夏季低流量条件下(Cao et al.,2016;Sun et al.,2014)。水温升高会对河流水质以及水生生态系统的物理、化学和生物健康产生负面影响。值得一提的是,来自铺装表面的热输入是暴雨期间城市河流水温突然升高的主要原因(Sun et al.,2014)。最终,由于干旱或融雪时间导致的地表水资源减少将鼓励人类干预用水,例如水库建设和监管、水资源保护措施以及加州 2011～2017 年长期干旱期间洛杉矶等州的全州水资源短缺紧急状态。最后,不断变化的气候预计将对能源生产产生重大影响。在美国,大约 66% 的发电量需要冷却用水,而大约 40% 的淡水提取量需要用于热电生产。由于环境对冷却水供应和温水排放回河流的限制,预计未来水的可用性的降低和地表水温升高将对包括美国在内的全球电力部门产生巨大影响(Van Vliet et al.,2012)。

五、修复技术

1. 绿色基础设施

如前所述,合流制管道溢流是城市系统在风暴事件中的一个主要问题。一旦污水和街道径流合并,污水中的污染物将污染受纳水体。这对城市水生生物的生态代谢、人类健康和地下水质量以及社区生活和经济活动的社会品质都构成了相当大的威胁,这些经济活动可能依赖受纳水体的旅游、渔业、娱乐和房地产价值,因此可能极大影响城市的整体代谢。解决合流制管道溢流的传统方法是安装市政设施(如污水处理厂和地下储水池)或扩大现有的处理设施以提高其存储和输送能力。然而,传统方法的成本往往超过了雨水管理的可负担性标准,或者在已经结构严密的城市景观中受到土地可用性的限制。更重要的是,传统的解决方案被认为是不可持续的,因为它不能从源头上处理径流或雨水携带的污染物,也不能解决地下水枯竭的问题,因为降水不能渗入建筑物和路面下的城市土壤(EPA,2000;Sun and Hall,2016)。

另外,绿色基础设施为城市和社区提供了一个更具成本效益的机会来实现合流制管道溢流缓解要求。绿色基础设施技术包括分散的结构,这有可能捕获、保留、渗透、蒸发和重新利用雨水径流。小区规模的绿色基础设施结构(指单个家庭、公寓楼或商业地段)包括雨水花园和生物滞留池、雨桶、绿色屋顶和多孔铺装。雨水花园和生物滞留池是植被洼地,接收来自屋顶或其他不透水表面(如沿流道的车道)的雨水径流(图 15-11)。雨水花园和生物滞留池中的土壤通常具有较高的渗透能力和饱和水力传导率,可以保留水分。被截留的雨水不是流入街道或雨水排水沟,而是通过植物蒸发和蒸腾,或者渗透到土壤的非饱和区,将有助于地下水的补给。雨水花园和生物滞留装置中的植物与地膜也可以通过物理、生物及化学过程捕获甚至清除径流中的污染物。雨水桶作为滞留池运作，通常放置在屋顶出水口的下方。从屋顶收集雨水后再利用，如灌溉等方面。绿色屋顶是种植了植物层的屋顶（图 15-10）。有两种类型的绿色屋顶：①大面积屋顶，这是由一个厚度小于 6 英寸（15.24 厘米）的较小的土壤层组成，主要支持生长密集的、矮生和抗旱的植被；②集中的屋顶，由一个超过 6 英寸的较厚的土壤层组成，可以种植所有类型的植被。绿色屋顶有许多好处，可以减少雨水径流，通过收集雨水和过滤雨水中的污染物来提高水质。绿色屋顶还可以通过减少对太阳辐射的保留（见第七章）和蒸发转移来冷却屋顶和周围的空气，从而减少夏季的冷却需求。多孔铺装是传统的不透水沥青或混凝土表面的替代品。它允许雨水渗透路面并渗入底层土壤，促进地下水补给。与合流制管道溢流储存和输送系统相比，绿色基础设施的实施成本可能低于市政设施解决方案［在做出决定前应进行比较（见第一章和第十五章）］，并且具有较低的运行和维护（operation and maintenance，O&M）成本，因为如果选择得当（见第十一章），植物会帮助完成这些工作。绿色基础设施还有助于减少合流制管道溢流事件和水污染的可能性，因为在雨水进入雨水管道之前，它会捕捉污染物并对其进行现场处理。其他好处包括促进渗透和地下水补给、恢复水体、改善空气质量、缓解热岛效应、吸收碳排放并为生活环境贡献愉快的景观。

2. 植物技术

最后，我们想简要介绍一种新兴的技术，即植物技术（phytotechnology），它是一套利用植物修复或吸收土壤、地下水、地表水或沉积物中污染物的技术。由于植物在区域和当地的水循环中发挥着重要作用，植物技术通常在集水区范围内运行。最常见和广泛使用的植物技术包括植物稳定化、植物水力、植物萃取和植物蒸发（Mench et al. , 2010；Tsao, 2003）。植物稳定化通过促进植物的拦截和蒸发来控制入渗，随后降低当地的地下水位，限制浅层污染土壤与地下水的接触。植物水力利用植物对地表水和地下水的蒸腾能力。植物萃取法是指使用可积累污染物的植物，将污染物萃取并转移到可收获的部分。污染物从根部转移到芽部的动力来自于叶子的蒸腾作用。植物蒸发指的是植物从土壤、地下水和沉积物等介质中提取和转运挥发性有机污染物到大气中的过程。

一般来说，植物技术有以下优点：①与传统技术例如异地清理、挖掘和化学处理相比,成本效益高;②具有可持续性,与传统技术相比,植物技术对广泛的污染物,例如挥发性有机化合物(volatile organic compounds,VOC)、重金属和石油碳氢化合物,提供连续、持久和"免费"(由大自然提供)的处理;③防止土壤侵蚀(Mench et al.,2010)。另外,植物技术的应用受到了以下限制:①它只能处理污染物浓度较低的场地以及浅层土壤和地下水的污染;②植物的选择受到当地天气特征的限制;③一些基于植物蒸腾作用的应用可能是季节性的,在冬季期间不适用;④一些植物技术措施,如建造湿地和树障,需要大面积的土地,可能需要花费比传统方法更长的时间才能达到最终净化水平。

六、结论

对城市水文系统的全面了解对于在易受气候变化影响的城市地区制定可持续和可靠的水管理/适应措施至关重要。本章对水文循环进行了全面介绍,包括城市背景下气象、地质和人类因素对水循环的关键方面以及水质的影响。城市化,加上气温升高和气候变化导致更频繁的极端降水事件,预计将对包括市政供水、农业需求、能源生产和可持续生态系统功能的环境流量在内的多种用途的水资源构成更大的挑战。我们讨论了为适应城市水文系统的潜在变化而采取的常见和新兴的补救措施。最后需要强调的是,研究城市水文系统需要一种系统的、跨学科的方法。

（高喆 译，顾江 校）

参 考 文 献

1. Ahrens CD (2006) Meteorology today：an introduction to weather，climate，and the environment，8th edn. Brooks Cole：Cengage Learning，Florence

2. Bartens J, Day SD, Harris JR, Dove JE, Wynn TM (2008) Can urban tree roots improve infiltration through compacted subsoils for stormwater management? J Environ Qual 37：2048-2057

3. Bedient PB, Huber WC (1992) Hydrology and floodplain analysis，2nd edn. Prentice Hall，

New York

4. Beven KJ, Kirkby MJ (1979) A physically based, variable contributing area model of basin hydrology. Hydrol Sci Bull 24:43-69

5. Booth DB (1990) Stream-channel incision following drainage basin urbanization. Water Resour Bull 26:407-417

6. Booth DB (1991) Urbanization and the natural drainage system—impacts, solutions, and prognoses. Northwest Environ J 7:93-118

7. Burton A, Pitt R (2001) Stormwater effects handbook: a toolbox for watershed managers, scientists, and engineers. CRC Press, Boca Raton

8. Cao Q, Sun N, Yearsley J, Nijssen B, Lettenmaier DP (2016) Modeling of effects of climate and land cover change on thermal loading to puget sound. Hydrol Process 30(13): 2286-2304

9. Chapra SC, Toro DMD (1991) Delta method for estimating primary production, respiration, and reaeration in streams. J Environ Eng 117:640-655

10. Cherkauer KA, Lettenmaier DP (1999) Hydrologic effects of frozen soils in the upper Mississippi River basin. J Geophys Res Atmos 104:19599-19610

11. Connaughton C (1935) The accumulation and rate of melting of snow as influenced by vegetation. J For 33:564-569

12. Coumou D, Rahmstorf S (2012) A decade of weather extremes. Nat Clim Chang 2: 491-496

13. Dickerson-Lange SE, Lutz JA, Martin KA, Raleigh MS, Gersonde R, Lundquist JD (2015) Evaluating observational methods to quantify snow duration under diverse forest canopies. Water Resour Res 51:1203-1224

14. Elliott A, Trowsdale S (2007) A review of models for low impact urban stormwater drainage. Environ Model Softw 22:394-405

15. EPA (2000) Low impact development: a literature review. Environmental Protection Agency, Washington, DC

16. EPA (2003) Protecting water quality from urban runoff. Environmental Protection Agency, Washington, DC

17. EPA (2004) Nonpoint source pollution: the nation's largest water quality problem. Available at http://www.epa.gov/owow/nps/facts/point1.htm

18. Hanasaki N, Kanae S, Oki T (2006) A reservoir operation scheme for global river routing models. J Hydrol 327:22-41

19. Hodgkins GA, Dudley RW (2006) Changes in the timing of winter-spring stream-flows in Eastern North America, 1913-2002. Geophys Res Lett 33:L06402. https://doi.org/10.1029/2005GL025593

20. Hornberger GM, Raffensperger JP, Wiberg PL, Eshleman KN (1998) Elements of phys-

134

ical hydrology. Johns Hopkins University Press, Baltimore

21. Jencso KG, McGlynn BL (2011) Hierarchical controls on runoff generation: topographi-
cally driven hydrologic connectivity, geology, and vegetation. Water Resour Res 47(11):
W11527. https://doi. org/10. 1029/2011WR010666

22. Karr JR, Schlosser IJ (1977) Impact of near-stream vegetation and stream morphology on
water quality and stream biota. Environmental Protection Agency, Office of Research and
Development, Environmental Research Laboratory

23. Knowles RL (1977) Energy and form: an ecological approach to urban growth. The MIT
Press, Cambridge

24. Lettenmaier DP, Wood AW, Palmer RN, Wood EF, Stakhiv EZ (1999) Water resources
implications of global warming: a U. S. regional perspective. Clim Chang 43:537-579

25. Leung LR, Wigmosta MS (1999) Potential climate change impacts on mountain watershed
in the Pacific Northwest. J Am Water Res Assoc 35:1463-1471

26. Lins HF, Slack JR (1999) Streamflow trends in the United States. Geophys Res Lett 26:
227-230

27. Loperfido JV, Just CL, Papanicolaou AN, Schnoor JL (2010) In situ sensing to under-
stand diel turbidity cycles, suspended solids, and nutrient transport in Clear Creek, Iowa.
Water Resour Res 46:W06525. https://doi. org/10. 1029/2009WR008293

28. Maidment DR (1993) Handbook of hydrology. McGraw-Hill, New York

29. Marmiroli N, Marmiroli M, Maestri E (2006) Phytoremediation and phytotechnologies: a
review for the present and the future. In: Twardowska I, Allen HE, Häggblom MM,
Stefaniak S (eds) Soil and water pollution monitoring, protection and remediation.
Springer, Dordrecht, pp 403-416

30. Marzolf ER, Mulholland PJ, Steinman AD (1994) Improvements to the diurnal upstream-
downstream dissolved oxygen change technique for determining whole-stream metabolism
in small streams. Can J Fish Aquat Sci 51:1591-1599

31. McCabe GJ, Hay LE, Clark MP (2007) Rain-on-snow events in the Western United
States. Bull Am Meteorol Soc 88:319-328

32. Mench M, Lepp N, Bert V, Schwitzguébel J, Gawronski SW, Schröder P et al. (2010)
Successes and limitations of phytotechnologies at field scale: outcomes, assessment and
outlook from COST Action 859. J Soils Sediments 10:1039-1070

33. Mitchell VG, Diaper C, Gray SR, Rahilly M (2003) UVQ: modeling the movement of
water and contaminants through the total urban water cycle. Wollongong, NSW, Australia

34. Mote PW (2006) Climate-driven variability and trends in mountain snowpack in Western
North America. J Clim 19(23):6209-6220

35. Mote PW, Hamlet AF, Clark MP, Lettenmaier DP (2005) Mountain snowpack in
Western North America. Bull Am Meteorol Soc 86(1):39-49

135

36. Newcombe CP, MacDonald DD (1991) Effects of suspended sediments on aquatic ecosystems. N Am J Fish Manag 11(1):72-82

37. Power ME, Stout RJ, Cushing CE, Harper PP, Hauer FR, Matthews WJ et al. (1988) Biotic and abiotic controls in river and stream communities. J N Am Benthol Soc 7: 456-479

38. Sun N, Wigmosta M, Zhou T, Lundquist J, Dickerson-Lange S, Cristea N (2018) Evaluating the functionality and streamflow impacts of explicitly modelling forest-snow interactions and canopy gaps in a distributed hydrologic model. Hydrol Process 32:2128-2140

39. Sun N, Yearsley J, Baptiste M, Cao Q, Lettenmaier DP, Nijssen B (2016) A spatially distributed model for assessment of the effects of changing land use and climate on stream quality. Hydrol Process 29(10):2331-2345

40. Sun N, Hall M (2016) Coupling human preferences with biophysical processes: modeling the effect of citizen attitudes on potential urban stormwater runoff. Urban Ecosyst 19(4): 1433-1454. https://doi.org/10.1007/s11252-013-0304-5

41. Sun N, Yearsley J, Voisin N, Lettenmaier DP (2014) A spatially distributed model for the assessment of land use impacts on stream temperature in small urban watersheds. Hydrol Process 30(25):4779-4798

42. Swift L, Cunningham G, Douglass J (1988) Climatology and hydrology. In: Swank WT, Crossley DA (eds) Anonymous forest hydrology and ecology at Coweeta. Springer, New York, pp 35-55

43. Tsao DT (2003) Overview ofphytotechnologies. Adv Biochem Eng Biotechnol 78:1-50

44. Tsihrintzis VA, Hamid R (1997) Modeling and management of urban stormwater runoff quality: a review. Water Resour Manag 11:136-164

45. Van Vliet MTH, Yearsley J, Ludwig F, Vögele S, Lettenmaier DP, Kabat P (2012) Vulnerability of US and European electricity supply to climate change. Nat Clim Chang 2: 676-681

46. Viessman W, Lewis GL, Knapp JW (1989) Introduction to hydrology, 3rd edn. Harper & Row, New York

47. Wada Y, Wisser D, Bierkens MFP (2014) Global modeling of withdrawal, allocation and consumptive use of surface water and groundwater resources. Earth Syst Dynam 5:15-40

48. Wang H, Hondzo M, Xu C, Poole V, Spacie A (2003) Dissolved oxygen dynamics of streams draining an urbanized and agricultural catchment. Ecol Model 160:145-161

49. Wigmosta MS, Vail LW, Lettenmaier DP (1994) A distributed hydrology-vegetation model for complex terrain. Water Resour Res 30:1665-1679

50. Wuebbles D, Meehl G, Hayhoe K, Karl TR, Kunkel K, Santer B et al. (2014) CMIP5 climate model analyses: climate extremes in the United States. Bull Am Meteorol Soc 95: 571-583

51. Yan H, Edwards FG (2013) Effects of land use change on hydrologic response at a watershed scale, Arkansas. J Hydrol Eng 18(12):1779-1785

52. Yan H, Sun N, Wigmosta M, Skaggs R, Hou Z, Leung R (2018) Next-generation intensity-duration-frequency curves for hydrologic design in snow-dominated environments. Water Resour Res 54:1093-1108

53. Zhou T, Haddeland I, Nijssen B, Lettenmaier DP (2015) Human induced changes in the global water cycle. AGU Geophysical Monograph Series

54. Zhou T, Nijssen B, Gao H, Lettenmaier DP (2015) The contribution of reservoirs to global land surface water storage variations. J Hydrometeorol 17(1):309-325

136

第七章　气候系统

戈登·M. 海斯勒[1]　安东尼·J. 布拉泽尔[2]

有趣但时而复杂的相互作用过程导致城市化较高地区和城市化较低地区间的气候存在差异。本章旨在提供对城市气候系统以及城乡气候差异的生态意义的理解。这里首先对世界各地不断扩充的城市气候研究科学文献中的常用术语、测量单位和基本方程进行解释。其次，描述控制城市景观能量平衡的物理过程——人为热量输入；被改变的太阳辐射和热辐射；显热（我们感知到的空气温差）的传递；通过水的蒸发和冷凝来传递热量。城市对能量传递和地球边界层低层空气流动的影响导致城市和农村之间的温差，即城市热岛效应，其强度通常可以达到10℃。这一效应是本章的重点。地形影响有时会大于城市土地覆盖对气温的影响，从而改变城市热岛。本章描述城市热岛的类型并提供了实例，进而描述用于识别城市热岛的方法以及林木植被和公园对热岛的影响。接着，简要描述城市结构对风的影响，包括热驱动流。最后，将城市气候与全球气候变化联系起来，探讨将城市化影响与全球气候变化区分开来的一些困难。

---

①　美国纽约州锡拉丘兹市，美国农业部林务局。

②　美国亚利桑那州坦佩市，亚利桑那州立大学地理科学与城市规划学院，邮箱：abrazel@asu.edu。

138 **一、引言**

本章目标是描述城市与其他景观（农田、草地和林地）不同气候条件与过程的差异。城市化改变了构成天气和气候的所有变量——气温、湿度、风、降水、云量以及热辐射和太阳电磁辐射。在这些变量中，最明显也可能研究最多的是与附近农村地区不同的温度。尽管有例外，城市内部气温一般都比农村要高（Landsberg，1981）。

与全球气候变化相比，城市对其内部和附近温度的影响相对容易确定。全球气候变化由于会在很长一段时间内对地球的大部分地区产生影响，因此有点难以检测，更难以测量。很难确定全球气候变化是完全人为导致的，还是存在部分非人为因素。城市影响气候的原因很明显——人类建造的建筑和人类活动——这些从根本上改变了当地的环境（Grimm et al.，2008）。在许多城市，全球环境的变化被当地环境的急剧变化所掩盖（Oke，1997）。在本章中，我们将探讨这些变化，尤其是温度的变化，作为讨论更广泛的城市生态学的背景，它综合了自然科学和社会科学以及本书的其他章节。生态考虑很重要，因为在我们日益城市化的世界中，城市为可持续性挑战同时创造了问题和解决方案（Grimm et al.，2008）。

一般来说，与非城市地区相比，城市温度升高被称为城市热岛（urban heat island，UHI）效应，这种效应在世界各地的城市中都存在并以多种方式促成了全球气候变化。反过来，全球气候变化会增加城市热岛的影响（Mills，2007；Sanchez-Rodriguez et al.，2005）。在能源紧缺的未来，在许多气候条件下，城市温度的重要性将会增加，因为高温会导致更多的空调能源使用。通过打开窗户、减少依赖空调来冷却建筑物，对气候的影响尤其重要，因为少用空调，室外凉爽的时间会增加许多（Mills，2006）。城市热岛效应是评估温室气体（greenhouse gas，GHG）[①]对全球气候变化影响的关键挑战之一，因为城市影响存在于用来

---

① 二氧化碳、甲烷和其他气体从靠近地面的来源输送到高层大气，并起到拦截地球表面长波辐射的作用。

确定长期气候趋势的存档历史天气数据中(Karl and Jones,1989)。

　　本章的目标之一是介绍城市气候的科学文献中常用的一些术语。气象学(大气中的瞬时或短期过程)和气候(大气特征的长期平均值、最大值和最小值)都可以在大范围的空间尺度上进行描述。城市大气过程一般都在微观尺度或局部尺度进行描述,有时在中尺度进行描述。其中,尺度的重叠范围大致如表 7-1 所示。天气预报是在考虑中尺度和宏观尺度(有时称为天气尺度)的情况下完成的。

139

表 7-1　用于描述大气过程的尺度

尺度名称	长度范围(米)	典型面积
微观尺度(microscale)	$10^{-2}\sim10^3$	单户住宅露台到城市街区
局部尺度(local scale)	$10^2\sim5\times10^4$	几个街区,相当于一个小城市的规模
中尺度(mesoscale)	$10^4\sim2\times10^5$	大城市到一个或两个州
宏观尺度(macroscale)	$10^5\sim10^8$	天气图大小的区域,整个大陆

资料来源:Oke,1987。

　　城市气象和气候影响包括对人类健康与舒适度、建筑物空间调节的能源使用、空气污染、用水、植物生长与其他生物活动、冰雪、降水与洪水甚至环境正义等的影响。本章的重点是城市气候影响和影响城市气温的过程。我们特别考虑了那些最有可能被城市设计或管理改变的影响。例如公园用地和其他开放空间的数量与分布,开放空间内的树木与其他植被,城市建成区植被的整体分布,维持植被而使用灌溉,以及"城市白化"(urban whitening),通过反光涂料和反光材料改变路面或屋顶表面的反射率。

　　以下各部分将描述各种景观的基本能量转移过程——辐射、显热和潜热通量①,以及土壤和植被中的能量储存,这类工作带来了描述景观能量收支(energy budget)的符号。考虑到能量收支概念,以下部分将考虑城市对能量收支的影响,城市对大气边界层的影响,以及城市与地形影响(包括水体在内)的相

---

　　① "通量"是单位时间内某种量的转移,例如一定量的能量。能量可以用焦耳(J)来衡量,每秒 1 J,J s^{-1}是 1 W。因此,单位瓦特(W)是通量。通量密度是每单位面积的通量,例如通过 1 m² 面积的瓦数,W m^{-1}。

互作用关系。然后我们提供城市热岛的案例，用于测量城市热岛的方法以及林木植被和公园的影响，同时还简要描述城市结构对风的影响（包括热驱动流）。接下来是有关城市对气象和气候影响的关键问题——人类舒适度和健康、建筑能源使用和降水。最后，将城市气候与全球气候变化联系起来，探讨城市化对全球气候变化的影响。

二、气候系统的物理过程

1. 辐射能量交换

我们所说的"气候"的能量始于太阳。太阳能以电磁辐射[①]的形式到达地球。所有物体都会发出电磁辐射，可以将其界定为具有峰到峰长度的波，其长度取决于物体表面的温度。太阳表面的温度约为 6 000°K[②]，穿过地球大气层的太阳电磁辐射在人类可见波长范围内有一个峰值，约为 400～700 纳米[③]。地球上太阳光谱的总范围是 280～3 000 纳米（或 0.28～3 微米），我们称之为全范围短波或太阳辐射。

在城市中经常遇到温度大约 300°K 的表面，可以发出 4～30 微米的光谱辐射，称之为长波或热辐射。短波（S）的每微米和单位面积的辐射强度约为长波（LW）的 10 000 000 倍。当入射的短波辐射 $S_{\downarrow}$ 击中物体时，它可能被吸收或反射。反射的 $S_{\downarrow}$ 占比称为该表面的反照率（albedo），通常简写为 α。在数学方程中，吸收的短波辐射为：

$$S_{abs} = (1 - \alpha)S_{\downarrow} \tag{7-1}$$

一般来说，颜色越浅，反照率越高。为城市降温而提出的城市白化方法是使用油漆或特殊的屋顶或铺路材料来增加城市的反照率（α），使吸收的短波辐射（S_{abs}）

---

① 电磁辐射在空间中通过电场和磁场中的扰动传递的能量，可将其描述为在连续光谱中具有不同振荡波长的波。

② 在开尔文温度标度中，0°K 是绝对 0 度，等于 −273.15℃。

③ 在气象学和气候学中，太阳电磁辐射的光谱通常以纳米（nm）为单位进行测量，1 nm ＝ 0.000 000 001 m（1×10⁻⁹ m）。热辐射光谱通常以微米（μm）为单位进行测量，1 μm ＝ 0.000 001 m（1×10⁻⁶ m）。

更低,使造成城市升温的短波辐射更少(Akbari et al. ,2001)。

　　表面发射的辐射率取决于表面的温度和材料的特性,即发射率 ε,它是在给定温度下发射的辐射量与黑体[①]辐射量的比值。自然界中大多数材料的 ε 约为0.95。发射长波辐射的控制方程为:

$$LW = \sigma \varepsilon \, T_K^4 \tag{7-2}$$

式中:σ 是一个常数,称为斯特凡—玻尔兹曼常数(Stefan-Boltzmann constant);　141
T_K 是表面开尔文温度。因此,从天空到地面的长波辐射 $LW_{\downarrow}$ 是 $\sigma \varepsilon_{a} T_K^4$,其中 ε_a 是大气发射率。来自地表的长波辐射 $LW_{\uparrow}$ 是 $\sigma \varepsilon_e T_K^4$,其中 ε_e 是地球或地表的发射率。表面的 ε 也决定了它对入射长波辐射的吸收。

　　我们现在有了解释一个城市或任何其他地区气候的重要构件——净辐射Q^*,地球表面吸收的短波和长波辐射总量方程形式为:

$$Q^* = S_{abs} + LW_{\downarrow} - LW_{\uparrow} \tag{7-3}$$

带有上标或下标字母的符号 Q 通常用于表示能量收支方程中的热通量。

　　在多云的夜晚,天空和地面的 T_K 相似,因此 $LW_{\downarrow}$ 和 $LW_{\uparrow}$ 几乎相等。然而,在无云的夜晚,天空的有效 T_K 可能远小于地表的 T_K,从而导致地表快速冷却。

2. 热流

　　热量以两种形式流入和流出空气。当空气吸收或放出热量并且空气温度升高或降低时,热量称为显热(sensible heat),即你可以感觉到的热量。如果液态水在空气中蒸发成蒸气,则需要能量来蒸发水,该能量称为汽化潜热(latent heat of vaporization)。这种热能包含在蒸气中。它被称为“潜热”(潜在但不明显)的原因是,蒸气冷凝并释放潜热,一方面取决于空气冷却到某个温度以下时发生,另一方面还取决于空气中的蒸气总量。冷凝开始的温度(露点温度)越低,空气越干燥。汽化潜热(大约 2.5MJ/kg 蒸发的水)是决定气候的主要因素,因为它使用来自 Q^* 的能量。用于潜热产生的 Q^* 越多,可用于显热产生的 Q^* 就越少。潜热产生有可能消耗大量 Q^*。蒸发 1kg 水所需的能量几乎是将 1kg 液态水从 0℃ 加热到 100℃ 所需的能量的六倍。

---

　　① 黑体是一种概念上不透明且不反射的物体,它完全吸收长波辐射并以相同的比率发射。

当表面温度发生变化时,能量会随着物质表面和内部的温差流入及流出土壤、岩石、植物材料或人造物体(如道路和建筑物),这称为蓄热。对于给定的温差,流速取决于材料的热性能(表 7-2)。密度指每单位体积的质量("物质"数量),尽管密度会影响热特性,但密度不被视为热特性之一。热导率(conductivity,符号 k)是传导热量的能力,当存在垂直于该区域的温度梯度($1°$ K m^{-1},或每米 1 度开尔文),热导率等于每秒(s)流过横截面积(m^2)的热量(单位为焦耳,J)。单位 J s^{-1}(焦耳每秒)相当于 1 瓦特(W),因此表 7-2 中给出的热

142

表 7-2　典型城市界面材料的热性能

材料	密度	特性(Specific)	热量(Heat)	热(Thermal)	
		比热(c)	热容(C)	热导率(k)	热导纳(μ)
	kg m^{-3}×10^3	J kg^{-1} K^{-1}×10^3	J m^{-3} K^{-1}×10^6	W m^{-1} K^{-1}	J m^{-2} K^{-1} s$^{-1/2}$
城市材料					
沥青	2.11	0.92	1.94	0.75	1 205
砖	1.83	0.75	1.37	0.83	1 065
混凝土	2.40	0.88	2.11	1.51	1 785
玻璃	2.48	0.67	1.66	0.74	1 110
钢铁	7.85	0.50	3.93	53.30	14 475
自然材料					
空气 (20℃)	0.001 2	1.01	0.001 2	0.025	5
沙子 (干燥)	1.60	0.80	1.28	0.30	620
土壤 (干燥泥土)	1.60	0.89	1.42	0.25	600
土壤 (湿润泥土)	2.00	1.55	3.10	1.58	2 210
水(20℃)	1.00	4.18	4.18	0.57	1 545
轻木头	0.32	1.42	0.45	0.09	200

注:密度、比热和热容的值按 10 的指数进行缩放,以使它们在表中保持易于处理的大小。例如,对于沥青,密度为 2 110 kg/m^3,每 1°K 温度变化的热容为 1 940 000 J/m^3。

资料来源:Oke,1987。

导率单位是 $W\ m^{-1}\ K^{-1}$。对于给定的吸收热量(J),给定质量的材料中的温度变化(K^{-1})取决于比热(specific heat,符号 c),当考虑加热单位质量(kg)所需的热量时,单位为 $J\ kg^{-1}\ K^{-1}$;当考虑每单位体积所需的热量时,即考虑热容(heat capacity,符号 C)时,单位为 $J\ m^{-3}\ K^{-1}$。

表面的热导纳(thermal admittance,符号 μ)对城市气候尤为重要,它决定了从表面传递到给定热源材料的热量(J)。虽然单位在直觉上难以掌握,但很容易直观感觉到热导纳的影响。例如,每个人都有赤脚走过干燥沙滩时感受热沙的经历。干沙子的热导纳低,从太阳吸收的热量很少被带到沙子的下层,所以沙子表层非常温暖。另一个对热导纳的直观感觉来自于触摸两种材料:一种是钢,另一种是木材。在具有相同温度的建筑物中,比如 20℃ 的室温,由于钢具有高的热导纳 μ(表 7-2),钢会迅速带走你手指(皮肤温度约为 30℃)的热量,因此触觉凉爽。而具有低热导纳的木材从手指传递走很少的热量,所以触摸木材会感觉相对温暖(Oke,1987)。高热导纳材料倾向于在白天储存大量热量并在夜间释放热量——这是使城市地区比农村地区暖和的原因之一。热导纳与热导率和热容成正比。热导纳计算方程为 $(k \times C)^{1/2}$,如表 7-2 的第 4 列和第 5 列。需要注意,在表 7-2 中,除水和湿土壤外,大多数城市材料(木材除外,尽管也可被视为城市材料)比自然材料的热导纳更高。

对城市设计来说,如果表面采用低热导纳材料覆盖,城市夜间冷却会加快。但是,假如不使用低热导纳表面材料,因为天空视野增大(地面上某一点上方可见天空的百分比)冷却得也很快,例如增加建筑物的间距冷却速度会加快。除非热导纳 μ 非常低,否则冷却速度会随着天空视野的增加而增加(Brazel and Crewe,2002)。

3. 能量收支的概念

地球上不同区域的能量收支差异是导致不同区域温度差异的主要原因。地表(例如平坦的裸土)的能量收支可以表示为:

$$Q^* = Q_E + Q_H + Q_G \qquad (7\text{-}4)$$

式中:Q^* 是方程 7-3 中的净辐射;Q_E 为潜热通量(汽化潜热);Q_H 为显热通量;Q_G 为土壤中的蓄热。在大多数场景中,潜热通量 Q_E 源于水体和土壤的蒸发

(evaporation)或植物的蒸腾作用,称为组合过程蒸散作用(evapotranspiration)。

能量收支概念可以应用于其他表面——一片树叶的一侧(Gates,1980),人的皮肤(Brown and Gillespie,1995),或建筑物的墙壁(Oke,1987),也可以为农作物、森林或城市的上表面计算能量收支。但是,尽管树木或建筑物顶部可以被视为一个表面,但实际上这个面包含了树木或建筑物表面之下的空间体积,并且该体积可以被可视化为一个假想的盒子(Oke,1987)。蓄热项,通常指定为ΔQ_S,除了土壤蓄热Q_G之外,还必须包括上述空间体积内树木或建筑物的蓄热(Grimmond and Oke,1995)。这种体积或"盒子"的能量收支的另一个复杂因素是空气可以从侧面进入盒子,这一过程称为平流(advection)。通常需要假设平流相对于Q^*较小,这是因为测量平流很困难。

三、城市能量收支

由于能量收支不同,城市对温度的影响与农村不同。这些能量收支差异,部分是由于农村和城市地区的材料特性差异造成的。不同的材料会导致总蓄热量ΔQ_S的差异,其中包括地上物体的蓄热量和土壤蓄热量Q_G。另一个原因是城市能量收支有额外的成分——人为热源或人为热排放(anthropogenic heat emissions)Q_F——必须作为热量输入添加到净辐射中(Sailor,2011)。根据上述新规则,城市能量收支方程修改为:

$$Q^* + Q_F = Q_E + Q_H + \Delta Q_S \tag{7-5}$$

1. 人为热源

在城市能量收支中,方程7-5中评估不同人为热源Q_F的方法兼具挑战性和乐趣(Sailor,2011)。一些城市的燃烧热是通过分析消费者对燃料(如燃气和电力)的使用情况来估算的,例如,考虑车辆数量、行驶距离和燃料效率(fuel efficiency)。人为排放净辐射总量从0到300%不等,取决于工业化程度。一般来说,工业化程度较高的、高纬度的城市在冬季的人为热源Q_F较高。人为热源Q_F的组成主要包括车辆燃料燃烧产生的热量、建筑物供暖和制冷产生的热量以及工业过程释放的热量。甚至人体的新陈代谢也可以成为热源,尽管它通常小

于总人为热源 Q_F 的 1%,因而可以忽略。空调使用和城市变暖之间存在正反馈。由于城市变暖,空调使用量增加,这也导致显著增加了额外的变暖的热量(Sailor,2011)。

根据宾夕法尼亚州费城的一项中尺度建模研究(见第七章第六节第五点),人为热源 Q_F 在城市能量收支中占有重要地位(Fan and Sailor,2005)。在夏季,人为增加热量范围从夜间约 20 W m^{-2} 到白天约 50 W m^{-2}。相比之下,典型的白天太阳辐射峰值约为 700 W m^{-2}。人为热源 Q_F 对白天气温的影响可以忽略不计,但它在夜间可以升高温度约 0.8℃。在冬季,人为增加热量范围从夜间约 35 W m^{-2} 到白天约 85 W m^{-2}。冬季白天的太阳辐射峰值水平仅为 460 W m^{-2} 左右,远低于夏季。城市温度模拟中的人为热源 Q_F 增加热量使冬季白天的气温升高了 0.5～0.8℃,而在冬季夜晚则升高了 2～3℃。

2. 城市辐射平衡

由于空气污染增加和地表辐射特征的复杂变化,城市地区影响了短波和长波辐射的交换。污染引起的入射短波辐射大气衰减(atmospheric attenuation)(通过散射和吸收减少辐射)已在许多城市环境中进行了分析。城市上空的大气衰减一般比周围农村地区多 2%～10%。通常,到达地球表面的电磁波谱的最短波长(<0.4 微米),即紫外线(ultraviolet)或中波紫外线(UVB)部分,会减少50%或更多(Heisler and Grant,2000)。然而,所有太阳波长(0.15～4.0 微米)的总损耗<10%。城市气溶胶(urban aerosol)特征和浓度极大地改变了散射与吸收过程(Gomes et al.,2008)。

城市化的另一个影响是反照率的变化,城市地区的反照率通常略低于周围景观。较低的反照率部分是因为构成城市马赛克的表面材料较暗,而且还受到垂直墙壁还有类似峡谷的城市形态捕获短波辐射的影响。城市内的反照率变化很大,这取决于植被覆盖、建筑材料、屋顶组成和土地利用特征。城市与其周围环境之间的反照率差异还取决于周围的地形。城市和茂密的森林在反照率上可能略有不同;两者变化范围都在 10%～20%。城市树木让城市更凉爽,因为它们储存的热量很少,并且通过蒸发(而非高反照率)来降温。在冬季,中高纬度的城市的周围有积雪,其反照率可能比周围低得多。因此,虽然城市接收的短波辐射比其周围环境少 2%～10%,但反照率略低(<10%),所以大多数城市吸收的短波辐射与农村的总体差异非常小(Brazel and Quatrocchi,2005)。

长波辐射受城市污染和城市表面变暖的影响。与农村地区相比,较温暖的地表使得城市地表垂直向上释放的热能更大。尤其是在夜间,一些长波辐射被城市气溶胶和较温暖的城市空气层重新辐射回地表。因此,长波辐射传入和传出的增加通常发生在城市地区。尤其是在晴朗平静的夜晚,城市长波辐射传出的增加略大于长波辐射传入的增加。在白天,城市和周围的环境没有什么不同。从城市上空看,农村和城市地区的总体地表辐射率不同,这可能是城市和农村长波辐射差异的原因(Yap,1975)。然而,因为城市结构是三维的和可变的,所以关于城乡的整体辐射率及其对大多数城市地表温度影响的一般描述的可信度不高(Voogt and Oke,1997)。

来自土壤的长波辐射和土壤热容由土壤水分决定,即由最近期的降水决定。也就是说,土壤温度以及间接气温取决于降水量(Heisler et al.,2016;Kaye et al.,2003)。巴尔的摩的一项研究显示,当近期降水量很高时,农村景观的气温更接近城市气温(较小的城市热岛效应)。

146
3. 城市显热通量、潜热通量与蓄热

与农村地区相比,城市地区能量在显热(Q_H)、潜热(Q_E)和蓄热(ΔQ_S 和 Q_G)之间的分配主要取决于城市土地利用的多样性。一般来说,较干燥的城市建筑和道路材料会导致城市地区显热(Q_H)更高、潜热(Q_E)更少以及蓄热(ΔQ_S 和 Q_G)更高,所有这些都增加了城市热岛效应。然而,由于林木植被率可能很大,许多城市确实发生了大量的潜热释放。林木植被率取决于一般气候区,比如,沙漠地区的林木植被率通常较低(参见第八章)。新英格兰各州的全州社区平均林木植被率为 52%～67%。泽西市(Jersey City)和旧金山等一些大城市的林木植被率约为 12%,而亚特兰大的林木植被率约为 37%。特别是在较干燥的气候下,灌溉会增强潜热 Q_E(Brazel et al.,2000;Kalanda et al.,1980)。

在沥青路面上,蓄热(Q_G)和土壤温度的值会发生较大改变。在新泽西州新不伦瑞克(New Brunswick)做过实验,将一组 2.5 米×2.5 米的树木种植箱放在停车场的沥青场地,另一个对照组放在草地中,对二者进行土壤温度比较(Halverson and Heisler,1981)。停车场中的树木种植箱中心,在深度 15 厘米并距沥青边缘 85 厘米处,最高温度超出对照组高达 3℃。但在沥青正下方相同深度处最高温度超出对照组达 10℃。沥青覆盖土壤,不仅增加了 60 厘米深度土壤的最高温度,而且增加了热交换率,因为覆盖沥青的土壤的温度比对照组上升和下降得都更快。在新泽西州,沥青以下的温度范围为 0.5～34.2℃,这完全在树根的承受范围内。相比之下,凤凰城气候温暖,停车场沥青以下的温度在 30 厘米深度达到了 40℃,可能对植物造成伤害(Celestian and Martin,2004)。

4. 能量收支案例

在瑞士巴塞尔(Basel),仲夏时节的 30 多天中,对冠层以上林木的能量通量进行测量(图 7-1),发现城市、郊区和农村地区的每日能量收支存在明显差别。图 7-1 使用通用约定,即朝向表面的净通量为正,远离表面的通量为负。净辐射 Q^* 在夜间为负,这意味着净通量朝向天空,因为 LW↑>LW↓。值得注意的是:①在中午,蓄热变化 ΔQ_S 为负,表示热量从地表进入蓄热,夜间蓄热变化 ΔQ_S 为正值,表示热量从蓄热传向地表;②蓄热量由城市向农村递减;③显热通量 Q_H 始终为负,朝向天空,在白天的城市中最大(负值最大),并从城市到农村逐渐减小,潜热通量(蒸发)Q_E 从城市到农村逐渐增大。在城市化程度更高的土地利用中,净辐射 Q^* 表现为更大的蓄热、更大的显热和更少的潜热,这解释了城市热岛效应。

147

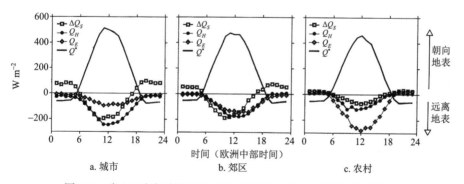

图 7-1　瑞士巴塞尔或附近的城市、郊区和农村 30 天平均能量收支

资料来源:Christen and Vogt,2004。

四、城市边界层

1. 结构与动态

了解城市气候的下一步是考虑城市中地球边界层,即城市边界层(urban boundary layer,UBL)的结构。城市边界层是城市对地球边界层(planetary boundary layer,PBL)的修改,也称为大气边界层(atmospheric boundary layer,ABL)。如图 7-2 所示,地球边界层是大气中受地球表面直接影响的最低部分。地球边界层的深度受表面粗糙度、温度、湿度和流入的污染物的控制的影响,厚度 100～3 000 米。白天,当太阳加热地表时,接触到地表的空气具有浮力,由此产生的紊流导致地球边界层向最大厚度扩张。到了晚上,由于长波辐射导致地表冷却,使气流变得平滑无湍流,地球边界层会收缩到 100 米的厚度(Oke et al.,2017)。值得注意的是,如图 7-2 概念城市所示,从农村到城市有一个清晰的界面,城市边界层的厚度从上风向边缘开始增加,并且在羽流(plume)中顺风向下风向延伸一段距离。

城市边界层根据结构和动力学特征可以分为几层。最近几十年来,城市气候学家一直使用农村森林进行类比,采用城市冠层(urban canopy layer,UCL)来描述城市结构。所谓城市冠层,通常是指位于树木和建筑物顶部下方的空间。在潮湿气候的森林中,大部分辐射能交换以及水蒸气和热量的湍流传输发生的活跃表层,这个表层通常指从树顶向下到树冠和树干交点之间的空间。森林学家认为,森林冠层(forest canopy layer)是指最高的树的顶部和生叶子的树冠底部之间的空间。活跃的城市地区的地表比封闭的自然森林更加多变,城市冠层通常被认为是从树木或建筑的顶部到地面的整个空间。这取决于建筑或树木哪个占据主导地位。

在粗糙亚层内(roughness sublayer,RSL)(图 7-2、图 7-3),树木和建筑物在创造湍流风流和能量交换结构方面占主导地位。在这里,传感器能够显著探测到单个建筑物或树木(粗糙度元素)周围的涡流。粗糙亚层之上是惯性亚层(inertial sublayer),那里单个粗糙度元素的影响已经混合在一起,因此尽管这些元素的摩擦仍然存在,会影响平均风速和大气的湍流结构,但单个元素的影响不再

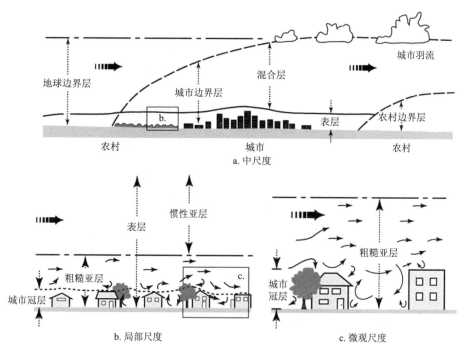

图 7-2　地球边界层内的城市边界层和城市边界层亚层

注：图中展示了表 7-1 中的中尺度、局部尺度和微观尺度。

资料来源：Piringer et al.，2002。

明显。粗糙亚层和惯性亚层共同构成了风速、湍流、温度和湿度波动较大的表层。在表层以上，这些变量变化几乎与高度变化一致。

地球边界层亚层内的浮力和由此产生的混合量极大地影响了垂直气温分布和城市热岛效应按小时的空间状态。浮力和混合是根据大气稳定性来描述的。在晴朗的天空和区域风速较低的日子里，混合强烈。在这样的条件下，地球边界层是不稳定的。在夜间，如果天空晴朗，辐射冷却会降低地表的温度，地表上方的空气趋于缓慢的层流，大气稳定。在阴天或强风的情况下，特别是在两者都存在的情况下，温度随海拔高度变化不大，我们称之为中性稳定条件。如果风速很大，表层空气混合会强，但这是由树木和建筑物周围气流产生的机械性湍流引起的，而不是由热力因素影响所致。

图 7-3 描述了相对均匀的城市冠层内及上方的平均水平风速（$\bar{u}$）。从接近

149

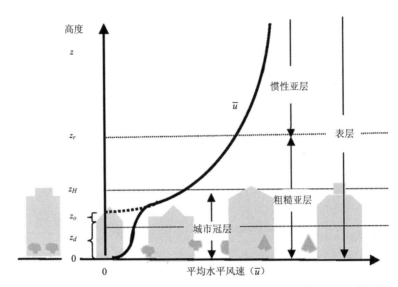

图 7-3　城市地区地球大气边界层内的亚层和广义平均垂直风速（$\bar{u}$）剖面图

注：高度尺度上的度量包括粗糙度元素的平均高度（z_H）、粗糙亚层（z_r 和 RSL）、约为 z_H 的

2/3 的零平面位移（z_d）以及粗糙度长度（z_o），即上述冠层风廓线外推到 0 时 z_d 以上的高度。

资料来源：Oke，2006a。

表层的顶部开始，$\bar{u}$ 随着接近城市冠层的顶部而越来越低。虚线表示风速曲线 $\bar{u}$ 的外推。在城市冠层的顶部附近，高度为 $z_o + z_d$，理论上 $\bar{u}$ 为 0。采用粗糙度长度 z_o 定义表面不规则性。在城市区域，z_o 会很大；而在农村地区，比如低矮的农作物地区，z_o 会很小。$\bar{u}$ 轮廓线的形状受表面热力和机械力产生的湍流涡流中包含的垂直运动的影响。这些力在涡流上向上传递，涡流也混合了大气成分，包括空气污染物，贯穿整个表层。产生湍流涡旋的力越大，混合越强烈。也就是说，在不稳定条件下混合最大，在稳定条件下混合最小。

专栏 7-1　大气稳定指数

　　大气稳定性不仅是评价城市热岛强度的关键，也是评价大气污染物扩散的关键。这种稳定状态的昼夜变化以及云和区域风速的变化，可用机场风、云观测和太阳高度三者计算的指数来描述。这个指数称"特纳级"（Turner Class），1 表示极不稳定（云量很少，接近中午的风速低），4 表示中性（阴天或

至少中等风速或两者兼有)，7 表示非常稳定(晴朗天空，夜间微风)，中间条
件下的值为 2、3、5、6(Heisler et al.，2016；Panofsky and Dutton，1984)。

　　现已证明，特纳级指数是城市热岛强度的有效指标(Heisler et al.，
2016)。假如大气非常稳定，极易促进巨大的城市热岛形成。在马里兰州的
巴尔的摩，城市中心区和城市边缘区之间，白天的温差通常较大，夜间大气稳
定性会更强(特纳 6 级和 7 级，见本章第六节第四点)。

2. 地形对城市气候的影响

　　许多城市位于地形变化较大的地区。由于坡度和暴露程度的不同，地形会
导致不同地方的局部加热或冷却。一般来说，白天太阳升起来的时候，对山坡和
山谷上部的加热，促进了局部山坡上部和上坡气流的升温；而在日落之后，山坡
上部和上坡气流慢慢冷却，也促进了夜间山坡下部和下坡气流的降温。在相对
晴朗平静的天气状态下，这种局部的加热和冷却形成了热驱动的风，这类风在昼
夜期间的大小和方向各不相同，很像海风系统(sea breeze system)。地形产生
的空气运动，可能对温度分布产生很大的影响，即使在东部的小尺度地形特征中
也是如此。在稳定的大气条件下(特别是特纳 7 级，见专栏 7-1)，地面附近相对
较冷，较重的空气在重力作用下从高海拔区向低海拔区移动。在一些城市，这种
空气运动对气温的影响可能超过土地覆盖差异对气温的影响(Brazel et al.，
2005；Comrie，2000；Heisler et al.，2016)。

3. 城市地区大气变量的测量

　　常规的空气温度测量往往不准确。因为辐射可能会造成很大的误差，尤其
是太阳辐射。在用于研究和预测的测量过程中，温度传感器几乎总是被护罩保
护，以保护传感器免受辐射。然而，除非护罩不断用风扇送风，否则在阳光充足
的时候会出现很大误差，有时高达 5℃甚至更高——要知道这些误差，在评估城
市影响时，足以改变评估结论。

　　造成温差困惑(confusion)的原因主要在于气象站相对于地面覆盖物和附近障
碍物的位置。当目标是捕捉局部尺度或更大的气候差异时，温度传感器不应像平
常那样放置在靠近建筑物或靠近不透水的地面覆盖物上(Pielke et al.，2007)。同

151

样地,温差困惑也会由气象站搬迁所致。1999年5月,马里兰州巴尔的摩市的"国家气象局"(National Weather Service)气象站从一座四层楼高的建筑物屋顶搬迁到内港水域附近的草坪上,就造成了明显的温差困惑。当气象站点停止运行时,也会导致有关长期温度趋势的信息不连续,例如马里兰州伍德斯托克合作站点所发生的情况。到20世纪90年代,这个气象站已经运转了一个世纪。

为了了解城市地区气候差异的形成过程,通常从高塔(专栏7-2)观察能量收支通量密度(图7-1)。类似的方法用于测量进出城市地区的二氧化碳通量。人为造成的二氧化碳排放来自交通、工业过程以及建筑物的采暖和空调制冷。这些二氧化碳源头因其对全球气候变化的影响大而备受关注。

专栏7-2　来自高塔的测量数据

来自高塔的城市能量收支通量密度的观测通常使用涡流相关(通常称为涡协方差)法。当大气湍流时,即当风中的涡流向上或向下携带热量和水分时,大气中热量和水分的垂直传递很重要。涡流相关法通过快速响应温度传感器来测量热量的向上或向下传递,这些传感器在大约30分钟的采样周期内测量瞬时温度和垂直风速与其平均值的差异。该系统每秒进行多次测量,计算机处理垂直风和温差之间的相关性,以此确定热通量 Q_H 以及类似地垂直风和湿度之间的潜热通量 Q_E。

为准确起见,这些测量必须在粗糙亚层上方的惯性亚层中进行(图7-2、图7-3),以使得测量不受流经单个表面元素的影响。这通常要求传感器放置于最高建筑物或放置于树木高度的两倍,当然这不包括对"摩天大楼"建筑物(skyscrape buildings)的测量。此外,由于运营塔式设施需要付出相当大的努力和成本,因此很少重复城市中特定土地使用地区的测量结果。城市通量塔采样的区域通常半径可达2千米左右,即局部尺度(表7-1)。

研究人员还通过涡流相关法从塔上测量二氧化碳。例如,马里兰州巴尔的摩市郊区的测量表明,虽然该地区每年都是二氧化碳的净来源,但郊区的大量城市森林植被在夏季白天从大气中吸收了二氧化碳(Crawford et al.,2011)。在一个没有植被的城市,排出多少二氧化碳就会是多少二氧化碳。

五、城市热岛类型

由于不同类型城市热岛的大小、时间差异很大，它们与城市建设和植被结构的关系差异也很大，因此，区分不同城市热岛类型非常重要（表 7-3）。

表 7-3　城市热岛类型简化分类方案

城市热岛类型	位　　置
空气温度城市热岛	
城市冠层热岛	在屋面或树冠下
城市边界层热岛	在屋面高度以上，随着城市顺风方向延伸的羽流
表面温度城市热岛	根据所用的表面定义的不同热岛（如鸟瞰图 2D vs. 真实 3D 表面 vs. 地面）
地下城市热岛	在地表下

资料来源：Oke，2006b。

1. 城市冠层热岛

在城市热岛研究中，通常在距离地面 1.5～3 米的人的高度或建筑物的较低楼层测量冠层空气温度。如果该温度高于附近农村地区相同高度的温度，则称为城市冠层热岛（urban canopy layer heat island）（Oke，1976，1995）。本章重点介绍城市冠层热岛。

2. 城市边界层热岛

城市上空大气边界层形成的热岛称为城市边界层热岛（urban boundary layer heat island）（Oke，1995；Oke et al.，2017）。正如第七章第四节第一点所述，在晴朗的天气，城市边界层的厚度和湍流变化很大，因此城市边界层中的城市热岛也会发生变化。在夜间，如果天空没有浓厚的乌云，城市边界层只是一个较浅的层。在晴天，混合层垂直扩展，使城市边界层厚度增加到 1 千米甚至更多（Stull，2000）。城市边界层热岛研究最常采用中尺度的计算机模拟方法。常见的模拟结果是城市顺风方向延伸的羽流（Krayenhoff et al.，2003）。

与图 7-1 中的能量收支测量有关，城乡空气温度差异（图 7-4）的比较明确了城市冠层热岛和城市边界层热岛之间的差异。该图显示盛夏 30 天内街道水平

153 (距离地面 2.5 米位置)的逐时城乡温差,它还显示了屋顶水平(10 米高的建筑物屋顶以上 5 米)的温度与农村地面温度之间的差异。城乡空气温差(ΔT_{U-R})的两条曲线在夜间都有较大的值,说明存在城市热岛效应。然而,街道水平的城乡空气温差城市热岛更大,并且在所有时间内都保持为正。在屋顶水平上,城乡空气温差在中午为负,因为在这个时段的垂直混合将相对凉爽的空气从城市边界层的较高部分向下输送到屋顶水平以上。在所有小时内,湿度差异(图 7-4 中的 $\Delta \alpha_{U-R}$)为负值,这表明农村地区的湿度更大。这是因为,与植被和裸露土壤有限的城市地区相比,农村农业地区的蒸发量更大。

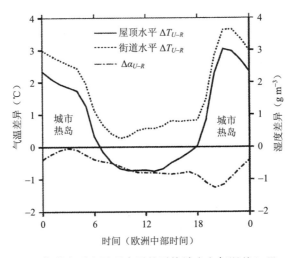

图 7-4 街道水平和屋顶水平的平均城乡空气温差(ΔT_{U-R})

以及在城市和农村冠层上方测量能量收支地点(图 7-1)的城乡绝对湿度差异($\Delta \alpha_{U-R}$)

资料来源:Christen and Vogt,2004。

3. 表面城市热岛

综上可见,城市热岛也可以用建筑物、树木、街道、草坪等上表面的温度来描述,这有时被称为城市"皮肤"温度(urban "skin" temperature)。这种类型的热岛不应与某些气候学报告中使用的"地表温度"(surface temperature)相混淆,后者是指地面附近的空气温度,通常是 1.5 米高度的气温。1.5 米的高度基本上是在地球表面,而大气探测(通过大气气球测量)测量温度的海拔高度可能达到地球上空 30 千米。在白天,无生命固体物质的表面温度("皮肤"温度)可能比空气温度高得多(Hartz et al. ,2006)。整个城市表面的温度通常由卫星测量(Gallo et al. ,1993)。晴空下,上表面热岛在夜间较小,而在白天较大,与城市冠层热岛正好相反(Voogt and Oke,2003)。

从飞机或卫星远程获取的与农村皮肤温度相比的城市热图像通常用作说明城市热岛的生动写照,目的是说明城市林木的好处(例如 Moll and Berish,1996)。树木和森林的温度通常比空气温度高不了多少,它们以绿色显示,建筑屋顶和不透水的沥青表面温度通常高得多,这些表面的暗红色与绿色形成鲜明对比。对图像这样进行描述的好处是显示大区域空间连续体的温度。当然,这张图像上的温度可能是不准确的。因为,一方面,需要校正大气热辐射吸收的问题;另一方面,因为几乎不直接位于飞机或卫星下方表面造成的表观温度误差。此外,大部分城市的平均发射率 ε 很难估计。

4. 地下城市热岛

尽管与气温或皮肤表面热岛相比,地下或土壤城市热岛(subsurface or soil urban heat island)在研究中受到的关注较少,但土壤温度对生态系统来说是非常重要的。土壤温度控制着生态系统过程,如细的植物根系和土壤微生物呼吸释放二氧化碳、养分循环、氮的有效性以及影响土壤水分的蒸发。这些多重影响将间接影响植物生长,温度对植物生长和土壤中碳的储存也有直接影响(Shaver et al. ,2000)。土壤温度还会影响雨水径流的温度,特别是来自不透水表面的径流,甚至会影响河流的水温(见第六章)(Pouyat et al. ,2007)。

与城市冠层热岛和城市边界层热岛相比,地表覆盖或阴影这种非常小尺度的影响对近地表土壤温度的影响可能更大。大多数关于城市土壤温度的研究,集中在沥青覆盖对邻近土壤或沥青下土壤温度的影响上(Celestian and Martin,2004;Halverson and Heisler,1981)。然而,马里兰州巴尔的摩市的一项研究,分析了草坪和森林覆盖下 10 厘米深度的平均日土壤温度。年平均城市土壤温度普遍高于农村地区(15.0℃ vs. 13.5℃)。由于森林覆盖的调节作用,城市森林[①]和农村森林的温度差异都小于各自草坪下的温度差异,城市森林地区的年

_____

① 这里的"城市森林"指的是成群的紧密排列的树木,例如城市内公园树木繁茂的部分。

154

平均温度为 12.6℃,而农村森林地区的年平均温度为 12.2℃(Savva et al.,2010)。

六、城市热岛案例

本节介绍城市热岛研究案例。有些是从已有研究中挑选出来,有些是为了研究方法系列化所选,其中大部分案例是关于城市冠层热岛研究。介绍按照研究方法进行叙述,便于获得必要的结论。

1. 短期温度测量:固定位置

第一个案例是马里兰州巴尔的摩(Heisler et al.,2006)近郊有关土地覆盖和土地利用对温差影响的测量(图 7-5)。在巴尔的摩郊区布设六个点测量温度,它们是:一处大型公寓大楼附近的草地(公寓,图 7-5a,图 7-5c),一处树木茂密但建筑物很少的住宅区(树下住宅)、一处有一些树木但以大型草坪为主的住宅区(开放住宅区)、一处林地(树林)、一处大型开放牧场(农村开放区)以及巴尔的摩/华盛顿国际机场(机场)。城市参考点选在巴尔的摩市中心(图 7-5a 中的 R);所有的郊区用地都离一些已开发的土地不远(图 7-5b)。测量从 5 月开始,到 9 月结束,用市中心观测点平均每小时温度减去其他各点的实测小时平均温度,获得各点的温差为 ΔT。因为市中心点的温度最高,所以一天中各点所有时段都是正值。通过测量所有点温度数据,可见全天各点的温差遵循潮湿温带气候的常见城市热岛模式——中午,城区最温暖;日落后,农村降温更快。这样的过程,在数小时内形成了巨大的城市热岛。尤其在郊区,起初温度较冷,日出后温度快速上升,很快达到温度上升较慢的城区的温度。在林地测量点,白天和晚上都是最凉爽的。在树下住宅测量点,白天也一样凉爽,但昼夜间的降温幅度不及其他郊区测量点来得快,原因可能是冷空气从该住宅区流向附近的山谷所致(图 7-5a、图 7-5c)。

2. 移动采样

早在 20 世纪 20 年代,移动温度传感器就被用于研究城市间的温度差异测量,是获取城市热岛模式最常用的方法(Hart and Sailor,2009;Hedquist and

155

156

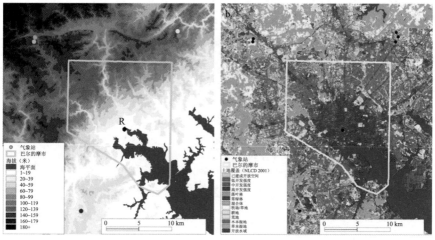

a. 巴尔的摩市及周边的海拔高度 b. 巴尔的摩市及周边的土地利用

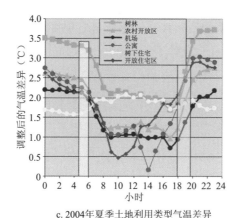

c. 2004年夏季土地利用类型气温差异

图 7-5 马里兰州巴尔的摩市及其周边土地覆盖和土地利用对温差的影响

注:图 7-5a 中 1.5 米高的测温站点的位置用图 7-5c 中的平均温差颜色进行标记;图 7-5b 中开发强度最高的地区是深红色,郊区住宅大多是粉红色,已建成的开放空间如公园是浅粉色,农业是黄色和棕色,森林是绿色;图 7-5c 中根据 5~9 月不同土地利用类别的气温差异(城市参考 R 减去其他地点)按小时计算平均值。根据海拔差异调整温度。日出和日落的时间范围,用阴影黄色和蓝色表示。

Brazel,2006;Stabler et al.,2005;Sun et al.,2009)。采用移动温度传感器方法,尽管通常采样的天数和时间有限,但它可以跨越城乡进行梯度取样。通常的做法是,移动温度传感器与采样路径上固定站点的观测值相结合,有时甚至还与其他遥感信息相结合,共同来测量城市热岛模式(Murphy et al.,2011)。在亚利桑那州凤凰城,利用汽车进行带状采样,结果显示:在晴朗的清晨(从早上5点开始),植被覆盖率最低的工业区温度最高,商业区温度仅比工业区低1℃,居住区和绿地温度要比工业区低3℃,灌溉农业区温度比工业区低6℃。而在夏季,从下午3点开始,所有各类土地利用区的平均温差都在2℃以内,即使表现为工业区温度最高,农业区温度最低(Martin et al.,2000)。

凤凰城冬季的温度测量数据显示温差较小,上午2℃,下午只有1℃。其他城市的测量,同样也显示冬季的城市热岛较小。但也有一些城市温度测量的数据显示:冬季城市热岛大于夏季城市热岛,尽管这种冬夏城市热岛的差异不大,但需要仔细分析和评估究竟哪个季节城市热岛效应最强烈。冬夏城市热岛出现差异,很大程度上取决于冬夏的温度和太阳辐射的气候因素,气温和太阳辐射强度决定了建筑采暖和空调制冷所需的能源总量。

157　　　　在波多黎各,也是采用汽车移动传感器进行温度测量,结果显示,圣胡安城市热岛已经从城市中心向东延伸了大约25千米(Murphy et al.,2011)。这个案例的采样,是沿着一条贯穿近期有相当大开发活动地区的主干公路进行的,因此得出了这样的结果。

3. 长期记录的分析

长期温度记录也能显示城市化对城市热岛的影响,特别是在从发展之初就有温度记录的城市更有说服力。例如,马里兰州的哥伦比亚就是一个案例。在1968年开发之初,就在一个小型居住区观察到1℃的热岛效应,在另一个大型停车场发现了3℃的热岛效应。六年后,当城市人口达到20 000人时,城市热岛温差最高达到7℃(Landsberg,1981)。

通过20世纪马里兰州巴尔的摩和亚利桑那州凤凰城历史数据的分析(GHCN,见专栏7-3),也发现了这个城市的热岛变化趋势(Brazel et al.,2000)。可用的气象数据最早是从1908年开始的,其中一些气象站的数据一直持续到1997年。对巴尔的摩地区来说,主要采用7月平均日最高和最低气温数据进行分析。对凤凰城来说,分析的数据采自5月。从日最高气温时的城乡温度差异($\Delta T \max_{U-R}$)时间序列看,潮湿且林木覆盖的巴尔的摩与干旱沙漠中的凤凰城之间存在差异。在巴尔的摩,城市最高气温通常比农村更高,而在凤凰城,城市最高气温往往比农村低(图 7-6a、图 7-6b)。也就是说，凤凰城白天的日最高温城乡温差值通常为负值，形成了一个城市冷岛(cool island)。为什么会形成这个现象？存在两个原因：一是城区大量植被是灌溉形成；二是作为参考的农村地区的沙漠气象站气温升降快(Georgescu et al.，2011)。比较巴尔的摩和凤凰城，它们的日最高温城乡温差仅存在轻微的长期变化趋势。据此，不难看出，在评估一个城市的整体城市热岛时，需要包括夜间观察的数据。

专栏 7-3　历史气候数据(GHCN)

　　长期气象数据来源之一是美国国家海洋和大气管理局(National Oceanic and Atmospheric Administration，NOAA)的国家环境信息中心(National Centers for Environmental Information，NCEI)维护的全球历史气候网络(Global Historical Climate Network，GHCN)。全球历史气候网络数据库可供公众在线访问(搜索 GHCN)。这些数据库包括来自地球各地地面站的高质量的日均和月均数据。还有一些气象站点提供更多变量数据，例如温度、日总降水量、降雪和积雪深度。然而，大约 2/3 的气象站只有降水量数据。数据可获得的长度因站点而异，但有些数据记录超过 175 年。

　　从日最低气温数据看，城乡温差($\Delta T\min_{U-R}$)有明确的长期趋势(图 7-6c、图 7-6d)。日最低温城乡温差的值也反映了两个城市的人口变化趋势。在巴尔的摩，日最低温城乡温差在 1970 年达到 4.5℃峰值，之后略有下降；同期的人口变化，也是城区人口下降，郊区人口增加。1908 年，凤凰城的人口只有几千人，日最低温城乡温差仅为 2.5℃；到 1995 年，人口差不多达到了 70 万，日最低温城乡温差也大幅上升到 6.5℃。正如大多数城市的情况一样，城市热岛最初不明显，在发展几年后，随着人口的增长而迅速增长。然后，随着城市规模的扩大，转变为以较慢的速度增长。在 20 世纪，凤凰城萨卡顿的农村对照站点的日最低温城乡温差几乎没有变化。

　　因此，正如在其他许多城市发现的那样，巴尔的摩和凤凰城的城市热岛主要表现在夜间温度的上升，而不是在一天中最热时段再大幅升温。这些城市长期变暖趋势显示，一方面，随着人口增长，城市热岛效应增加；另一方面，全球气候

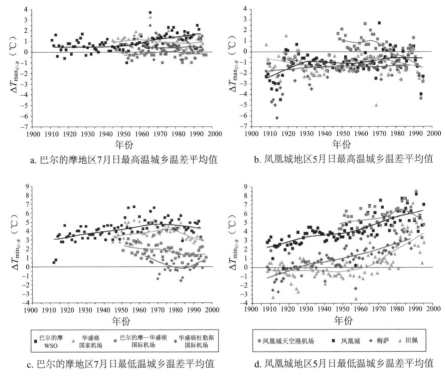

a. 巴尔的摩地区7月日最高温城乡温差平均值   b. 凤凰城地区5月日最高温城乡温差平均值

巴尔的摩 WSO	华盛顿 国家机场	巴尔的摩—华盛顿 国际机场	华盛顿杜勒斯 国际机场

凤凰城天空港机场	凤凰城	梅萨	坦佩

c. 巴尔的摩地区7月日最低温城乡温差平均值   d. 凤凰城地区5月日最低温城乡温差平均值

图 7-6   巴尔的摩和凤凰城地区日最高温与最低温时城乡温差的长期月平均值

注:对应的农村地点位于巴尔的摩以西约 24 千米马里兰

州伍德斯托克市以及凤凰城以南的亚利桑那州萨卡顿市。

资料来源:Brazel et al.，2000。

变化也让它们越来越暖化(见第七章第十节)。

城市热岛的研究,与夜间日最低温城乡温差相似,另一个相关的指标是城市最大热岛强度[$\Delta T_{U-R\,(max)}$]。正如在巴尔的摩和凤凰城的日最低温城乡温差一样,平均城市最大热岛强度同样也随着人口的变化而变化(Oke,1973)。由于城市结构不同,美国城市的最大热岛强度通常大于人口相当的欧洲城市。热带和亚热带城市的最大热岛强度通常小于高纬度(暖温带、温带)的城市(Roth,2007),而且热带和亚热带城市,气候潮湿的城市的最大热岛强度往往要低于气候干燥的城市。

4. 实证建模

为了评估城市覆盖(urban cover)对城市冠层空气温度的影响,特别是城市林木对气温的影响,马里兰州巴尔的摩市有一项研究,采用高分辨率(10 米)遥感图像获取林木、不透水表面和每小时气温数据,进行回归分析,建立以预测巴尔的摩市中心的参考站点(由图 7-5a 中的 R 表示)与城市周围六个不同的土地利用类型的气象站之间的温差(ΔT)(Heisler et al.,2016)关系模型。其中 ΔT 的一个预测因子是不同站点逆风方向上土地覆盖的差异。研究表明,城市的土地覆盖对城市气温有影响,但土地覆盖与其他温差预测因子之间,尤其大气稳定性和地形,存在强相互作用。在稳定的大气条件下(特纳级稳定指数,见专栏 7-1,城市热岛强度的有效指标),逆风 5 千米范围内,不同的土地覆盖(land cover)类型与温差存在显著相关关系。

回归方程与最新的 GIS 工具的结合(Ellis,2009)使得绘制巴尔的摩及其周边的中尺度区域的温差(图 7-7)成为可能。GIS 方法可以通过输入或绘制不同的林木或不透水表面覆盖情景来测试土地覆盖变化对温度的影响。图 7-7a 是一个局部多云的夏日午后,风速很低,大气条件(特纳稳定性 2 级,见专栏 7-1)为中等不稳定,测得最低温度比最高温度低 4.1℃。但是,剥离温差预测方程中的海拔因素(图 7-7b)后,在图 7-7a 中可以看到独立的土地覆盖对温度的影响,其温差约为 1.6℃。在图 7-7c 中,夜间天空晴朗,风速小(特纳稳定性 7 级,非常稳定),城市热岛效应接近最大值。大型城市公园(帕特森公园)气温比密集居住区的温度低 2℃左右。如此可见,海拔高度和土地利用模式在图 7-7c 中预测的温差模式中具有明显的作用。

5. 中尺度气象模型

中尺度气象模型被用于对横向数千千米、纵向包括整个低空大气的三维大气空间进行大气条件数值模拟(numerical simulations)。该模型被广泛应用于各种科学研究,如天气预报、水文建模、空气化学、大气扩散、区域性气候和城市气候评估。该模型模拟气象条件,如风、温度和垂直混合。可用于预测地面附近(2 米高)的气温,地面以上 10 米的风速和风向(风测量的国际标准高度),以及包括臭氧和细颗粒物浓度($PM_{2.5}$)等空气质量。

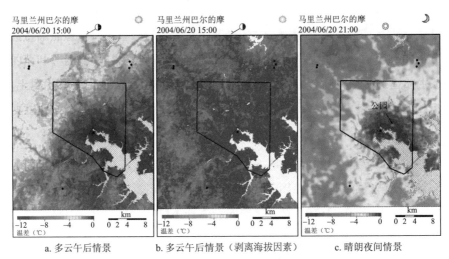

a. 多云午后情景　　　　b. 多云午后情景（剥离海拔因素）　　　c. 晴朗夜间情景

图 7-7　巴尔的摩（黑线）和周边地区 1.5 米高处的空气温差模拟

注:图中黑点表示气象站。图 7-7a 适用于当地标准时间下午 3 点的局部多云夏日,风速低(<
2.6m/s=5kt),特纳稳定性 2 级。蓝色交叉阴影线表示水。纯色表示相对于地图上最高温度
(深红色)的温差 ΔT。最冷点(浅黄色)温差为 4.1℃。图 7-7b 从 ΔT 方程中剥离海拔因子,与
7-7a 一样,说明了土地覆盖的影响;土地覆盖导致的 ΔT 约为 1.6℃。图 7-7c 是在夜间晴朗的
天空和低风速下,特纳稳定性 7 级,城市热岛效应接近最大。大型城市公园(帕特森公园)比
周围密集的住宅区温度低约 2℃。巴尔的摩地区的高程见图 7-5a,土地利用见图 7-5b。

　　中尺度气象模型的开发已有 30 多年。随着计算机能力的发展,该模型能够
求解大量原始(基于第一原理)的描述质量、热量守恒和运动的方程(Pielke,
2002)。目前,中尺度气象模型最常使用天气研究和预报模型(Weather
Research and Forecasting,WRF),这是一种为天气预报和大气研究提供服务的
数值天气预报系统。中尺度气象模型,将地表与大气耦合,需要地面覆盖条件的
输入。该模型可用于不同水平尺度,在城市尺度进行模拟时,通常约为 2 千米网
格间距,这已经小于天气尺度网格,但仍然显得很大,在某些情况下需要使用
0.5 千米网格间距(Grossman-Clarke et al.,2010)。

　　一项分辨率 0.5 千米的中尺度研究评估了巴尔的摩至华盛顿都市区下午的
城市热岛(Zhang et al.,2011)。总体上,使用中尺度气象模型得到的巴尔的摩
地区的城市热岛模式与第七章第六节第四点中介绍的实证方法得到的城市热岛

模式相似。两种方法得出的城市热岛温差也相似,都是 4～5℃。10 米分辨率的
实验数据为城市热岛模式提供了更多的细节,这些细节将有助于通过规划手段
缓解城市热岛(如植树)(Heisler et al.,2016)。中尺度地图不仅覆盖巴尔的摩
及其周边,还覆盖了从巴尔的摩到华盛顿的整个地区。这项研究得出一个结论:
来自华盛顿的地球边界层羽流可能使巴尔的摩城市冠层的城市热岛温差增加了
1.25℃(Zhang et al.,2011)。

七、城市风

建筑物和树木对风流的改变,以及与气温、辐射平衡和蓄热条件强烈相互作
用,从而影响城市气候、人类舒适度和健康以及建筑物的能源使用。尽管本章重
点讨论城市结构对气温的影响,但必须强调树木与建筑物对风速及湍流的环境
影响往往大于对气温的影响。

1. 树木与建筑物对风的影响

在宾夕法尼亚州进行了一项建筑密度相对较低的住宅区研究,测量四个独立
家庭独立住宅社区在 2 米高度的风速,这些住宅区因其相似的住房存量和不同的
林木植被率而被选中(Heisler,1990)。其中,落叶树植被率区间为 0～77%,社区
内的建筑足迹(building footprints)区间为 6%～12%。这项研究的目的是确定单
个房屋的有效风力。但当在建筑物的逆风处测量风速时,建筑物本身会降低风速,
所以,增加了对表观风速(apparent wind speed)[①]的调整。就整个社区而言,房屋的
影响使风速减少 21%～24%,夏季树木使风速减少 28%～46%,冬季树木使风速
减少 14%～41%(图 7-8)。可见,随着冬季落叶,树木密度低的社区减少了 50% 的
风,但林木植被率较高的社区仅减少 5%～11% 的风。

在宾夕法尼亚州的案例分析中,夏季的平均风速降低百分比(U_r)与树冠和
建筑足迹覆盖的总和($C_{b,t}$)近似相关:

$$U_r = 100\, C_{b,t} / (24 + 1.1\, C_{b,t}) \tag{7-6}$$

---

① 表观风即相对风、感觉风。——译者注

162

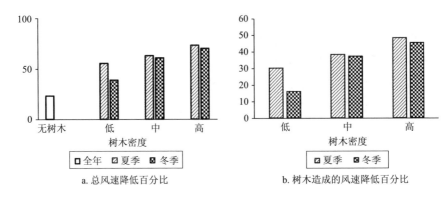

a. 总风速降低百分比　　　　　　　b. 树木造成的风速降低百分比

图 7-8　树木密度不同的四个街区的总平均风速降低和树木造成的显著风速降低

资料来源:Heisler,1990。

当树木和建筑物的覆盖率相对较低时,其密度的小幅增加对降低风速有很大的影响(图 7-9)。

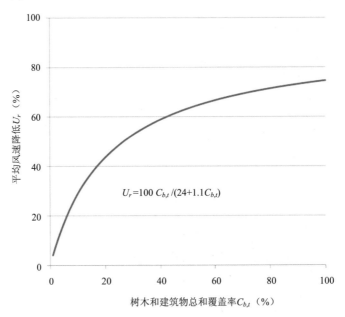

$$U_r=100\,C_{b,t}\,/(24+1.1C_{b,t})$$

图 7-9　宾夕法尼亚州中部独立住宅社区的树木和建筑物的

覆盖率对夏季平均风速降低的影响

资料来源:Heisler,1990。

　　城市中的高层建筑,尤其是在一些摩天大楼类型的建筑物比其他建筑物高出很多的地方,会在地面产生复杂的空气流动。在高楼墙壁上垂直和高海拔的风可能会沿建筑物的表面下行,然后在建筑物的拐角处加速。在行人高度附近,风速可能会增加到在没有建筑物的区域的通常风速的 2～3 倍(Penwarden and Wise,1975)。在高层建筑的下风侧,往往有一个风速降低的区域,但方向可能与未受干扰的气流方向相反。

163

　　在俄亥俄州代顿市(Dayton)的一个地区,高层建筑分散,风速随着最近的逆风建筑物的高度增加而增加,随着离建筑物的距离增加而减小,这显然是建筑物拐角处风加速的影响(Grant et al.,1985)。在代顿进行的测量是在区域热稳定性从中性到中度不稳定的情况下进行的。相对风速(城市风/机场风)随着稳定性的降低而增加。不稳定的条件会增加风流中的湍流。随着稳定性的降低,障碍物降低平均风速的效果减弱,与在许多行道树、防风林研究中观察到的效果相似。这些研究表明,随着接近防风林的风的湍流增加,降风效果会减弱(Heisler and DeWalle,1988)。即使在代顿中央商务区,行道树也显著降低了风速(Heisler,1987)。

2. 城市热岛驱动的气流

　　当区域风速很低时,由于城市热岛效应,将产生从当地农村到城市的风况(local country-to-city wind regime)(Oke,1987)。城市中温暖、不稳定的空气上升,形成一个低压区,导致空气从农村移动到市中心汇聚并上升。当区域风速异常低时,城市热风可能会超过农村的风速(Lee,1979)。

　　城市热岛效应还可能影响更多区域性地形引起的热风系统。亚利桑那州凤凰城的中心位于一个相对平坦的地区,有一个长长的渐变斜坡,向东北部的山脉倾斜。中尺度模型显示,在下午,区域风倾向于吹上坡并吹上较小的山谷,吹向山脉。到了晚上,凉爽的空气往往会从下坡流向城市。建模结果表明:①1973～2005 年,随着城市的快速发展,城区局地风越来越慢;②在白天,城区减缓了从城市向北和向东流动的上坡风(Grossman-Clarke et al.,2010)。因此,城市不仅影响整体风速,而且还对盛行的地形热驱动风系统施加不同的影响。

3. 城市海风

　　位于大湖沿岸和海洋附近的城市,还有另一种昼夜风系统(diurnal wind

system),我们称之为海风(sea breeze)或夜间陆风(land breeze at night)。这种现象再次受到陆地和水不同加热的驱动,结果是:白天,向岸流动(较冷的空气离开水流向升温的陆地);夜间,离岸流动。在城市气候中,有无数的例子表明这些微风对人类舒适度(尤其是热带城市)、空气质量和城市热岛效应都具有重要性。通常海风将较冷的空气从水中带到海滨城市。东京市的大规模城市热岛效应就是这种情况,观测显示,可能会缓和约 2℃,冷却气团至少延伸至城市内部 10 千米的地方(Ashie and Konob,2011;Oda and Kanda,2009)。

　　以香港为例,它是一座位于丘陵地形上的大型热带城市,三边环绕着不规则的海岸线,行人高度的空气流动是改善该城市发展的大型城市热岛的关键因素。上坡或下坡风和海风的复杂地形在某些天气风条件下结合在一起,并没有创造会降低城市热岛的空气流通条件,而是造成空气停滞,提高了高空空气污染水平(Liu and Chan,2002;Lo et al. ,2007)。此外,由于香港东、西、南三面有水,在北方轻微天气风的作用下,来自其他三个方向的海风会聚,造成空气停滞。香港密集的整体建筑景观,也加剧了通风不足的问题。在某些情况下,大型街区完全被一座只有几层楼高的建筑所覆盖,高耸的摩天大楼矗立在上面形成一组"裙楼"(podium),大大减少了行人高度处的空气流动。到目前为止,已经付出了很多努力,提出很多想法,试图通过对未来城市的设计来改变这种状况(Ng and Cheng,2006)。

八、城市对降水的影响

　　关于城市地区显著影响降水的课题已有大量研究(Shepherd,2005)。城市有多种方式影响降水:城市热岛效应增加对流①导致降水,高浓度污染物形成云凝结核(cloud condensation nuclei,CCN)降水,以及城市增加的粗糙度和向上迫使空气流过高大建筑物区域形成降水(Landsberg,1981),其他可能还有城市周围的风暴系统的分流以及干旱气候中的灌溉城市地区作为对流发展所需的水分来源(Shepherd,2005)。例如,由于灌溉,凤凰城白天出现了小热岛或负热岛现

---

① 这种对流由垂直上升的空气组成,空气被加热并因此在城市地区上升。

象,城市核心区外的对流可能比城市核心区内的对流大,这种城市对流对降水产生影响。然而,根据凤凰城地区长期降水趋势的研究表明,从市中心到顺风方向区域的降雨量增加 12%～14%(Shepherd,2006)。

"METROMEX"是一个大型多年研究项目,主要目标是调查圣路易斯对降水的影响(Braham,1977)。四年的研究表明,圣路易斯增加了城市工业综合体下风向的夏季降雨量(Huff,1977),增幅高达 45%(Landsberg,1981)。增加的原因似乎是由于城市热岛和污染凝结核使自然风暴系统加剧。由垂直对流过程引起的闪电,在圣路易斯市中心的下风向也显著增加(Shepherd et al.,2010)。

城市对降水影响的不确定性仍然存在的一个原因是风暴总量从点到点的相当大的自然空间变化。同样有问题的是用雨量计准确测量降水量的难度。导致误差的主要类型有:①由于仪表的放置,使降水从仪表的开口处被遮挡而引起的误差;②风将雨水,特别是雪,从开口处刮走;③量具内测量系统的误差。现在最常用的雨量计是翻斗式的,它有两个小箱或"水桶",它们交替收集雨水直到装满,然后倾斜,倾倒它们的雨量并进行电接触以提供计数。准确的降水测量,对于世界上许多城市的水资源管理非常重要,研究人员付出了相当大的努力来推导出校准和纠正雨量计误差的方法(Molini et al.,2005)。

九、公园的影响

城市地区的公园,不仅具有休闲功能,还创造了小气候条件,特别是为气候温暖的大城市提供了为公众降温的生态系统服务。尽管大家普遍认为公园是一个降温区(Upmanis et al.,1998),但实际上,公园对城市温度影响的幅度甚至方向(+或−相对于其周围环境),取决于许多因素,如公园的形状、规模、内部组成(树木、草、水、不透水表面和植被密度)以及公园周围的土地覆盖类型。表 7-4 给出了一些已检测到的夜间公园降温影响、公园大小以及降温效应在公园外"延伸"(extension)距离的一组数据。公园降温效应似乎没有明确的模式。通常,人们假设公园越大,其对周边地区的影响也会越大,但实际情况并非总是如此,因为公园周边地区的组成和粗糙度也在一定程度上决定了这种影响。另一个微妙的影响是夜间树冠的影响。林木植被率高的公园可能比草地面积大的公园更暖和,因为与林木植被区域相比,草地可能会有更多长波辐射向外辐射到寒冷的夜空中(Herrington et al.,1972)。图 7-7c 是巴尔的摩的一个大型城市公园案例,该公园的经验模型预测晚上 9:00 比周围地区凉爽约 2℃。巴尔的摩还有其他七个大型公园很容易识别出对温度的影响。在晴朗且风速较低的夜晚,公园在晚上 9:00 平均比城市中最温暖的地方低 1.7~5.9℃(EPA,2008)。

表 7-4　不同纬度和气候下公园与周边城区最大温差(Max. ΔT_{u-p}℃)以及降温(效应)延伸距离

城市	纬度(°N)	气候	公园规模(公顷)	公园与周边城区最大温差(℃)	延伸距离(米)
华盛顿特区(Washington, DC)	40	潮湿的亚热带	—	3~5	
墨西哥城(Mexico City)	20	短草草原	525	6	2 000
慕尼黑(München)	48	潮湿的大陆	130	3.5	
			2.5	2	
蒙特利尔(Montreal)	45	潮湿的大陆	38	2	400
熊本市(Kumamoto city)	33	潮湿的大陆	2.25	4	20
			0.24	3	15
吉隆坡(Kuala Lumpur)	3	热带雨林	153	4.1	
			46	3.1	
			19	1.9	
			1.6	1.5	
哥德堡(Goteborg)	57	海洋西海岸	156	6	1 500
图森(Tucson)	32	炎热干燥的沙漠	171	6.8	

资料来源:Upmanis et al.,1998。

十、与全球气候变化的关系

即使中等规模的城市,城市热岛效应有时也远大于政府间气候变化专门委员会(Intergovernmental Panel on Climate Change, IPCC)估计的人类活动造成的全球平均温度比工业化前水平升高约 1.0℃ 的影响(IPCC,2018)。尤其在风速低的晴朗夜晚更是如此。全球变暖(global warming)是由平流层中温室气体的积累引起的,这种现象与导致城市热岛的过程完全不同。然而,全球变暖和城市热岛效应是相互关联的,因为大部分温室气体是在城市地区产生的,城市热岛效应会对城市温室气体排放产生积极或消极的影响(Mills,2007)。城市热岛对温室气体的积极贡献来自夏季空调能耗的增加,负面影响可能来自冬季建筑供暖能源使用量的减少,尽管通常不考虑这种影响。也许更重要的是,城市热岛效应使全球(变暖)效应的地面气温监测变得不确定,因为对于许多气象站来说,很难将城市热岛影响与全球影响区分开来(Christy and Goodridge,1995;Kalnay and Cai,2003)。

十一、缓解城市热岛效应

在阅读缓解城市热岛效应的文献时,要特别注意实验设计、研究假设和语境的不同。特别需要关注的是,实验者在设计实验和解释结果时是否存在偏见?是否有意或无意地展示缓解城市热岛方法的好处?当一个研究团队负责提出城市热岛缓解策略时,很难避免对所提议策略的可能影响过于乐观。

缓解城市热岛的研究通常受到某些方面的限制。温带气候的研究通常只考虑夏季而不考虑冬季。因此,通常不考虑城市热岛可能带来的冬季效益。减少城市热岛的最常见方法是增加城市表面的反照率或"白化"和大规模植树(Gartland,2008)。一项研究采用中尺度建模和卫星云图(satellite skin surface images),预测如果实施植树、白色人行道和屋顶以及绿色屋顶,对缓解纽约市城市热岛的影响并预测"近地表"气温(Rosenzweig et al.,2006)。该研究得出的结论是,所有缓解策略都可以减少夏季城市热岛,但最好的是植树(占城市面积的

167

17.5％)与绿色屋顶相结合,这有可能将下午的峰值温度降低 0.7℃。该研究没有考虑冬季气温降低或通过树荫增加建筑物供暖成本可能产生的任何负面影响,也没有考虑树木和绿色屋顶在冬季可能带来的净收益。

另一项针对加利福尼亚州洛杉矶大城市的中尺度模型研究,通过"更凉爽"(颜色更浅)的屋顶和铺路表面以及多种植 1 100 万棵遮阴树,预测城市热岛温度可降低多达 3℃(Rosenfeld et al.,1998)。白化最常见的应用是屋顶,尽管也推荐使用浅色铺路(Rosenfeld et al.,1995)。一项类似的研究预测,将洛杉矶盆地街道与住宅、商业和工业区的反照率从 0.139 增加到 0.155,预测 1 500 小时气温降低 2℃,也将导致预测的臭氧浓度显著降低(Taha et al.,1997)。

另一个缓解效果可能是使用植被灌溉。在凤凰城,因为植被灌溉,白天存在冷岛(Brazel et al.,2000;Grossman-Clarke et al.,2010)。在洛杉矶,由于干旱地区被灌溉的果园和农田所取代,在城市的早期开发过程中,最高气温下降了(Rosenfeld et al.,1995)。

多年来,美国环境保护署试图为规划师和管理人员提供一套关于城市热岛影响的科学解释与缓解城市热岛的指导方针,该领域的大多数研究人员都同意这个想法。当前单独的文件在线版本(截至 2008 年和 2009 年)涵盖:城市热岛基础知识、树木和其他植被的缓解、绿色(绿植)屋顶、凉爽(浅色)屋顶、凉爽的路面以及包括植树计划、条例、建筑规范和分区的减少城市热岛行动(EPA,2008)。美国环境保护署在其名为"热岛效应"的网站上提供了此信息和广泛的其他应用信息。

十二、结论

通常最受关注的城市气候系统的特征是城市地区的气温通常比农村地区高,即城市热岛效应。城市热岛的量级,通常随着城市规模和人口的增加而增加。中午的城市热岛通常不超过 3℃或 4℃。根据农村参考点和天气条件,通常在日落后的几个小时内,大城市的城市热岛效应可能高达约 11℃(见第七章第六节)。

很少通过城市环境和城市开发前的环境进行城市气候与非城市气候的比

较。通常与城市相比较的是农业地区,其环境已经被人类彻底改变了。干燥的沙漠气候具有与潮湿气候相似的最大规模城市热岛,除非是没有(植被)灌溉的沙漠(城市)与农村进行比较。在这种情况下,白天的温度岛可能会变成一个小的冷岛,部分原因是城市内灌溉植被的蒸发冷却,以及由于沙漠的植被和土壤的低热导纳,干燥的沙漠变得非常温暖(第七章第三节第三点和第六节第三点)。

城市热岛是由多种因素造成的:

(1)城市建筑和基础设施材料的高热导纳(高热熵,high thermal entropy)导致城市比农村地区更多在白天储存热量和在夜间释放热量(第七章第三节第四点);

(2)城市地区的植被和土壤水分的可用性较少,导致蒸发量减少,并且进入显热通量(Q_H)的净辐射(在气候文献中通常称为 Q^*)比进入潜热通量的净辐射(Q_E)更多(第七章第三节第三点);

(3)建筑物、交通设施和工业过程的热量排放(第七章第三节第一点);

(4)城市地区的空气污染和气溶胶严重,通常会导致 Q^* 增加(第七章第三节第二点);

(5)高层建筑在类似峡谷的建筑墙体中捕获热辐射的效果,从而有效地提高整体城市 Q^* 并通过向外的热辐射减少夜间冷却(第七章第三节第二点);

(6)高层建筑在减少近地表空气与较高海拔处较冷空气混合方面的效果(第七章第七节第一点)。

城市热岛效应通常被认为是有害的。气温升高会增加城市大气中臭氧的产生,增加空调能源的使用,从而增加二氧化碳的排放量,并增加热浪对人类健康的不利影响和死亡率。在温带气候中,由于夏季日照量较大,夏季的城市热岛通常大于冬季。然而,冬季也可能形成大量城市热岛,其好处是降低建筑物供暖成本并减少冰雪灾害。城市热岛的冬季收益很少被量化,也很少与夏季的城市热岛危害进行比较(第七章第十一节)。

减少城市热岛的最常见方法是增加植被覆盖和增加城市表面的反照率或"白化"。城市白化最常见的形式是使屋顶表面颜色变浅,以便太阳辐射反射回太空,有效降低城市能量收支中的 Q^*。增加植被包括"绿色屋顶",它使屋顶隔热并增加蒸发量,从而导致更大的 Q_E,以及植树增加遮蔽高热导纳表面并增加

Q_E(第七章第十一节)。

城市地区对降水和风有影响,部分原因是城市热岛导致变暖。降水效应通常会导致市中心的下风向区降水增加。城市热岛对风的影响通常发生在非常轻微的天气风中,使空气在温暖的城市上空上升导致低层气流进入城市。即使在大多数树木落叶的冬季(第七章第七、八节),建筑密度低的住宅区中的树木也可能对风速产生显著影响,风速甚至降低 40% 以上。

全球气候变化和城市热岛效应是由完全不同的物理过程引起的,由高层大气成分变化引起的全球温度变化以及由土地覆盖引起的城市热岛效应。然而,城市热岛效应使长期全球气候变化的气温监测变得不确定,因为许多气象站都受到城市影响(第七章第十节)。

致谢

第一作者感谢许多协助城市森林气候影响研究的学生和技术支持人员,包括卡拉·海德(Karla Hyde)、王颖杰(Yingjie Wang)、戴维·墨菲(David Murphy)、格雷格·培根(Greg Bacon)、米切尔·邦尼(Michelle Bunny)、安德鲁·李(Andrew Lee)、艾玛·努南(Emma Noonan)和杭烈娜(Hang Ryeol Na)。GIS 地图由亚历克西斯·埃利斯(Alexis Ellis)准备。巴尔的摩生态系统研究 LTER 得到美国国家科学基金会 DEB 0423476 的资助,为仪器和技术支持人员提供支持。本章根据亚利桑那州气候学家南希·塞洛弗(Nancy Selover)、美国农业部林务局土壤科学家伊恩·耶西洛尼斯、纽约市公园 GIS 和分析总监杰奎琳·卢对初稿的建议进行了改进。

(陈乐琳 译,顾朝林 校)

参 考 文 献

1. Akbari H, Pomerantz M, Taha H (2001) Cool surfaces and shade trees to reduce energy use and improve air quality in urban areas. Sol Energy 70:295-310. https://doi.org/10.1016/S0038-092x(00)00089-X

2. Ashie Y, Konob T (2011) Urban-scale CFD analysis in support of a climate-sensitive

design for the Tokyo Bay area. Int J Climatol 31:174-188

3. Braham RR, Jr (1977) Overview of urban climate. In: Heisler GM, Herrington LP (eds) Proceedings of the conference on metropolitan physical environment. USDA Forest Service, Syracuse, pp 3-25. Available at http://www. treesearch. fs. fed. us/pubs/24033

4. Brazel A, Selover N, Vose R, Heisler GM (2000) The tale of two climates—Baltimore and Phoenix urban LTER sites. Clim Res 15:123-135

5. Brazel AJ, Crewe K (2002) Preliminary test of a surface heat island model (SHIM) and implications for a desert urban environment, Phoenix, Arizona. J Ariz Nev Acad Sci 34: 98-105

6. Brazel AJ, Quatrocchi D (2005) Urban Climatology. In: Oliver J (ed) Encyclopedia of world climatology. Springer, New York, pp 766-779

7. Brazel AJ, Fernando HJS, Hunt JCR, Selover N, Hedquist BC, Pardyjak E (2005) Evening transition observations in Phoenix, Arizona. J Appl Meteorol 44:99-112

8. Brown RD, Gillespie TJ (1995) Microclimatic landscape design: creating thermal comfort and energy efficiency. Wiley, New York

9. Celestian SB, Martin CA (2004) Rhizophere, surface, and air temperature patterns at parking lots in Phoenix, Arizona, U. S. J Arboricult 30:245-252

10. Christen A, Vogt R (2004) Energy and radiation balance of a Central European city. Int J Climatol 24:1395-1421

11. Christy JR, Goodridge JD (1995) Precision global temperatures from satellites and urban warming effects of non-satellite data. Atmos Environ 29:1957-1961

12. Comrie A (2000) Mapping a wind-modified urban heat island in Tucson, Arizona (with comments on integrating research and undergraduate learning). Bull Am Meteorol Soc 81: 2417-2431

13. Crawford B, Grimmond CSB, Christen A (2011) Five years of carbon dioxide fluxes measurements in a highly vegetated suburban area. Atmos Environ 45:896-905

14. Ellis A (2009) Analyzing canopy cover effects on urban temperatures. M. S. Thesis, SUNY College of Environmental Science and Forestry, Syracuse. Available from http:// gradworks. umi. com/14/82/1482101. html

15. Environmental Protection Agency (2008) Reducing urban heat islands: compendium of strategies. http://www. epa. gov/heatislands/resources/compendium. htm. Accessed 3 June 2011

16. Fan H, Sailor DJ (2005) Modeling the impacts of anthropogenic heating on the urban climate of Philadelphia: a comparison of implementations in two PBL schemes. Atmos Environ 39:73-84

17. Gallo KP, McNab AL, Karl TR, Brown JF, Hood JJ, Tarpley JD (1993) The use of a vegetation index for assessment of the urban heat island effect. Int J Remote Sens 14: 2223-2230

170

18. Gartland L (2008) Heat Islands, understanding and mitigating heat in urban areas. Earthscan, London

19. Gates DM (1980) Biophysical ecology. Springer, New York

20. Georgescu M, Moustaoui M, Mahalov A, Dudhia J (2011) An alternative explanation of the semiarid urban area "oasis effect". J Geophys Res 116: D24113. https://doi.org/10.1029/2011JD016720

21. Gomes L, Roger JC, Dubuisson P (2008) Effects of the physical and optical properties of urban aerosols measured during the CAPITOUL summer campaign on the local direct radiative forcing. Meteorog Atmos Phys 102:289-306

22. Grant RH, Heisler G, Herrington LP, Smith D (1985) Urban winds: the influence of city morphology on pedestrian level winds. In: Seventh conference on biometeorology and aerobiology, Scottsdale, Arizona. American Meteorological Society, pp 353-356

23. Grimm NB, Faeth SH, Golubiewski NE, Redman CL, Wu J, Bai X, Briggs JM (2008) Global change and the ecology of cities. Science 319:756-760

24. Grimmond CSB, Oke TR (1995) Comparison of heat fluxes from summertime observations in the suburbs of four North American cities. J Appl Meteorol 34:873-889

25. Grossman-Clarke S, Zehnder JA, Loridan T, Grimmond CSB (2010) Contribution of land use changes to near-surface air temperatures during recent summer extreme heat events in the Phoenix metropolitan area. J Appl Meteorol Climatol 49:1649-1664

26. Halverson HG, Heisler GM (1981) Soil temperatures under urban trees and asphalt. USDA, Northeastern Forest Experiment Station, Broomall

27. Hart MA, Sailor DJ (2009) Quantifying the influence of land-use and surface characteristics on spatial variability in the urban heat island. Theor Appl Climatol 95: 317-406. https://doi.org/10.1007/s00704-008-0017-5

28. Hartz DA, Prashad L, Hedquist BC, Golden J, Brazel AJ (2006) Linking satellite images and hand-held infrared thermography to observed neighborhood climate conditions. Remote Sens Environ 104:190-200

29. Hedquist B, Brazel AJ (2006) Urban, residential, and rural climate comparisons from mobile transects and fixed stations: Phoenix, Arizona. J Ariz Nev Acad Sci 38:77-87

30. Heisler G et al. (2006) Land-cover influences on air temperatures in and near Baltimore, MD. In: 6th international conference on urban climate, Gothenburg, Sweden. International Association for Urban Climate (Available online http://www.gvc2.gu.se/icuc6//index.htm), pp 392-395

31. Heisler GM (1987) Grant RH predicting pedestrian-level winds in cities. In: Preprint volume of the 18th conference agricultural and forest meteorology and 8th conference biometeorology and aerobiology. American Meteorological Society, pp 356-359

32. Heisler GM (1990) Mean wind speed below building height in residential neighborhoods

with different tree densities. ASHRAE Trans 96:1389-1396

33. Heisler GM, DeWalle DR (1988) Effects of windbreak structure on wind flow. Agric Ecosyst Environ 22/23:41-69

34. Heisler GM, Ellis A, Nowak DJ, Yesilonis I (2016) Modeling and imaging land-cover influences on air temperature in and near Baltimore, MD. Theor Appl Climatol 124:497-515. https://doi. org/10. 1007/s00704-015-1416-z

35. Heisler GM, Grant RH (2000) Ultraviolet radiation in urban ecosystems with consideration of effects on human health. Urban Ecosyst 4:193-229

36. Herrington LP, Bertolin GE, Leonard RE (1972) Microclimate of a suburban park. In: Conference on urban environment and second conference on biometeorology. American Meteorological Society, Philadelphia, pp 43-44

37. Huff FA (1977) Mesoscale features of urban rainfall enhancement. In: Heisler GM, Herrington LP (eds) Proceedings of the conference on metropolitan physical environment, vol. general technical report NE-25. USDA Forest Service, Northeastern Forest Experiment Station, Upper Darby, pp 18-25. http://www. treesearch. fs. fed. us/pubs/24033

38. Intergovernmental Panel on Climate Change (2018) Summary for policy makers (SPM), IPCC SR1. 5

39. Kalanda BD, Oke TR, Spittlehouse DL (1980) Suburban energy balance estimates for Vancouver, B. C. using the Bowen ratio-energy balance approach. J Appl Meteorol 19:791-802

40. Kalnay E, Cai M (2003) Impact of urbanization and land-use change on climate. Nature 423:528-531

41. Karl TR, Jones PD (1989) Urban bias in area-averaged surface air temperature trends. Bull Am Meteorol Soc 70:265-270

42. Kaye MW, Brazel A, Netzband M, Katti M (2003) Perspectives on a decade of climate in the CAP LTER region. Central Arizona-phoenix long-term ecological research (CAP LTER). http://caplter. asu. edu/docs/symposia/symp2003/Kaye_et_al. pdf

43. Krayenhoff ES, Martilli A, Bass B, Stull RB (2003) Mesoscale simulation of urban heat mitigation strategies in Toronto, CA. In: Fifth international conference on urban climate, Lodz, Poland, September 1-5 2003. International Association for Urban Climate (IAUC)

44. Landsberg HE (1981) The urban climate. Academic, New York

45. Lee DO (1979) The influence of atmospheric stability and the urban heat island on urban-rural wind speed differences. Atmos Environ 13:1175-1180

46. Liu HP, Chan JCL (2002) Boundary layer dynamics associated with a severe air-pollution episode in Hong Kong. Atmos Environ 36:2013-2025

47. Lo JCF, Lau AKH, Chen F, Fung JCH, Leung KKM (2007) Urban modification in a mesoscale model and the effects on the local circulation in the Pearl River Delta Region. J

171

Appl Meteorol Climatol 46:457-476

48. Martin CA, Stabler LB, Brazel AJ (2000) Summer and winter patterns of air temperature and humidity under calm conditions in relation to urban land use. In: Third symposium on the urban environment. Davis, CA. 14-18 August, 2000. American Meteorological Society, Boston, pp 197-198

49. Mills G (2006) Progress toward sustainable settlements: a role for urban climatology. Theor Appl Climatol 84:69-76

50. Mills G (2007) Cities as agents of global change. Int J Climatol 27:1849-1857. https://doi.org/10.1002/joc.1604

51. Molini A, Lanza LG, La Barbera P (2005) The impact of tipping-bucket raingauge measurement errors on design rainfall for urban-scale applications. Hydrol Process 19:1073-1088

52. Moll G, Berish C (1996) Atlanta's changing environment. Am For 102:26-29

53. Murphy DJ, Hall MH, Hall CAS, Heisler GM, Stehman SV, Anselmi-Molina C (2011) The relationship between land cover and the urban heat island in northeastern Puerto Rico. Int J Climatol 31:1222-1239. https://doi.org/10.1002/joc.2145

54. Ng E, Cheng V (2006) Air ventilation assessment system for high density planning and design. IAUC Newsl 19:11-13

55. Nowak DJ, Heisler GM (2010) Air quality effects of urban trees and parks. National Recreation and Parks Association Research Series Monograph, Ashburn. p 44. https://www.fs.fed.us/nrs/pubs/jrnl/2010/nrs_2010_nowak_002.pdf

56. Oda R, Kanda M (2009) Cooling effect of sea surface temperature of Tokyo Bay on urban air temperature. In: The seventh International Conference on Urban Climate, Yokohama, Japan, 29 June to 3 July. http://www.ide.titech.ac.jp/~icuc7/extended_abstracts/pdf/375843-1-090518085335-004.pdf

57. Oke T, Mills G, Christen A, Voogt J (2017) Urban Climates. Cambridge University Press, Cambridge. https://doi.org/10.1017/9781139016476

58. Oke TR (1973) City size and the urban heat island. Atmos Environ 7:769-779

59. Oke TR (1976) The distinction between canopy and boundary-layer urban heat islands. Atmos 14:268-277

60. Oke TR (1987) Boundary layer climates. Methuen, London

61. Oke TR (1995) The heat island of the urban boundary layer: characteristics, causes and effects. In: Cermak JE, Davenport AG, Plate EJ, Viegas DX (eds) Wind climate in cities. Kluwer Academic Publishers, Dordrecht, pp 81-107

62. Oke TR (1997) Urban climates and global environmental change. In: Thompson RD, Perry A (eds) Applied climatology: principles and practice. Routledge, London, pp 273-287

172

63. Oke TR（2006a）Initial guidance to obtain representative meteorological observations at urban sites. World Meteorological Organization, Geneva

64. Oke TR（2006b）Towards better communication in urban climate. Theor Appl Climatol 84:179-189

65. Panofsky HA, Dutton JA（1984）Atmospheric turbulence. Wiley, New York

66. Penwarden AD, Wise AFE（1975）Wind environment around buildings. Building Research Establishment, Department of the Environment, London

67. Pielke RA Sr（2002）Mesoscale meteorological modeling, International geophysics series, vol 78. Academic, San Diego

68. Pielke RAS et al.（2007）Unresolved issues with the assessment of multidecadal global land surface temperature trends. J Geophys Res 112: D24S08. https://doi.org/10.1029/2006JD008229

69. Piringer M et al.（2002）Investigating the surface energy balance in urban areas—recent advances and future needs. Water Air Soil Pollut Focus 2:1-16

70. Pouyat RV, Belt K, Pataki D, Groffman PM, Hom J, Band L（2007）Urban land-use change effects on biogeochemical cycles. In: Jea C（ed）Terrestrial ecosystems in a changing world. Global change: the IGBP series. Springer, Berlin, pp 45-58

71. Rosenfeld AH, Akbari H, Bretz S, Fishman BL, Kurn DM, Sailor D, Taha H（1995）Mitigation of urban heat islands: materials, utility programs, updates. Energ Buildings 22:255-265

72. Rosenfeld AH, Akbari H, Romm JJ, Pomerantz M（1998）Cool communities: strategies for heat island mitigation and smog reduction. Energ Buildings 28:51-62

73. Rosenzweig C, Solecki WD, Slosberg RB（2006）Mitigating New York city's heat island with urban forestry, living roofs, and light surfaces. Columbia University Center for Climate Systems Research & NASA/Goddard Institute for Space Studies, New York

74. Roth M（2007）Review of urban climate research in（sub）tropical regions. Int J Climatol 27:1859-1973

75. Sailor DJ（2011）A review of methods for estimating anthropogenic heat and moisture emissions in the urban environment. Int J Climatol 31:189-199

76. Sanchez-Rodriguez R, Seto KC, Simon D, Solecki WD, Kraas F, Laumann G（2005）Science plan: urbanization and global environmental change. International Human Dimensions Programme on Global Environmental Change, Bonn

77. Savva Y, Szlavecz K, Pouyat RV, Groffman PM, Heisler G（2010）Effects of land use and vegetation cover on soil temperature in an urban ecosystem. Soil Sci Soc Am J 74: 469-480

78. Shaver G et al.（2000）Global warming and terrestrial ecosystems: a conceptual framework for analysis. Bioscience 50:871-882

79. Shepherd JM (2005) A review of current investigations of urban-induced rainfall and recommendations for the future. Earth Interact 9:1-27

173 80. Shepherd JM (2006) Evidence of urban-induced precipitation variability in arid climate regimes. J Arid Environ 67:607-628

81. Shepherd JM, Stallins JA, Jin ML, Mote TL (2010) Urbanization: impacts on clouds, precipitation, and lightning. In: Aitkenhead-Peterson J, Volder A (eds) Urban ecosystem ecology. Agronomy monograph, 55th edn. American Society of Agronomy, Crop Science Society of America, Soil Science Society of America, Madison

82. Stabler L, Martin CA, Brazel A (2005) Microclimates in a desert city were related to land use and vegetation index. Urban For Urban Green 3:137-147

83. Stull RB (2000) Meteorology for scientists and engineers (second edition). Brooks/Cole, Pacific Grove

84. Sun C-Y, Brazel A, Chow WTL, Hedquist BC, Prashad L (2009) Desert heat island study in winter by mobile transect and remote sensing techniques. Theor Appl Climatol 98:323-335

85. Taha H, Douglas S, Haney J (1997) Mesoscale meteorological and air quality impacts of increased urban albedo and vegetation. Energ Buildings 25(2):169-177

86. Upmanis H, Eliasson I, Lindqvist S (1998) The influence of green areas on nocturnal temperatures in a high latitude city (Göteborg, Sweden). Int J Climatol 18:681-700

87. Voogt JA, Oke TR (1997) Complete urban surface temperatures. J Appl Meteorol 36:1117-1132

88. Voogt JA, Oke TR (2003) Thermal remote sensing of urban climates. Remote Sens Environ 86:370-384

89. Yap D (1975) Seasonal excess urban energy and the nocturnal heat island—Toronto. Arch Meteorol Geophys Bioklimatol Ser B 23:69-80

90. Zhang D-L, Shou Y-X, Dickerson RR, Chen F (2011) Impact of upstream urbanization on the urban heat island effects along the Washington-Baltimore corridor. J Appl Meteorol Climatol 50:2012-2029

第八章 大气系统:
空气质量与温室气体

戴维·J. 诺瓦克[①]

城市中的树木以多种方式影响空气质量和温室气体,从而影响环境质量和人类健康。城市植被可以通过改变城市大气环境直接或间接影响当地和区域的空气质量。城市树木影响空气质量与温室气体的主要方式包括:①气温降低和其他微气候效应;②去除空气污染物和大气碳;③挥发性有机化合物的排放和树木维护排放;④改变建筑物中的能源使用,从而改变发电厂的污染物和碳排放。通过了解树木和森林对大气环境的影响,管理人员可以在城市中设计适当和健康的植被结构,以改善空气质量,从而改善今世后代人类的健康和福祉。

一、引言

城市中的树木是影响城市空气并进而影响人类健康和环境质量的重要资源。树木以多种互动方式影响大气。本章将重点讨论与空气质量和温室气体相关的大气化学成分,也包括本书其他地方描述的与气象学相关的其他大气影响。树木通过气体交换以及城市内风和太阳辐射的改变对当地大气环境产生重大影响。这些影响主要是由于树叶中水分的蒸发或蒸腾作用、叶子表面的气体交换,以及可以拦截物质和能量并改变风向的植物木质与叶子组织的物理质量。树木

---

① 美国纽约州锡拉丘兹市,美国农业部林务局森林服务部,邮箱:dnowak@fs. fed. us。

主要通过调节气温(见第七章)、改变空气污染以及大气二氧化碳通量和浓度来影响城市大气。本章的目的在于更好地了解城市森林是如何影响空气质量与温室气体的。

二、空气质量

空气污染明显影响人类和生态系统的健康(US EPA,2010a)。最近的研究表明,直接或间接归因于环境空气污染的全球死亡人数在 2015 年达到近 450 万(Cohen et al.,2017)。空气污染是世界上导致疾病和过早死亡的最大环境因素(WHO,2014),世界卫生组织(WHO,2016)也认为空气污染是最大的环境风险因素。

2015 年,空气污染导致了 1.072 亿伤残调整生命年(disability adjusted life years)(即因健康不良、残疾或早逝而损失的年数)(Cohen et al.,2017)。空气污染导致的人类健康问题包括呼吸道和心血管疾病(respiratory and cardiovascular diseases)的加重、呼吸道症状[例如呼吸困难和咳嗽、慢性阻塞性肺病(chronic obstructive pulmonary disease,COPD)和哮喘(asthma)]的频率和严重程度增加,以及呼吸道感染、肺癌的易感性增加和早逝(premature death)(Marino et al.,2015;Pope et al.,2002;Vieira,2015)。在全球范围内,约有 3 亿人患有哮喘,2.1 亿人受慢性阻塞性肺病的影响(WHO,2008)。最近的研究还表明,空气污染会导致认知障碍和精神障碍(cognitive and mental disorders)(Annavarapu and Kathi,2016;Brauer,2015;Calderón-Garciadueñas et al.,2011)。已有疾病[例如心脏病(heart disease)、哮喘、肺气肿(emphysema)]患者、糖尿病(diabetes)患者、老年人和儿童面临与空气污染相关的健康影响的风险不断加大。在美国,约有 13 万人的死亡与小于 2.5 微米颗粒物(以下简称"$PM_{2.5}$")有关,约有 4 700 人死于臭氧(O_3)(Fann et al.,2012)。

1990~2016 年,美国六种常见空气污染物浓度下降改善了空气质量,其中铅(Pb)浓度改善了 99%,二氧化硫(SO_2)浓度改善了 85%,一氧化碳(CO)浓度改善了 77%,二氧化氮(NO_2)浓度改善了 50%,小于 10 微米颗粒物(以下简称"PM_{10}")改善了 39%,臭氧浓度改善了 22%。此外,自 2000 年以来,$PM_{2.5}$ 已改善了 44%(US EPA,2017a)。尽管空气质量有所改善,但 2017 年美国仍有大约 1.07 亿人生活在臭氧超过国家环境空气质量标准(national ambient air quality standards,NAAQS)的地区,其中生活在 $PM_{2.5}$ 超标环境中的人超过 2 300 万,生活在二氧化硫超标环境中的人超过 300 万(US EPA,2017b)。

　　空气污染除了影响人类健康外,还会通过吸收或反射分别导致气候变暖或变冷的能量来影响地球气候(US EPA,2010b)。空气污染物,尤其是氮氧化物(NO_x)和二氧化硫,也会导致酸雨(acid rain)。酸雨通过改变土壤的化学和物理成分破坏树叶以及给树木造成压力从而损害植被。酸会通过浸出镁等养分或在土壤中释放有毒物质(如铝)来降低土壤养分的有效性(US EPA,2017c)。

　　空气污染会降低能见度(visibility)。由于人为空气污染,美国东部公园的视野范围已从 90 英里(145 千米)减少到 15～25 英里(24～40 千米)。在美国西部,平均视野范围也从 140 英里(225 千米)减少到 35～90 英里(56～145 千米)(US EPA,2017c)。

　　空气污染还会直接损害植物并影响生长。空气污染会影响树木的功能或健康(Darley,1971;Saxe,1991;Shafer and Heagle,1989;Shiner et al. ,1990;Ziegler,1973)。例如二氧化硫、二氧化氮、臭氧等一些高浓度污染物会对叶子造成损害,尤其是对污染物敏感的物种更是如此。鉴于美国大多数城市的污染浓度,预计这些污染物不会造成可见的叶片损伤。一氧化碳对树木的任何潜在有害影响被认为是最小的。一些一氧化碳可以转化为二氧化碳并被植物代谢。酸雨和空气污染可以成为硫、氮等植物必需营养素的来源,以促进植物健康和生长(National Acid Precipitation Assessment Program,1991)。

　　微量金属微粒(particulate trace metals)可能对植物叶子有毒。颗粒在叶子上的积累会通过减少到达叶子的光量来减少光合作用,从而降低植物的生长和生产力。颗粒物也会影响树木疾病种群,灰尘沉积会导致一些植物叶子受到更多真菌感染(Smith,1990)。

　　空气污染有多种来源。包括气态和颗粒物在内的一些污染物会直接排放到大气中,如二氧化硫、氮氧化物、一氧化碳和挥发性有机化合物等。二氧化硫和氮氧化物是导致酸雨的主要原因。有些污染物,不是一开始就有,而是通过化学反应形成的。例如,当氮氧化物和挥发性有机化合物的排放物在阳光下发生反应时,通常会形成地面臭氧。有些颗粒也是由其他直接排放的污染物形成的(US EPA,2010a)。在美国,排放通常来自大型固定燃料燃烧源(例如电力设施和工业锅炉)和其他过程(如金属冶炼厂、炼油厂、水泥窑和干洗厂),以及公路车辆和非道路移动设备源(例如娱乐和建筑设备、船舶、飞机和机车等)。

　　1963年,美国通过了《清洁空气法案》(*Clean Air Act*)。1970年,美国国会通过了一项更强大的清洁法案,创建了美国环境保护署并赋予其执行该法案的权力。1990年,又对该法案进行了修订和扩展,赋予美国环境保护署更广泛的权力来实施和执行减少空气污染排放的法规。根据《清洁空气法案》,美国环境保护署对空气中的污染量和空气污染物的排放量设定了限制。个别州或部落(tribes)有更严格的空气污染法,而且对污染限制一点也没有放松。对于几种污染物,美国环境保护署建立了旨在保护人类健康的主要标准(允许浓度),还建立了二级标准,以防止环境和财产损失。空气质量高于一级标准的地理区域称为"达标"区域,不符合一级标准的领域称为"未达标"区域。在"未达标"地区,州和部落制定州/部落实施计划,以将空气污染物减少到允许水平。这些计划包括诸如更清洁的车辆、重新配制的汽油、交通政策的变化[例如更多的公共汽车或共乘车道(HOV车道)]和车辆检查计划等项目实现(US EPA,2007)。

三、树木对空气污染的影响

　　长期以来,人们都知道城市树木会影响空气质量。在19世纪,城市公园被称为"城市之肺",因为公园植被能够产生氧气并从大气中去除工业污染物(Compton,2016)。这个词源自威廉·皮特(William Pitt)较早提出的"伦敦之肺"(lungs of London),最初是由温德姆勋爵(Lord Windham)在1808年的下议院一次关于建筑物侵占海德公园(Hyde Park)的辩论中确定下来的(History House,2017)。

　　城市植被可以通过改变城市大气环境,直接或间接影响当地和区域的空气质量。城市树木影响空气质量的四种主要方式如下(Nowak,1995):①降温和其他微气候效应;②去除空气污染物;③挥发性有机化合物的排放和树木维护排放(tree maintenance emissions);④对建筑物的能源影响。

1. 降温

由于"城市热岛"(Oke,1989;US EPA,2009),城市的温度往往高于农村地区。树木蒸腾作用和树冠影响气温、辐射吸收、热量储存、风速、相对湿度、湍流(turbulence)、地表反照率(surface albedo)、地表粗糙度(surface roughness)和混合层高度[即风和地表物质(如污染)通过垂直混合过程分散的高度]。当地气象的这些变化会改变城市地区的污染浓度(Nowak et al.,2000)。虽然树木通常有助于降低夏季气温,但它们的存在在某些情况下会增加气温(Myrup et al.,1991)。例如,晴天时无树木的不透水区域的空气温度会升高,这是由于树木导致风速降低,而较冷的空气无法与来自不透水表面的暖空气混合或分散。

由于存在树木,每增加一百分比冠层覆盖率,最大中午气温可以降低 0.04～0.2℃(Simpson,1998)。在草地上的单个和小群树木下方,地面上方 1.5 米处的中午气温比空旷区低 0.7～1.3℃(Souch and Souch,1993)(树木对气象的影响在第七章中进行了更详细的讨论)。由于许多污染物和/或形成臭氧的化学物质的排放与温度有关,因此树木导致的空气温度降低可以改善空气质量。

地形还通过冷空气排放影响气温(和污染浓度)(Heisler and Brazel,2010;Heisler et al.,2016)。自然景观(例如森林)和人工景观(例如建筑物)的结合会影响这种冷空气排放。在德国斯图加特,冷空气排放区的识别开始被标记为城市的新鲜空气带。这些自然通风设备的维护成为该市战后规划政策的重要组成部分(Hebbert,2014)。

除了温度影响之外,树木还会影响风速,从而影响大气中污染物的混合与局部污染浓度(Heisler,1990;Nowak et al.,2000)。风速的这些变化会导致与空气污染相关的正面和负面影响。正面影响是,由于树木和森林导致风速降低,往往会通过减少冷空气渗入建筑物,从而减少与冬季供暖相关的污染物排放,从而减少建筑物的冬季供暖能源使用。例如,在宾夕法尼亚州中部的住宅区,夏季树木将风速降低了 28%～46%,具体降低多少主要取决于附近的林木植被情况。然而,即使树木大多是落叶,在冬季,风速也平均降低了 14%～41%(Heisler,1990)。负面影响是,由于风速降低,影响了污染物的扩散,导致局部污染物浓度增加。还有,随着风速降低,污染物混合的大气高度通常会降低,这种"混合高度"的降低也往往会增加污染物浓度,因为在较小体积的空气中混合了相同数量的污染物。

2. 去除空气污染物

城市中健康的树木可以消除大量的空气污染。去除污染量与树木数量或大气中的空气污染量直接相关。林木植被率高的地区[例如林区(forest stands)]将消除更多的污染,并有可能在这些地区及其周围更大程度地降低空气污染浓度。

每英亩(约 4 047 平方米)的林木植被平均每年可去除约 100 磅(约 45 千克)的污染。在污染较严重且生长季节较长的地区(例如洛杉矶),去除污染的数量可高达 200 磅/年(90 千克/年)以上(图 8-1)。不同的城市,因为空气污染量、落叶季节的长短、降水量以及温度、风速和太阳辐射量等气象变量的差异,每英

180

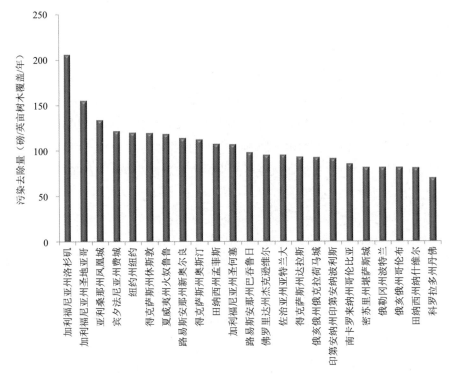

图 8-1　选定城市中每英亩林木植被的污染去除量

注:估计假设叶面积指数为 6％和 10％常绿物种。叶面积指数是

每单位林木植被率,等于总叶面积(m²)除以林木植被面积(m²)。

亩污染去除率也有所不同。树干直径大于 30 英寸(0.762 米)的健康大树,每年去除的空气污染(1.4 千克/年)是树干直径小于 3 英寸的健康小树(0.02 千克/年)的 60～70 倍(图 8-2),而且对树木数量来说,树木越大,树木数量越少,但它们的污染去除量则正好相反。按 3 英寸划分树干径级(3-in. DBH classes)[①]的(每一等级)树木的污染去除量保持相对稳定(图 8-3)。

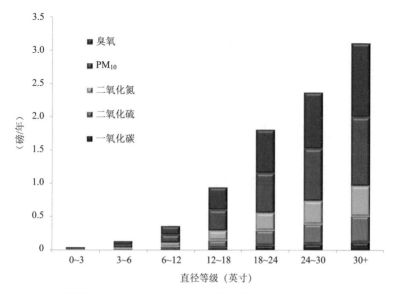

图 8-2 伊利诺伊州芝加哥市按树干直径等级估算的单个树木的污染去除量

资料来源:Nowak,1994。

树木主要通过叶气孔吸收实现去除气态空气污染,有些气体会被植物表面直接去除。有的污染气体一旦进入叶内,就会扩散到细胞间隙中,并可能被水膜吸收形成酸,或与叶内表面发生反应(Smith,1990)。树木还通过拦截植物表面的空气传播颗粒来消除污染,尽管一些颗粒可以被树木直接吸收(Baes and Ragsdale,1981;Baes and McLaughlin,1984;Rolfe,1974),但许多被拦截的颗粒最终还是会重新悬浮回到大气中,或被雨水冲走,或随着树叶和树枝的掉落而落

---

① 群落乔木层生物量主要以小径级树木的生物量为主,其器官生物量积累的大小顺序依次为:干＞枝＞根＞叶。——译者注

181

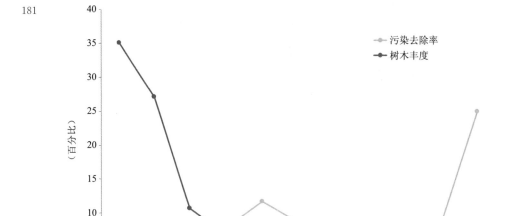

图 8-3　按树干直径等级划分的树木总数占比(丰度)和污染去除率

资料来源:Nowak et al. ,2016。

到地面。因此,从这个意义上说,植被只是许多大气粒子的临时滞留点。因为气体通常在叶片内部被吸收和去除,所以树木对气态污染物的去除更持久。

　　在物种层面,气态污染物的污染去除将受到树木蒸腾速率(tree transpiration rates)、气体交换速率(gas exchange rates)和叶面积量的影响。颗粒物去除率,将随叶表面特征和面积的变化而变化。与开放和粗糙纹理的树冠以及简单、大而光滑的叶子的物种相比,致密和有精细纹理的冠以及复杂、小而粗糙的叶子的物种会捕获和保留更多的颗粒(Little,1977;Smith,1990)。常绿树木(evergreen trees)可以全年去除颗粒。树种信息网(i-Tree Species,www.itreetools.org)估计了与去除污染有关的树木物种排名。

　　尽管单株树木和每英亩林木植被率值可能相对较小,但大量树木和林木植被率的综合影响可能会产生显著影响。在佛罗里达州杰克逊维尔(Jacksonville),由于其大面积的土地面积和林木植被,城市中树木每年可去除的污染高达 1.1 万吨,社会价值高达每年 8 900 万美元(Nowak et al.,2006)。据估计,美国本土 48 个州的城市树木每年可消除 82.2 万吨污染,估计每年的社会价值为 54 亿美元(Nowak and Greenfield,2018)。

　　虽然树木去除的空气污染量可能很大,但一个地区的空气质量改善百分比将取决于植被数量和气象条件。在落叶季节的白天,城市中树木的空气质量改善平均约为 0.51% 的颗粒物、0.45% 的臭氧、0.44% 的二氧化硫、0.33% 的二氧化氮和 0.002% 的一氧化碳(Nowak et al.,2006)。然而,在林木植被率为 100% 的地区(即连片林区),空气污染改善的平均水平是城市平均水平的四倍左右,短期(1 小时)空气质量改善,臭氧和二氧化硫高达 16%,二氧化氮为 9%,颗粒物为 8%,一氧化碳为 0.03%(Nowak et al.,2006)。从公共卫生的角度来看,重要的是要考虑到,即使树木带来的空气质量改善百分比可能不会很大,但空气质量的微小变化有时也会对人类健康产生重大影响(Cohen et al.,2017)。

　　空气质量的改善百分比随着林木植被率的增加和混合层高度的降低而增加。虽然降低混合高度会增加污染物浓度,但随着大气中混合量的减少,它也增加了树木的相对改善。为了说明这种减少,可参照具有相同净化率(以每小时立方英尺为单位)的相同空气净化器,一个净化器放在一个大房间里,另一个放在一个小房间里,两者都具有相同的污染物浓度。尽管净化器是相同的,但在较小的房间中,空气质量的改善百分比影响会更大,因为要清洁的空气较少,房间内的总污染也较少。

3. 化学物质排放

　　虽然树木可以通过改变当地的小气候和直接去除污染来减少空气污染,但树木也可以排放各种可能导致空气污染的化学物质(Sharkey et al.,1991)。树木会释放出不同数量的挥发性有机化合物,例如异戊二烯(isoprene)、单萜(monoterpenes)。这些化合物是构成精油(essential oils)、树脂(resins)和其他植物产品的天然化学物质,可用于吸引传粉者(pollinator)或击退捕食者(predator)。挥发性有机化合物的完全氧化最终会产生二氧化碳,但一氧化碳是该过程中的中间化合物。挥发性有机化合物的氧化是全球一氧化碳收支的重要组成部分。

　　树木等排放的挥发性有机化合物也会形成臭氧,特别是在温暖晴朗的日子里,由于车辆和电力的氮氧化物排放提高了氮氧化物的浓度,这在许多城市的夏季很常见。然而,在氮氧化物浓度较低的大气中,例如农村环境,挥发性有机化合物实际上可能会去除臭氧(Crutzen et al.,1985;Jacob and Wofsy,1988)。由于挥发性有机化合物排放与温度有关,而且树木通常又会降低气温,因此增加林木植被可以降低整体挥发性有机化合物排放,从而降低城市地区的臭氧水平(Cardelino and Chameides,1990)。城市树木的挥发性有机排放量通常小于城市地区总排放量的10%(Nowak,1992)。

挥发性有机化合物排放率因物种而异。具有最高标准化异戊二烯排放率(Geron et al.,1994;Nowak,Crane et al.,2002)因而对增加臭氧的相对影响最大的九个树种是木麻黄(木麻黄属,*Casuarina* spp.)、桉树(桉树属,*Eucalyptus* spp.)、枫香(枫香属,*Liquidambar* spp.)、黑胶树(紫树属,*Nyssa* spp.)、美国梧桐(悬铃木属,*Platanus* spp.)、杨树(杨树属,*Populus* spp.)、橡树(栎属,*Quercus* spp.)、刺槐(刺槐属,*Robinia* spp.)和柳树(柳属,*Salix* spp.)。然而,由于大气建模的高度不确定性,关于这些树种属是否会促进城市中臭氧的整体净形成(即挥发性有机化合物排放形成的臭氧大于臭氧去除),尚无定论。

树木通常不被视为大气中氮氧化物的来源,尽管已知植物,尤其是农作物会排放氨(Schjoerring,1991)。排放主要发生在氮过量的条件下,例如施肥(fertilization)后和生殖生长阶段(the reproductive growth phase)。高度施肥的草皮也会导致氮排放。

树木可以通过排放硫化氢和二氧化硫等硫化合物对二氧化硫浓度做出轻微贡献(Rennenberg,1991)。硫化氢是排放的主要硫化合物,在大气中被氧化形成二氧化硫。在存在过量的大气或土壤硫的情况下,观察到植物的硫排放率更高。然而,硫化合物也可以在适度的硫供应下排放。

树木可以通过释放花粉来增加城市地区的颗粒浓度(Ogren,2000)并释放挥发性有机和硫化合物,作为颗粒形成的前体(Sharkey et al.,1991)。除了前面列出的颗粒对健康的影响之外,花粉颗粒还会导致过敏反应(allergic reactions)(Cariñanosa et al.,2014)。一些最易引起过敏的物种是槭属(*Acer negundo*)(雄株)、豚草属(*Ambrosia* spp.)、柏树属(*Cupressus* spp.)、白萝卜属(*Daucus* spp.)、绒毛草属(*Holcus* spp.)、杜松属(*Juniperus* spp.)(雄株)、黑麦草属(*Lolium* spp.)、芒果(*Mangifera indica*)、水榆(*Planera aquatica*)、蓖麻(*Ricinus communis*)、白柳(*Salix alba*)(雄株)、乳香属(*Schinus* spp.)(雄株)和榉树属(*Zelkova* spp.)(Ogren,2000)。

主要来自化石燃料的相当大量的能源投入通常用于维持植被结构。在确定城市森林对空气质量的最终净影响时,需要考虑这些维护活动的排放。各种类型的设备用于在城市中种植、维护和去除植被。这些设备包括用于运输或维护的车辆、链锯、反铲挖土机、吹叶机、削片机和粉碎机等。为这些设备提供动力的化石燃料燃烧会导致二氧化碳和其他化学物质的排放,如挥发性有机化合物、一氧化碳、氮和硫氧化物以及颗粒物(US EPA,1991)。在加利福尼亚州,以燃气为动力的吹叶机、绿篱机和割草机即将超过汽车能源消耗,成为最严重的空气污染者。2020 年,来自小型越野车的发动机导致的臭氧污染物排放量,将超过汽车的臭氧排放量(Gorn,2017)。

停车场中的树木也会影响车辆的蒸发排放,尤其是通过树荫。将停车场林木植被率从 8%增加到 50%,可以将加利福尼亚州萨克拉门托县的轻型车辆挥发性有机化合物蒸发排放率降低 2%,并将氮氧化物起始排放量降低至<1%(Scott et al.,1999)。

4. 对建筑物的能源影响

树木通过在夏季降低温度和遮蔽建筑物并在冬季挡风来减少建筑能源的使用(Heisler,1986)。但是,它们也可能因为在冬季为建筑物遮阳增加了能源的使用量,并可能在夏季由于挡风增加或减少能源的使用量。因此,在建筑物附近适当种植树木对实现最大化建筑节能效益至关重要。美国本土的城市森林,每年对用于加热和冷却建筑物的能耗减少 54 亿美元(Nowak and Greenfield,2018)。

当建筑能耗降低时,发电厂的污染物排放也随之减少。美国本土的城市森林每年避免排放数千吨污染物(二氧化碳、氮氧化物、二氧化硫、甲烷、一氧化碳、$PM_{2.5}$ 和 PM_{10} 以及挥发性有机化合物),估价为 27 亿美元(Nowak and Greenfield,2018)。一些公用事业[(例如萨克拉门托市政公用事业区(Sacramento Municipal Utility District)]已资助数百万美元用于植树以减少能源使用(Akbari et al.,1992)。

184

5. 行道树的影响

行道树对汽车尾气扩散到附近居民区产生影响(Baldauf and Nowak, 2014)。这虽然是一个相对较新的研究领域,但行道树和行道灌木提供了复杂的多孔结构,当空气流过植被和周围时,会增加空气湍流并促进混合。这些植被效应可能会降低道路附近的污染物浓度。而且,树冠还可以降低风速和混合层高度(Nowak et al.,2000),并可减少分散,但可能增加了高速公路或街道走廊汽车尾气的浓度。建模、风洞实验和现场测量已经评估了植被对道路附近污染物浓度的作用(Baldauf,Thoma et al.,2008;Baldauf,Jackson et al.,2011; Bowker et al.,2007;Buccolieri et al.,2009;Gromke and Ruck,2007)。尽管植被类型、高度和厚度等变量的具体相互关系尚未确定,但它们会影响污染物混合和污染物沉积的程度是肯定的。此外,尽管植被对顺风污染浓度的影响是可变的,但相对于固体结构的孔隙率一定会促进道路风流,并减少道路污染物浓度(Salmond et al.,2013)。

6. 植被对空气污染的总体影响

决定树木对污染的最终影响的因素有很多。许多树木效应在降低污染浓度方面是积极的。例如,树木可以降低温度,从而减少各种污染来源的排放,也可以直接去除空气中的污染。然而,风模式和速度的改变会以积极和消极的方式影响污染浓度。同时,植物化合物排放和植被维护排放也会造成空气污染。对臭氧(一种不是直接排放而是通过化学反应形成的化学物质)的各种研究有助于说明树木对去除污染具有累积和相互作用。

一个模型模拟表明,由于城市化,亚特兰大地区的林木植被面积减少了20%,导致臭氧浓度增加了14%(Cardelino and Chameides,1990)。尽管排放挥发性有机化合物的树木较少,但由于城市热岛增加(与树木减少同时发生)导致亚特兰大气温升高,树木及其他来源的挥发性有机化合物排放增加(如汽车),从而增加了臭氧化学浓度。如第一章所述,这是决策者如何根据部分信息(即不是系统思维)获得违反直觉的结果的一个例子,也说明了建模的重要性,以便在实施之前找到良好的政策。

加利福尼亚州南海岸空气盆地的另一个模型模拟表明,城市林木植被增加对空气质量的影响,可能对局部臭氧产生积极或消极的影响。然而,如果增加的树木是低挥发性有机化合物排放者,则城市植被增加的净流区内臭氧浓度降低(Taha,1996)。

模拟城市林木植被增加对从华盛顿特区到马萨诸塞州中部臭氧浓度的影响表明,城市树木通常会降低城市中的臭氧浓度,但往往会略微增加区域平均臭氧浓度。树木改变了污染去除率和气象,特别是气温、风场,以及混合层高度,进而影响了臭氧浓度。城市树种组成的变化对臭氧浓度没有可检测到的影响(Nowak et al.,2000)。纽约市大都市区的模型还显示,林木植被率增加10％会使最大臭氧水平降低约 4 ppb[①],约为达到臭氧空气质量标准所需量的 37％,表明增加林木植被率,可对减少该地区的臭氧峰值产生重大影响(Luley and Bond,2002)。

虽然由于污染物扩散和大气混合高度的减少,风速的降低会增加局部污染浓度,但风模式的改变也可能产生潜在的积极影响。树冠可以潜在地防止高层大气中的污染到达地面空域。加利福尼亚州圣贝纳迪诺山脉(California's San Bernardino Mountains)的森林上方和下方森林冠层之间的臭氧浓度测量差异已超过 50ppb(臭氧浓度降低 40％)(Bytnerowicz et al.,1999)。森林冠层可以限制高层空气与地面空气的混合,从而显著改善冠层以下的空气质量。然而,在冠层下方有许多污染物源(例如汽车)的地方,森林冠层可以通过最大限度地减少污染物在地面扩散来增加浓度。当汽车行驶在树木繁茂的树冠之下,这种影响尤其重要(图 8-4)。在局部范围内,如果树木将污染物捕获在排放源附近(例如道路沿线)的树冠下(Gromke and Ruck,2009;Salmond et al.,2013;Vos et al.,2013;Wania et al.,2012),通过降低风速限制扩散和/或通过降低风速来降低混合高度(Nowak et al.,2000,2014),则污染浓度可能会增加。但是,如果附近没有当地的地面排放源(例如来自汽车),那么,站在树林内部可以提供更清洁的空气。各种研究(Cavanagh,2009;Dasch,1987)表明,与林区外部相比,林区内部的污染物浓度较低。

虽然增加林木植被将加强污染去除并降低夏季气温,但局部规模的森林设

①　ppb＝ug/L(微克/升)。——译者注

图 8-4　道路附近的植被设计对于尽量减少潜在的负面影响(例如污染物捕获)很重要

资料来源:Nowak et al.,2014。

187　计需要考虑污染物来源相对于人口分布的位置,以最大限度地减少污染浓度,并最大限度地降低人口稠密地区的气温。森林设计还需要考虑许多其他可能影响人类健康和福祉的树木影响,如对紫外线辐射、水质、美学等的影响。

7. 对健康的影响

有许多研究将空气污染与人类健康影响联系起来。关于树木,大多数研究调查了树木对污染去除或浓度影响的大小,而只有少数研究了树木去除污染对健康的影响。在英国,由于二氧化硫和颗粒物(PM_{10})的污染减少,据估计,林地每年可防止 5～7 人死亡和 4～5 人住院(Powe and Willis,2004)。伦敦模型估计,25％的城市林木植被率每年可消除 90.4 吨 PM_{10} 颗粒物污染,这相当于每年减少两人死亡和两次住院(Tiwary et al.,2009)。诺瓦克等(Nowak et al.,2013)报告称,2010 年,美国十个城市的树木每年去除的 $PM_{2.5}$ 颗粒物总量从锡拉丘兹市的 4.7 吨到亚特兰大市的 64.5 吨不等,健康价值从锡拉丘兹市的 110 万美元到纽约市的 6 010 万美元不等。2010 年,美国城市树木去除空气污染对健康的影响包括避免 670 例死亡和 57.5 万例急性呼吸道疾病(Nowak et al.,2014)。

8. 树木对净化空气的重要性

2004 年 9 月,美国环境保护署发布了一份名为"将新兴和自愿措施纳入国家实施计划"(State Implementation Plan,SIP)的指导文件(US EPA,2004)。美国环境保护署指南详细说明了如何将可能包括"战略性植树"在内的新措施纳入国家实施计划,以帮助满足美国环境保护署制定的空气质量标准。由于许多满足清洁空气标准的策略可能不足以达到目标,新出现的策略(例如植树、增加表面反射率)可能会提供一种方法来帮助一个地区达到新的清洁空气臭氧标准。"鉴于与固定减排源相关的增量成本不断增加以及难以确定额外的固定减排源,美国环境保护署认为它需要鼓励创新的减排方法"(US EPA,2004)。由于许多城市地区被指定为臭氧清洁空气标准的未达标地区,并且需要达到标准,因此,城市中的树木可能在达到清洁空气标准方面发挥重要作用,并且可以整合到国家实施计划中(Nowak,2005)。

四、气候变化

气候变化是指在很长一段时间内(例如几十年)发生的气候测量(例如温度、降水)的任何显著变化。这种变化可能是由于自然因素和/或人类活动造成的。大气中二氧化碳和其他"温室"气体(例如甲烷、氯氟烃、一氧化二氮)的含量增加,它们通过在大气中捕获某些波长的热量而导致大气温度升高。

政府间气候变化专门委员会的报告指出(IPCC,2013),"气候系统变暖是明确的。自 20 世纪 50 年代以来,许多观测到的变化在几十年到几千年中都是前所未有的。大气和海洋变暖,冰雪数量减少,海平面上升,温室气体浓度增加。""过去 30 年中,地球表面每 10 年都比 1850 年以来的任意 10 年更暖和。1983～2012 年,北半球可能是过去 1 400 年中最热的 30 年。"观测到的长期气候变化还包括北极温度和冰的变化、降水量的广泛变化、风模式的加强以及干旱、强降水和热浪等极端天气事件等。预计气候变化的一些未来影响是:①大部分陆地区域气温升高,寒冷的昼夜减少;②大部分陆地区域炎热之夏更暖、更频繁;③热浪的频率和持续时间增加;④强降水事件的频率、强度和数量增加;⑤极端高海平面的发生率和/或幅度增加。气候变化的社会和生态影响包括与高温有关的死亡、生长季节的长度、植物抗寒区、落叶和开花日期以及鸟类越冬范围的潜在变化(US EPA,2010b)。根据气候模型预测,预计到 2100 年平均地表温度可能升高(相对于 1980~1999 年的平均温度)1.8~4.0℃。根据使用的模型模拟,2081~2100 年相对于 1986~2005 年,全球平均地表温度可能升高 0.3~4.8℃(IPCC,2013)。

由于二氧化碳是主要的温室气体之一,树木会影响二氧化碳浓度,因此本节将讨论树木对二氧化碳的影响。化石燃料燃烧是造成二氧化碳排放的主要来源。化石燃料燃烧的主要来源包括发电、运输、工业过程、住宅和商业用地。在美国,发电排放了约 39% 的化石燃料燃烧二氧化碳,而交通运输大约排放了 33%(US EPA,2016)。

五、树木对气候变化的影响

189

树木对气候变化的影响,类似于树木对空气污染的影响。树木从大气中去除二氧化碳,排放二氧化碳,以及降低气温并改变建筑能源使用,从而导致发电厂和其他来源的排放(例如汽油的蒸发)减少。

1. 碳储存与年封存

树木通过它们的生长过程,直接从大气中去除二氧化碳并将碳封存在它们的生物质中。城市中树木的碳储存量(carbon storage)可达 130 万吨以上,社会价值约为 2 800 万美元(以纽约州纽约市为例)(Nowak and Crane,2002)。一个城市每年通过树木去除碳的量可以超过 4.5 万吨,价值约为每年 100 万美元(以佐治亚州亚特兰大市为例)。平均而言,一英亩的林木植被可能会储存约 34 吨碳,每年可去除约 1.2 吨碳(图 8-5、图 8-6)。

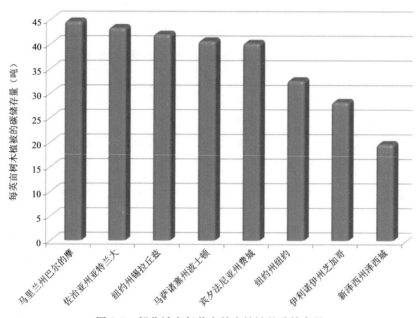

图 8-5　部分城市每英亩林木植被的碳储存量

资料来源:Nowak and Crane,2002;Nowak and Heisler,2010。

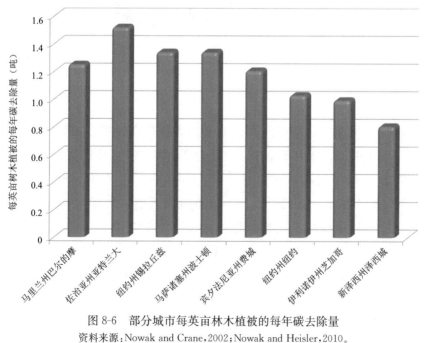

图 8-6　部分城市每英亩林木植被的每年碳去除量

资料来源:Nowak and Crane,2002;Nowak and Heisler,2010。

190

　　树干直径大于 30 英寸(0.762 米)的大树比树干直径小于 3 英寸(0.076 2 米)的小树储存的碳多 800~900 倍(图 8-7)。健康的大树每年也比健康的小树多去除大约 50 倍的碳(图 8-8)。尽管城市中有更多的小树,但大树总体上倾向于储存更多的碳(图 8-9)。

191

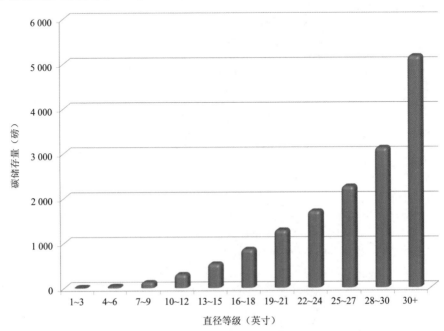

图 8-7　芝加哥按直径等级划分的每棵树的平均碳储存量

资料来源:Nowak et al.,2010。

　　就碳储存量和每年去除量而言,景观中单棵树木的综合影响可能非常显著。美国本土城市森林的碳储存量估计为 9.19 亿吨,估计价值为 1 190 亿美元。城市森林每年的碳封存总量估计为 3 670 万吨,估计价值 48 亿美元(Nowak and Greenfield,2018)。2014 年,城市树木的年去除率约为美国估计的总碳排放量(61.23 亿吨二氧化碳/年)的 2.2%(US EPA,2016)。

　　除了树木,城市地区的土壤还可以封存大量的碳,因为植物和动物的碳会转移到土壤中。在美国的森林生态系统中,总碳的 38% 储存在土壤环境中(189 亿吨土壤碳)(Heath et al.,2011)。美国城市土壤中的碳含量估计约为 21 亿吨(Pouyat et al.,2006)。

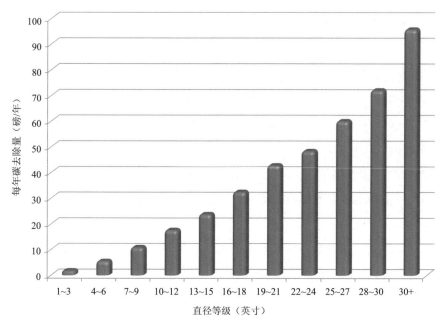

图 8-8　芝加哥按直径等级划分的每棵树每年平均碳去除量

资料来源:Nowak et al. ,2010。

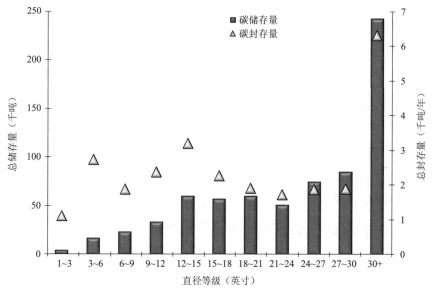

192

图 8-9　2012 年宾夕法尼亚州费城按树干直径等级估算的树木碳储存量和封存量

资料来源:Nowak et al. ,2016。

2. 碳排放:碳循环

尽管树木可以在城市地区封存和储存大量碳,但这些碳最终会通过自然或人为加速的过程循环回到大气。当一棵树死亡并且木材被允许分解或燃烧时,尽管一些碳可以保留在土壤中,但大部分储存的碳会再回到大气中。因此,给定区域的净碳储存将随着人口的增长和下降而随时间循环。当森林增长(碳积累)大于分解时,净碳储存量增加。

当森林被砍伐和/或土壤受到干扰时,净碳储存量会随着时间的推移而减少,因为树木和土壤中积累的碳将通过分解转化回二氧化碳。可以使用各种管理实践来帮助增强城市森林对大气碳的长期影响(Nowak,Stevens et al.,2002)。保持土壤完整并将树木生物量用于家具等长期产品可以长时间延迟碳释放。植物材料堆肥有助于促进土壤中的碳保留。使用树木,可以减少能源使用和碳排放,这可以避免碳排放到大气中。

树木维护活动还可以通过维护设备(例如车辆、链锯、挖掘机等)的碳排放来抵消树木固碳收益。由于树木管理可以使用相对大量的基于化石燃料的能源来维持植被,因此在确定城市森林对全球气候变化的最终净影响时需要考虑维护/管理活动的排放(参见第十一章关于低能耗城市生态景观的讨论)。

如果使用化石燃料维护树木并且不抵消其他来源的排放(例如减少建筑能源使用),则维护的树木最终将在未来某个时候成为碳的净排放者。当维护活动导致的碳排放超过树木或林区的总储存容量时,就会出现这一点(Nowak,Stevens et al.,2002)。碳排放量超过场地碳容量的年数因树种、树木密度和维护强度而异。对于在种植后的最初几年无法存活的维护树木,从一开始就可能出现碳赤字,因为树木的碳去除量少于用于种植树木的初始碳投入。如果将被砍伐的树木用于能源生产,它们还可以帮助减少燃烧化石燃料的发电厂的碳排放。

3. 通过降低温度与减少能源使用减少碳排放

如前所述,树木可以帮助减轻热岛效应并减少能源使用,从而减少发电厂的碳排放(Nowak,1993;Nowak et al.,2017)。面向降低城市气温和建筑能源使用的植被设计,可以减少发电厂和其他来源的碳排放,从而有助于避免二氧化碳排放。由于气候变化导致气温升高,树木的冷却效果在未来可能特别重要

(Gasparrini et al.,2017)。基于气候变化伴随着已经使城市地区变暖的城市热岛,未来城市可能会特别温暖。

4. 气候变化对树木的影响

树木会影响气候变化的成因和影响,气候变化也会反过来影响城市树木的构成。未来温度和降水的变化以及二氧化碳水平的增加可能会导致城市中自然和栽培物种的变化。由于城市地区与农村地区相比已经表现出气候差异,部分原因是大量的人造表面和大量的化石燃料燃烧,这些地区的气候变化影响可能会加剧。这些环境变化可以通过多种方式影响城市植被结构和功能。

出于气温升高、空气污染浓度可能因温度变化而增加、湿度有限或过多以及风暴破坏加剧等各种原因,树木生长压力和/或衰退可能会增加。而另一些树木/植物却可能与之相反,反而受益于气温升高(Sukopp and Werner,1983)、具有施肥效果(fertilizing effect)的空气污染物(例如硫和氮)增加(Saxe,1991)和/或可能提高生长速度的二氧化碳水平增加(McGuire and Joyce,1995)。如果全球气候变化引起的环境压力减少了树木的生长和蒸腾作用,或增加了树木的死亡率,那么树木的收益可能会减少。然而,如果树木生长压力最小,那么随着二氧化碳和空气污染物浓度的增加,树木的碳封存和污染去除可能会得到加强。

植物生长压力/衰退和/或风暴破坏频率/强度的增加,有可能增加维持健康林木植被所需的树木维护活动,从而增加相关的树木维护排放。此外,如果树木生长压力/死亡率增加,管理层很可能会转向更适应气候变化的物种。随着人类引起的城市植被结构发生变化,物种组成也会随环境的改变而变化,如同发生在更自然的地区的物种变化一样(Iverson and Prasad,1998;Iverson et al.,1999)。因此,由于气候变化导致自然和人为促进的物种变化,未来城市森林的组成可能会发生变化。

六、结论

总体而言,树木和森林通过改善空气质量与减少温室气体对人类健康和福祉产生积极影响,主要是通过降低气温与能源使用以及通过直接去除污染和碳封存。然而,树木也有一些与挥发性有机化合物、花粉和碳的排放(通过分解作用)以及风速降低相关的负面影响。污染源附近的局部尺度森林设计需要考虑树木会改变风流并且限制污染扩散和增加当地污染物浓度(例如街道沿线),但树木也可以保护场地免受污染物排放以及降低污染浓度(如林区)。通过了解树木和森林对大气环境的影响,管理者可以在城市中设计适当和健康的植被结构,以改善空气质量,从而达到为当代和后代改善人类健康和福祉的目的。

(顾朝林 译,梁思思 校)

参 考 文 献

1. Akbari H, Davis S, Dorsano S et al. (1992) Cooling our communities. A guidebook on tree planting and light-colored surfaces. US EPA PM-221. US EPA, Washington, DC

2. Annavarapu RN, Kathi S (2016) Cognitive disorders in children associated with urban vehicular emissions. Environ Pollut 208:74-78

3. Baes CF, McLaughlin SB (1984) Trace elements in tree rings: evidence of recent and historical air pollution. Science 224:494-497

4. Baes CF, Ragsdale HL (1981) Age-specific lead distribution in xylem rings of three tree genera in Atlanta, Georgia. Environ Pollut (Ser B) 2:21-35

5. Baldauf R, Jackson L, Hagler G et al. (2011) The role of vegetation in mitigating air quality impacts from traffic emissions. EM Air Waste Manag Assoc 2011:30-33

6. Baldauf R, Nowak DJ (2014) Vegetation and other development options for mitigating urban air pollution impacts. In: Freedman B (ed) Global environmental change. Chapter 56. Springer, Dordrecht, pp 479-485

7. Baldauf RW, Thoma E, Khlystov A et al. (2008) Impacts of noise barriers on near-road air quality. Atmos Environ 42:7502-7507

8. Bowker GE, Baldauf RW, Isakov V et al. (2007) Modeling the effects of sound barriers and vegetation on the transport and dispersion of air pollutants from roadways. Atmos Environ 41:8128-8139

9. Brauer M (2015) Air pollution, stroke, and anxiety: particulate air pollution is an emerging risk factor for an increasing number of common conditions. BMJ 350:h1510

10. Buccolieri R, Gromke C, Di Sabatino S et al. (2009) Aerodynamic effects of trees on pollutant concentration in street canyons. Sci Total Environ 407:5247-5256

11. Bytnerowicz A, Fenn ME, Miller PR et al. (1999) Wet and dry pollutant deposition to the mixed conifer forest. In: Miller PR, McBride JR (eds) Oxidant air pollution impacts

195

in the montane forests of Southern California: a case study of the San Bernardino Mountains. Springer, New York, pp 235-269

12. Calderón-Garciduenas L, Engle R, Mora-Tiscareño A et al. (2011) Exposure to severe urban air pollution influences cognitive outcomes, brain volume and systemic inflammation in clinically healthy children. Brain Cogn 77(3):345-355

13. Cardelino CA, Chameides WL (1990) Natural hydrocarbons, urbanization, and urban ozone. J Geophys Res 95(D9):13971-13979

14. Cariñanosa P, Casares-Porcela M, Quesada-Rubio JM (2014) Estimating the allergenic potential of urban green spaces: a case-study in Granada, Spain. Landsc Urban Plan 123: 134-144

15. Cavanagh JE, Zawar-Reza P, Wilson JG (2009) Spatial attenuation of ambient particulate matter air pollution within an urbanised native forest patch. Urban For Urban Green 8: 21-30

16. Cohen AJ, Brauer M, Burnett R et al. (2017) Estimates and 25-year trends of the global burden of disease attributable to ambient air pollution: an analysis of data from the global burden of diseases study 2015. Lancet 389(10082):1907-1918

17. Compton JL (2016) Evolution of the "parks as lungs" metaphor: is it still relevant? World Leis J 59(2):105-123. https://doi.org/10.1080/16078055.2016.1211171

18. Crutzen PJ, Delany AC, Greenberg J et al. (1985) Tropospheric chemical composition measurements in Brazil during the dry season. J Atmos Chem 2:233-256

19. Darley EF (1971) Vegetation damage from air pollution. In: Starkman ES (ed) Combustion-generated air pollution. Plenum Press, New York, pp 245-255

20. Dasch JM (1987) Measurement of dry deposition to surfaces in deciduous and pine canopies. Environ Pollut 44:261-277

21. Fann N, Lamson AD, Anenberg SC et al. (2012) Estimating the national public health burden associated with exposure to ambient $PM_{2.5}$ and ozone. Risk Anal 32:81-95

22. Gasparrini A, Guo Y, Sera F et al. (2017) Projections of temperature-related excess mortality under climate change scenarios. Lancet Planet Health 1(9):e360-e367. https://doi.org/10.1016/S2542-5196(17)30156-0

23. Geron CD, Guenther AB, Pierce TE (1994) An improved model for estimating emissions of volatile organic compounds from forests in the eastern United States. J Geophys Res 99 (D6):12773-12791

24. Gorn D (2017) California weighs tougher emissions rules for gas-powered garden equipment. NPR all things considered. https://www.npr.org/2017/02/28/517576431/california-weighs-tougher-emissions-rules-for-gas-powered-garden-equipment. Accessed Dec 2017

25. Gromke C, Ruck B (2007) Influence of trees on the dispersion of pollutants in an urban street canyon—experimental investigation of the flow and concentration field. Atmos En-

viron 41:3287-3302

26. Gromke C, Ruck B (2009) On the impact of trees on dispersion processes of traffic emissions in street canyons. Bound Layer Meteorol 131(1):19-34

27. Heath LS, Smith JE, Skog KE et al. (2011) Managed forest carbon estimates for the U. S. Greenhouse Gas Inventory, 1990-2008. J For 109(3):167-173

28. Hebbert M (2014) Climatology for city planning in historical perspective. Urban Clim 10: 204-215

29. Heisler GM (1986) Energy savings with trees. J Arboric 12(5):113-125

30. Heisler GM (1990) Mean wind speed below building height in residential neighborhoods with different tree densities. Am Soc Heat Refrig Air Cond Eng Trans 96:1389-1396

31. Heisler GM, Brazel AJ (2010) The urban physical environment: temperature and urban Heat Islands. In: Aitkenhead-Peterson J, Volder A (eds) Urban ecosystem ecology (agronomy monograph 55). American Society of Agronomy, Crop Science Society of America, Soil Science Society of America, Madison, pp 29-56

32. Heisler GM, Ellis A, Nowak DJ et al. (2016) Modeling and imaging land-cover influences on air temperature in and near Baltimore, MD. Theor Appl Climatol 124:497-515

33. History House (2017) What are the lungs of London? http://www. historyhouse. co. uk/ articles/lungs_of_london. html. Accessed Nov 2017

34. Intergovernmental Panel on Climate Change (2013) Climate change 2013: the physical science basis. Summary for policymakers. IPCC Secretariat, Geneva. https://www. ipcc. ch/pdf/assessment-report/ar5/wg1/WGIAR5_SPM_brochure_en. pdf. Accessed Nov 2017

35. Iverson LR, Prasad AM (1998) Predicting abundance of 80 tree species following climate change in the eastern United States. Ecol Monogr 68:465-485

36. Iverson LR, Prasad AM, Hale BJ et al. (1999) An atlas of current and potential future distributions of common trees of the eastern United States. General technical report NE265. USDA Forest Service Northeastern Research Station, Radnor

37. Jacob DJ, Wofsy SC (1988) Photochemistry of biogenic emissions over the Amazon forest. J Geophys Res 93(D2):1477-1486

38. Little P (1977) Deposition of 2.75, 5.0, and 8.5 mm particles to plant and soil surfaces. Environ Pollut 12:293-305

39. Luley CJ, Bond J (2002) A plan to integrate management of urban trees into air quality planning. Report to Northeast State Foresters Association. Davey Resource Group, Kent

40. Marino E, Caruso M, Campagna D et al. (2015) Impact of air quality on lung health: myth or reality? Ther Adv Chronic Dis 6(5):286-298

41. McGuire AD, Joyce LA (1995) Responses of net primary production to changes in CO_2 and climate. In: Joyce LA (ed) Productivity of America's forests and climate change. General technical report RM-271. USDA Forest Service, Rocky Mountain Research Sta-

tion，Fort Collins，pp 9-45

42. Myrup LO，McGinn CE，Flocchini RG (1991) An analysis of microclimate variation in a suburban environment. In: Seventh conference on applied climatology. American Meteorological Society，Boston，pp 172-179

43. National Acid Precipitation Assessment Program (1991) 1990 integrated assessment report. National Acid Precipitation Assessment Program，Washington，DC

44. Nowak DJ (1992) Urban forest structure and the functions of hydrocarbon emissions and carbon storage. Proceedings of the Fifth National Urban Forest Conference，Los Angeles，CA，pp 48-51

45. Nowak DJ (1993) Atmospheric carbon reduction by urban trees. J Environ Manag 37(3): 207-217

46. Nowak DJ (1994) Atmospheric carbon dioxide reduction by Chicago's urban forest. In: McPherson EG，Nowak DJ，Rowntree RA (eds) Chicago's urban Forest ecosystem: results of the Chicago urban forest climate project. General technical report NE-186. USDA Forest Service，Northeastern Research Station，Radnor，pp 83-94

47. Nowak DJ (1995) Trees pollute? A "TREE" explains it all. In: Kollin C，Barratt M (eds) Proceedings of the 7th national urban forestry conference. American Forests，Washington，DC，pp 28-30

48. Nowak DJ (2005) Strategic tree planting as an EPA encouraged pollutant reduction strategy: how urban trees can obtain credit in State Implementation Plans. http://www. nrs. fs. fed. us/units/urban/local-resources/downloads/Emerging_Measures_Summary. pdf. Accessed May 2010

49. Nowak DJ，Appleton N，Ellis A et al. (2017) Residential building energy conservation and avoided power plant emissions by urban and community trees in the United States. Urban For Urban Green 21:158-165

50. Nowak DJ，Bodine AR，Hoehn RE et al. (2016) The urban forest of Philadelphia. Resource bulletin NRS-106. USDA Forest Service，Northern Research Station，Newtown Square

51. Nowak DJ，Civerolo KL，Rao ST et al. (2000) A modeling study of the impact of urban trees on ozone. Atmos Environ 34:1601-1613

52. Nowak DJ，Crane DE，Stevens JC (2006) Air pollution removal by urban trees and shrubs in the United States. Urban For Urban Green 4:115-123

53. Nowak DJ，Crane DE，Stevens JC et al. (2002) Brooklyn's urban forest. General technical report NE-290. USDA Forest Service，Northeastern Research Station，Newtown Square

54. Nowak DJ，Crane DE (2002) Carbon storage and sequestration by urban trees in the USA. Environ Pollut 116(3):381-389

197

55. Nowak DJ, Greenfield EJ (2018) U. S. urban forest statistics, values and projections. J For 116(2):164-177

56. Nowak DJ, Heisler GM (2010) Improving air quality with trees and parks. National recreation and parks association research series monograph. NRPA, Ashburn

57. Nowak DJ, Hirabayashi S, Bodine A et al. (2013) Modeled $PM_{2.5}$ removal by trees in ten U. S. cities and associated health effects. Environ Pollut 178:395-402

58. Nowak DJ, Hirabayashi S, Ellis A et al. (2014) Tree and forest effects on air quality and human health in the United States. Environ Pollut 193:119-129

59. Nowak DJ, Hoehn R, Crane DE et al. (2010) Assessing urban forest effects and values: Chicago's urban forest. Resource bulletin NRS-37. USDA Forest Service, Northern Research Station, Newtown Square

60. Nowak DJ, Stevens JC, Sisinni SM et al. (2002) Effects of urban tree management and species selection on atmospheric carbon dioxide. J Arboric 28(3):113-122

61. Ogren TL (2000) Allergy-free gardening. Ten Speed Press, Berkeley

62. Oke TR (1989) The micrometeorology of the urban forest. Phil Trans R Soc Lond B 324: 335-349

63. Pope CA, Burnett RT, Thun MJ et al. (2002) Lung cancer, cardiopulmonary mortality, and long-term exposure to fine particulate air pollution. JAMA 287(9):1132-1141

64. Pouyat RV, Yesilonis ID, Nowak D (2006) Carbon storage by urban soils in the United States. J Environ Qual 35:1566-1575

65. Powe NA, Willis KG (2004) Mortality and morbidity benefits of air pollution (SO_2 and PM_{10}) absorption attributable to woodland in Britain. J Environ Manag 70:119-128

66. Rennenberg H (1991) The significance of higher plants in the emission of sulfur compounds from terrestrial ecosystems. In: Sharkey TD, Holland EA, Mooney HA (eds) Trace gas emissions by plants. Academic, New York, pp 217-260

67. Rolfe GL (1974) Lead distribution in tree rings. For Sci 20(3):283-286

68. Salmond JA, Williams DE, Laing G et al. (2013) The influence of vegetation on the horizontal and vertical distribution of pollutants in a street canyon. Sci Total Environ 443: 287-298

69. Saxe H (1991) Photosynthesis and stomatal responses to polluted air, and the use of physiological and biochemical responses for early detection and diagnostic tools. Adv Bot Res 18:1-128

70. Schjoerring JK (1991) Ammonia emission from the foliage of growing plants. In: Sharkey TD, Holland EA, Mooney HA (eds) Trace gas emissions by plants. Academic Press, New York, pp 267-292

71. Scott KI, Simpson JR, McPherson EG (1999) Effects of tree cover on parking lot microclimate and vehicle emissions. J Arboric 25(3):129-142

72. Shafer SR, Heagle AS (1989) Growth responses of field-grown loblolly pine to chronic doses of ozone during multiple growing seasons. Can J For Res 19:821-831

73. Sharkey TD, Holland EA, Mooney HA (eds) (1991) Trace gas emissions by plants. Academic, New York

74. Shiner DS, Heck WW, McLaughlin SB et al. (1990) Response of vegetation to atmospheric deposition and air pollution. NAPAP SOS/T report 18. National Acid Precipitation Assessment Program, Washington, DC

75. Simpson JR (1998) Urban forest impacts on regional cooling and heating energy use: Sacramento County case study. J Arboric 24(4):201-214

76. Smith WH (1990) Air pollution and forests. Springer, New York

77. Souch CA, Souch C (1993) The effect of trees on summertime below canopy urban climates: a case study, Bloomington, Indiana. J Arboric 19(5):303-312

78. Sukopp H, Werner P (1983) Urban environments and vegetation. In: Holzner W, Werger MJ, Ikusima I (eds) Man's impact on vegetation. Dr. W. Junk Publishers, The Hague, pp 247-260

79. Taha H (1996) Modeling impacts of increased urban vegetation on ozone air quality in the South Coast Air Basin. Atmos Environ 30(20):3423-3430

80. Tiwary A, Sinnett D, Peachey C et al. (2009) An integrated tool to assess the role of new plantings in PM_{10} capture and the human health benefits: a case study in London. Environ Pollut 157:2645-2653

81. U. S. Environmental Protection Agency (1991) Nonroad engine and vehicle emission study report. US EPA Office of Air and Radiation ANR-43. EPA-21A-2001. US EPA, Washington, DC

82. U. S. Environmental Protection Agency (2004) Incorporating emerging and voluntary measures in a State Implementation Plan (SIP). http://www. epa. gov/ttn/oarpg/t1/memoranda/evm_ievm_g. pdf. Accessed May 2010

83. U. S. Environmental Protection Agency (2007) The plain English guide to the clean air act. US EPA, EPA-456/K-07-001. Office of Air Quality Planning and Standards, Research Triangle Park

84. U. S. Environmental Protection Agency (2009) Reducing urban heat islands: compendium of strategies. U. S. Environmental Protection Agency. http://www. epa. gov/hiri/resources/compendium. htm. Accessed July 2010

85. U. S. Environmental Protection Agency (2010a) Our nation's air: status and trends through 2008. EPA-454/R-09-002. Office of Air Quality Planning and Standards, Triangle Park

86. U. S. Environmental Protection Agency (2010b) Climate change indicators in the United States. EPA-430-R-10-007. Washington, DC

198

87. U. S. Environmental Protection Agency (2016) Fast facts, 1990-2014. EPA 430-F-16-002, U. S. Environmental Protection Agency, Washington, DC. https://19january2017snapshot. epa. gov/sites/production/files/2016-06/documents/us_ghg_inv_fastfacts2016. pdf. Accessed Nov 2017

88. U. S. Environmental Protection Agency (2017a) Our nation's air status and trends through 2016. https://gispub. epa. gov/air/trendsreport/2017/#home. Accessed Dec 2017

89. U. S. Environmental Protection Agency (2017b) Summary nonattainment area population exposure report. https://www3. epa. gov/airquality/greenbook/popexp. html. Accessed Dec 2017

90. U. S. Environmental Protection Agency (2017c) Visibility and haze. https://www. epa. gov/vis-ibility/basic-information-about-visibility. Accessed Dec 2017

91. Vieira S (2015) The health burden of pollution: the impact of prenatal exposure to air pollutants. Int J Chronic Obstr Pulm Dis 10:1111-1121

92. Vos PEJ, Maiheu B, Vankerkom J et al. (2013) Improving local air quality in cities: to tree or not to tree? Environ Pollut 183:113-122

93. Wania A, Bruse M, Blond N et al. (2012) Analysing the influence of different street vegetation on trafficinduced particle dispersion using microscale simulations. J Environ Manag 94:91-101

94. World Health Organization (2008) A world where all people breathe freely. p 2. http://www. who. int/respiratory/gard/Flyer_English_080508. pdf. Accessed Oct 2018

95. World Health Organization (2014) 7 million premature deaths annually linked to air pollution. World Health Organization, Geneva. http://www. who. int/mediacentre/news/releases/2014/air-pollution/en/. Accessed Nov 2017

96. World Health Organization (2016) Ambient air pollution: a global assessment of exposure and burden of disease. World Health Organization, Geneva

97. Ziegler I (1973) The effect of air-polluting gases on plant metabolism. In: Environmental quality and safety, vol 2. Academic, New York, pp 182-208

第九章　城市系统的营养生物地球化学

丹尼斯·P. 斯瓦尼[1]

　　本章重点介绍城市地区养分流动的一些特征。城市是人类活动的中心,因此也是资源消耗的中心。人为贡献的营养物质主要是氮和磷,尤其是它们在城市地区作为食物被消耗,这些与人类排弃物中的养分负荷有关,人类排放的废物被输送到废物处理设施和垃圾填埋场并最终影响区域环境。其他人为重要贡献包括与工业和车辆发动机燃烧过程相关的大气氮沉降以及施用于城市草坪和花园的氮肥及磷肥。这些营养物质在城市地区集中,再加上它们在城市不透水表面和排水网络的促进下在水流中的快速移动,导致当地和区域水域的养分负荷很高。未来气候情景中风暴事件愈加频繁,可能会加剧来自城市的潜在养分流动。高氮、磷负荷,尤其是当与其他营养物质(如硅)不平衡时,就会导致水质管理出现问题。

一、城市、食物流布区与受纳水体的营养物质及生态系统代谢

　　在本章中,我们重点介绍城市地区养分流动的一些特征。城市是人类活动的中心,因此也是人类消耗能源、食物和水等资源的中心。养分[主要是氮(N)和磷(P)]的人为贡献,尤其是它们在城市地区的消耗,对其在全球循环具有非

---

[1]　美国纽约州伊萨卡市,康奈尔大学生态与进化生物学系,邮箱:dps1@cornell.edu。

常重要的作用(专栏 9-1)。对食物的需求推动了生产人类废物的"城市引擎"及其相关的养分负荷,这些排泄物被输送到废物处理设施、垃圾填埋场并最终输送到区域自然环境。作为燃料燃烧过程的一部分,城市内外的能源生产和车辆运输产生的排放代表了从大气中固定的氮源。工业固定氮的另一个主要来源是氮肥,它不是城市中心氮收支的主要组成部分,但在郊区和其他城市空间(如公园)可能是十分重要的。

城市的需水量(详见第九章)为污水流中的大部分废物流提供了载体,而城市环境的不透水表面特征促进了降雨和融雪事件后径流的快速地表流动,因此,与多孔景观比例较高的地区相比,从城市地区到受纳水体其运输养分的速度更快、效率更高。

专栏 9-1　净人为养分输入(NANI 和 NAPI)

在流域和区域尺度上广泛使用的养分核算惯例考虑了人类产生(人为的)养分的净输入。对于氮,被称为净人为氮输入(net anthropogenic nitrogen input),即 NANI,净人为磷输入则为 NAPI(Hong et al.,2011;Howarth et al.,1996;Russell et al.,2008)。虽然一些研究各不相同,但净人为氮输入考虑了合成氮肥输入、作物固氮、氧化氮(NO_y)的大气沉降以及一个地区食物和牲畜饲料的净氮需求(假设等于进入或离开该区域的氮的运输量)(图 9-1)。净人为磷输入方法包括相应的流量,但通常假设磷的大气来源(例如灰尘的长距离传输)可以忽略不计,并且磷中没有类似物用于氮固定,因此计算更简单。尽管有研究(Han et al.,2011a,2011b)考虑了城市系统中净人为养分积累(NANA,NAPA)的情况,其中包括河流养分流入和流出之间的差异,但养分核算通常在流域基础上进行,因此可以假设河流养分的输入不存在(流域被定义为只有河流流出)。

大量研究表明,一个地区的净人为氮输入与其河流的氮输出量密切相关,净人为氮输入和氮输出之间总体线性关系的斜率可以解释为流向沿海水域的氮源比例;其余部分,即该地区的"氮保留量",通常占总量的 70%~85%,主要用于将活性氮转化回大气的陆地景观中的反硝化(denitrification)

过程(尽管储存在有机物和地下水池中的氮也可解释部分保留量)。尽管近年来已经对包括巴黎、北京和纽约在内的一些城市地区的食物流布进行了调查(Billen et al. ,2007;Billen et al. ,2009;Billen et al. ,2012;Han et al. ,2011a, 2011b;Swaney et al. ,2012),但这些研究大多数是在大型混合土地利用流域(1 000平方千米)(Hong et al. ,2017;Howarth et al. ,2012)中进行的。

　　城市地区代表了一个极端,由于净食物/饲料几乎完全取决于人类的食物需求,因此城市地区代表了营养物质的输入,而农业地区则可以代表输入(牲畜饲料)或输出(在粮食或其他作物中,以满足产区以外的需求)这两种方式。城市地区也代表了不透水表面比例相对较高的区域,因此对风暴的水文响应高,水流停留时间短,这表明养分的生物化学处理时间很少,而径流水中养分输送的比例很高。

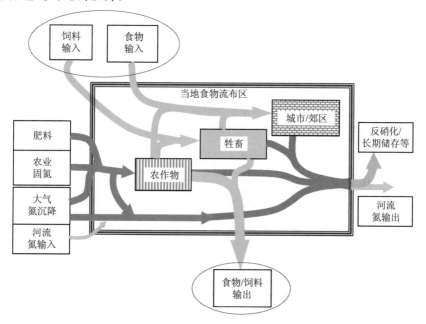

图9-1　与河流养分输入和输出相关的城市当地食物流布区净人为养分输入

注:假定流入和流出的质量平衡,河流净输出(对该地区的输出与输入之差)可以与其他过程项相关(Billen et al. ,2007;Han et al. ,2011a;Hong et al. ,2011;Howarth et al. ,1996;Russell et al. ,2008)。食物/饲料输入和输出也可以合并为一个"净"过程项,代表净输入或输出。虽然氮核算过程包含了上述所有过程,但磷核算的类似图表将没有大气沉降过程和固定过程。

204 　从生态的角度来看,城市的代谢总体上是"异养的"(heterotrophic),消耗的有机物质(食物)多于其所生产的(Billen et al.,2007;Kennedy et al.,2007)。补贴城市的养分来自"自养"(autotrophic)区域,包括城市的"食物流布区"(food-shed)或"食物足迹"(foodprint),即为种植食物以养活人口所必需的区域(Billen et al.,2009;Hedden,1929)。从历史上看,这些地区位于城市边界内或邻近城市边界,但现代交通网络已将全球饮食和分散的食物流布区同质化到遥远的地区。在艾奥瓦州施用于玉米或大豆的氮肥可能被转移至在上海的猪肉。

在一些城市,例如巴黎,仍然依靠相对较近的资源为其居民提供营养。比伦等(Billen et al.,2009)估计,巴黎大约 50% 的食物供应来自塞纳河盆地(自养)(图 9-2a)。相比之下,包括纽约在内的许多其他城市的大部分营养资源都依赖于长途运输。养分流动的全球化及其在城市消费中心集中的后果仍有待充分探索——但正如我们所见,这些过程已经开始主导全球许多地区的养分流动,因此必将产生深远的影响。

与一两个世纪前的城镇和村庄相比,无论其实际位置如何,源自城市食物流布区并被吸引到"城市喉咙"(urban maw)的养分现在最终可以推动受纳水体中的自养和异养过程。城市污水中过量的养分会使下游的生态系统过度肥沃,导致有机物生产过剩、死亡和耗氧分解的循环。养分负荷的放大是城市地区环境管理和规划的一个严重问题,由于养分的富集和不平衡,包括富营养化、有害藻华、缺氧区的增加[低氧区,称为"死亡带"(dead zones)]以及休闲渔业和渔业的减少,都会造成重大的环境和人类健康危害。在调查美国沿海水域时,布里克等(Bricker et al.,2007)发现 65% 的河口(占该地区的 78%)显示出中度至高度富营养化的症状,许多是沿海城市养分负荷的直接结果。城市生态系统(包括它们的食物流布区和受纳水域)的生物地球化学的完整故事仍在展开,但很明显,这些经济引擎显然已经将生物地球化学过程从局部扩展到全球尺度。

二、城市的独特性

每个城市都有自己的独特个性,但它们也有许多共同点。现代城市的中心可以看作是"发达"和"未开发"地区之间养分负荷、化学转化和生态响应连续统

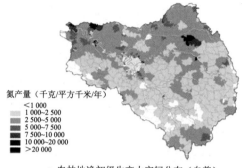

氮产量（千克/平方千米/年）
<1 000
1 000~2 500
2 500~5 000
5 000~7 500
7 500~10 000
10 000~20 000
>20 000

a. 农林地净初级生产力空间分布（自养）

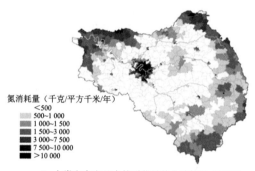

氮消耗量（千克/平方千米/年）
<500
500~1 000
1 000~1 500
1 500~3 000
3 000~7 500
7 500~10 000
>10 000

b. 人类和家畜及森林群落异养总消耗量（异养）

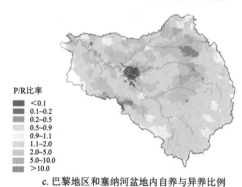

P/R比率
<0.1
0.1~0.2
0.2~0.5
0.5~0.9
0.9~1.1
1.1~2.0
2.0~5.0
5.0~10.0
>10.0

c. 巴黎地区和塞纳河盆地内自养与异养比例

0　25　50　　100　　150
km

图 9-2　巴黎地区（异养）依靠塞纳河盆地（自养）提供养分

注：在图 9-2c 中，红色值表示异养（有机物质的消耗，即食物和饲料）主导区，P/R<
1；绿色值表示自养（有机物质的生产和营养物质的消耗）主导区，P/R>1，其中包括
当地的食物流布区。巴黎大都市区显示为塞纳河盆地中心的红色区域。

资料来源：Billen et al., 2007。

一体的端点(Kaushal and Belt,2012)。郊区在食物消费、绿地、道路密度、住房密度以及许多其他影响生物地球化学过程的因素方面处于中等水平。正如我们将在下文中所看到的,这些因素会对养分循环和环境质量产生影响。

城市中心与农村之间的差异体现在非视觉感官体验上,也体现在城市的生物地球化学过程中。一个城市的气味反映了其居民的食物需求以及将他们的燃料燃烧,这两者都为城市提供了养分。铺砌的道路、人行道、停车场和带有瓦片或金属屋顶的混凝土或砖砌建筑,以及构成城市"基础设施"外壳的混凝土衬砌排水渠和水道,都会影响城市的水文响应——雨和降雪,防止渗入地下并加速水在城市中的流动,从而影响营养物质进出城市的路径。这些特征加上"城市峡谷"(urban canyon)的影响,还可以提高温度并塑造城市的微观气象,并可能影响结构和路面的风化速率。城市的气象环境决定了城市植被生长季节的长短和发生的时间,如春季萌芽、秋季落叶等,都与城市土壤和植被之间的养分循环有关。

一个城市的位置通常是沿着河流、河口或其他主要水体,通常是因为它起源于贸易中心,而贸易中心最初要求靠近水路运输。由此产生的一个后果是,城市通过其相对不透水表面的径流和居民直接排放污水废物对这些水域的水质产生不可避免的影响。

三、营养生物地球化学

现代全球养分循环受到人类活动的严重影响。由此产生的营养素被称为"人为的"(专栏 9-1)。氮和磷通常是养分循环和生物地球化学讨论的主要议题,因为它们在为构成生态系统的所有生物提供燃料方面发挥着重要作用,并且人类活动对它们在环境中的全球循环产生了巨大影响。在讨论水生食物链和有害藻类物种的生物学时,第三种元素硅(Si)发挥了作用,因为它是硅藻生长的必需营养素,而硅藻作为一种良性的藻类,通常是许多水生食物链的基础。我们简要回顾这些营养物质的一些特征以及城市在其生物地球化学循环中的作用(Schlesinger,1997)。

1. 氮

虽然地球上的大部分氮以惰性气体氮气(N_2)的形式存在于大气中,但最常见的氮形式可能是所有生物的基本组成部分——苯丙氨酸酶和其他蛋白质中的氮。在缺乏人类活动的情况下,大气中的氮可以通过一些"固氮"(nitrogen-fixing)植物和细菌的作用转化为有机形式。当这些生物死亡时,有机氮被其他生物("分解者")分解["矿化"(mineralized)]为无机形式,而这些"活性"(reactive)形式的氮[主要是硝酸盐(NO_3^-)、亚硝酸盐(NO_2^-)、氨(NH_3)或离子形式的铵(NH_4^+)]很容易被植物吸收,成为必需的营养物质。这些过程为地球食物链中的氮营养提供了基础。当今,自然发生的固氮行为在很大程度上被豆类作物的固氮和工业生产中用于农业生产的氮肥所掩盖。

另一类重要的细菌"反硝化菌"将硝酸盐转化为气态氮[一氧化二氮(N_2O)是一种强效温室气体,氮气是大气的主要成分],然后可以通过扩散到大气中消散。这些微生物在典型的潮湿"缺氧"环境中使用硝酸盐(NO_3)代替氧气(O_2)呼吸,例如在湿地、河岸地区或没有氧气的底栖区域,在此过程中释放出氮,从而消除它作为下游水体富营养化的潜在来源,并提供与城市废物处理设施中的三级处理过程基本相同的"服务"。

大多数进入城市地区的氮以食物蛋白质的形式存在。美国人口每年每人消耗5~6千克氮。在城市地区,大部分氮进入下水道系统,在大多数情况下,进入城市废物处理设施进行处理。一些低密度城市和郊区依靠化粪池系统进行处理。根据处理的性质和程度,这些氮可能在反硝化作用后回到大气中,作为污水污泥的"改良物"返回土壤,或进入处理后的污水中。此外,食物垃圾中的氮可能会通过固体废物流进入垃圾填埋场,或者进入一些不太富裕的城市地区当地的垃圾场。

城市和郊区的其他氮源包括肥料与大气中的氮沉降。特别是与20世纪初相比,全球流入的氮量增加了十倍以上。这主要是由于哈伯—博施法(Haber-Bosch process)"固定"大气中氮的影响(专栏9-2)。该工业过程允许将氮转化为可用作农田和其他过程的植物肥料。截至2000年,全球约有47%的人口居住在城市地区,其中许多人居住在非常大的城市,因此,哈伯—博施法通过现代农业生产率的提高使现代大都市的发展成为可能。50%～70%郊区草坪的肥料施用量也确实超过了农田(表 9-1)(Law et al.，2004)。

专栏 9-2　哈伯—博施法

1995 年，在全球范围内，100 Tg 的氮被"固定"，即通过哈伯—博施法从惰性大气氮转化为氨，这是一种活性氮的形式，其中约 86 Tg 被用于化肥。在此之前不到 100 年的时间里，没有任何氮被这样转化。100 Tg 氮约占全球氮循环中人为氮总量的 2/3(化石燃料燃烧产生的氮排放和氮的相关大气氧化占另外 25 Tg)，与全球所有自然生态系统的现代固氮量大致相同。因此，现代全球氮循环的转变主要归功于一个单一的工业过程：哈伯—博施法的氨合成。所涉及的基本化学反应是大气中的氮与氢结合生成氨：

$$N_2+3H_2\leftrightarrow 2NH_3$$

该反应在高温和高压条件以及金属(铁或钌)催化剂的存在下完成，以提高生产率。除了大气中的氮气外，所需的氢气通常是通过水与天然气中的甲烷反应产生的。煤的气化有时也被用作甲烷来源。因此，哈伯—博施法也是化石燃料的消费者，既是能源来源也是原料。

资料来源：Galloway et al.，2004；Smil，2001。

表 9-1　马里兰州的化肥施用量比较(磅/英亩/年)

	家庭草坪(自己施肥)	家庭草坪(养护服务)	高尔夫球场	高尔夫绿植	耕地(玉米/大豆轮作)
氮	44～261	194～258	150	213	184
磷	15	—	88	44	80

注：磅/英亩/年乘以 1.12，可得千克/公顷/年。
资料来源：Klein，1990。

氮的大气沉积是由燃烧源(如发电站和其他工业源)和汽车燃烧产生的氮排放到大气中的结果。由于城市地区此类来源的相对密度较大，因此在人口稠密地区，大气中的氮沉降量可能相对较高。氮沉降可以在雨或雪中以溶解形式发生("湿沉积")，也可以简单地附着在沉降的灰尘颗粒上("干沉积")。排放源燃烧过程的高温将化学惰性形式的大气氮气转化为其他气态形式(例如氧化氮、氮氧化物),并最终转化为包括硝酸盐、铵以及许多其他易于被植物和土壤微生物吸收的化学物质(硝酸是其中一种氧化形式,也是酸雨的主要成分)。由于这些燃烧源集中在城市地区,城市地区从空中飘落的氮比其他地区多。这种大气对可用(或过量)氮的贡献因需要长距离食物运输[即从粮食生产区到市场的"食物里程"(food miles)增加]的大型食物流布区的城市而加剧,导致与运输相关的大气氮排放。瑞典斯德哥尔摩的一项针对性研究(Wallgren,2006)表明,运输每千克食物的燃料能源成本为 0.9～11 兆焦耳/千克(即每加仑燃料可以从当地的食物流布区运输 26 磅肉类食品或 300 磅面包)。在美国,食品的平均配送距离为 1 640 千米,从饮料(330 千米)到红肉(1 800 千米)(Weber and Matthews,2008),因食物类别而异。假设柴油卡车用于运输(US Department of Transportation,2005),这相当于每辆车排放了几千克的氮氧化物。

2. 磷

与氮不同,磷来自地壳中的含磷矿物(Ruttenberg,2003)。自然界的磷循环涉及岩石风化,当含磷矿物被侵蚀时,它会产生磷酸盐(PO_4^-)。除了可以在灰尘中携带的少量磷之外,磷循环中不涉及大气成分。植物从土壤中吸收磷作为必需的养分并以有机形式被其他生物消耗。在生物体中,磷是一种必需的营养素,因为它是 DNA 分子、细胞膜、骨骼和牙齿中磷脂结构的组成部分。硝酸盐是溶解态氮的主要形式,它可以通过环境自由移动,与硝酸盐不同的是,溶解态磷可以被吸附在土壤颗粒上,因此在土壤中移动缓慢。在河流中,磷以溶解形式移动并在河流运输时吸附在沉积物中。

现代磷循环中磷的主要人为来源与开采富含磷的岩石作为肥料有关,这是一种类似化石燃料的有限资源。20 世纪,磷肥作为一个产业的发展和磷肥在商业农业中的广泛使用,代表了全球磷循环的重大转变。与氮一样,流向城市中心的大部分磷都包含在食物中。美国人平均每年从食物中消耗约 1 千克的磷。这为城市地区的废物流提供了主要的磷负荷,另外还有来自肥皂、洗涤剂和其他非食物来源的磷含量的贡献。磷肥用于城市,尤其是郊区、公园、草坪和高尔夫球场,这些地方的施肥水平可以达到或超过农田(表 9-1)。

3. 硅

大多数人并不熟悉元素硅是一种营养物质,只是认为它是计算机芯片的基本材料,但它在世界陆地、水生和海洋生态系统中对于有一类生物的生长至关重要。这类生物包括微观硅藻(藻类)、放射虫和许多水生食物链底部的其他植物,是许多水生食物链的基础。硅酸盐(SiO_2)和其他溶解形态的硅(DSi)是大多数河流水域中溶解无机物质的主要成分,最终源自岩石的化学风化和"生物硅"(BSi),例如草中的植物岩、藻类的骨架等。颗粒硅(PSi)包括生物硅的矿物颗粒以及土壤和岩石的硅质颗粒,大约占全球河流中硅含量的90%(Durr et al.,2011)。由于硅藻(需要溶解形态的硅才能生长)代表了藻类的一个基本有益群体并产生大量的必要脂肪酸,所以它们是被称为浮游动物的小型水生动物的绝佳食物。反之,食用硅藻的浮游动物是幼鱼生长和发育过程中的优质营养食物。因此,相对于其他营养素(如氮),溶解形态的硅浓度相对较高的水生环境往往支持生产性水生食物链。Dsi:DIN(DIN指溶解的无机氮,为亚硝酸盐、硝酸盐和氨的总和)比率过低的水域,可能被其他具有不良特征的藻类物种所支配,包括潜在的对人体健康有害的有毒化合物。

城市如何影响硅的动态传播?硅似乎与流域中城市面积的百分比呈正相关(Carey and Fulweiler,2012)。这究竟是由于森林、草地和其他可以作为硅汇(a sink of Si)(植物吸收)的林木植被的损失,还是由于城市硅源的增加,目前尚不清楚。硅是一些洗涤剂的成分,硅化合物用于一些工业过程,如造纸,这些来源在城市地区可能会增加。在某些情况下,硅甚至在氟化过程中以氟硅酸或氟硅酸钠的形式添加到饮用水中。法国的一项研究表明,在城市环境中,每人每天大约摄入1克硅,这可能会影响当地水域中有益或不良藻类的流行(Sferratore et al.,2006)。与氮循环相比,硅循环受城市中人类活动的影响可能较小,但由于许多城市位于水体沿线或附近,微小的变化可能会对当地水生DSi:DIN比率产生较大影响。

四、技术、交通与城市及其食物流布区的演变

人口中心的性质在过去几个世纪内发生了显著变化,在过去100年左右的时间里变化最为显著。随着人口的膨胀,旧城市从原来的边界向外扩张,在旧城市基础上建造新的建筑。相对年轻的城市,就像美洲的大多数城市一样,在大洋

洲和亚洲部分地区的几个世纪甚至更短的时间内经历了同样的扩张。在其发展的早期阶段,人口中心是村庄,其中生产性农田和牲畜放牧区与人类居住区重叠。对食物的需求主要通过村庄范围内的生产来满足,当今世界许多地方的小型农业社区可能就是这样。在村庄里,由于人口密度较低,养分负荷相对较低。在工业革命之前,基本上不存在与现代技术(集中发电站、内燃机)相关的排放。随着人口中心因人类活动而变得密集,通常为了应对技术创新和贸易的增加,该镇的食物流布区扩展到其边界之外。其结果是对城市食品进口的需求以及废物流中营养物质的增加,这可能会很快超过同化能力。

以纽约市为例,这一增长的催化剂是伊利运河与其他运河系统的发展,将这座沿海城市与内陆水域连接起来,并在美国农业和工业向西扩张期间,促进了纽约市作为贸易中心的爆炸性增长。随着时间的推移,铁路取代了运河系统,增加了贸易流量,并使从越来越远的来源快速向城市供应食品和其他商品成为可能。如今,铁路运输已被卡车运输和航空货运补充或取代。在每一个新开发能源的时期,城市都在发展。纽约市的边界已经扩大,大都市区的郊区已经取代了以前用于农业生产的数千平方千米的土地。它的人口不再受当地粮食生产的限制;其他限制因素,例如饮用水供应的可用性和不断增加的废物流的清除,已经开始发挥作用,需要他们自己进行技术创新。

相比之下,法国巴黎起源于塞纳河畔上一个相对肥沃的内陆小镇。在过去的 1 000 年里,它从一个只有几千人的小镇发展成为一个拥有千万人的大城市,对食物的需求极高,因此对氮和磷的需求也非常高(图 9-2b)。尽管巴黎在交通方面经历了与纽约相同的技术改进,但其大部分食物仍然在塞纳河盆地内生产,这里主要是农业景观,具有非常高的肥力和生产力(图 9-2a)。农业粮食供需平衡可表示为自养与异养的比例(图 9-2c)。由于历史发展的差异和当地景观的相对丰富性,巴黎的食物流布区因此比纽约的小。

在这两种情况下,这些城市都将大量营养物质从城市边界以外的食物生产区转移并集中(到城市内部)。由此产生的废物经过不同程度的处理后被引导到受纳水域。尽管城市垃圾经过处理,但如今城市仍是河流和沿海水域营养物污染的主要集中来源。由于现代工业化农业系统中供应的养分超过作物养分需求,其食物流布区的农田,无论是分布在全球其他地区还是位于同一地区,都是

211

向环境提供养分的主要来源地。

五、城乡对比

图 9-3a、图 9-3b 左侧的条形图分别显示了美国按城市用地密度排名的前十个郡的氮和磷的平均输入率。这些郡代表美国的主要城市中心，包括纽约、华盛

212

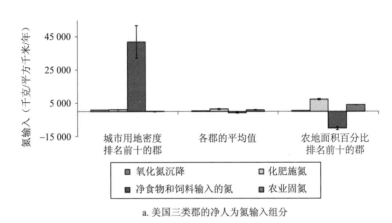

a. 美国三类郡的净人为氮输入组分

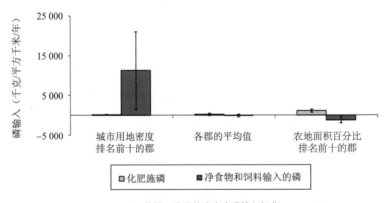

b. 美国三类郡的净人为磷输入组分

图 9-3　美国城市与农村的主要养分输入率及全国各郡平均值

注：在以城市为主的地区，净人为养分输入主要由满足人类营养需求所需的食物输入的养分物质主导。土地利用数据来自 2001 年全国土地覆盖数据集（NLCD2001，http://www.epa.gov/mrlc/nlcd-2001.html）。"城市"土地面积包括以下 2001 年 NLCD 类别："已开发、开放空间""已开发、低强度""已开发、中等强度""已开发、高强度"。农业用地包括"牧场/草地"和"种植作物"。

顿特区旧金山、巴尔的摩和费城。在这些大城市中,氮和磷的输入都以城市居民对食物的需求为主导。食物中的养分远远超过其他潜在输入,如化肥或大气沉降。

213

　　相比之下,按农地面积百分比排名前十的郡的相应平均养分输入如图 9-3 右侧条形图所示。在这里,出现了一个非常不同的画面。农田需要足够的肥料来满足作物的需求。一些作物,如大豆,能够直接从大气中的氮气中固氮,从而提供了第二个氮输入来源。反过来,这些地区在收获的谷物和蔬菜中输出养分,导致"净食物和饲料"中的氮损失(数字上为负值)。实际上,化肥和其他固定氮有效地转化为粮食,从农业生产地区输出,然后输入到城市中心。这种养分的空间转移代表了与城市发展和增长相关的建成环境养分循环的根本转变。

六、城市基础设施、水文与养分

　　一个好的经验法则是"如果它影响了水循环,它就会影响到养分循环"。城市环境代表了地球上最复杂的景观,因此与其定居前的条件相比发生了最根本的变化(Kaye et al. ,2006)。城市地区代表所有土地利用类别中不透水表面的最高密度,包括铺砌表面(道路、人行道、停车场)和建筑物的足迹。在城市土壤和基岩中的不透水表面之下,有一个由电力和通信线路、地铁隧道以及最重要的城市径流排水系统和下水道系统组成的网络,以促进水和废物流向这些水流的传统输送点:河流、河口和其他水体。在大多数城市,污水和城市径流相结合以降低成本。在干旱时期,城市污水处理厂(wastewater treatment plants,WWTPs)可以容纳这些合流,确保在排放到水道之前至少去除一定程度的病原体和营养物。在强风暴事件后的高流量时期,大部分流量绕过了污水处理厂,在未经处理或在几乎没有处理的情况下被排放。在这里,因为风暴流量相对较大,人们希望"解决污染的办法是稀释",但结果很不理想。现代污水设计将这些水流与街道排水分开,从而提供更好的处理和更高的水质水平,但老化的污水系统渗漏到城市河流中仍然会导致污染物排放,尤其是在高流量时期(Kaushal et al. ,2011)。

　　除非因人流量大和其他用途而严重压实,城市和郊区的草坪通常代表高渗透性的区域,它们像海绵一样保留水(和养分)。与路面的响应相反,草坪的径流通常仅在强降雨(或灌溉)事件期间或之后发生,在这些事件中,水的使用率超过了土壤的饱和传导率(渗透能力)。此外,与铺砌的表面相比,草地表面可以捕获灰尘和其他碎屑,这些灰尘和其他碎屑很容易在街道径流中运输,因此草坪可以很好地作为养分捕获器。与不透水表面相比,草坪通常能很好地保持水分,这些来源的养分负荷可以通过减少施肥量和将灌溉时间安排在降雨量较少的时期进行管理。

214

虽然草坪可以截留物质,但它们的养分输入率也相对较高,主要是施肥(表9-1),但也由于氮的大气沉积,特别是在高排放源(例如高汽车密度)的地区,这可能会突破他们保持养分的能力。

街道和其他铺砌的表面从大气沉积物、垃圾和废弃物以及动物粪便中积累养分。在汽车发展之前,城市地区的交通依靠马匹和其他役备。城市街道的排水沟充斥着粪便及其相关的养分负荷,以至于形成了收集和销售这些材料作为肥料的企业(McShane and Tarr,2007)。今天,城市中动物来源的养分负荷比19世纪后期要低得多。现代动物的养分来源包括宠物和城市"野生动物"(鸽子和老鼠,也包括许多其他生物,它们的生存得益于人类活动的养分补贴)。对来自城市宠物种群的养分负荷的一些评估表明,它在人类废物流中并不是一个可以忽略的部分。亚利桑那州中部凤凰城系统的质量平衡(Baker et al. ,2001)估计,宠物食品对城市生态系统的氮输入约为人类食物的27%。有多少宠物废物最终进入固体废物流与街道径流是一个悬而未决的问题。

即使假设污水流与雨水径流分开,风暴期间的高流速也会导致运输各种沉积物的能力提高,因此城市表面的不透水性质确保了更多的街道从铺砌表面接收水,而不是从多孔的表面接收水。现代城市的雨水管理系统包括滞留和沉淀池以及其他减缓水流和收集碎片的功能。由于城市水文系统比路面密度较低的相应区域移动水的速度更快,城市中以悬浮或溶解形式携带的物质被"加工"成可以被植物和土壤微生物活动同化的形式的时间更少。与不透水表面较少的区域相比,城市更有效的材料输送导致受纳水体的负荷更高(Wollheim et al. ,2005)。

七、污水系统与废物处理

截至 2000 年,世界上 84% 的城市居民使用污水处理系统,该系统可以收集和处理废物,以不同程度地去除营养物质(Galloway et al.,2003)。1875 年之前,美国没有处理城市污水的设施(Tarr,1996)。虽然发展中国家的许多城市人口仍然很少或根本没有污水处理,但在美国和其他发达国家,大多数城市地区已经有半个多世纪的污水系统和废物处理设施,尽管处理质量差异很大。但初级处理主要是在排放液体污水到受纳水体之前让固体沉淀,以最低限度地去除营养物。二级处理涉及通过分解微生物的自然活动对有机物质和其他材料(人类排泄物、食物垃圾、肥皂和清洁剂)进行受控分解。大多数废水处理厂都采用

表 9-2　未经处理的生活废水的典型成分

污染物	浓度(毫克/升)			人均负荷(千克/人/年)
	弱[①]	中[②]	强[③]	
总固体含量(TS)	390	720	1 230	107~121
总溶解性固体(TDS)	270	500	860	74~84
悬浮固体(SS)	120	210	400	33~35
总有机碳(TOC)	80	140	260	22~24
总氮(以 N 计)	20	40	70	5.5~6.7
有机氮(以 N 计)	8	15	25	2.2~2.5
铵(以 N 计)	12	25	45	3.3~4.2
亚硝酸盐(以 N 计)	0	0	0	0
硝酸盐(以 N 计)	0	0	0	0
总磷(以 P 计)	4	7	14	1.1~1.2
有机磷	1	2	4	0.3~0.4
无机磷酸盐(以 P 计)	3	5	10	0.8~0.9

注:①估计废水流量为 750 升/人/天;②估计废水流量为 460 升/人/天;③估计废水流量为 240 升/人/天。

资料来源:浓度数据来自 Tchobanoglous et al.(2003)。

有氧生物处理过程,需要对蓄水池中的污水进行曝气。该过程的目的是降低污水的"生物需氧量"(biological oxygen demand,BOD),以便在排放污水时保持受纳水体的氧含水平。三级处理包括二级处理以外的任何附加过程,旨在进一步提高排放前的出水质量,通常通过过滤絮状有机物质,以化学或生物方式去除废水中的磷,或使用生物硝化/反硝化(nitrification/denitrification)过程从废水中生物去除氮。因此,除非采用三级营养物去除方法(表9-2),否则市政污水处理设施的出水会携带大部分城市废物流中原有的溶解氮和磷。对于少数提供三级处理的城市污水处理设施,污水养分负荷显著降低,人均排放量甚至低于许多典型农村地区的现场(on-site)污水处理系统。

八、结论

城市地区不同于其他受人类影响的地区(例如以农业为主的地区)和相对未受影响的地区,特别是在养分循环方面,这是因为城市地区集中了人类活动。城市地区经历了多种形式大量的氮和磷输入,包括消费食物中所含的营养物质、草坪和其他地区的肥料输入以及与燃烧相关的大气氮源。这种养分浓度是城市的基础之一,也是其在区域养分计划和本地及区域水质影响(例如富营养化和缺氧)中发挥重要作用的原因。

降雨或融雪后,来自城市与郊区径流中的养分流表现为磷和氮浓度的增加,这进一步丰富了河流、湖泊、河口和其他受纳水体的养分负荷,从而增加了它们的富营养化程度(表9-3)。气候的变化表明,某些城市地区风暴的加剧,也可能加剧养分的流失(Kaushal et al.,2008)。城市水源径流中氮和磷的来源可能包括来自草坪和其他地区的肥料、大气沉积(主要是氮)、动物粪便,以及来自垃圾、草坪修剪物和其他碎屑的有机养分。污水管线和化粪池系统的泄漏也代表了城市与郊区径流中氮和磷的潜在来源(Groffman et al.,2004;Kaushal et al.,2011)。因此,径流和污水中营养物质的排放很可能仍然是城市的一个基本特征。

城市中大部分氮的最终来源是由工业化肥工厂固定的氮,以支持粮食需求和其他用途,或作为化石燃料燃烧的副产品。这两种来源都是能源密集型的,因

表 9-3　全国城市雨水中养分和其他污染物浓度的中位数(mg/l)

组分	浓度
总悬浮固体	54.50
总磷	0.26
可溶性磷	0.10
总氮	2.00
总凯氏氮	1.47
亚硝酸盐＋硝酸盐	0.53

资料来源:Center for Watershed Protection,2010。

此与未来能源供给和气候变化息息相关。相比之下,农作物和草坪上使用的大部分磷肥都是开采出来的,在人类时间尺度上是不可再生的。在接下来的几个世纪里,这可能会成为作物生产的限制因素,从而限制食物中的磷流入城市。

致谢

感谢卡琳·林堡仔细阅读了手稿并提出了建议。

（高喆 译,顾江 校）

参 考 文 献

1. Baker L, Hope AD, Xu Y, Edmonds J, Lauver L (2001) Nitrogen balance for the central Arizona-Phoenix (CAP) ecosystem. Ecosystems 4:582-602

2. Billen G, Barles S, Chatzimpiros P, Garnier J (2012) Grain meat and vegetables to feed Paris: where did and do they come from? Localising Paris food supply areas from the eighteenth to the twenty-first century. Reg Environ Chang 12(2):325-335

3. Billen G, Barles S, Garnier J, Rouillard J, Benoit P (2009) The food-print of Paris: long term reconstruction of the nitrogen flows imported into the city from its rural hinterland. Reg Environ Chang 9(1):13-24

4. Billen G, Garnier J, Mouchel JM, Silvestre M (2007) The Seine system: introduction to a multidisciplinary approach of the functioning of a regional river system. Sci Total Environ

217

375(1-3):1-12

5. Bricker S, Longstaff B, Dennison W, Jones A, Boicourt K, Wicks C, Woerner J (2007) Effects of Nutrient Enrichment In the Nation's Estuaries: A Decade of Change. In: NOAA Coastal Ocean Program Decision Analysis Series, No 26. National Centers for Coastal Ocean Science, Silver Spring

6. Carey JC, Fulweiler RW (2012) Human activities directly alter watershed dissolved silica fluxes. Biogeochemistry 111(1-3):125-138

7. Center for Watershed Protection (2010) New York State Stormwater Management Design Manual, Prepared for NY Dept of Environmental Conservation. Center for Watershed Protection, Ellicott City. http://www. decnygov/docs/water_pdf/swdm(2010)entirepdf. Accessed 2 Nov 2018

8. Durr HH, Meybeck M, Hartmann J, Laruelle GG, Roubeix V (2011) Global spatial distribution of natural riverine silica inputs to the coastal zone. Biogeosciences 8:597-620

9. Galloway JN, Aber JD, Erisman JW, Seitzinger SP, Howarth RW, Cowling EB, Cosby BJ (2003) The nitrogen cascade. AIBS Bull 53(4):341-356

10. Galloway JN, Dentener FJ, Capone DG, Boyer EW, Howarth RW, Seitzinger SP, Asner GP, Cleveland CC, Green PA, Holland EA, Karl DM (2004) Nitrogen cycles: past present and future. Biogeochemistry 70(2):153-226

11. Groffman PM, Law NL, Belt KT, Band LE, Fisher GT (2004) Nitrogen fluxes and retention in urban watershed ecosystems. Ecosystems 7(4):393-403

12. Han Y, Li X, Nan Z (2011a) Net anthropogenic nitrogen accumulation in the Beijing metropolitan region. Environ Sci Pollut Res 18(3):485-496

13. Han Y, Li X, Nan Z (2011b) Net anthropogenic phosphorus accumulation in the Beijing metropolitan region. Ecosystems 14(3):445-457

14. Hedden WP (1929) How great cities are fed. DC Heath & Co, New York

15. Hong B, Swaney DP, Howarth RW (2011) A toolbox for calculating net anthropogenic nitrogen inputs (NANI). Environ Model Softw 26(5):623-633

16. Hong B, Swaney DP, McCrackin M, Svanbäck A, Humborg C, Gustafsson B, Yershova A, Pakhomau A (2017) Advances in NANI and NAPI accounting for the Baltic drainage basin: spatial and temporal trends and relationships to watershed TN and TP fluxes. Biogeochemistry 133(3):245-261

17. Howarth R, Swaney D, Billen G, Garnier J, Hong B, Humborg C, Johnes P, Mörth CM, Marino R (2012) Nitrogen fluxes from the landscape are controlled by net anthropogenic nitrogen inputs and by climate. Front Ecol Environ 10(1):37-43

18. Howarth RW, Billen G, Swaney DP, Townsend A, Jaworski N, Lajtha K, Downing JA, Elmgren R, Caraco N, Jordan T, Berendse F, Freney J, Kudeyarov V, Murdoch P, Zhu Z-L (1996) Riverine inputs of nitrogen to the North Atlantic Ocean: fluxes and human in-

fluences. Biogeochemistry 35:75-139

19. Kaushal S, Groffman PM, Band LE, Elliott EM, Shields CA, Kendall C (2011) Tracking nonpoint source nitrogen pollution in human-impacted watersheds. Environ Sci Technol 45:8225-8232

20. Kaushal SS, Belt KT (2012) The urban watershed continuum: evolving spatial and temporal dimensions. Urban Ecosyst 15:409-435

21. Kaushal SS, Groffman PM, Band LE, Shields CA, Morgan RP, Palmer MA, Belt KT, Swan CM, Findlay SE, Fisher GT (2008) Interaction between urbanization and climate variability amplifies watershed nitrate export in Maryland. Environ Sci Technol 42(16): 5872-5878

22. Kaye JP, Groffman PM, Grimm NB, Baker LA, Pouyat RV (2006) A distinct urban biogeochemistry? Trends Ecol Evol 21(4):192-199

23. Kennedy C, Cuddihy J, Engel-Yan J (2007) The changing metabolism of cities. J Ind Ecol 11(2):43-59

24. Klein RD (1990) Protecting the Aquatic Environment from the Effects of Golf Courses. 218 Community and Environmental Defense Association, Maryland Line

25. Law LN, Band EL, Grove JM (2004) Nitrogen input from residential lawn care practices in suburban watersheds in Baltimore County, MD. J Environ Plann Man 47:737-755

26. McShane C, Tarr JA (2007) The horse in the city: living machines in the nineteenth century. Johns Hopkins University Press, Baltimore

27. Russell MJ, Weller DE, Jordan TE, Sigwart KJ, Sullivan KJ (2008) Net anthropogenic phosphorus inputs: spatial and temporal variability in the Chesapeake Bay region. Biogeochemistry 88(3):285-304

28. Ruttenberg KC (2003) The global phosphorus cycle. In: Holland HD, Turekian KK (eds) Treatise on Geochemistry, vol 8. Elsevier, Amsterdam, p 585

29. Schlesinger WH (1997) Biogeochemistry—An analysis of global change, 2nd edn. Academic Press, San Diego

30. Sferratore A, Garnier J, Billen G, Conley DJ, Pinault S (2006) Diffuse and point sources of silica in the Seine River watershed. Environ Sci Technol 40:6630-6635

31. Smil V (2001) Enriching the Earth: Fritz Haber Carl Bosch and the Transformation of World Food Production. MIT Press, Cambridge

32. Swaney DP, Santoro RL, Howarth RW, Hong B, Donaghy KP (2012) Historical changes in the food and water supply systems of the New York City Metropolitan Area. Reg Environ Chang 12(2):363-380

33. Tarr JA (1996) The search for the ultimate sink: urban pollution in historical perspective. The University of Akron Press, Akron

34. Tchobanoglous G, Burton FL, Stensel HD (2003) Wastewater Engineering Treatment

and Reuse, 4th edn. McGraw Hill Higher Education, Boston

35. US Dept of Transportation (2005) Assessing the Effects of Freight Movement on Air Quality at the National and Regional Level, Final Report, April 2005. Prepared for US Federal Highway Administration Office of Natural and Human Environment. Washington, DC. https://www.fhwa.dot.gov/Environment/air_quality/research/effects_of_freight_movement/chapter00.cfm. Accessed 2 Nov 2018

36. Wallgren C (2006) Local or global food markets: a comparison of energy use for transport. Local Environ 11(2):233-251

37. Weber CL, Matthews HS (2008) Food-miles and the relative climate impacts of food choices in the United States. Environ Sci Technol 42(10):3508-3513

38. Wollheim WM, Pellerin BA, Vörösmarty CJ, Hopkinson CS (2005) N retention in urbanizing headwater catchments. Ecosystems 8(8):871-884

深 入 阅 读

1. Cronon W (1991) Nature's metropolis: Chicago and the Great West. WW Norton, New York

2. Færge J, Magid J, de Vries FWP (2001) Urban nutrient balance for Bangkok. Ecol Model 139(1):63-74

3. Fissore C, Baker LA, Hobbie SE, King JY, McFadden JP, Nelson KC, Jakobsdottir I (2011) Carbon, nitrogen, and phosphorus fluxes in household ecosystems in the Minneapolis-Saint Paul, Minnesota, urban region. Ecol Appl 21(3):619-639

4. Fissore C, Hobbie SE, King JY, McFadden JP, Nelson KC, Baker LA (2012) The residential landscape: fluxes of elements and the role of household decisions. Urban Ecosyst 15(1):1-18

5. Forkes J (2007) Nitrogen balance for the urban food metabolism of Toronto, Canada. Resour Conserv Recy 52(1):74-94

6. Wolman A (1965) The metabolism of cities. Sci Am 213(3):179-190

第十章 物质循环

布兰登·K. 温弗瑞[①] 帕特里克·坎加斯[②]

城市系统中的物质循环受到人类活动的强烈影响。生态系统是通过使用物质和能量作为投入的生产过程形成的,与生态系统类似,城市地区也需要工业生产所需的物质。通过将建设性生产和再生分解过程结合起来,物质可以在城市中实现可持续循环使用。当不能从该物质中获得更多效用时,就会产生废料。在城市地区,回收材料(recycling materials)在最大限度地利用流入城市的物质所产生的效用方面发挥着重要作用,这可以从固体城市废物管理和电子元件中某些材料的回收利用趋势增加中得到证明。

一、物质流与周期

物质流是所有生态系统的重要组成部分,无论是最小的微观世界,还是整个生物圈,都是如此。作为生产过程的投入,物质能够促进生态系统结构和新陈代谢的发展。因此,如光合作用中的生物质生产需要碳、氮和磷,同样,在以人类为主导的生态系统中,工业生产需要材料,如碳酸钙、铁矿石和煤炭是钢铁生产所需的材料。可持续的物质流需要循环,这是由建设性生产和再生分解的耦合过程产生的。这种耦合的经典例子是生态学中的生产—呼吸模型[P-R(production-

---

① 澳大利亚维多利亚州克莱顿市,莫纳什大学土木工程系,邮箱:brandon. winfrey@monash. edu。

② 美国马里兰州,马里兰大学帕克分校环境科学与技术系,邮箱:pkangas@umd. edu。

respiration) model]（图 10-1）。通常,呼吸用于描述所有生物体共有的化学过程。通过该过程,它们的细胞通过结合氧气和葡萄糖(生产的产物)来获取能量。这导致二氧化碳、水和三磷酸腺苷(ATP)[①](细胞中的能量货币)的释放,但在这里,它被用来表示生态系统层面的消费,与生产正好相反。

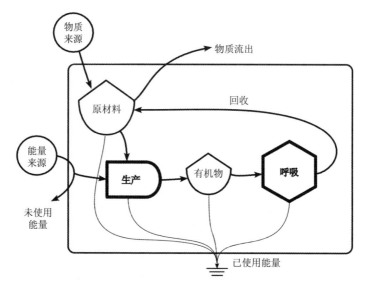

图 10-1　生态系统的广义模型显示了生产与消费之间的平衡以及物质循环

　　图 10-1 中的模型使用能量回路语言来描述生态系统中的基本过程和存储(Odum,1994)。这是一种符号建模语言,其中不同形状的符号代表不同种类的系统组件和过程。线条代表能量或物质的流动,罐形代表储存,圆圈代表系统外的来源,大子弹形符号和六边形分别代表生产与消费的复合功能。在该模型中,有机物(或生物质)是通过光合作用(在生态学中称为初级生产)过程中太阳能和原材料的相互作用产生的。随后它在消耗或呼吸作用中被分解,原材料被回收到它们的储存库。能量流入系统,然后通过图底部的排水管流出,该排水管称为散热器。这种高度聚合的模型被称为生产—呼吸模型,因为它描述了初级生产(P)和群落呼吸(R)的耦合过程。生产和呼吸耦合的结果是碳与氮、磷等营养元

---

　　① 三磷酸腺苷是由腺嘌呤、核糖和三个磷酸基团连接而成,水解时释放出能量较多,是生物体内最直接的能量来源。——译者注

素在系统中循环。当过程平衡(P＝R)时,物质可以可持续循环。

　　系统的性能取决于存储量与生产过程产生或消耗过程释放的存储量速率的平衡。当循环的某些部分受到限制时,性能就会受到限制。在生态学中,那些太小而无法维持流程的物质存储被称为限制因素。过程(而不是存储)本身会限制性能,这些将在本章中受到关注。

　　理想化形式的生产—呼吸模型所基于的现实世界系统是由阿尔弗雷德·雷德菲尔德(Alfred Redfield)研究的公海浮游生物系统(Redfield,1934,1958;Redfield et al.,1963)。在远离陆地的开阔海域,浮游生物本质上是一个封闭系统,浮游植物通过吸收碳、氮、磷和阳光产生生物量,浮游动物和其他微型消费者分解生物量并释放碳、氮、磷回到海水中。雷德菲尔德发现浮游生物由碳、氮、磷组成,其比例与海水中的比例相同,他推断出物质循环是平衡的。因此,不是单个元素是限制性的,而是所有元素一起是限制性的。在这些条件下,没有浪费,因为浮游生物系统能够从生产性吸收和再生释放中进化出物质流,从而形成完美的物质循环。

　　这是20世纪50年代生物海洋学的信念(dogma of biological oceanography),它创造了一个伟大的故事。人们不禁要问,如果雷德菲尔德在海水中添加了铁,就像"铁加富实验"(iron enrichment experiment,IRONEX)[①]一样,它是否会增加产量,从而揭示浮游生物的限制因素(Martin et al.,1994)?

　　无论如何,很明显,许多生态系统正在朝着平衡的物质循环发展,即使很少或没有真正实现它。当然,大多数生态系统在其循环中的某个时刻都会出现阻塞(blockages),从而降低新陈代谢。这种阻塞的一个很好的例子发生在石炭纪,当时陆地植物的进化速度快于其分解者,生物量在沼泽中积累,后来转化为煤炭。其中阻塞是分解率(rate of decomposition)。石油生成的故事也类似,浮游植物的进化速度超过了它们分解者的进化速度。因此,所有化石燃料沉积物

---

　　① 20世纪90年代,为验证约翰·马丁(John Martin)提出的铁限制假说(iron hypothesis),即高营养盐、低叶绿素(high-nutrient,low-chlorophyll,HNLC)海区浮游植物的初级生产力受到生物可利用铁(Fe)的限制,华生(Watson)等提出了海洋现场铁加富实验设计(in situ iron enrichment experiment),研究者们实施了多次铁加富实验。结果表明,在海区加入铁以后,浮游植物生物量增加,氮、磷等营养盐被消耗。——译者注

都是不平衡物质循环的证据,其中生产>呼吸。在这些情况下,再生循环过程限制了生态系统的新陈代谢,现代人类生态系统也是如此。然而,随着地质时间的推移,分解者的进化已经赶上了生产者,以至于化石燃料的生产速度比我们过去地质时代的速度要慢得多。

介绍性生态学教科书中所描绘的美丽的养分循环给人以完美循环的印象。所有自然物质循环中都会发生阻塞和限制因素(雷德菲尔德的公海浮游生物可能除外)。实际上,因为这些循环中至少有一部分是活的有机体,所以循环总是朝着完美平衡的流动和存储组织发展。在自然生态系统中,循环本身源于进化时间每一步生物和非生物成分的个体行为,它们是生物地球化学领域的主题。城市等人类主导的生态系统与消费者对产品(投入,图 10-2)和固体废物(产出,图 10-2)的需求相似。虽然经济决定了城市的流入和流出,但文化因素在控制流入的消费需求方面也很重要(Blaszczyk,2009;Leonard,2010)。一般来说,流入城市的物质与城市人口成正比,并根据财富水平进行调整。此外,由于城市作

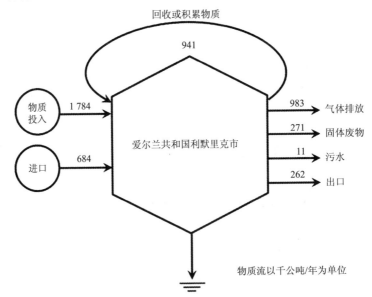

图 10-2　2002 年爱尔兰共和国利默里克市的物质流

注:物质投入包括食品、燃料、消费品和生产中使用的原材料。

资料来源:Browne et al.,2011。

为政府、行业和公司总部的中心(见第五章)以及作为区域贸易中心的角色,物质流入集中在城市。这些大量流入城市的物质需要有效的内部分配和使用方法,但当产品达到使用寿命时,处置和回收成为城市必须执行的关键职能。在本章中,重点是基于技术的城市物质流的输出部分。

二、废物的概念及其在城市物质循环中的作用

在进入人类系统领域之前,从一般系统的角度探索废物的概念是有用的。物质循环的基本单位是图 10-3 所示的生产过程,带有能量回路语言的工作门符号(workgate symbol)。在此图中,几个输入在工作门符号中交互以生成物质存储。从工作门到存储的流动是能量或物质的预期流动,这是生产过程的目标。图 10-3 还显示了作为副产品和热量离开工作门的流量。从生产过程的角度来看,这些都是非预期的流动。在生物种群中,流向储存库的流量将是通过生长积累的生物质,而作为副产品和热量的流量将分别是来自排泄和代谢的废物。通过进化,自然选择趋向于尽量减少因副产品而损失的能量和物质量,以便为人口的增长和繁殖提供最大的流量。虽然可以最大限度地减少副产品和热量,但它们无法通过物理方式消除。热量损失是热力学第二定律的必然结果,并且由于热量是最低质量的能量,因此它几乎没有效用,并且会耗散到全球热量收支中。然而,生产过程的副产品包含一些自由能,因此它们可以对上游系统有用,并适

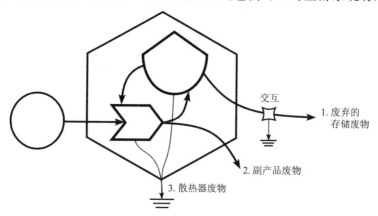

图 10-3　用于定义废物的能量电路图

应利用流动来驱动另一个生产过程。如果没有上游系统可用于利用副产品,则可能会出现问题。充其量,副产品可以在未使用的地方积累,这代表势能损失(作为存储)。在最坏的情况下,副产品可以作为污染物,对整个系统的其他部分造成压力。无论哪种结果,副产品都是浪费,因为它没有被有效利用。

在城市中,流入的物质包括燃料、食物、建筑材料、消费品、大气沉积物、水和生物体,它们都在不同的时间尺度上被利用,并在城市内循环以产生信息、商品和服务。虽然一些投入离开城市的效用(有用性)变化很小,例如人类来来去去,但大多数物质投入在离开城市后几乎失去所有效用(例如燃料和食物)并变成废物(例如空气和水污染)。流入城市的其他物质在更长的时间尺度上仍留在那里,并继续加强在其整个生命周期中有助于效用的反馈循环(例如用于建造摩天大楼的建筑材料),但需要大量资源才能在其生命周期结束时移除。还有其他城市的物质投入,如消费品和食品包装,在城市内几乎失去了所有效用,而物质本身保持相对不变,这代表了回收原材料的机会,这些原材料在经济上具有优势,还有关于"瓶子押金"(bottle deposits)理念所证明的那样,可以建立收集玻璃、铝、纸板和塑料的回收中心。

从短期来看,浪费是生产过程不可避免的结果,但只要系统能够进化,从长远来看,浪费可以转化为积极的贡献。沃尔克(Volk,2003,2004,2010)等人已经用盖亚模型(Gaia model)描述了这个进化过程如何成为整个生物圈的基础。他认为,生物圈的历史一直是一个"副产品的垃圾世界",在这个世界中,无意的代谢副产品导致了生物圈的多样化。因此,利用现有物种副产品的新物种不断进化,推动不同规模的生物圈朝着雷德菲尔德为公海设想的完美养分循环发展。生物圈历史上的一个很好的例子是光合作用第一次进化时发生的事情。氧气是光合作用的副产品,它对前寒武纪时代大部分厌氧(意味着没有空气的生活)微生物的现有生物多样性来说是一种有毒污染物。从光合作用开始,经过近10亿年的进化,好氧微生物使生物圈多样化,由于在有氧与厌氧细胞代谢中使用氧气作为终端电子受体,而这些微生物又具有更大的能量流。因此,当自然选择将废弃的副产品氧气转化为有氧代谢生产过程的有用输入时,有氧生物圈从先前的厌氧生物圈中出现。

将废物转化为资源的选择压力在系统生态学中被称为回路强化原理(loop

reinforcement principle)(Odum,1994)。这一原理在图 10-4 中通过生产者—消费者能量电路的比较进行了说明。该原理表明,将废弃副产品分散到环境中的消费者将被能够使用废弃副产品来加强生产者的消费者所击败。图 10-4a 所示的浪费消费者只是从生产者那里消耗能量,而图 10-4b 所示的消费者以能量补贴奖励生产者,形成互惠互利的共生关系(a symbiotic relationship of mutual benefit)。在生态系统中,图 10-4b 的一个例子是一种食草动物,它以化学形式和比例回收养分,排泄物给它所吃的植物物种施肥。

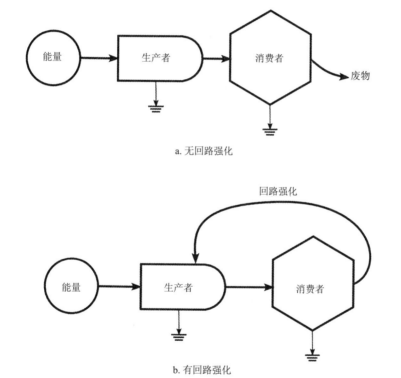

图 10-4　生产者—消费者无回路强化和有回路强化的比较

　　废物的最后一个概念来自图 10-3 中的存储。存储是生产过程的预期结果,但如果不以适当的频率使用和回收,它就会变成浪费。离开存储的流量必须等于进入的流量才能存在稳定状态。长期净产量大于使用量会导致某种存储"供过于求",这会通过阻塞限制物质循环。H. T. 奥杜姆建议,在这些情况下,系统可能会产生一个脉冲，回收多余的存储(Odum,1995)。

三、产业生态学

产业生态学是一个令人兴奋的新领域，它研究人类系统中的物质流动。在这个领域，生态学被用作理解和设计人类系统中物质的使用与处置的模型。虽然产业生态学似乎是一个矛盾的术语，但它可能是解决现代问题所需的跨学科视角的一个很好的例子(Benyus,1997)。该领域的目的是通过更有效地利用物质和减少对自然生态系统的影响来改善人类系统的性能。格雷德尔和艾伦比(Graedel and Allenby,2003)给出如下定义：

> 产业生态学是研究在经济、文化和技术不断发展的情况下，人类可以有意识地、合理地接近和保持理想承载能力的手段。这个概念要求不能孤立地看待产业系统，而是要与周围系统相协调。它是一种系统视图，其中寻求优化从原材料到成品、组件、产品、报废产品和最终处置的整个物质周期……

226　　　上述产业生态学的意图可能听起来很熟悉，因为环保主义者多年来一直有这些意图。这个新领域的特别之处在于它起源于产业工程师和经济学家的努力，而不是生态学家和环境科学家创造的。产业生态学的创始人几乎没有生态学学术背景，但他们受到自然生态系统运作方式的启发，他们开发了思考和设计产业运作方式的新方法。产业生态学家所使用的生态学概念大多是初级的，因此，传统生态学家从自然生态系统的研究中贡献更复杂的概念和理论，对产业生态学来说，是一门非常有价值且内涵丰富的学科。

生态学和产业生态学都与新陈代谢有关。在自然生态系统中，新陈代谢构成了前面根据生产—呼吸模型描述的生产和呼吸的综合过程。在产业生态学中，通常采用流入和流出的质量平衡的形式，一直强调对城市代谢进行研究(图10-5)(Niza et al.,2009;Kennedy and Hoorweg,2012)。这些研究记录了在城市中加工的大量物质(DeMille,1947;Wolman,1965;Zucchetto,1975)。在城市中，与大多数自然生态系统中的能量流驱动物质(如营养物质)循环比较，能量流驱动物质的转化和流动不同。例如,运输到城市中的食物(物质)使用燃料(能量)进行运输、储存、准备和最终处理,最后这些物质通过废水处理厂进入城外可以接收的排放环境中。在这些人类系统中,生产和呼吸在空间上是分开的,呼吸集中在城市,生产分布在周边农村甚至偏远地区,以获得高价值的材料。城市反过来将重要的成品出口到农村地区。因此,城市和农村地区之间发生的循环运动要比城市内部发生的更多。

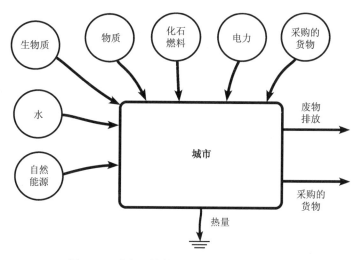

图 10-5 城市系统能量和物质的流入与流出

产业生态学的目标是实现全球可持续性;平衡的物质循环是一个重要的目标。多年来,产业工程师一直对物质供应感兴趣,作为生产过程的输入,重点是战略评估(Cameron,1986;DeMille,1947;Kesler,1994)。多年来,减少浪费和回收稀有材料也一直是提高产业绩效的重点(Alter and Horowitz,1975;Anonymous,1921;Kesler,1994)。然而,产业生态学为这些研究带来了新的整体综合,因此,可以跟踪物质从主要来源地到最终处置地的流动,并关注每一步对环境的影响。

产业生态学的主要工具是生命周期分析(life cycle analysis,LCA),它是对生产过程所有投入和产出的系统核算(Baumann and Tillman,2004)。通常,生命周期分析以流程图为模型应用于特定行业[例如,参见 Graedel and Allenby

(1998)对汽车的分析〕。在流程图的每个步骤中,物质和能量输入以及残留物输出一起显示在图 10-6。当所有的输入和输出都以自己的适当单位进行定量评估时,生命周期分析就完成了。然后,该统计模型(accounting model)可用作规划工具,以改善产业生产并减少产品使用和处置对环境的影响。

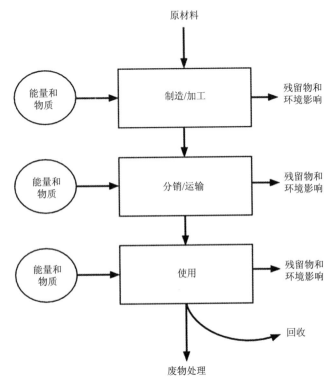

图 10-6　生命周期分析工艺流程

228　　　　产业生态学在很大程度上是一门设计学科,麦克多诺和布朗加特(McDonough and Braungart,2002)对该领域的这一维度进行了很好的描述。他们的著作《从摇篮到摇篮》(*Cradle-to-Cradle*),书名是对具有平衡物质周期的经济体的隐喻。"摇篮"代表经济基础的主要物质,"从摇篮到摇篮"代表一个循环,在这个循环中,在产品生命周期结束时,构成它的材料被回收并再次用于制造一种新产品。相反的情况被称为"从摇篮到坟墓"(cradle-to-grave),这是当今社会的状况。在这种情况下,在产品生命周期结束时,它被丢弃在垃圾填埋场(例如"坟墓")中,并且构成它的物质会丢失到系统中而不是回收利用。因此,设计可回收且对环境无影响的产品是这一新领域的重要组成部分。

产业生态学的目标是将各个行业组织成一个网络,其中一个行业的废物成为另一个行业的资源(图 10-7)。虽然这个目标似乎是一个不切实际的梦想,但通过精心规划,丹麦卡伦堡(Kalundborg)已经创建了一个模型系统(Benyus,1997)。在这里,多个行业(电力公司、制药厂、水产养殖设施和墙板制造商)共同坐落在一个"生态公园"中,行业在其中交换废热和材料,形成相互支持的网络。当用于国际旅行和协调的化石燃料变得更加昂贵时,这种局部规模的共生产业网络(symbiotic industrial network)可能比当今的全球化工业体系更具优势。

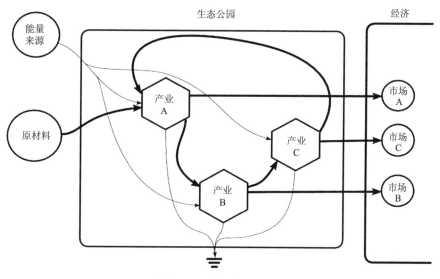

图 10-7 共生产业网络

四、城市垃圾生产与管理

229

虽然产业生态学的想法为未来处理人类物质循环提供了新的方法,但城市中的人们正在产生必须在当前进行管理的固体废物。典型的城市固体废物来自四大方面:住宅(占总数的 50%)、商业(占总数的 25%)、工业(占总数的

12.5%)和机构(占总数的 12.5%)(Hickman,1999)。2014 年,美国平均每人产生 4.4 磅/天(2 千克/天)的废物流,其成分如表 10-1(US EPA,2016)所示。这种废料必须经常、定期地清除,否则会出现公共卫生问题,城市就会被垃圾填满!

表 10-1　2014 年美国城市固体废物产生量

物质(固体废物类型)	产生量(百万吨)	百分比(%)
纸	68.6	26.6
食物	38.4	14.9
庭院废物	34.3	13.3
塑料	33.3	12.9
橡胶、皮革和纺织品	24.5	9.5
金属	23.2	9.0
木头	16.0	6.2
玻璃	11.4	4.4
其他	8.3	3.2
总计	258.0	100.0

资料来源：US EPA,2016。

　　城市固体废物的处理方法是众所周知的,并且本身就是一个重要的、有利可图的行业(Hickman,1999)。第一步始终是垃圾的收集和运输。此步骤由承包公司执行,该公司运营着工人和卡车的团队,从整个城市的指定地点收集固体废物。在某些情况下,废物被运输并临时储存在中转站,但最终有三种主要的处置方式:填埋、焚烧和回收。填埋方案(图 10-8)在历史上始于从城市中清除垃圾并将其集中在露天垃圾场。虽然这种方法在不发达国家仍然存在,但垃圾填埋场在发达国家已经发生了变化。第一阶段是卫生填埋场,将垃圾倾倒在坑中,然后盖上土盖。这种改进减少了携带疾病的生物与垃圾的接触,从而减少了暴露垃圾对公共健康的威胁。垃圾填埋场发展的最后阶段是实施工程衬里加上渗滤液和气体收集系统,最大限度地减少了地下水污染并进一步减少了固体废物处理对公众健康的威胁。与其他可用选项(如回收或焚烧)相比,填埋选项的优点是它是一种相对安全且成本低廉的城市固体废物处置方法。缺点是甲烷排放量增加以及用于掩埋固体废物的土地可用性受到限制,尤其是在城市附近。这种情况导致垃圾填埋场距离垃圾产生源的距离增加,从而导致更高的运输成本和二氧化碳排放。

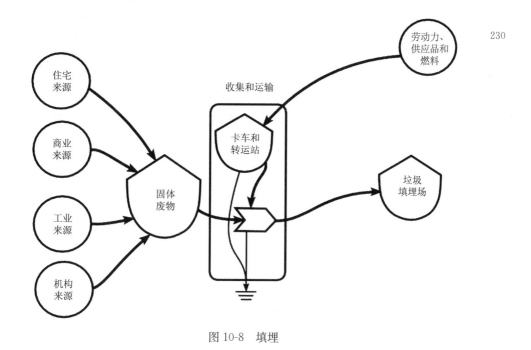

图 10-8　填埋

固体废物处理的另一种选择是焚烧(图 10-9)。这种方法的基本吸引力在于废物体积减小到原来的 1/10,因为固体废物通过燃烧转化为气体和称为飞灰(fly ash)的细小悬浮颗粒。剩余的物质称为底灰(bottom ash),可将其送至垃圾填埋场进行最终处置。垃圾焚烧炉最初的应用排放了大量的大气污染。然而,新技术已经出现,例如活性炭喷射器和颗粒捕集器,以减少这些排放。由于垃圾燃烧产生的热量是这种固体废物管理选项的潜在有用副产品,因此焚化炉已演变为垃圾发电厂。热量用于产生蒸汽,蒸汽驱动涡轮机发电。这种方法的一些新变化利用热解,其中在没有氧气的情况下将垃圾转化为气体,然后转化为液体燃料。焚烧和热解的优点是最终废物处理所需的垃圾填埋场空间要小得多,并且可以作为副产品生产有用的能源。缺点是这些废物转化为能源的工厂价格昂贵,并且系统会排放一些空气污染。

废物处理的最后一个选择是回收材料以进行生产性再利用(图 10-10)。该

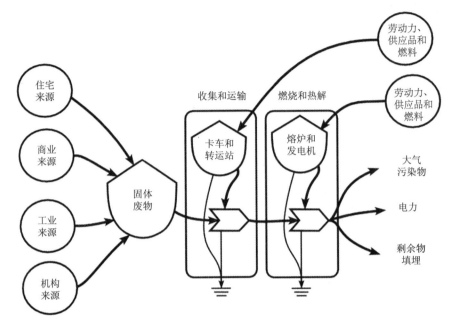

图 10-9 焚烧与热解

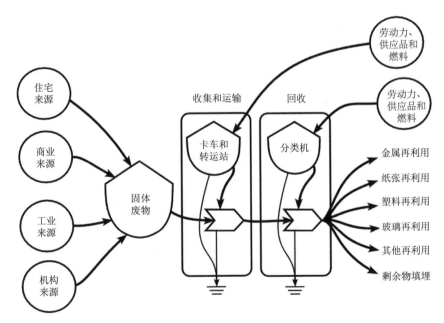

图 10-10 回收

选项涉及将废物流仔细分类为物质，可以作为新生产过程的投入的有利再利用类别的物质。这是一种概念上有吸引力的废物管理方法，推动物质循环而不是单向流向死胡同（例如"从摇篮到摇篮"，而不是"从摇篮到坟墓"）。该方法最像生态学中生产者和消费者之间的养分循环模型（图 10-1），因此它是产业生态学的一个重点。为了在生态系统中进行循环利用，生物体必须通过转化废物并使其沿着物质循环移动来产生净能。在本章前面提到的例子中，从石炭纪沼泽产生的落叶和枯枝的分解中获得净能的分解生物必须进化，然后才能消耗以前转化为化石燃料的生物质并回收材料。因此，随着分解者的进化，生态系统中的所有循环都必须随着时间的推移而发展，以利用植物和其他生物体废物中的可用自由能。这个过程在人类系统中通常也是相似的。在这种情况下，企业必须发展才能从回收废品中创造利润。这种经济发展存在许多障碍，因此人类系统中的回收仍然有限。例如，在北美，很少有社区能够实现 50％的废物回收，而 2014年美国的全国平均废物回收率约为 35％（US EPA，2016）。总体而言，回收利用的优势在于减少了到达垃圾填埋场的废物流并重复使用物质，直接促进了可持续性。回收利用的缺点是它本质上受到可再利用技术的限制，并且与垃圾填埋相比成本相对较高。虽然大多数金属可以回收到其原始质量，但一些回收材料的用处不如原始形式（例如水瓶不能回收成水瓶，而是变成公园长椅）。此外，由于费用较高，回收材料的市场较小。

　　最终，城市的固体废物管理决策是根据处置成本做出的，从规模经济（economies of scale）视角看（Bohm et al.，2010），存在很大差异。尽管如此，填埋仍然是美国最便宜的处理方式，每吨垃圾 50 美元。焚烧和回收是更复杂、更昂贵的选择（Bohm et al.，2010；Tammemagi，1999）。然而，焚烧和回收都可以产生有用的副产品，因此，如果存在可以将废物用作新生产过程的输入的适当系统，则固体废物确实具有价值。事实上，从长远来看，即使是掩埋在垃圾填埋场中的废物也可以被认为是有价值的，因为垃圾填埋场可以在未来某个时候被开采以获取资源。实现废物的价值是设计新的以人为本的物质循环的先决条件，接下来将讨论可以评估该价值的统计系统。

五、废物与物质循环的能值概念

可以使用各种经济和环境分析技术（例如生命周期、能量、成本效益等）评估城市地区的废物与物质。能值（emergy）是这些技术之一；能值分析旨在使用通用比较单位来量化系统中的物质和能量。根据定义，能值是直接或间接用于制造产品或服务的一种类型的可用能量的量（Odum，1996）。体现在产品或服务中的一种类型的可用能量的数量是其质量的反映（Odum，1996，2007）。当更多的可用能量用于能量转换（即更高的能值）时，产生的能量虽然在能量方面较低，但在能值方面较高，因此质量更高。能量质量与做功的能力有关。具有高质量的能量能够做更多的工作。例如，电力（高质量）可以为计算机供电，而相同数量的能量，如果只能以来自太阳的光子的形式提供，则无法为计算机供电（即 1 焦耳电力的做功高于 1 焦耳太阳能）。许多太阳能焦耳必须通过各种生产过程进行转换，才能完成与 1 焦耳电相同的功（即电的单位能量能值高，太阳能的单位能量能值低）。将产品或服务转化为 1 焦耳所需的能值称为其转化率（transformity），通常以每焦耳的太阳能焦耳（solar emjoules，sej）计算。例如，根据生产过程的投入，直接和间接用于制造 1 焦耳电力的太阳能焦耳的比率（即电力的转化率）通常约为每焦耳 10^5 太阳能焦耳（sej/J）。

布朗和布鲁纳卡恩（Brown and Buranakarn，2003）使用能值分析，通过量化垃圾填埋成本和普通建筑材料的可回收性，来评估建成环境中的物质循环。质量高的材料（根据能值计算，例如钢、铝和水泥）的回收率高于质量较低的材料（根据能值计算，例如木材、塑料木材和黏土砖）。这一发现表明，用于城市结构的材料，使用大量的能值来集中它们，由于它们的质量更高（即更高的比能值），有利于回收利用。

在传统的能值分析中，产品的质量只会随着每次使用而增加（即更多的能量投入到产品中，因此能值增加）。为了解决对回收材料的这种担忧，在这种情况下，仅通过重复使用材料来制造新产品，质量并不能在根本上提高，为此布朗（Brown，2005）引入了"形成能值"（emformation）的概念。这一观点建议，评估者分别跟踪与材料相关的能值以及用于将材料制成产品的能值。例如，铝罐的能值具有铝材料的能值和将铝制成罐的能值,两者可以分别跟踪。当回收铝罐时,铝材料的能值将被回收,而"形成能值"(将铝制成罐的能值)将丢失。这是能值概念的一种新应用,因为能值通常不会被认为会"丢失"。

废物是社会对农业和工业产品的消费与自然物质循环脱钩的结果(Arias and Brown,2009;Odum,1994)。城市系统是自组织系统,这从其高资源利用和高质量能量(例如信息和技术)的生产中可见一斑。这种高资源利用的副产品是在下游没有预期用途的能量和物质流(例如废水和固体废物)。虽然废物可以以化学和/或重力势能的形式具有㶲(exergy)(可用于做功的能量),但释放到环境中的废物不会推动生产过程或做有意义的工作。在能值核算方法中,废物流的能值分配没有标准化。将能值分配给废物的环境核算可能不符合传统的能值原则(Winfrey and Tilley,2016),未来可能需要在此主题上发展能值理论。

234

六、结论与未来方向

如图 10-11 所示的模型所示,在当今社会,我们将人类作为经济产品的消费者。人们购买他们需要和想要的东西,这些东西构成了我们的物质文化。一些经济学家认为,这种消费推动了整体经济增长,应该鼓励这种消费。该模型在生产与消费的耦合上与图 10-1 所示的生产—呼吸模型有一些相似之处;然而,与平衡生产—呼吸模型不同的是,图 10-11 还强调了废物流,作为生产过程的副产品以及在磨损或过时后的处置。在某种程度上,这些废物是我们"一次性社会"的直接或间接结果,在这个社会中,处理废物比回收废物更便宜。图 10-11 中的所有废物流都是现代社会版本的泰勒·沃尔克(Tyler Volk)的早期生物圈"废物世界"(wasteworld)模型。未来的一个方向是认识和实现废物中的价值,这样系统就会进化到利用废物中的能量并回收材料,就像盖亚理论(Gaian Theory)一样。

经济选择何时会支持回收?目前还没有明确的答案,但回收利用的自然实验正在我们身边出现。图 10-12 显示了一个新兴回收利用的例子,其中回收了美国产生的过时计算机中的材料。新计算机在经济中使用,但当它们磨损或过时的时候,它们就变成了我们通常处理的废物。这就是"高科技垃圾"(High

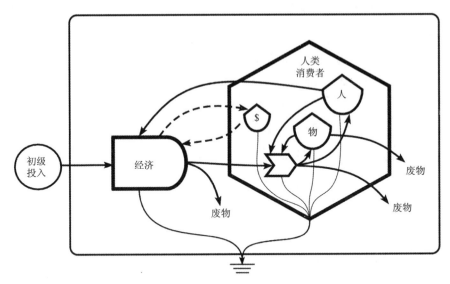

图 10-11　当今消费主义和相关废物的经济体系

235

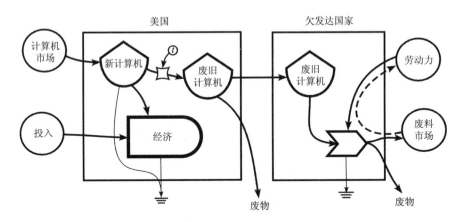

图 10-12　全球化废旧计算机回收的能量电路图

Tech Trash)的情况,它导致环境影响和用于制造计算机的有价值材料(如金和铜)的损失(Grossman,2006)。一个有趣的回收循环出现了,将过时的计算机运往不发达国家,那里的劳动力足够便宜,可以回收本来会丢失的材料。在这种情况下,美国的废旧计算机没有任何价值,但是当收集并运往不发达国家时,它们就有了价值,可以通过资金流产生盈利的业务。

　　另一个新兴的物质流经济回路是窃贼从现有的通信和住房系统中窃取铜线(图 10-13)。然后这些铜在废品市场上出售,以产生资金流向窃贼。这种新兴的经济循环实际上是铜在整体经济中正常物质循环的一种短路。显然,对于窃贼来说,被抓的风险被出售给废铜市场所实现的价值所抵消。

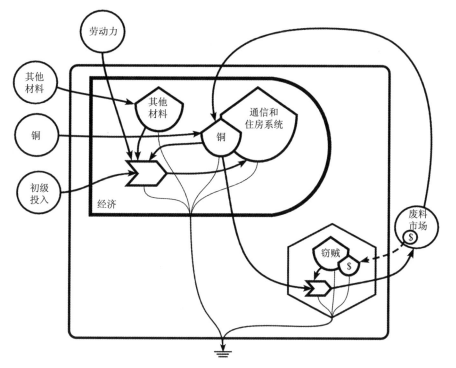

图 10-13　铜料偷盗卖废品市场短路

　　本章显示的新兴经济循环说明了当今社会在物质循环方面正在发生的试错性的自组织。通过产业生态学和其他途径,我们需要从一次性社会废物世界演变为更平衡、更可持续的生产和消费系统,就像自然运作的生态系统一样。

（顾朝林 译,李志刚 校）

参 考 文 献

1. Allen DT, Behmanesh N (1994) Wastes as raw material. In: The greening of industrial ecosystems. National Academy Press, Washington, DC, pp 69-89

2. Alter H, Horowitz E (eds) (1975) Resource recovery and utilization. American Society for Testing and Materials, Philadelphia

3. Anonymous (1921) Waste in industry. McGraw-Hill, New York

4. Arias ME, Brown MT (2009) Feasibility of using constructed treatment wetlands for municipal wastewater treatment in the Bogota Savannah, Colombia. Ecol Eng 35(7):1070-1078. https://doi.org/10.1016/j.ecoleng.2009.03.017

5. Baumann H, Tillman AM (2004) The Hitch Hiker's guide to LCA. Studentlitteratur AB, Lund

6. Benyus J (1997) Biomimicry: innovation inspired by nature. William Morrow, New York

7. Blaszczyk RL (2009) American consumer society, 1865-2005. Harlan Davidson, Wheeling

8. Bohm RA, Folz DH, Kinnaman TC, Podolsky MJ (2010) The costs of municipal waste and recycling programs. Resour Conserv Recycl 54:864-871

9. Brown M (2005) Areal empower density, unitemergy values, and emformation, 3rd biennial Emergy research conference proceedings. University of Florida, Gainesville, pp 1-16

10. Brown M, Buranakarn V (2003) Emergy indices and ratios for sustainable material cycles and recycle options. Resour Conserv Recycl 38:1-22

11. Browne D, O'Regan B, Moles R (2011) Material flow accounting for an Irish city-region 1992-2002. J Clean Prod 19(9-10):967-976

12. Cameron EN (1986) At the crossroads, the mineral problems of the United States. Wiley, New York

13. DeMille J (1947) Strategic minerals. McGraw-Hill, New York

14. Graedel TE, Allenby BR (1998) Industrial ecology and the automobile. Prentice-Hall, Upper Saddle River

15. Graedel TE, Allenby BR (2003) Industrial ecology, 2nd edn. Prentice-Hall, Upper Saddle River, p 363

16. Grossman E (2006) High tech trash. Island Press, Washington, DC

17. Hickman HL Jr (1999) Principles of integrated solid waste management. American Academy of Environmental Engineers, Annapolis

18. Kennedy C, Hoorweg D (2012) Mainstreaming urban metabolism. J Ind Ecol 16:780-782

19. Kesler SE (1994) Mineral resources, economics and the environment. MacMillan,

New York

20. Leonard A (2010) The story of stuff. Free Press, New York

21. Martin JH, Coale KH, Johnson KS, Fitwater SE, Gordon RM, Tanner SJ et al. (1994) Testing the iron hypothesis in ecosystems of the equatorial Pacific Ocean. Nature 371: 123-120

22. McDonough W, Braungart M (2002) Cradle to cradle. North Point Press, New York

23. Niza S, Rosado L, Ferrao P (2009) Urban metabolism, methodological advances in urban material flow accounting based on the Lisbon case study. J Ind Ecol 13(3):384-405. https://doi.org/10.1111/j.1530-9290.2009.00130.x

24. Odum HT (1994) Ecological and general systems: an introduction to systems ecology. University Press of Colorado, Boulder, p 644

25. Odum HT (1995) Self-organization and maximum empower. In: Hall CAS (ed) Maximum power: the ideas and applications of H.T. Odum. Colorado University Press, Colorado

26. Odum HT (1996) Environmental accounting: emergy and environmental decision making. Wiley, New York

27. Odum HT (2007) Environment, power, and society for the twenty-first century: the hierarchy of energy. Columbia University Press, New York, xiv, 418pp

28. Redfield AC (1934) On the proportions of organic derivatives in sea water and their relation to the composition of plankton. In: James Johnstone memorial volume. University of Liverpool Press, Liverpool, pp 176-192

29. Redfield AC (1958) The biological control of chemical factors in the environment. Am Sci 46:205-222

30. Redfield AC, Ketchum BH, Richards FA (1963) The influence of organisms on the composition of sea water. In: Hill MN et al. (eds) The sea, vol 2. Wiley Interscience, New York, pp 26-77

31. Tammemagi H (1999) The waste crisis. Oxford University Press, New York

32. United States Environmental Protection Agency (US EPA) (2016) Advancing sustainable materials management: 2014 fact sheet: assessing trends in material generation, recycling, composting, combustion with energy recovery and landfilling in the United States. Office of Land and Emergency Management, Washington, DC

33. Volk T (2003) Natural selection, Gaia, and inadvertent by-products. Climate Change 58: 13-19

34. Volk T (2004) Gaia is life in awasteworld of by-products. In: Schneider SH, Miller JR, Crist E, Boston PJ (eds) Scientists debate Gaia. MIT Press, Cambridge, pp 27-36

35. Volk T (2010) How the biosphere works. In: Crist E, Rinker HB (eds) Gaia in turmoil. MIT Press, Cambridge, pp 27-40

36. Winfrey BK，Tilley DR (2016) Anemergy-based treatment sustainability index for evalua-
ting waste treatment systems. J Clean Prod 112:4485-4496
37. Wolman A (1965) The metabolism of cities. Sci Am 213:179-190
38. Zucchetto J (1975) Energy-economic theory and mathematical models for combining the
systems of man and nature，case study: the urban region of Miami，Florida. Ecol Model
1:241-268

第十一章 生物系统：
城市环境中的植物

默纳·H. P. 霍尔

本章主要关注植物对城市环境的重要性。我们总结了植物在城市环境中成长的条件，以及它们通过净化空气和水在心理及物理上提供给建成环境的一些好处。本章简要回顾了城市植物研究的历史，以及研究人员用来记录城市植物物种最常见的空间采样调研设计。虽然过去大部分研究都集中在城市中发现的物种的分类，且尤为强调本地与非本地物种的差异，但目前的城市植物生态学研究问题正在变化，新的研究围绕着城市地区正在形成的新兴生态系统相关研究、进化研究以及物种进化与人类行为相关性研究逐步展开。在本章最后，我们提供了一种基于能量视角来理解物种的存在和消失的计量方法，帮助解读它们在混杂城市景观代谢适应对多变环境梯度的功能。我们希望这些知识可以帮助城市规划者、景观设计师和市民在不断变化的世界中保护城市生态系统的生物结构与功能。

一、人地分离

随着城市的出现，城市居民越来越脱离为其提供生活保障的自然生态系统。环境历史学家 J. 唐纳德·休斯描述了与农业生活完全脱钩的聚落生活导致人们已经不太了解环境退化了，而这种预警信号甚至在早期旧石器时代狩猎采集者社会就已经相当显著（Hughes，2009）。随着资源的枯竭，这种人地关系的割裂，引起社会经济活动或人们日常生活新陈代谢的下降，并最终导致许多古城的崩溃。有趣的是，生态学的学科通过关注野生动物和野生系统，而不是那些人类管理和人类干预下发挥主要作用的系统，实施了这种分离实验。今天，美国国家科学基金会支持的自然—人类系统耦合研究中，生态学和生态经济学对生态系统、生态系统可持续性和生态系统修复的重点关注，试图重新连接人们对自然与人类社会重要性的理解和认识，甚至为自然服务赋予经济价值（Costanza et al.，1997）。

　　尽管有这种将城市居民与"野生"分开的理论，但在城市中确实存在许多地方，人们体验到我们称之为非城市环境的品质，而不是自然品质。市民主要通过城市公园的植被区、社区花园、树木林立的街道、住宅区、残存的森林和城市水道，并通过居住在这些空间的野生动物物种体验。作为一个物种，我们喜欢和其他物种（包括动物和植物）生活在一起，这说明我们爱或至少对植物和动物都有很强的亲和力（图11-1）。我们很难想象居住在一个没有公园、树木、花卉和动物的城市。此外，研究人员发现，城市绿地也可以起到减少犯罪、社区建设（Kuo and Sullivan，2001）、使病人术后愈合更快（Ulrich，1984；Velarde et al.，2007）的作用，来增强人类的身心健康；儿童已被证明能从早期接触大自然中获得心理上的好处（Louv，2008）。动植物不仅让居民身心愉悦，城市树木和其他植被也提供许多生态系统服务，正如我们在前几章中所看到的那样。它们有助于调节地表径流，降低地表和环境空气温度，去除空气污染颗粒等，所有这些都使我们的城市更加宜居。此外，它们为哺乳动物、昆虫和鸟类等各种生物提供栖息地与营养，并有助于土壤的优化。这样的生态系统对所有生物体的生存至关重要。纽约市非常了解植被对城市社会生态代谢的重要性，现在它已经绘制了每棵树的地图（图11-2）。

1. 城市植物群研究的重要性

　　我们将在此阐述几个原因，来说明研究城市景观中的植物是必要的。我们试图使用自己的知识以及各种信息，来找到我们面临城市环境问题的解决方案。目前世界上一半以上的人口居住在城市，世界卫生组织预测，到2050年，这一比例将达到70%，这意味着将建造更多的城市，世界上儿童（和成人）将越来越难以轻易接触大自然。同时，气候变化、景观的人为改变以及燃料成本的增加，这

241

a. 喂养韦伯斯特池塘的鸭子

b. 了解城市河流源头中的底栖生物

c. 在奥农达加湖围网捕鱼

图 11-1 纽约州锡拉丘兹纽约州立大学环境科学与林业学院的亲生物城市生态学学生

资料来源:默纳·霍尔。

242

图 11-2　纽约市西村树木和维护记录

资料来源:https://treemap.nycgovparks.org/#neighborhood-98,经纽约市公园和娱乐部许可。

些现实困境可能使得城市将负担不起种植和维护的费用。为了保存城市植物的积极影响,同时又适应这些几乎未来一定会面临的困境,我们需要研究有助于城市环境中植物物种生存(或缺乏)的生物物理因素和社会因素。我们可能会问:①哪些植物物种目前在城市中苗壮成长,为什么? ②哪些植物物种最有可能在未来苗壮成长? ③什么因素控制了这些植物的地理分布? ④植物如何适应人类改变了的环境? 有了这些知识,也许我们可以想出如何人地协调合作,创造可持续的、有韧性的城市植被,以减少频繁的维护并降低成本。这就要求我们了解城市植物目前沿土壤基质质量、水分、气温、光照的梯度分布情况,以及植物引入城市的途径和城市生物环境形成的生态过程。此外,我们认为也必须考虑人类在规划这一切方面所起的作用,无论是通过人类文化、社会或经济偏好造成的直接影响,还是通过他们的日常行为、购买或浪费等造成的间接影响。如果我们希望自己种植的树木、鲜花以及建设的公园能生存,并且在未来尽量降低维护成本,那么,上述四个问题亟待城市规划者、园艺师和景观设计师来深入思考。

243　　　　此外,面对日益城市化和环境变化的世界,除了提供绿色的城市休憩地的挑战外,还有第二个充分的理由来研究城市植物生态学。许多生态学家认为城市是研究植物和动物生活非常有意义的一个地方,不仅是因为在城市环境条件下将形成的新兴生态系统,还因为这类研究伴随着许多有趣的探索,例如:①相同的物种组合是否会发生在多个城市,即同质化过程? ②为什么这种物种组合可能相同,但一系列的量化指标在不同城市中可能表现出相当大的异质性? ③物种在城市环境变化中,在远离进化条件的情况下,生理、行为、遗传适应情况如何? ④什么样的社会、经济或生态因素可以解释物种在城市中的存在、消亡、孤立或成功? 这些研究不仅提供了对一般动植物的进化和生态的见解,而且为一个城市及其所在地区的社会和经济史提供了一些有趣的"线索"。

2. 城市特有的栖息地条件

城市化改变了自然。当人们试图创造宜居的栖息地时,他们经常去除地形上的不规则现象。他们疏导溪流,或者更糟的是,把它们埋在地下。人们排干湿地,连根拔起树木,用鹅卵石、砖块、混凝土和沥青铺平剩下的空间。即使在植被茂盛的地方,割草和大量修剪树木的行为也改变了植物的自然演替,从而形成了一个新的生态系统。从生态上讲,我们可以说,草坪维护使场地处于一种停滞的延续状态。城市化创造了一些条件,强调某些物种的新陈代谢。建造的建筑物阻挡或加强了地面的阳光或影响植物蒸腾作用的地表风;路面减少了种植面积,改变了土壤和空气湿度状况。建筑和铺路所用的材料一起储存并缓慢释放热量,这可能使城市地区更适合于在类似自然环境中进化的某些物种,而其他物种则不适合生存。施工期间土壤的改变和压实降低了植物根系的空气与水的可用性。事实上,城市土壤以多种方式发生变化并发生多次变化,以至于它们无法显示出原本的典型土壤发育情况,而原本,我们可以通过挖掘明确观察不同的土壤层,这种原生状态有利于根系发育(图 11-3)。现在的城市土壤大多是不同层位(如表层土基质)和施工材料的混合物。由于土壤和周围种植区域中的高 pH 值建筑材料(砖、混凝土和砂浆)影响,它们往往呈碱性。从化学上讲,它们的含盐量通常较高,尤其是在北方气候中,因为城市管理者习惯冬季在城市街道和人行道上使用盐来融化冰。一些研究发现,城市核心土壤中的氮含量高于农村土壤(Cusak,2013;Groffman et al. ,2004;Hall et al. ,2008)。在这种(存在)持续干扰的环境中建设和维护植物通常十分困难或成本很高。

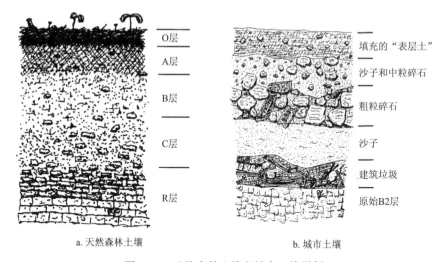

a. 天然森林土壤　　　　　　　　　　b. 城市土壤

图 11-3　天然森林土壤和城市土壤举例

资料来源：菲尔·克劳尔（Phil Craul）博士绘制，经作者许可（Craul and Craul，2006）。

二、城市的植物物种来源

生物物理和社会因素都可以解释在城市中发现的植物物种来源。其中包括自然占据城市建立地区的植物物种，通过自然选择在不同环境条件下生存的植物物种战略，以及人类有意无意引进的物种。除此以外，我们也应该增加本地和非本地植物物种的扩散机制。

1. 生态区的影响

对植被的观察表明，在人类没有积极种植任何东西的城市地区，最初在城市建立的地区发现的植物更有可能在城市内被发现。这是由于区域环境条件和当地可用的种子池，而这是由该区域的气候和土壤决定的。在自然界中，我们在沙漠环境中找不到高山草甸或热带湿润森林中的植物。因此，你不太可能在明尼苏达州的明尼阿波利斯或挪威的卑尔根找到自然成长棕榈树。像西雅图和横滨这样的城市有来自常绿森林的物种，这可以通过当地可用的种子池（储存库）来解释。在东部落叶生物群系中，人们发现城市中残留的森林与周边地区的物种相似,依然保有沼泽地、草原和农科系统的植被。当然,由于城市环境中水文、阳光、土壤和养分的急剧变化,许多这些小空间不会完美地模仿或保留周边地区的物种。此外,物种组成通常包括人类有意无意引入的许多非本地物种。在城市花园中,这些物种可能更加繁茂,或者由于灌溉,我们可能会发现更多需要水的物种。然而,与农村环境相比,主要区别在于,通常在城市中,植被分布在更小的空间中,从大型公园到后院花园、空地,再到人行道绿带。此外,管理者经常将原本属于森林类型的环境(尤其是公园)改变为稀树草原类型的环境,树木之间的距离更大,中间有草坪或碎石。诺瓦克等(Nowak,Rowntree et al.,1996;Nowak,Noble et al.,2001)的研究记录了当地生态区对美国城市森林覆盖率的影响。他们发现,森林生态区的城市林木植被率最高(平均34.4％),但位于草原地区的城市树木植被仅为17.8％,沙漠地区城市林木植被率为9.3％。在这些地点发现的树木和其他植物种类已经适应了这些地区的条件,这不仅是因为气候控制或土壤特性,还因为数百年来放牧、火灾、洪水、雪崩等影响,随着时间的推移,随着城市地区越来越向农村地区扩展,当地可用的种子储藏量可能会减少。因此,所谓的"种子雨"(通量)可能比储存池更重要。植被的形成更多地依赖于种子雨,或通过风、雨、鸟类、动物运输等从城市内外流入的种子。因此,生态区确定初始种子库的类型,但人类可以改变这个比例,例如森林覆盖率,人类通过管理行动,如为公用事业用地或预防犯罪而砍伐树木、选择其他物种、增加灌溉等施加自己的影响(见下文"人类的影响"一节)。

2. 植物的进化策略

植物通过自然选择的进化策略使它们更易于在城市栖息地立足和生存。生态学家经常谈论植物物种的自然模拟。例如,在人行道裂缝中生长的植物(如大车前)通常与在过度踩踏的牧场中发现的植物相同,这就是所谓的自然模拟环境(图11-4)。这里的自然并不一定意味着在人类活动之前,它意指非城市。因为几个世纪以来,人类一直在放牧家畜。穆勒等人已经通过全球六个城市的研究说明,大多数城市物种已经确定来自草原和河岸地区(Müller,2010)。他所有研究的城市都位于河口、河流或大型河流系统的出口处,从而解释了河岸物种的种子库。然而,河岸物种和草原物种的高比例可能是由于它们的进化策略,前者由于洪水,后者由于火灾和放牧在高度干扰的环境中生存。这些高度紧张的环境与城市环境没有什么不同。草原物种可能预先适应城市地区的低水分栖息地,河岸物种可能预先适应土壤水分的极端波动。随着生长条件的改变,这些植物更有可能通过改变行为、结构和生理学而继续进化。它们可能会自然杂交,长时间保持气孔关闭,在受到压力时放出大量种子,比野外生长得更深等等。我们认为这是进化过程的一部分。

图 11-4　阔叶车前草(大车前)在城市人行道上茁壮成长

3. 人类的影响

虽然城市及其周围环境的生物物理特征、植物的进化特征及其能量需求,在很大程度上解释了植物物种在城市环境的独特栖息地的丰度和分布,但解释它们在城市中存在(或缺失)的最重要因素还是人,无论是通过间接偶然的影响还是直接选择。间接影响体现在人们仅仅通过城市化和居住所创造的栖息地中。例如,通过进口谷物和其他商品,人类为城市地区引进了许多草类植物的种子。它们要么作为种子组合的一部分,要么作为杂草种子混合到谷物袋中,脱离运输的谷物并在城市中生长。尤其是在高速公路和铁路走廊、铁路站点、工厂、造船厂、废弃场地、棕地甚至社区花园中,它们在没有人工种植的情况下被归化了。这种没有特意种植的情况由于全球化而加快了。尽管城市生态学家已经确定植物进入城市的主要途径通常是由于人类活动,但它们也可能作为种子通过风、水流或在经过的哺乳动物或鸟类的皮毛或粪便中到达这些受影响的地点。

直接影响包括城市居民、规划设计师和景观设计师在种植什么与景观配置方面做出的有意选择。吉尔伯特（Gilbert，1999）指出，一般来说，人类决定的城市植被景观有三种主要形式——花园式、技术型和生态型。而我们认为应该增加第四个：英式。花园式在不同的文化中呈现出不同的形式，例如法国和意大利的花园式就比英国的更规整、更受青睐。

英式景观的特点是宽阔的草坪被树木点缀。杜博斯（Dubos，1968）推测，人类在这类景观中感觉最自在，因为它与人类进化所来自的非洲开阔大草原相似（图11-5）。这种风格在英联邦国家如澳大利亚、新西兰、加拿大和其他英国人定居过的地方随处可见，包括阿根廷、南非和印度的部分地区。一些研究表明，不仅景观风格，而且在这些地区发现的物种也非常相似（Ignatieva and Stewart，2009）。这或许可以解释美国人对完美草坪的痴迷（Steinberg，2006）。通常，由于灌溉、割草机、肥料和除草剂的使用，这种美化方法是最昂贵和最耗能的。

图 11-5　英国伦敦英式景观设计城市大草原案例

资料来源：默纳·霍尔。

248

a. 花园式

b. 技术型

c. 生态型

图 11-6　三种城市植被景观示例

资料来源:默纳·霍尔。

技术型景观建设包括公路种植带、放置在城市广场周围或城市建筑入口处 249
的混凝土种植箱等。这些增加了一些建成环境的柔软度,但并不能塑造城市的
自然感。第三种形式称为生态型景观,适用于没有任何人力投资的植被景观。
有些是未被人类公然干预的动植物景观,其他则包括空置的住宅区和废弃的旧
工业场地、棕地、废物堆、未完工的建筑场地等,随着时间的推移,物种通过殖民
和演替(如上所述)而建立。这些地点给研究"自然"发生的物种提供了最丰富的
机会,即使有干扰因素,而花园式景观更多地揭示了人类对城市物种多样性的影
响。生态型景观也可以是指人类为了模仿自然林地、池塘或草原的演替过程而
开始的种植模式。这些地区往往比花园式或技术型景观吸引更多的野生动物,
而且显然维护成本更低,能源密集度更低。这种类型的景观设计在荷兰的应用
可能比其他任何地方都多,目的是让城市居民有更高的与自然接触的感觉。世
界上大多数城市都是这三者的混合体。

其他研究表明,家庭经济对城市花园中植物物种组成的异质性有影响
(Greis et al.,2003)。全球苗圃业的发展可以解释一个城市内城市植物多样性
的高水平以及多个城市之间的相似性,因为该行业出售的植物类型不同(Igna-
tieva,2011;Pearse et al.,2018)。研究的大多数城市都在温带地区。尽管这些
研究中记录的物种可能表明这些城市在植被分类上是相似的,但事实上我们可
能会发现,如果对每个物种、优势物种等的丰度进行量化,它们在生态上仍然是
相当不同的。

4. 扩散机制

在讨论城市植物物种的来源时,我们必须简要提及种子是如何传播的。这
在早些时候被称为"种子雨",鸟类、哺乳动物和人类都发挥了作用,种子可以随
风飞行或附着在动物或衣服上。它们不仅从上游地区通过"种子雨"或河流传
播,而且还通过装着谷物、花园种子包、苗圃盆、食品的棚车和我们的行李箱传
播。它们附在我们的运动设备、涉水靴、休闲车和轮胎胎面上。这就是为什么当
你在跨国旅行时,为了防止外来物种入侵和/或植物疾病,海关官员会询问你是
否携带种子、水果或鲜花,或者你近期是否参观过农场。

三、迄今为止的城市植物研究历史

城市植物群的研究拥有悠久的历史。早在 1643 年,帕纳罗利斯(Panarolis,1643)就对罗马竞技场发现的植物进行了编目。在城堡和废墟的瓦砾与墙壁中发现的物种引起了许多首次研究城市植物者的兴趣,因为它们模拟了城市中基质(土壤或生根材料)和小气候条件。"Ruderata"(来自拉丁语 *rudus*,指碎石、垃圾、废墟)是人类活动留下碎石和垃圾堆的栖息地的名称。因此,首先占据这些地点的物种被称为"ruderals"(杂草),该词已成为早期演替物种的同义词,即第一个在干扰后城市环境中建立的物种。即使不在城市里,城堡和旧墙也为观察植物对建成环境的反应提供了良好的场所。这些地点通常沉淀了人类生活的痕迹,而这些为植物物种提供营养。对这些地点发现的植物的观察也有助于我们记录人类历史,特别是在它们附近发生的农业种类。这使我们能够深入了解今天在该地区城市中发现的植物物种的历史区域来源。

1823 年,肖(Schow,1823)为生活在城市和村庄附近的植物引入了术语"城市植物"(Plantae urbanae)。在他看来,正是人类住区解释了他所谓的"外来物种",即非本地物种的存在。大约在 1827 年的同一时间,查米索(Chamisso)描述了人类对定居点动植物群的条件和影响:

> 无论人类居住在哪里,自然的面貌都会发生变化。他驯养的动物和植物也跟着他;树林变得稀疏;而动物们则躲得远远的;他的植物和种子散布在他的住所周围;大大小小的老鼠和昆虫在他的屋檐下活动;许多种类的燕子、雀鸟、云雀和鹡鸰寻求他的照顾,并作为客人享受他的劳动成果。在他的花园和田地里,许多植物在他种植的作物间像杂草一样生长。他们自由地与庄稼混在一起,分享他们的命运,甚至连他没有涉足的荒野也改变了它的形式(Chamisso,1827)。

2011 年,塞尔卡(Celka,2011)对中欧和东欧的 109 个定居点遗址与城堡进行调查并得出结论,这些遗址的物种与周围的自然环境截然不同,它们成为困扰该地区农民几个世纪以来的杂草物种扩散的来源。

在最早的研究之后,大多数研究试图区分野生(本地)和外来(非本地)物种,研究者记录那些归化的物种并确定在城市地区发现的新物种。原生物种被定义为在最后一个冰河期就已在同一地区存活或扩散的物种。研究人员将外来物种分为两类:第一类被称为古生植物,在公元 1500 年以前由农业和畜牧业引入例如中欧等地;第二类被称为新植物,是 1500 年以后到达的植物。这关键的一年也大致相当于越洋航行的开始以及物种从美洲和亚洲引入欧洲的时间。在城市中常见的第三类是无叶植物,它们是如此多样,以至于没有可识别的自然栖息地。它们仅在人为环境中通过杂交或自然选择进化而来。其中的一些例子有:荠菜(*Capsella bursa pastoris*)、羊角菜(*Chenopodium album*)、百慕大草、老鼠大麦(*Hordeum murinum*)、车前草、一年生蓝草、匍匐结草(*Polygonum aviculare*)、千里光(*Senecio vulgaris*)、繁缕(*Stellaria media*)和蒲公英。这些是世界各地城市中最常见的物种(Müller et al. ,2013)。

二战后,欧洲进行了第一次城市生态学研究,研究物种与城市栖息地生态条件的关系。战争的蹂躏留下了大片裸露的土壤或瓦砾,在这些土壤或瓦砾上,植物物种在没有人类直接行动即播种/种植的情况下得以成长。这种情况提供了一个丰富的模板,用于记录在高度城市化的环境中随时间发生的植被物种的自然变化或生长。欧洲生态学家看到了这些受干扰的城市遗址为研究物种向这些遗址的迁移以及城市植物群落结构功能随时间演化提供的机遇。例如,对维堡(俄罗斯)、鹿特丹、伦敦和柏林的研究表明,来自世界较温暖地区的物种已经在寒冷的北方城市的废墟环境中扎根。后来的研究表明,南方物种(越往北)主要分布在被调查城市核心或城市最温暖的部分,从而支撑了这些发现。这与城市地区比周围环境温暖的概念一致(Murphy et al. ,2011)(见第七章)。

四、了解城市植物物种变化的抽样方法

生态学家用何种方法理解城市化对植物物种分布的影响? 他们通常采用以下五种数据收集抽样方案中的一种:①沿着从低密度开发区到高密度开发区的横断面采集,通常称之为城乡梯度;②在不同的城市群落生境采集(高度专业化的人类设计使用区);③在不同土地利用类型中采集;④在不同社会经济社区之

间采集;⑤对研究区域应用网格随机采样。

252

1. 城乡梯度下城市物种的存在/缺失及分布与城市化密度的函数

在第一种称为梯度分析的方法中,研究人员对植物物种进行清查,这些植物物种从铺砌密集、人口密集的城市核心区辐射到密度较低的居住区,最终到达城市边缘,即城市与周围农村的交界处。由于许多城市不遵循这种理想的同心城市化密度形式,研究人员将根据人类对以前的非城市景观的改变程度选择不同的地点。该指标主要基于已建建筑物的密度,从理论上讲,该密度代表城市化梯度从少到多的变化或人为干扰。在这一梯度上,假设(但通常不是同时测量)非生物环境在温度、湿度、土壤条件和光照可用性方面发生变化,改变自一个植被较多、受干扰较少的"自然"环境。预计植物成功的最不理想条件将出现在城市核心或建筑最密集的地区,并且分类群的物种种类丰富度和数量丰富度将随着距离这一剧烈变化的环境的距离而增加。梯度法通过从改造较少的地点到改造较多的地点取样,也是一种以时间代替空间的方法,其假设是,随着时间的推移,现有物种已经取代了曾经在该地区历史上占据的原始森林或草原中发现的本地物种。这将随着城市环境从核心向外扩展而逐步发生。

2. 城市物种的存在/缺失及分布与群落生境特征的函数

第二个观察城市物种分布和丰度的空间组织是围绕群落生境或不同人类创造的植物栖息地的概念组织的。由德国生态学家海克尔(Haeckel)提出的"群落生境"一词,意味着生物体生存的栖息地先决条件,因此与进化适应密切相关。这个词拆分开看是指生物有机体生活的地方。但当应用于城市植物研究时,栖息地不再是在非城市中,而是在城市中具有统一土壤和气候条件以及可识别边界的地方,其特征是由人类创造的建成环境的特定元素。因此,群落生境可以包括墓地、公园、墙壁、人行道、铁路走廊、工业场地、私人前院和后院、池塘等。鉴于人类在创建这些群落生境时的影响,这是一种有趣的社会生态方法,而城市密度梯度往往更具生物物理性。群落生境方法部分源自拉门斯基(Ramenski)1928年关于物种生态分布的早期工作,该工作还涉及共存的物种群落以及它们如何随着环境条件的变化而变化(Ramenski,1924,1928)。

253

3. 城市物种的存在/缺失及分布与土地覆盖配置的函数

第三种类型的采样空间组织来源于景观生态学,试图对不同土地利用/土地覆盖类型斑块上的物种进行分类。这些土地覆盖类型通常是通过航空摄影或遥感确定的，包括开阔的草地（如操场、球场和公园）、残存林、商业区、工业区和不同密度的住宅区，每个区域的硬质景观与植被数量不同。虽然这种城市空间区域的分类似乎与前者没有什么不同，但它非常注重这些土地覆盖斑块的模式及其孤立性或连通性，而较少强调人类的利用。该方法来源于景观生态学领域，广泛用于了解野生动物分布模式和栖息地范围。其前提是，空间格局是影响物种最初如何分布以及它们如何（或不）在该景观中移动的主要驱动因素。这种方法在美国运用尤其普遍。城市被视为一个异质景观，或是由每个同质土地覆盖的单个斑块组成的马赛克。相邻斑块的邻接性在解释整个城市的植物分布模式方面起着关键作用，而斑块密度也同样起着关键作用，这表明一个区域与另一个区域之间的联系和差异程度，可能因此影响物种的反应和生存能力。在类似栖息地斑块相连的地方，形成了走廊，允许植物和动物、本地和非本地物种在城市景观中迁徙。较大的残留斑块通常包含更多的本地物种（Godefroid and Koedam，2003）。从岛屿生物地理学借用概念，在斑块非常孤立的地方，一种可能在其他地方完全消失的物种反而保存在城市内的某一片残存森林中。

4. 城市物种的存在/缺失及分布与邻域的函数

邻域法是第四种空间组织形式，用于城市中的植物采样。该方法考虑社会、文化、经济和人口特征的变化，这些变化影响植物种类的选择、分布和丰度以及护理和维护投资。人类对城市植被的这种直接影响的研究可追溯到20世纪80年代中期，当时城市森林学家理查兹等人（Richards et al.，1984）以及景观设计师帕尔默（Palmer，1984）评估了纽约州锡拉丘兹市各社区城市树木和灌木物种的变化及其丰度和维持情况，以了解人类对待城市植被的态度、行为和价值观。植物区系评估是通过观察邻里种植特征推断出来的，而人类价值观评估则通过直接调查家庭成员来确定他们对庭院和街道绿地中植物的感知与动机。

最近关于城市植物物种的存在、数量和分布的研究将由城市机构（自上而下）控制的公共区域与由个人（自下而上）选择种植的私人区域分开。然而，进入私人区域并不总是容易的，私人区域通常占据大部分的城镇种植面积；因此，在清点城市物种时，许多研究只能依靠公共区域。

5. 城市物种的存在/缺失:采用随机抽样与统计分析进行量化

这是量化和跟踪农村与城市地区物种丰度及优势度的常用方法。它基于统计分析方法,使我们能够从较小的样本中得出关于植物总体数量的结论。通常,将网格应用于关注区域并使用掷骰子或其他随机数生成器在每个网格块内随机选择样本位置,以确定网格内的坐标并据此进行物种的识别和量化。网格的目的是确保在整个关注区域进行采样。抽样地点的随机选择消除了人类的偏见,例如选择一个更郁郁葱葱的地点,一个离公路更近的地点,或者一个人们好奇的具有独特植被的地点。如果每1年、5年、10年等对这些相同地点进行采样,则可以记录和分析物种组成、生长、健康与死亡率的变化。这是美国林务局森林资源清查分析(Forest Inventory Analysis,FIA)计划中使用的方法(US Forest Service FIA,2018)。

6. 演替梯度下城市物种的存在/缺失及分布

另一种组织样本的方法是一些城市植物区系科学家使用的方法,他们对随着时间的推移在城市中自然建立的物种作为自然演替的函数特别感兴趣。演替是一个地点的物种组成随着时间的推移而发生的变化,并且经常发生,这是因为一个地点的环境条件随着时间的推移也在发生变化。在特定地点定居的每个物种都只适合在特定的环境条件范围内繁衍(见第十一章第五节)。这些条件可能会发生变化,因为物种本身创造了新的环境条件,如遮阴土壤、添加养分和有机物、改变光照状况等。由于这些变化,第一个物种被其他更适合新条件的物种所取代。采样通常集中在曾经高度受干扰的位置,如废弃的工业和垃圾场。尽管演替在城市物种的建立中起着重要作用,但鉴于干扰频繁,城市景观中很少出现演替的完整周期(即从先锋物种到成熟物种)。有两种类型的演替:初生和次生。第一种可以在野外发现,比如冰川消退的地形,那里以前没有植物存在过。在城市环境中,如废弃的停车场、人行道、无机垃圾床,或被拆除建筑物的碎石上也可以找到类似的情况。初生演替的早期殖民物种或先锋物种通常是地衣和苔藓,它们固定氮并分解岩石,从而捕获沉积物和水并形成其他植物。苔藓本身能保持水分并为其他物种的种子提供一个潮湿的环境。次生演替是指发生在先前种植过蔬菜的地点或土壤裸露的地方,如树木倒塌后使森林地面暴露在阳光下,或耕地被耕种但未进行其他管理。在城市中，则可能是一个废弃的住宅区、公园、树木倒下的残林，或者是建筑工程裸露的土壤。在这里，先锋物种更可能是一年生植物，如蒲公英、阔叶车前草和繁缕，但也可能包括大量产种的多年生植物，如加拿大一枝黄花（*goldenrod*）、千叶阿喀利亚（*common yarrow*）和卡罗塔（*Daucus carota*）（安妮女王花边）。值得注意的是，这些是温带北方的物种。世界上每个地区都有自己的先锋物种，我们通常称它们为"杂草"（weeds）。它们利用充足的光（太阳能）并能耐受快速升温和低湿度条件下的无遮阴土壤。

　　由于给予了种子生长的巨大能量，它们能够快速地填满一个地区，但通常茎干并不密集，并且长有一些野生动物喜欢的树冠，特别是一些利用种子和覆盖物的猎场鸟类。然而树冠会阻止其种子发芽，因为发芽需要充足的光；因此，在1～3年内，它们将灭绝。先锋物种留下的有机物质有助于为随后的物种建造土壤。一旦具有更大持水能力的有机土壤有时间发育，下一轮将持续生存更长时间的殖民者就会到来，因为已经形成了它们繁衍所需的条件。这包括开花草本植物和禾本科植物、多年生植物和木本植物，为鸟类、老鼠、田鼠、兔子和鹿这些以它们为食的食草动物提供营养。随着养分循环的加强，环境条件再次发生变化，使场地适合种植灌木和树木。在森林生态系统中，先锋物种可以是纸皮桦（*Betula Papyrifera*，白桦）和樱桃树（*Prunus serotina*，黑樱桃）。首先是不耐阴，然后是耐阴幼苗，这些幼苗最终将成为森林生态系统的成熟树木。当条件再次发生变化并出现新的扰动时，这些物种将消亡，从而重新开始循环。俄罗斯生态学家拉门斯基（Ramenski，1938）是最早研究物种群落随环境梯度变化的生态学家之一，他通过将植物物种与动物相比较来区分植物物种的功能演替特征。他将早期的机会主义占领者比作豺狼，即仅次于骆驼的豺狼，它们的殖民速度较慢，承受压力能力强，持续时间更长。成熟的物种被比作狮子，因为它们能够随着时间的推移完全控制一个地点。虽然不是生态分类，也不是完全相似，但它们提供了植物物种功能特征的图形描述，因为它们对场地不断变化的环境条件做出了反应。城市生态学家格里姆（Grime，1979）将它们分别归类为 R（野生）、S（耐应激）和 C（竞争）物种。每个群体在格里姆所谓的策略上都有差异，这些策略实际上是对特定环境条件的适应，从而导致生态位的差异或者不同类型物种在特定位置或生态系统的生态中发挥功能的差异。在这方面，你可能会认为生长在荒地上的植物物种或早期机会主义先锋物种是可以在非生物场所定居的物种。通过这样做,它们成为场地准备者,即放置初始生物量和土壤条件下的死有机物质;随后是耐压的中期演替物种,它们在其他植被的树冠下耐弱光,耐心地等待着在其他物种死亡后将能量和养分捕获;最后是成熟物种,在一个地点保持完整的水文、养分和能量功能,为许多物种创造稳定性,直到下一轮干扰出现。在许多城市的废弃垃圾场可以观察到这种过程(图 11-7)。

生态学中一个长期存在的问题是,植物物种是否作为群落一起出现,不同物种之间相互加强并因此共存(Clements,1916),或者每个物种是否只是对环境条件做出个体反应(Gleason,1926)。格里姆作为一名植物群落生态学家,似乎倾向于前者,这似乎与频繁观察到的植物物种共存的现象相一致,并且这种观点在许多植物生态学文献中占主导地位。但是,如果人们意识到每一种植物都在沿着阳光、土壤养分、温度等环境梯度对其自身的要求做出反应,那么同一物种的共存符合格里森(Gleason)的理论,即强调单个物种对光、水、温度等环境条件的反应[①]。这与格里姆提出的群落方法不同,在该方法中,物种群落一起占据空地,然后随着下一步演替的发生,而作为一个群体逐渐消失。赫伯特·祖卡普(Herbert Sukopp)同意格里森的观点,认为个体的响应这一点在城市物种综合体中非常明显,比如说,"城市生物群落是由连续入侵而非共同进化发展产生的群落的一个极端例子。原则上,城市生态系统环境因素和生物体组合的历史独特性使其与大多数非城市生态系统区分开来,即使是那些受到强烈干扰的生态系统"(Sukopp,2003,第 312 页)。虽然这一论点对初学者来说可能非常深奥,但对于那些试图在高度受干扰的地点重建植物群落的人来说,它实际上是很重要的。我们认为,每个物种都需要根据其自身的生长历程和环境耐受性去了解与管理,这就是为什么我们将在下一节中提出与上文不同的方法。

---

　　① 这种对植物沿环境梯度做出反应的理解首先由公元前 370 年出生的提奥夫拉斯图斯(Theophrastus)提出,然后 1802 年由亚历山大·冯·洪堡(Alexander Von Humboldt)再次提出,并于 20 世纪 50 年代由罗伯特·惠特克(Robert Whittaker)在研究中进一步阐述(Theophrastus,1916;Whittaker,1956;Wulf,2015)。

257

苏威垃圾场1~8

a. 1938年粉笔白联合化工厂氯化钙废物床1~8

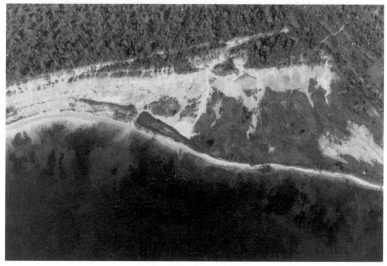

b. 20世纪90年代废物床重新植被

258

c.今天在这些废物床上的演替植被

d.该地区仍在重新恢复植被

图 11-7　纽约州锡拉丘兹市废弃垃圾场的植物物种演替过程

注:图 11-7a 的化工厂位于纽约州锡拉丘兹奥农达加湖沿岸,废物是由苏威法生产纯碱产生
　　的;图 11-7c 背景中的早期演替树木[主要是杨树(东部白杨)]比前景中发现本地和非本
　　地草、莎草及灯芯草的区域更早停止倾倒。

资料来源:图 11-7a 来自 Cornell University Library,*New York State Aerial Photographs*
　　Collection,Historical Aerial Photographs of New York(http://www.onondagalake.org/
　　wp-revision/lake-history/);图 11-7b~图 11-7d 来自默纳·霍尔。

五、当前城市植物区系研究趋势

259

1. 生态功能、物种进化与生理变化

最近对城市植物的研究主要集中在生态功能与生理机制上。人们一直强调将环境友好的物种作为本地植物群进行重构(Given and Spellerberg,2004)。然而,随着人们越来越重视管理我们的城市,以实现可持续性和恢复力,从而应对人类不断改变的景观、气候变化,以及影响土壤、空气和水质的其他环境变化,如地震、飓风和侵蚀,强调将本地物种带回高度受干扰的环境,以保证它们在不适宜居住的环境中生存可能会给城市预算带来太多负担(Del Tredici,2010)①。尽管有证据表明,本地植物物种将支持更大的动物物种丰富度或鳞翅目(蝴蝶)物种丰富度,例如(Tallamy and Shropshire,2009),但是非本地物种复合体可以承担本地物种的功能,即在生态环境中填充其生态位,同时在破坏环境中具有优越的生存能力。这是一个正在进行的研究问题。一些研究人员正在探索本地和非本地物种杂交产生新杂交物种的证据(Bleeker et al.,2007)。这些杂交品种是否与它们所取代的品种具有相同的生态位[例如,纽约市地区的本地美洲苦甜藤和非本地东方苦甜藤,能否如它们在 1947 年的实验室中所展示的那样杂交(White and Bowden,1947)],与本地树种具有相同的生态位,或者杂交品种是否产生了更具入侵性的物种(Schierenbeck and Ellstrand,2009)? 其他人正在研究物种在适应城市环境条件下生存时的进化,尽管到目前为止,人们更多地关注昆虫和动物,而不是植物(Donihue and Lambert,2015)。这些都是在城市地区新发现的现象,特别是在动物和昆虫物种方面。这些在城市环境中的适应即人类引起的快速进化变化(human-induced rapid evolutionary change,HIREC)。

除了了解物种在这些新组合中的功能或对物种多样性的控制外,新的研究也开始关注物种本身的生理机制是如何解释它们的存在、丰度和分布的。一些物种在城市和农村环境中的"行为"有所不同,例如,在城市环境更大的蒸散压力

260

---

① 本地物种的重构并非没有好处(参见 Tallamy and Shropshire,2009),只是如果城市条件不利于这些物种生长,那么我们就应种植那些能够茁壮成长的物种。

下关闭气孔以保持经脉膨胀(Brune,2016)。总而言之,这项研究的主要目的是找到一种方法,以一种令市民满意且价格合理的方式,用有吸引力、有用且坚韧的植物来重建我们的城市环境。对于有兴趣了解和种植植物的年轻人来说,该领域有很多机会,这将有助于使我们的城市发展变得更令人愉快、更宜居和更可持续。

2. 居民态度

城市生态学家越来越关注公民参与新植被构建策略的态度和意愿,这些策略用以调节城市温度,减少暴雨径流,提供当地种植的农产品,或通过城市绿化美化视觉和经济不景气的街区(Baptiste et al.,2015;Sun and Hall,2016)。梅伦德斯-阿克曼等人(Melendez-Ackerman et al.,2016)评估了波多黎各圣胡安城乡社区的庭院管理决策,以评估加强绿色基础设施的潜力及其提供的许多有助于城市可持续性的生态系统服务。与前面提到的帕尔默研究一样,他们也使用了家庭调查和观察,并强调了家庭范围内所起到的社会生态因素的作用。

六、基于能量替代的环境梯度方法

虽然从城乡梯度、跨群落生境、土地利用覆盖、随机抽样以及不同群落之间研究植物多样性获得的信息丰富,但这些研究的结果并没有告诉我们植物生存和生长的生态需求,也即如何获取能量或最大化其新陈代谢。在前几类的评估中,环境条件在很大程度上被纳入人类定义的栖息地。但是,我们难道不需要知道哪些物种能够很好地适应城市的生长条件,哪些物种能够在气候、水资源、能源限制和城市预算缩减等预期变化的条件下茁壮成长吗?我们这样认为,因此,推荐一种替代方法,我们称之为基于能量的梯度分析(Hall et al.,1992)。它关注的不是栖息地或地点,而是物种在萌发、生长和繁殖所需的生物物理因素梯度上的代谢或能量反应。在自然界中,植物物种通过自然选择进化,以利用它们所处环境的特定光照、湿度、养分和干扰条件。从这个角度来看,对生态梯度上某个位置的生理适应(比如从湿土到干土或不同温度)是以适应不同梯度条件为代价的。这使它们能够特别好地适应其特定环境的特定条件。一些物种具有广泛的耐受性,而另一些物种对微小变化更为敏感。枫树生长在湿润的土壤上,橡树生长在干燥的土壤上，等等。从低到高、从少到多的每个梯度代表了栖息地条件，如从冷到暖的温度，从低到高的土壤湿度，从不间断的阳光到浓阴。惠特克（Whittaker，1967）在1967年首次提出沿海拔梯度（实际上主要是温度梯度）绘制物种图。从能量或代谢的角度来看，在一个单一的梯度上，物种适应的生长条件是最佳的，该物种的植物可以将从太阳吸收到的更多的能量用于其生长和繁殖。这就是图中丰度曲线的峰值（图11-8）。在其范围内，一个物种的丰度或生长预计将呈现正态分布或正态曲线。在物种耐受范围的外部极限，其丰富度较低。在这一点上，或在这一点所代表的生态条件下，它虽然可能存活下来，但无法获得额外的能源来用于生产。这就解释了为什么当干扰改变了某物种曾经繁衍的地理位置的湿度或温度，而另一个更能适应这些条件的物种到达现场时，该物种可能会灭绝。一个物种的最佳生态位置是其有利的阳光、水分和温度条件的组合相吻合的地方。在那里，它还能够与其他不太适合（生态位置）的物种竞争（Hall et al.，1992）。这种生态优化可视为多个梯度重合的点，就像一个嵌套的俄罗斯套娃的每个组成部分的空间一样。在实践中，要了解地理空间中任何给定物种的生态最优位置，需要的不是跨栖息地而是跨多个环境梯度采样。使用丰度、生物量或茎密度沿梯度记录和绘制植物响应（生产/生长）图，将揭示物种对阳光、土壤水分、昼夜温度变化的耐受范围等。所获得的知识应引导更具韧性的城市种植模式，正如美国西南部沙漠中的旱生（耐极低水分）景观、荷兰生态景观以及以下示例所做的那样。

城市土壤科学家菲尔·克劳尔（Craul，1999）的工作中可以看到一个利用基于自然选择的植物生态需求知识的例子。在建造纽约市的巴特利公园（Battery Park）之前，克劳尔做了一次生物物理现场评估。巴特利公园位于曼哈顿南端的一个垃圾填埋场之上。他检查了土壤质地、土壤容重和土壤排水能力，并使用气象站评估了场地的太阳模式、环境空气温度、风向和风速。所有这些都有助于该场地的热量收支，因此，植物在该场地会遇到蒸散压力。他将这些信息输入他编写的计算机模型，以评估拟议物种将遇到的蒸散需求。根据这一分析，他推荐了耐性物种，并设计了一种具有适当物理和化学性质的工程土壤，以确保它们的生长和生存。

另一个例子是无处不在的城市树木臭椿（*Ailanthus altissima*）（专栏11-1），它

262

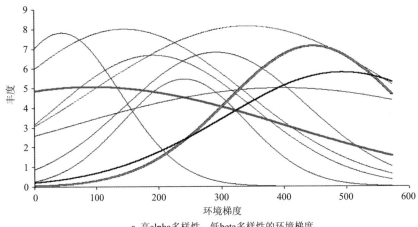

a. 高alpha多样性、低beta多样性的环境梯度

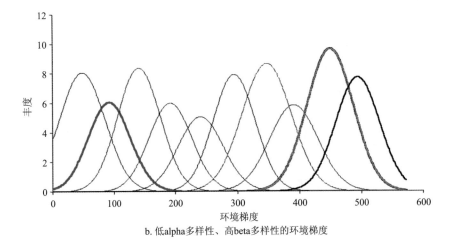

b. 低alpha多样性、高beta多样性的环境梯度

图 11-8　沿单一环境梯度的植物物种丰度

注:图 11-8a 具有高 alpha 多样性的环境梯度(例如温度、阳光、湿度),即沿梯度每个位置的
植物物种数量较多,但物种组成(beta 多样性)变化不大;图 11-8b 具有低 alpha 多样性的环
境梯度,即沿梯度每个位置的物种数量较少,但物种组成变化频率较高。

资料来源:经帕尔默(Palmer,2018)许可使用。

说明了植物通过自然选择的基于能量的进化如何帮助其在城市环境中茁壮成长
(图 11-9)。尽管臭椿在高 pH 值的湿润有机土壤中的生长获得了最高的能源收益,但它由于能够在根部储存水分而具有抗旱性。它在受干扰区提供的充足阳光下茁壮成长,但也有在光线不足的条件(如阴暗的小巷)中被发现,尽管其生长速度较慢。它是在中国中部的石灰岩土壤上进化而来的,因此特别适用于由于旧砖砂浆和混凝土的存在而土壤 pH 值较高的城市地区,尽管它也能承受低至4.4 的 pH 值条件。它抵御干旱的能力也可能是由于它在石灰岩土壤上的进化。由于较快排水的结构,这些土壤的持水能力通常较低。它具有空气污染和臭氧耐受性,同时吸收二氧化硫和汞。二战后,由于有大量被摧毁建筑产生的瓦砾,臭椿被引入欧洲并不断繁衍生息。在柏林,92％的人口密集地区、25％的郊区以及只有 3％的城外地区有臭椿生长(Kowarik,2003)。这只是格里姆称之为城市友好(热爱城市)物种中的一种,而不是城市中立(农村和城市之间没有偏好)和城市恐惧(害怕城市环境,即无法在那里生存)(Grime,1979)。尽管这些分类很吸引人,但它们并没有表达植物与城市环境的生态关系。这并不是因为植物喜欢或不适应某个环境,而是因为它们已经进化到在特定生长条件下获得了巨大的收益,其中一些生长条件在城市中,而另一些则不是。这种方法可能会导致重新思考我们如何构建新的城市发展或重组现有的城市发展,从而使植被种植不再是事后考虑的问题,而是放在首先考虑的位置上并围绕它们进行开发。优先考虑土壤、光照可用性和温度变化材料,以便环境条件满足所选物种的有利生态梯度空间。

专栏 11-1　臭椿

　　臭椿(图 11-9)是一种在高 pH 和阳光梯度条件下表现最好的物种,但仍然表现出对各种环境条件的耐受性。它是在对内城的研究中发现的。它是图 11-8a 中所示的物种之一,起源于中国大陆和台湾地区。它也被称为"天堂之树",因畅销小说《布鲁克林生长的树》(*A Tree Grows in Brooklyn*)(Smith,1943)而闻名。

a. 臭椿幼树　　　　　　　　　　b. 生长在混凝土块下的成熟臭椿

图 11-9　城市中不同生长周期的臭椿

资料来源：图 11-9a 来自默纳·霍尔；图 11-9b 来自塞缪尔·塞奇（Samuel Sage），大西洋州法律基金会，纽约州锡拉丘兹。

264　**七、结论**

　　越来越多的城市不断发展为世界各地的研究结果比较提供了可能，但仍然很难在研究中得出结论。当你试图回答本章开头所提出的一些问题时，请记住，你需要考虑比较研究的几个难点。一个是研究人员如上所述在抽样的空间单位上的差异。另一个是所采用的各种采样协议。例如，可能在一些城市对私人和公共区域进行了调查，但在其他城市没有区分调查，或者只对自然重建区域进行了调查，而没有对人类种植区进行调查。土地利用的定义、采样规模，或者采样单元（土地利用或群落生境）在单元内是否真正同质，都会导致比较研究的困难。各个城市的独特形态、气候差异、密度定义以及观察到变化的时间长度都限制了比较和概括。一些研究可能侧重于记录物种随时间的变化，而其他研究则侧重于空间变化的因素。尽管如此，几乎所有的清单都记录了本地物种和非本地物种的数量，并得出了关于分类单元丰富度、分类单元均匀度和总分类单元丰富度（植物总数）的结论，从而可以进行一些概括。此外，在控制城市植物物种产生、数量和分布的因素上也出现了一些共识。

普遍的观点是，城市环境对动植物来说都是一个严酷的生存环境。这些情况常常导致本地物种的丧失。对北美、亚洲和澳大利亚 11 个城市的研究发现，在工业发展初期进行的初步植物区系研究中发现的物种，其中至少 1％～35％在过去 100 年内消失（Duncan et al. ，2011）。然而，许多其他植物，可能不是本地植物，能够并且确实在城市栖息地生存，特别是在光照、温度、干扰频率或湿度可用性等环境条件与它们进化的环境条件相似的地方。尽管本地物种已经消失，但高生物多样性、被称为"新型"生态系统的新的生物群落也出现在了报道之中（Kowarik，2011；Lugo and Brandeis，2005）。1979 年，德国城市植物生态学家祖卡普博士指出，"在城市条件下发展起来的生态系统可能是未来主要的生态系统"（Pyšek，1995，第 32 页）。他建议，通过观察在受干扰的城市遗址上建立起来的新的和适应良好的物种组合，我们可以了解哪些本地和归化的非本地物种将在变化的环境条件下建立并繁荣发展。越来越多的人认为，在人类统治世界的时代［人类世（Anthropocene）①］，为了在这些新出现的生态系统和世界其他生物群之间保持平衡，需要管理生物多样性，而不仅是保护本地物种，更需要理解生态系统的功能和动态（Del Tredici，2010；Lugo，2010；Lugo and Brandeis，2005；Lugo et al. ，2018）。

了解植物在城市环境中的进化适应、代谢要求和功能作用，以及人类对城市植被的不同亲近程度，对于决定在设计城市绿色基础设施时使用何种物种和物种组合非常重要，无论是以下哪种形式：①新公园和游乐场；②雨水管理设施，如绿色屋顶和生物洼地、有植被覆盖的公路介质、路缘绿化或雨水花园；③工业用地现场修复；④市区步行/单车道等。由于缺乏对物种进化发展的生长需求和生理策略及其相对于其他物种的功能作用的了解，经常需要对大量城市植被进行持续维护或重新种植，这将耗费大量的金钱和精力。在我们自我教育的过程中，我们应该能够更好地帮助公众理解和保护城市植物。

265

───────────

① 一些植物生态学家将今天的生态时代称为"同质世"，声称由于人类对地球的改变和在全球范围内长期分离的物种的统一，生物多样性呈现同质化。我们会争辩说，他们的结论仅基于分类群识别（植物名称列表），而不是基于分类群的丰富度、丰度、均匀度或优势，这可能会导致全球和城市间的异质性。我们更喜欢用"人类世"这个词来指代当前的时代。

如果我们要创造人类与自然没有完全隔绝的城市,让植物通过它们提供的服务为我们工作,让鸣禽和其他城市动物有食物和栖息地,让城市生物群的维护成本不会使城市预算紧张,让越来越稀缺的廉价能源或气候变化的影响不会破坏我们创造的景观,那么,对城市环境中植物生态的研究就至关重要。

致谢

感谢森林生态学家阿里尔·卢戈博士和植物学家凯瑟琳·兰迪斯博士周到的、探索性的和富有洞察力的评论,帮助塑造和丰富了本章内容。

(顾江 译,高喆 校)

参 考 文 献

1. Baptiste A, Foley C, Smardon R (2015) Understanding urban neighborhood differences in willingness to implement green infrastructure measures: a case study of Syracuse, NY. Landsc Urban Plan 136:1-12

2. Bleeker W, Schmitz U, Ristow M (2007) Interspecific hybridization between alien and native plant species in Germany and its consequences for native biodiversity. Biol Conserv 137:248-253

3. Brune M (2016) Urban trees under climate change: potential impacts of dry spells and heat waves in three German regions in the 2050s. Climate Service Center Germany, Hamburg. Report No.:24

4. Celka Z (2011) Relics of cultivation in the vascular flora of medieval west Slavic settlements and castles. Biodivers Res Conserv 22(1):1-110. https://doi.org/10.2478/v10119-011-0011-0

5. Chamisso AV (1827) Übersicht der nutzbarsten und der schädlichsten Gewächse, welche wild oder angebaut in Norddeutschland vorkommen. In: Nebst Ansichten von der Pflanzenkunde und dem Pflanzenreiche. Ferdinand Dümmler, Berlin, p 376. Source: Sukopp, 48

6. Clements FE (1916) Plant succession: an analysis of the development of vegetation. Carnegie Institution of Washington, Washington

7. Costanza R, d'Arge R, de Groot R, Farber S, Grasso M, Hannon B, Limburg K, Shahid N, O'Neill RV, Paruelo J, Raskin RG, Sutton P, van den Belt M (1997) The value of the

world's ecosystem services and natural capital. Nature 387:253-260

8. Craul PJ (1999) Urban soils: applications and practices. Wiley, New York

9. Craul TA, Craul PJ (2006) Introduction to the soil. In: Craul TA, Craul PJ (eds) Soil design protocols for landscape architects and contractors. Wiley, New York, pp 1-28

10. Cusak D (2013) Soil nitrogen levels are linked to decomposition enzyme activities along an urban-remote tropical forest gradient. Soil Biol Biochem 57:192-203

11. Del Tredici P (2010) Spontaneous urban vegetation: reflections of change in a globalized world. Nat Cult 5(3):299-315. https://doi.org/10.3167/nc.2010.050305

12. Donihue CM, Lambert MR (2015) Adaptive evolution in urban ecosystems. Ambio 44:194-203. https://doi.org/10.1007/s13280-014-0547-2

13. Dubos R (1968) So human an animal. Charles Scribner, New York

14. Duncan RP, Clemants SE, Corlett RT, Hahs AK, McCarthy MA, McDonnell MJ et al. (2011) Plant traits and extinction in urban areas: a meta-analysis of 11 cities. Glob Ecol Biogeogr 20:509-519

15. Gilbert OL (1999) The ecology of urban habitats. Springer, Dordrecht

16. Given D, Spellerberg I (eds) (2004) Going native: making use of New Zealand plants. Canterbury University Press, Christchurch

17. Gleason HA (1926) The individualistic concept of the plant association. The Bulletin of the Torrey Botanical Club, New York

18. Godefroid S, Koedam N (2003) Distribution pattern of the flora in a peri-urban forest: an effect of the city-forest ecotone. Landsc Urban Plan 65:169-185

19. Greis C, Hope D, Zhu W, Fagan WF, Redman CL, Grimm NB et al. (2003) Socioeconomics drive urban plant diversity. PNAS 100(15):8788-8792

20. Grime JP (1979) Plant strategies and vegetation processes. Wiley, Chichester

21. Groffman P, Neely L, Belt K, Band L, Fisher G (2004) Nitrogen fluxes and retention in urban watershed ecosystems. Ecosystems 7:393-403

22. Hall CAS, Stanford J, Hauer R (1992) The distribution and abundance of organisms as a consequence of energy balances along multiple environmental gradients. Oikos 65(3):377-390

23. Hall S, Huber D, Grimm N (2008) Soil N_2O and NO emissions from an arid, urban ecosystem. J Geophys Res 113:G01016. https://doi.org/10.1029/2007JG000523

24. Hughes JD (2009) An environmental history of the world: humankind's changing role in the community of life, 2nd edn. Routledge, London

25. Ignatieva M (2011) Plant material for urban landscapes in the era of globalisation: roots, challenges, and innovative solutions. In: Richter M, Weiland U (eds) Applied urban ecology: a global framework. Blackwell Publishing, Hoboken, pp 139-161

26. Ignatieva M, Stewart G (2009) Homogeneity of urban biotopes and similarity of landscape

design language in former colonial cities. In: McDonnell MH, Hahs AK, Breuste JH (eds) Ecology of cities and towns: a comparative approach. Cambridge University Press, Cambridge, pp 399-421

27. Kowarik I (2003) Biologische Invasionen—Neophyten und Neozoen in Mitteleuropa (in German). Verlag Eugen Ulmer, Stuttgart. ISBN 3-8001-3924-3 (Source: Wikipedia, https://en. wikipedia. org/wiki/Ailanthus_altissima. Accessed 21 Oct 2018)

28. Kowarik I (2011) Novel urban ecosystems, biodiversity, and conservation. Environ Pollut 159:1974-1983. https://doi. org/10. 1016/j. envpol. 2011. 02. 022

29. Kuo FE, Sullivan SW (2001) Environment and crime in the inner city: does vegetation reduce crime? Environ Behav 33(3):343-367

30. Louv R (2008) Last child in the woods: saving our children from nature-deficit disorder. Algonquin Books, Chapel Hill

31. Lugo AE (2010) Let's not forget biodiversity of the cities. Biotropica 42(5):576-577

32. Lugo AE, Brandeis TJ (2005) New mix of alien and native species coexists in Puerto Rico's landscapes. In: Burslem DFRP, Pinard MA, Hartley SE (eds) Biotic interactions in the tropics: their role in the maintenance of species diversity. Cambridge University Press, Cambridge, pp 484-509

33. Lugo AE, Winchell KM, Carlo TA (2018) Novelty in ecosystems. In: Della Sala DA, Goldstein MI (eds) The encyclopedia of the anthropocene, vol 3. Elsevier, Oxford, pp 259-271

34. Melendez-Ackerman EJ, Nytch CJ, Santiago-Acevedo LE, Verdejo-Ortiz JC, Bartolomei RS, Ramos-Santiago LE et al. (2016) Synthesis of household yard area dynamics in the City of San Juan using multi-scalar social-ecological perspectives. Sustainability 8(5):481. https://doi. org/10. 3390/su8050481

35. Müller N (2010) Most frequently occurring vascular plants and the role of non-native species in urban areas—a comparison of selected cities of the old and new worlds. In: Müller N, Werner P, Kelcey JG (eds) Urban biodiversity and design. Blackwell, Hoboken, pp 227-242

36. Müller N, Ignatieva M, Nilon CH, Werner P, Zipperer WC (2013) Patterns and trends in urban biodiversity and landscape design. In: Elmqvist T et al. (eds) Urbanization, biodiversity and ecosystem services: challenges and opportunities. Springer, Dordrecht

37. Murphy DJ, Hall MH, Hall CA, Heisler GM, Stehman SV, Anselmo C (2011) The relationship between land cover and the urban heat island in northeastern Puerto Rico. Int J Climatol 31:1222-1239

38. Nowak DJ, Noble MH, Sisinni SM, Dwyer JF (2001) Assessing the US urban forest resources. J Forest 99(3):37-42

39. Nowak DJ, Rowntree RA, McPherson EG, Sisinni SM, Kirkmann ER, Stevens JC

(1996) Measuring and analyzing urban tree cover. Landsc Urban Plan 36(1):49-57

40. Palmer JF (1984) Neighborhoods as stands in the urban forest. Urban Ecol 8:299-241

41. Palmer MW (2018) Ordination methods for ecologists. Oklahoma: Oklahoma State University, Botany Department. http://ordination.okstate.edu/COENOSPA.htm. Accessed 24 Oct 2018

42. Panarolis D (1643) Plantarum amphitheatralium catalogus. Typis Dominici Marciani, Rome

43. Pearse WD, Cavender-Bares J, Hobbie SE, Avolio ML, Bettez N, Chowdury RR et al. (2018) Homogenization of plant diversity, composition, and structure in north American urban yards. Ecosphere 9(2):e02105. https://doi.org/10.1002/ecs2.2105

44. Pyšek P (1995) Approaches to studying spontaneous settlement flora and vegetation in Central Europe: a review. In: Sukopp H, Numata M, Huber A (eds) Urban ecology as the basis of urban planning. SPB Academic Publ, Amsterdam, pp 23-39

45. Ramenski L (1924) Basic regularities of vegetation covers and their study In Russian. In: Ob. Voronezh: Vestnik Opytnogo de la Stredne-Chernoz, pp 37-73

46. Ramenski LG (1928) On the method of comparative treatment and systematization of lists of plants and other objects determined by several factors with unlike actions (In Russian). In: Trudy Sovesch, geobot.-lugov., sozvan. (Gos.) lugovoi Inst, pp 15-20

47. Ramenski LG (1938) Introduction to the complex soil-geobotanical investigation of lands. Selkhozgiz, Moscow

48. Richards NA, Mallette JR, Simpson RJ, Macie EA (1984) Residential Greenspace and vegetation in a Mature City: Syracuse, New York. Urban Ecol 8:99-125

49. Schierenbeck KA, Ellstrand NC (2009) Hybridization and the evolution of invasiveness in plants. Biolog Invasions 11:1093-1105

50. Schouw J (1823) Grundtræk til en almindelig Plantegeographie (Foundations to a general geography of plants). Gyldendalske Boghandels Forlag Copenhagen, Copenhagen

51. Smith BA (1943) A tree grows in Brooklyn. Harper & Brothers, New York

52. Steinberg T (2006) American green: the obsessive quest for the perfect lawn. W.W. Norton, New York

53. Sukopp H (2003) Flora and vegetation reflecting the urban history of Berlin. Erde 3: 295-316

54. Sun N, Hall M (2016) Coupling human preferences with biophysical processes: modeling the effect of citizen attitudes on potential urban stormwater runoff. Urban Ecosyst 19(4): 1433-1454. https://doi.org/10.1007/s11252-013-0304-5

55. Tallamy DW, Shropshire KJ (2009) Ranking Lepidopteran use of native versus introduced plants. Cons Bio 23(4):941-947. https://doi.org/10.1111/j.1523-1739.2009.01202.x

56. Theophrastus (1916) Enquiry into Plants, Vol. 1, Books 1-5. Translated by A. F. Hort, 1916. Loeb Classical Library 70. Harvard University Press, Cambridge

57. Ulrich R (1984) View through a window may influence recovery from surgery. Science

224:420-421

58. US Forest Service FIA (2018) Forest inventory and analysis national program. https://www. fia. fs. fed. us/. Accessed 11 Mar 2018

59. Velarde MD, Fry G, Tveit M (2007) Health effects of viewing landscapes—landscape types in environmental psychology. Urban For Urban Green 6(4):199-212

60. White OE, Bowden WM (1947) Oriental and American bittersweet hybrids. J Hered 38 (4):125-128

61. Whittaker R (1956) Vegetation of the Great Smoky Mountains. Ecol Monogr 26(1):1-80. https://doi. org/10. 2307/1943577

62. Whittaker RH (1967) Gradient analysis of vegetation. Biol Rev 49:207-264. https://doi. org/10. 1111/j. 1469-185X. 1967. tb01419. x

63. Wulf A (2015) The invention of nature: Alexander Von Humboldt's New World. Vantage, New York

第十二章 生物系统——城市野生动物、适应和进化:城市化作为灰松鼠当代进化的驱动力

詹姆斯·P. 吉布斯[①] 马修·F. 布夫[②] 布拉德利·J. 科森蒂诺[③]

城市化一方面显著降低了区域生物多样性的水平,但另一方面城市环境又可以作为生物多样性的避难所,因为一些生物压力的因素在城市之外比在城市内部更为普遍。我们研究并评估了城市化能否促进产生稀有的基因型,对象主要是灰松鼠(*Sciurus carolinensis*),结果表明它们具有肉眼可见的基因色变。数据结合了基于互联网的参与性研究计划(松鼠地图)以及从在线图像共享平台(Flickr)挖掘的 6 681 只灰松鼠的数据,我们发现黑色形态松鼠的概率随着城市土地覆盖范围的扩大而同步增长。一款互联网游戏,通过大众参与(众包)调查人类寻找到灰松鼠的次数,揭示了在时常有狩猎发生的早期演替林中,灰色变种比黑色变种具有更好的伪装优势,但在禁止狩猎的城市地区则没有。与同一地区的活松鼠中黑色变种的出现频率(33%)相比,道路死亡松鼠样本中黑色变种的出现率(9%)明显偏低,这可能是因为黑色变种在路面上更为明显,有助于驾驶员避开,因为车辆是松鼠死亡的主要根源,这也有利于城市中松鼠的黑色变种演化。这些过程叠加在一起

① 美国纽约州锡拉丘兹市,纽约州立大学环境科学与林业学院环境与森林生物学系,邮箱:jpgibbs@esf.edu。

② 美国纽约州奥尔巴尼市,纽约州立大学环境科学与林业学院纽约自然遗产项目组。

③ 美国纽约州日内瓦,霍巴特和威廉史密斯学院生物学系。

可以沿着城市化的梯度产生显著陡峭的表型斜线,并可能将继续塑造物种的形态进化。因为在整个物种范围内,狩猎压力正在下降,而道路交通的压力则在加剧。这项研究表明,城市可以作为稀有基因型的庇护所,通过中和有利于乡村景观中广泛分布的变体的选择压力,同时创造新的选择压力来对抗城市中广泛分布的变体。

一、引言

城市生态系统代表了人类影响土地利用梯度的极端,其中人造结构占主导地位。已经建成的生态系统通常不是生物学家的主要关注点,因为它们主要是相对较少、适应性强、没有灭绝危险的物种的栖息地。然而,建成环境的生物多样性则是一个重要问题,原因有二。首先,大多数人现在生活在城市和郊区环境中,在全球范围内,人类人口正在向城市地区转移,远离自然和半自然生态系统(UN,2011)。因此,自然资源保护主义者对建成的生态系统更感兴趣,因为生物多样性对人类健康非常重要,同时,对于所有生活在那里的人来说,生态系统都是宜人、健康和充满活力的地方。值得注意的是,城市居民偏好城市绿地(即公园、荒地、街道景观)的物种丰富度更高,并同意这将创造更宜居的城市,这种态度在不同的社会文化群体中普遍存在,包括移民背景的人(Fischer et al.,2018)。其次,许多已建成的生态系统中蕴藏着各种各样的野生动物,这些物种附着于所有混凝土中的任何"绿色"绿洲上。适应城市环境的物种经常在一定程度上依靠城市地区提供的补贴来维持自己的生存,无论是种植的树木、人工投食点,还是广阔郊区的后院,那里有大量的野生动物(Aronson et al.,2017)。

由于城市化极大地降低了区域生物多样性的水平(McKinney,2008),历史上的生物学家对城市地区几乎不感兴趣(Collins et al.,2000;Luther and Baptista,2010;Martin et al.,2012;Miller and Hobbs,2002)。然而,由于许多生物压力源在城市外比城市内更为普遍,因此城市环境可以作为生物多样性的庇护所,这一点在很大程度上没有被人们认识到。与狩猎有关的哺乳动物死亡率就是一个例子。狩猎是哺乳动物许多当代进化特征的驱动力(Allendorf and Hard,2009),并且出于公共安全的考虑,城市地区通常禁止狩猎。

现有强有力的证据表明,由于资源和捕食的改变,城市系统中物种的适应性进化会改变其本身的营养(摄食和营养)联系和选择性压力(改变生物在其环境中适应性的现象)(Shochat et al.,2006),并在某些情况下,这些影响强大到足以在城市和农村群体之间产生遗传分化[例如狐狸(Wandeler et al.,2003)、蜻蜓(Watts et al.,2004)和雀形目鸟类(Yeh et al.,2004)]。例如,德国慕尼黑的欧洲黑鹂(*Turdus merula*)雄性迁徙行为减少(Partecke and Gwinner,2007),城市人行道上的杂草菊科还阳参(*Crepis sancta*)种群的非分散种子比例高于非分散的农村种群(Cheptou et al.,2008),而城市中的黑鲷种群(*Fundulus hetero-clitus*)由于多氯联苯污染加剧,已显著改变其功能转机体(functional transcriptomes)①(尤其是与心脏毒性相关的基因)(Whitehead et al.,2010)。所有这些基因适应城市环境的例子,为在整个地理范围内(包括建成的生态系统)研究维持物种的生存种群提供了进一步的论据。尽管如此,对城市景观演变的研究仍然少之又少。

1. 城市中东部灰松鼠的案例

东部灰松鼠是当代城市化进化过程中一个有趣的假设案例。灰松鼠是原产于北美东部的树栖啮齿动物,在农村和城市地区都很常见(Steele and Koprowski,2001),未经训练的观察者都能很容易识别它们的颜色变体(物理形态)(图 12-1)。颜色变体是由黑素皮质素—1 受体基因(Mc1R)调节的真黑素和褐黑素产生的变异发展而来(McRobie et al.,2009)。常见的灰色变种是野生型等位基因(特定基因的替代形式)的纯合子(homozygous)②,而 Mc1R 的缺失会增加皮肤和头发中真黑素的产生,从而导致颜色非常深的个体(McRobie et al.,2009),以下称为黑色素变体或黑色变种。由于某种目前尚不明确的原因,黑色变种在整个物种范围内的许多城市地区占据了主导地位(Robertson,1973),然而在

①　美国国立卫生研究院(NIH):人类基因组由脱氧核糖核酸(DNA)组成,这是一种长链缠绕而成的分子,包含构建和维持细胞所需的指令。这些指令表现为四种不同化学物质的"碱基对"的形式,组成 20 000～25 000 个基因。为了执行指令,必须"读取"DNA 并将其转录(复制)成核糖核酸(RNA)。这些基因读取结果称为转录本,转录组是细胞中所有基因读取结果的集合(National Human Genome Research Institute,2015)。

②　代表灰色变形具有该基因的两个相同等位基因(纯合子)。

272   其他地方(Schorger,1949)却已基本消失,除了在物种范围的最北部,即黑色变种可能保留着显著的产热(耐寒)优势的地区(主要在加拿大)(Ducharme et al. ,1989)。

图 12-1   东部灰松鼠的两种形态

资料来源:伊丽莎白·亨特(Elizabeth Hunter)拍摄于纽约锡拉丘兹桑登公园。

　　狩猎压力和捕猎行为首先被提出是为了解释黑色变种在其大部分范围内(城市除外)经历的选择劣势(Tomsa,1987);值得注意的是,对于这种广泛分布、丰富且熟悉的物种,这一假设尚未在已发表的文献中得到评估。这一假设的基础是,在城市之外,灰松鼠一直都是娱乐性猎手追逐的对象。例如,2010~2011年,仅伊利诺伊州就有 36 万只灰松鼠被"收割"了(Alessi et al. ,2011)。最初灰松鼠主要活动范围的原始森林,可能让黑色变种松鼠拥有了视觉上的避难所,以躲避猎人追捕(大片的深阴影、复杂的森林垂直分层和暗针叶树的存在),而在北美东部几乎完全取代它们的次生林(Davis,1996)则主要由落叶树种组成,这些树种缺乏垂直分层,树干和树枝的颜色较浅,这使得黑色变种对猎人来说可能更明显。猎人也表现出对新奇事物的偏好,因此可能会加速对黑色素个体的选择性捕猎,致使黑色变种在野生种群中变得罕见(Creed and Sharp,1958)。

　　城市环境也可能呈现出新的选择性机制。狐松鼠(*Sciurus niger*)(Mc-Cleery,2009;McCleery et al. ,2008)的城市和农村种群对比表明,被捕食是城市地区松鼠死亡的一个微不足道的因素,但在农村地区却是一个主要影响因素,

"道路碾杀"才是迄今为止城市狐松鼠的主要死因。尽管猛禽、猫和狗经常在城市地区捕杀灰松鼠(Gustafson and Van Druff,1990),但汽车碰撞可能是它们死亡更主要的原因。尽管一小部分(<3%)的汽车司机显然是故意在道路上转弯以杀死小型野生动物(Ashley et al.,2007),但绝大多数人都是为了躲避它们而转弯。考虑到灰色变种的色调与路面的色调极为相似,汽车驾驶员避免杀死松鼠的倾向,以及道路死亡率作为城市地区松鼠种群动态驱动因素的重要性这三种情况,黑色变种在城市地区可能获得选择性优势,因为其在路面上更突出的颜色使驾驶员能够更频繁地避开它。

2. 城市公众科学

松鼠地图(squirrelmapper.org)的开发是为了让公众(以城市居民为重点)参与"基于后院"的生物进化研究,研究的基础是绘制城乡土地利用梯度上灰松鼠的颜色变种图谱。大多数现有的参与式研究项目(Cooper et al.,2007)对城市受众的服务严重不足,这是不幸的,因为科学与教育的关系在城市地区才具有真正的潜力(Berkowitz et al.,2003)。城市生态学是环境生物学中一个严重缺乏代表性的组成部分〔仅占生态学文献(Collins et al.,2000;Martin et al.,2012;Miller and Hobbs,2002)的0.4%~0.6%〕,而城市环境中的进化直到最近才成为进化生物学的一个焦点(Luther and Baptista,2010;Johnson and Munshi-South,2017)。松鼠地图的目标是为公众提供一个机会,使他们能够整合对人类主导环境中微进化过程(自然选择)和结果(空间模式)的理解。为此,松鼠地图将景观特征与参与者报告松鼠形态联系起来,以了解松鼠的形态变化与景观异质性之间的关系。松鼠地图还让研究参与者参与到游戏/众包(crowdsourcing)[1]环境中,直接测量可能影响农村和城市地区变体的选择压力。

二、方法

1. 从科学家报告与社交媒体中得出的松鼠变种发生率

松鼠地图于2010~2011年在纽约州锡拉丘兹进行了试点,该地区早期的灰

---

　①　众包是让大量人参与共同目标的行为,在这个案例中是收集信息。

松鼠形态变异研究为该项目提供了概念基础(Gustafson and Van Druff,1990;
Tomsa,1987)。松鼠地图的一个组件是一个基于互联网的绘图系统。参与者大
多是通过与导师的电子邮件和电话联系从当地高中、大学及学院招募的学生。
参与者报告统计包括观察到的松鼠数量、观察日期和松鼠形态(灰色、黑色或其
他),以及松鼠是否活着、是否在路上被杀或是否被猎人杀死。松鼠地图映射界
面上的松鼠位置通过谷歌地图的 Java 脚本应用程序编程接口(Google Maps
JavaScript API)进行保护。报告的每只松鼠都自动链接到 2001 年国家土地覆
盖数据集土地利用类别(分辨率 30 米),以便了解研究区域内以形态频率发生地
理变化的景观相关性(Homer et al.,2004)。

在随后的几年里,松鼠地图吸引了大量的公众科学贡献者,这些贡献者的成
果使我们能够研究形态分布的地理相关性。我们使用从 Flickr(雅虎旗下的一
个图像数据库,由 60 多亿张图像组成,大多数图像的地理位置可用)中挖掘的松
鼠颜色变形数据来完成松鼠映射器观测。为此,我们从 Python 编程语言开发
了代码,该语言在特定地理"边界框"(通常为 1 平方千米方块)内查询 Flickr 图
像库,以获取带有相关标记"松鼠"的图像的元数据,同时"漫游"整个灰松鼠范
围。对于给定边界框中标识的每个图像,我们收集发布的日期和时间、纬度和经
度。因为图像标签"松鼠"生成了许多与灰松鼠无关的图像,我们开发了单独的
代码,将每个图像的 URL 调用到弹出窗口中并允许查看者对图像进行分类,只
保留灰松鼠的图像。

274

我们结合了 2014 年松鼠地图($n=2\,785$)和 Flickr($n=3\,896$)的松鼠观测结
果,形成了 6 681 条记录的组合数据集(图 12-2)。我们创建了一个 5 千米×5 千
米的规则网格,覆盖所有松鼠观测的空间范围并量化计算了每个网格单元的城
市覆盖率、年平均气温和平均海拔。2010 年,利用北美 250 米土地覆盖数据集
对城市覆盖进行分类(Commission for Environmental Cooperation,2013),2007
年利用北美 1 千米数据集对海拔进行量化计算(Commission for Environmental
Cooperation,2007)。我们使用气候研究单位时间序列 3.10 版本来量化计算
1901～2009 年的年平均温度(Harris et al.,2014)。

然后,我们使用路径分析(一种确定变量集之间因果关系的回归分析形式)
来检验黑色素松鼠的分布与城市覆盖、海拔和温度的关系。路径分析使我们能

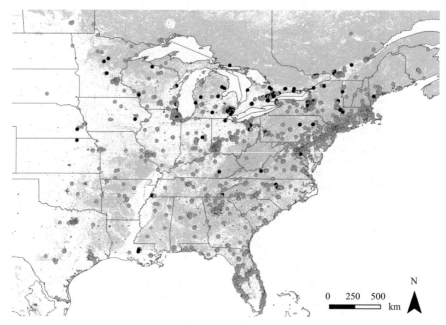

图 12-2　松鼠地图和 Flickr 的森林覆盖(绿色)、
城市覆盖(红色)及松鼠观测(圆圈,$n=6\ 681$)地图
注:圆形填充表示灰色和黑色变种。

够检验环境变量对黑色素松鼠发生的直接和间接影响。该模型包括城市覆盖、海拔和温度对黑化症[①]的直接影响以及间接影响。我们还采用一个协方差项来解释城市覆盖和温度之间的潜在相关性。

我们使用 R 中的 lava 包来拟合路径模型(Holst and Budtz-Jørgensen,2012;R Core Team,2018)。使用 lava. tobit 包将颜色变形定义为二进制并使用概率单位(probit)链接[②]拟合黑化症模型(Holst,2012)。我们重新调整温度和海拔,使观测变量的方差在量级上相似。该模型采用最大似然法拟合,我们估计了稳健的标准误差,以解释 5 千米网格单元内松鼠观测值的聚类。我们首先将

275

<hr>

①　个体或某种生物体的黑色或接近黑色的色素沉着(如皮肤、羽毛或头发)数量增加——源自梅利姆·韦伯斯特(Merriam Webster)。

②　概率单位模型(probit model)的目的是估计具有特定特征的观测对象属于两个类别(灰色或黑色)之一的概率。

276

a. 森林场景样本照片

b. 黑色"伪松鼠"图片

c. 灰色"伪松鼠"图片

图 12-3　本方法改编自军事迷彩研究的方法,用于开发视觉实验,

以测量黑色与灰色变种狩猎产生的选择差异

注:在同一张图片中,拍摄了一张森林场景样本的照片(图 12-3a)以及两种形态松鼠的博物馆标本(三种灰色和三种黑色形态交替排列,垂直且并排安装在现场助手持有的板上)。从图中显示的一只松鼠标本中提取松鼠背部的方形"剪影",然后将剪影或"伪松鼠"转移到随机选择的位置(≥离地面5 米)的树上。接下来移除图像的下半部分(图 12-3b),只包括背景和"伪松鼠",中间的图 12-3b 是一个黑色的"伪松鼠",而下面的图 12-3c 是一个灰色的"伪松鼠",从同一个松鼠面板(图 12-3a 中)剪下,与成对的黑色"伪松鼠"(图 12-3b 中)位于完全相同的位置。最后,这些成对的图像被展示给"猎松鼠"网络游戏的玩家,他们被要求在第一次看到图像后,尽快点击"伪松鼠"。

所有松鼠观测数据纳入模型。然后,我们拟合了第二个模型,仅在物种范围的北部($n=3\,867$)进行观测,包括美国的新英格兰和大西洋中部各州(CT、DC、DE、MA、MD、ME、NY、NJ、NH、PA、RI、VA、VT、WV)。

2. 通过互动游戏选择差异

松鼠地图有个补充组件是一个交互式的"猎松鼠"游戏,它使用户能够竞争在不同的视觉背景上定位松鼠,从而测量两个变体在不同森林背景下的选择系数(生存概率)。在每个图像上放置一个"伪松鼠"或松鼠背部图像的剪影,该图像是作为同一图像场景的一部分拍摄的,然后进行剪切(以控制拍摄每个图像时的光学条件)并随机放置在每个场景中的树干上(图 12-3)。每个灰色和黑色的"伪松鼠"在不同视角的多张图片中被放置在完全相同的位置(场景中的变种直接配对)。通过这种方式,松鼠被添加到 20 张独立的图片中,每一张都是原生林(来自纽约费耶特维尔绿湖州立公园附近锡拉丘兹地区最后一块剩余的原生林)或锡拉丘兹市附近农村地区的次生林,以及城市范围内公共公园内的城市森林,并以随机顺序呈现给参与者。每个图像第一次显示到参与者点击"伪松鼠"之间的时间都是基于网络(web)的界面记录。这种众包方法基于军事科学家开发伪装系统所使用的技术(Toet et al. ,2000),利用了与野外实际猎人相同的视觉系统,从而以生物学意义上的方式直接测量了与猎人相关的选择压力,即被发现的时间相当于松鼠有机会通过逃避的方式寻找掩护,因此与狩猎环境中的生存概率直接相关。构建置信区间($\alpha=0.05$)以对比三种森林类型(原生林、次生林、城市森林)之间的搜索时间差异(同一图像中为黑色减去灰色),其中观察者作为重复体($n=$观察者数量),响应变量是每个观察者在每个视觉环境的 20 个独立场景中每个场景中的搜索时间(黑色减去灰色)之间差异的总平均值。

在研究过程中,很明显的是,在城市地区,对道路碾杀的不同敏感性也可能是有利于黑色变种的选择压力。为了评估这一假设,研究人员将道路碾杀的松鼠样本中的变异比率与在同一城市区域内观察到的活松鼠样本进行了对比,这些城市区域内的松鼠报告特别密集[锡拉丘兹的"大学社区"由东杰纳西街(East Genesee St.)、康斯托克街(Comstock Ave.)、威斯特摩兰街(Westmoreland Ave.)和东科尔文街(East Colvin St.)组成],这提供一种测量道路死亡率引发

277

的两种变体之间潜在选择差异的方法。为了进一步评估这一假设,根据基尔蒂(Kiltie,1992)为松鼠设计的方法,我们还对实际松鼠相对于路面的迷彩值①以及因此对道路碾杀的脆弱性进行了量化,在该方法中,从博物馆收藏的两种变体($n=6$)中各取三个代表性个体,在干燥/晴朗、干燥/阴天和潮湿/阴天条件下并排放置在路面上并拍照。迷彩值是用每只松鼠的256个强度类别中每一种像素的比例表示与三幅图像中每一种路面背景之间的平均绝对差来测量的。然后,将迷彩值与天气条件(干燥路面/晴朗、干燥路面/阴天、潮湿路面/阴天)进行线性混合效应模型并将变种作为固定效应,将个体松鼠样本作为随机效应包括在内,以说明使用R(Bates et al.,2015)中的lme4包对个体进行重复测量(Crawley,2007)。

三、结果

在纽约锡拉丘兹进行的一年松鼠地图绘制者试点期间,181名投稿人报告了1 447只松鼠。其中约65%的松鼠地图绘制在城市核心区(锡拉丘兹市地理中心1千米范围内),距离市中心15千米范围内的黑色变种下降到0(图12-4)。更具体地说,黑色变种的流行率与景观的城市发展强度成正比(表12-1)。根据我们的路径分析,在更广泛的灰松鼠地理范围内,变黑的概率与温度、海拔和城市覆盖有关(图12-5)。黑色变种最有可能发生在年气温较低的地区、高海拔地区和城市地区(图12-6)。当我们在模型中纳入所有松鼠观察时,温度是黑化症最强的预测因子,城市覆盖则是模型中最重要的预测因子,我们重点关注的个体都来自新英格兰和大西洋中部(图12-5)。

278　　根据$n=56$名参与者在"猎松鼠"游戏中的表现,观察者花了更多的时间在原生林场景中定位黑色变种,而在次生林中,黑色变种的定位速度比灰色变种快(图12-7)。这些结果表明,在次生林中,黑色变种比灰色变种更为明显,而在原生林中则相反。在城市森林场景中定位这两个变种的时间没有差异。

---

① 被观察或检测到的能力。

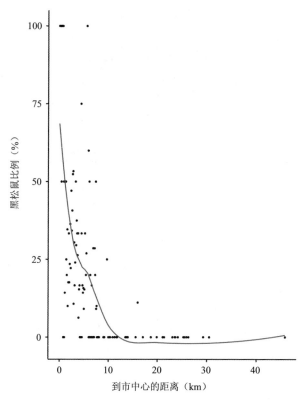

图 12-4 到市中心（纽约锡拉丘兹市克林顿广场）的距离
与灰松鼠的灰色和黑色变种概率之间的关系

注：蓝色线条代表三点平均值。

表 12-1 与纽约锡拉丘兹附近景观环境相比，东部灰松鼠的灰色与黑色变种发生频率

景观	n	黑色变种概率（%）
高强度发展城区	45	44.4
中强度发展城区	205	28.8
低强度发展城区	441	23.8
城郊空间	408	25.7
农村地区	348	13.2

注：n 表示在该土地使用类别中观察到的松鼠数量，基于对国家土地覆盖数据集土地使用类别的重新分类（2001 年数据）。

资料来源：Homer et al.，2004。

279

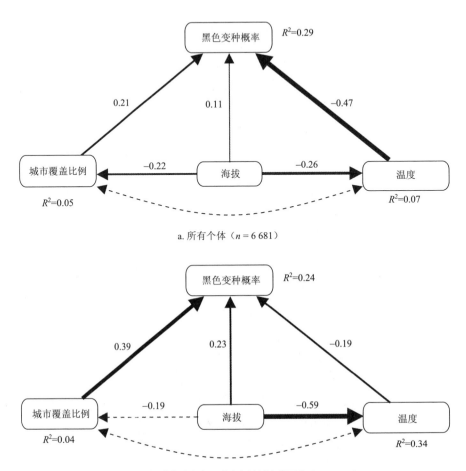

a. 所有个体（$n = 6\,681$）

b. 新英格兰和大西洋中部地区个体子集（$n = 3\,867$）

图 12-5　美国和加拿大东部灰松鼠颜色形态的通路分析

注:模型包括所有个体或来自美国新英格兰和大西洋中部各州的个体子集。单箭头代表回归,

双箭头代表相关性。实线表示 $P < 0.05$ 时的重要通路,虚线表示非重要通路。箭头宽度按每个

路径显示的标准化回归系数的大小进行缩放。

　　在纽约锡拉丘兹同一地区,"道路碾杀"动物和活体动物样本的形态比率对比表明,观察到的 23 只道路碾杀松鼠中有 8.7% 为黑色变种,而在同一地区报告的 629 只活松鼠中有 32.9% 为黑色变种（G 检验:$G_{adj} = 7.2, \mathrm{df} = 1, P = 0.007$）。湿路面和干路面上的黑色和灰色变种的 256 个强度等级的平均绝对差异(截距:$t = 11.9, P < 0.001$)表明,只有变种起作用($t = -5.0, P = 0.002$),而

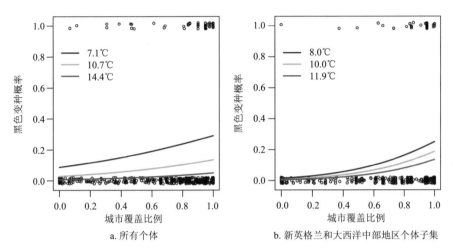

图 12-6　东部灰松鼠自然地理范围内黑色变种的发生与城市覆盖的关系

注：根据路径分析的回归系数，最佳拟合线表示不同年平均温度（平均值±1 SD）下城市覆盖对黑色变种概率的影响（图 12-4）。圆圈代表 500 个松鼠观察值的随机选择，分类为黑色（1）或灰色（0）。

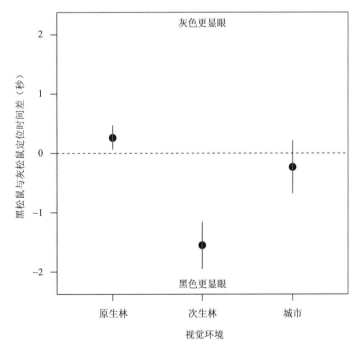

图 12-7　在原生林、次生林与城市环境中发现黑松鼠和灰松鼠的时间平均差异

注：误差条表示 95% 的置信区间。

背景条件没有(晴空/干燥路面与阴天/干燥路面条件:$t=-1.5,P=0.149$;阴天/潮湿路面与阴天/干燥路面条件:$t=-1.517,P=0.151$)。平均而言,在256个强度等级中,相对于路面,灰色变种的平均绝对差异要小得多,相差约一个数量级:晴空/干燥路面条件下,黑色$=0.02$,灰色$=0.008$;阴天/干燥路面,黑色$=0.023$,灰色$=0.013$;阴天/潮湿路面,黑色$=0.018$,灰色$=0.011$。

四、讨论

本研究采用参与式研究方法,可在空间尺度、抽样密度和时间范围内积累数据集,而传统的"只有专家"模型可能无法实现本研究(参见 Bonney,2004;Dickinson et al.,2010)[1]。与众包相结合的参与式研究方法也能直接测量选择系数,其精确度是任何其他方法都难以获得的。因为有大量观众可观看,游戏玩家的视觉系统和动机与自然界中的实际选择主体(即野外捕猎者)是相容的。我们的研究结果显著表明,对迷彩值的不同选择在城市化梯度中起作用,农村地区的狩猎倾向于灰色变种,城市地区的道路碾杀倾向于黑色变种。这些与城市化和森林干扰相关的选择机制的改变可能会导致迄今为止哺乳动物中最突变的地理渐变群(geographical clines)[2]之一(参见 Mullen and Hoekstra,2008)。更普遍地说,这项研究表明,城市地区可以作为稀有基因型[3]的避难所,同时也为分布在城乡梯度上的物种创造了新的、对比鲜明的选择机制。

值得注意的是,在纽约锡拉丘兹观察到的灰松鼠表型频率[4]的地理渐变群宽度与该物种的扩散距离(4~5 千米)(Hungerford and Wilder,1941)相当。这表明渐变群中心(cline's center)的选择压力极强且存在差异,在这种情况下,它与城市/农村土地利用的转变直接重叠(Falconer,1989)。此外,黑色变种占主导地位的城市"岛屿"(在锡拉丘兹,其直径仅为 6 千米)的存在表明,选择压力必须非常强大,才能维持栖息地特有的表型(Mullen et al.,2009)。城

---

① 将这项工作的结果与参考作者的结果进行比较。
② 一个物种内一个或多个特征的空间变化等级,尤其是相邻种群之间。
③ 具有罕见等位基因组合(基因变异)的生物体。
④ 由于其基因型与环境相互作用而产生的一组可观察到的个体特征的出现次数。

市中以黑色变种为主的种群很可能从四面八方接收来自以灰色变种为主的同种群迁徙，但这种情况已经持续了几十年［自汤姆萨（Tomsa，1987）首次记录以来＞25 年］。

如果种群密度或基因流较低，限制性扩散结合历史地理分区可以建立观察到的变异模式（Szymura and Barton，1986）。城市"黑松鼠"可能代表了一种基因异常，与城市居民在过去几十年中多次独立引入黑松鼠有关（例如 Thorington and Ferrell，2006），这是一种无法"逃离"城市地区的新奇事物。然而，灰松鼠在城市和农村地区都是极其丰富的动物（Parker and Nilon，2008）。它们也有很高的远距离扩散潜力（Hungerford and Wilder，1941）。此外，必须存在阻止松鼠从城市地区向农村地区扩散的主要障碍，否则，由于已知会发生许多引入（黑色变种的条件），考虑到时间的长度，变种在很久以前就会传播到城市附近的地区（Thorington and Ferrell，2006）。然而，在锡拉丘兹和许多其他现代化规模的城市中，没有明显的物理障碍来阻止扩散；相反，在城市边缘，松鼠扩散的景观渗透性可能会增加，这是因为从城市中心向外的轴线上聚集了林木植被（Zipperer et al.，1990）。

关于可能解释所观察到的突变地理渐变群因素的其他假设尚未得到验证。黑色变种具有更大的非颤抖产热能力，比灰色变种损失更少的热量，这可能解释了为什么黑色变种更可能发生在寒冷地区。然而，产热优势不太可能解释城市地区黑色变种的普遍性，因为城市产生的"热岛"比周围地区高出 2～3℃（Oke，1982）（见第七章），当我们将路径分析局限于寒冷的北方地区的松鼠观察时，黑色变种与城市地区之间的联系实际上变得更加紧密。也许尽管周围环境更温暖，松鼠可能更多地暴露在城市地区，而在城市中建造足够的越冬巢穴的资源可能更加有限。这是一个有待评估的假设，但可能是这样的，因为城市和农村松鼠身上都有基于温度的无线电遥测标签。最后，城市松鼠面临着高强度的噪声（Warren et al.，2006），噪声污染可能会缩小灰松鼠听觉交流的范围（Partan et al.，2010），从而将交流转移到视觉信号领域，其中黑色变种可能具有优势，尽管我们对视觉显著性的评估表明，城市森林中的变种是平等的（至少对人类观察者而言）。

展望未来，城市可以通过更大的城市周边景观的黑色变种在再殖民中发挥

282

重要作用。更具体地说,据报道,由于农村地区的社会趋势,狩猎参与率长期大幅下降(USFWS,2007)。如果城市附近的狩猎压力继续下降,森林更新继续,城市可能最终成为繁殖源,重新繁殖邻近农村地区的黑色变种,这种变种可能在殖民前时期在物种范围内占主导地位(Schorger,1949)。不管发生什么,纽约的锡拉丘兹等城市目前都是灰松鼠的遗传避难所,也是灰松鼠未来适应变化环境的遗传变异库。

五、结论

城市化是增长最快、最不可逆转的土地利用变化形式。与城市化相关的物理变化具有持久的生态后果,如物种丰富度的丧失。然而,对于城市景观中的物种来说,城市化可以改变自然选择机制的结果,从而塑造生命史特征和人口统计学。东部灰松鼠是一种分布广泛的树栖啮齿动物,其皮毛颜色具有从灰色到黑色的多态性(黑色变种)。历史记录表明,黑松鼠曾经是居住在前殖民地森林中较为常见的变种,但近几十年来,黑松鼠主要只在城市中心地区存在。我们的研究基于公众科学的灰松鼠皮毛颜色表型变异抽样与形成城乡梯度基因型变异的微进化力量相结合,研究表明,人类改造的景观培养了一系列新的选择压力,使灰松鼠在城乡梯度上保持颜色多样性。值得注意的是,随着城市附近狩猎压力的持续下降和森林更新的持续,城市可能在更大的乡村景观的黑色变种的重新定居中扮演着重要角色。从这个意义上讲,灰松鼠栖息地的许多城市可能是它们未来适应不断变化环境的遗传变异库。

致谢

本项目资助由国家科学基金 ULTRA-Ex 赠款提供:"为可持续的未来定位铁锈地带城市:提高城市生活质量的系统方法"(Positioning Rust-Belt Cities for a Sustainable Future: A Systems Approach to Enhancing Urban Quality of Life)。伊丽莎白·亨特和山姆·奎因(Sam Quinn)提供了技术支持。本·扎克伯格(Ben Zuckerberg)、默纳·霍尔、戴维·诺瓦克、埃里克·古斯塔夫森(Eric Gustafson)和瑞克·比尔(Rick Beal)在鼓励该项目方面发挥了重要作用。这里提供的数据是由纽约州立大学环境科学与林业学院和锡拉丘兹市学区内一批感兴趣的学生以及绘制松鼠地图和玩"猎松鼠"游戏的广大公众共同努力的结果。罗莎·乔亚尔(Rosa Joyal)特别在许多松鼠计数方面提供了合作。

（顾江 译，高喆 校）

参 考 文 献

1. Alessi MG, Campbell LK, Miller CA (2011). Results of the 2010-2011 Illinois hunter harvest survey. Federal aid project W-112-R-20 Retrieved Dec. 30 2012 from http://www. inhs. uiuc. edu/programs/hd/Harvest%20Reports/Hunter%20Harvest/HH1011RepFinal. pdf. Accessed 15 May 2016

2. Allendorf FW, Hard JJ (2009) Human-induced evolution caused by unnatural selection through harvest of wild animals. Proc Natl Acad Sci USA 106:9987-9994

3. Aronson MF, Lepczyk CA, Evans KL, Goddard MA, Lerman SB, MacIvor JS et al. (2017) Biodiversity in the city: key challenges for urban green space management. Front Ecol Environ 15:189-196

4. Ashley EP, Kosloskib A, Petriec SA (2007) Incidence of intentional vehicle-reptile collisions. Hum Dimens Wildl 12:137-143

5. Bates D, Maechler M, Bolker B, Walker S (2015) Fitting linear mixed-effects models using lme4. J Stat Softw 67:1-48

6. Berkowitz AR, Nilon CH, Hollweg K (eds) (2003) Understanding urban ecosystems: a new frontier for science and education. Springer, New York

7. Bonney R (2004) Understanding the process of research. In: Chittenden D, Farmelo G, Lewenstein B (eds) Creating connections: museums and public understanding of current research. Altamira Press, Walnut Creek, pp 199-201

8. Cheptou PO, Carrue O, Rouifed S, Cantarel A (2008) Rapid evolution of seed dispersal in an urban environment in the weed Crepis sancta. Proc Natl Acad Sci 105:3796-3799

9. Collins JP, Kinzig A, Grimm NB, Fagan WF, Hope D, Wu JG, Borer ET (2000) A new urban ecology. Am Sci 88:416-425

10. Commission for Environmental Cooperation (2007) North American elevation 1-kilometer resolution. http://www. cec. org/tools-and-resources/map-files/elevation-2007. Accessed 22 Nov 2018

11. Commission for Environmental Cooperation (2013) 2010 land cover of North America at 250 meters. http://www. cec. org/tools-and-resources/map-files/land-cover-2010. Accessed 22

284

Nov 2018

12. Cooper CB, Dickinson J, Phillips T, Bonney R (2007) Citizen science as a tool for conservation in residential ecosystems. Ecol Soc 12(2):11. http://www. ecologyandsociety. org/vol12/iss2/art11/. Accessed 15 May 2016

13. Crawley MJ (2007) The R book. Wiley, West Sussex

14. Creed W, Sharp W (1958) Melanistic squirrels in Cameron County, Pennsylvania. J Mammal 39:532-537

15. Davis MD (1996) Extent and location. In: Davis MB (ed) Eastern old-growth forests: prospects for rediscovery and recovery. Island Press, Washington DC, pp 18-32

16. Dickinson JL, Zuckerberg B, Bonter D (2010) Citizen science as an ecological research tool: challenges and benefits. Annu Rev Ecol Evol Syst 41:149-172

17. Ducharme MB, Larochelle J, Richard D (1989) Thermogenic capacity in gray and black morphs of the gray squirrel, Sciurus carolinensis. Physiol Zool 62:1273-1292

18. Falconer DS (1989) Introduction to quantitative genetics, 3rd edn. Longman Harlow, Essex, p 438

19. Fischer LK, Honold J, Cvejić R, Delshammar T, Hilbert S, Lafortezza R, Nastran M et al. (2018) Beyond green: broad support for biodiversity in multicultural European cities. Global Environ Chang 49:35-45

20. Gustafson E, Van Druff L (1990) Behavior of black and gray morphs of Sciurus carolinensis in an urban environment. Am Midl Nat 123(1):186-192

21. Harris I, Jones PD, Osborn TJ, Lister DH (2014) Updated high-resolution grids of monthly climatic observations—the CRU TS 3. 10 dataset. Int J Climatol 34:623-642

22. Holst KK (2012) lava. tobit: LVM with censored and binary outcomes. https://CRAN. R-project. org/package=lava. tobit. Accessed 22 Nov 2018

23. Holst KK, Budtz-Jørgensen E (2012) Linear latent variable models: the lava package. Comput Stat 28:1385-1452

24. Homer CG, Huang C, Yang L, Wylie B, Coan M (2004) Development of a 2001 national landcover database for the United States. Photogramm Eng Rem Sens 7: 829-840. https://doi. org/10. 14358/PERS. 70. 7. 829

25. Hungerford KE, Wilder NG (1941) Observations on the homing behavior of the gray squirrel (Sciurus carolinensis). J Wildl Manag 5:458-460

26. Johnson MTJ, Munshi-South J (2017) Evolution of life in urban environments. Science 358(6363):eaam8327. https://doi. org/10. 1126/science. aam8327

27. Kiltie RW (1992) Camouflage comparisons among fox squirrels from the Mississippi River Delta. J Mammal 73:906-913

28. Luther D, Baptista L (2010) Urban noise and the cultural evolution of bird songs. Proc R Soc B 277:469-473

29. Martin LJ, Blossey B, Ellis E (2012) Mapping where ecologists work: biases in the global distribution of terrestrial ecological observations. Front Ecol Environ 10:195-201

30. McCleery RA (2009) Changes in fox squirrel anti-predator behaviors across the urban-rural gradient. Landsc Ecol 24:483-493

31. McCleery RA, Lopez RR, Silvy NJ, Gallant DL (2008) Fox squirrel survival in urban and rural environments. J Wildl Manag 72:133-137

32. McKinney ML (2008) Effects of urbanization on species richness: a review of plants and animals. Urban Ecosyst 11:161-176

33. McRobie H, Thomas A, Kelly J (2009) The genetic basis of melanin in the gray squirrel (Sciurus carolinensis). J Hered 100:709-714

34. Miller JR, Hobbs RJ (2002) Conservation where people live and work. Conserv Biol 16:330-337

35. Mullen LM, Hoekstra HE (2008) Natural selection along an environmental gradient: a classic cline in mouse pigmentation. Evolution 7:1555-1569

36. Mullen LM, Vignieri SN, Gore JA, Hoekstra HE (2009) Adaptive basis of geographic variation: genetic, phenotypic and environmental differences among beach mouse populations. Proc Biol Sci 276:3809-3818

37. National Human Genome Research Institute (2015) Fact sheets: transcriptome. National Institute of Health. https://www.genome.gov/13014330/transcriptome-fact-sheet/. Accessed 12 April 2019

38. Oke TR (1982) The energetic basis of the urban heat island. Q J Royal Meteorol Soc 108:1-24

39. Parker TS, Nilon CH (2008) Gray squirrel density, habitat suitability, and behavior in urban parks. Urban Ecosyst 11:243-255

40. Partan S, Fulmer AG, Gounard MA, Redmond JE (2010) Multimodal alarm behavior in urban and rural gray squirrels studied by means of observation and a mechanical robot. Curr Zool 56:313-326

41. Partecke J, Gwinner E (2007) Increased sedentariness in European blackbirds following urbanization: a consequence of local adaptation? Ecology 88:882-890

42. R Core Team (2018) R: a language and environment for statistical computing. R Foundation for Statistical Computing, Vienna. http://www.R-project.org. Accessed 22 Nov 2018

43. Robertson GI (1973) Distribution of color morphs of Sciurus carolinensis in eastern North America. Unpubl. M. S. Thesis, Univ. Western Ontario, London. p 78

44. Schorger AW (1949) Squirrels in early Wisconsin. Trans Wis Acad Sci Arts Lett 39:195-247

45. Shochat E, Warren PS, Faeth SH, McIntyre NE, Hope D (2006) From patterns to emerging processes in mechanistic urban ecology. Trends Ecol Evol 21:186-191

46. Steele M, Koprowski JL (2001) North American tree squirrels. Smithsonian Institution Press, Washington DC

47. Szymura JM, Barton NH (1986) Genetic analysis of a hybrid zone between the fire-bellied toads, Bombina bombina and B. variegata, near Cracow in southern Poland. Evolution 40:1141-1159

48. Thorington RW, Ferrell K (2006) Squirrels: the animal answer guide. Johns Hopkins University Press, Baltimore, p 208

49. Toet A, Bijl P, Valeton JM (2000) Visual conspicuity determines human target acquisition performance. Opt Eng 37:1969-1975

50. Tomsa TN (1987) An investigation of the factors influencing the frequency and distribution of melanistic gray squirrels (Sciurus carolinensis). M. S. Thesis, State University of New York College of Environmental Science and Forestry, Syracuse

51. UN (United Nations) (2011) World population prospects: the 2010 revision. United Nations, New York

52. US Fish and Wildlife Service (USFWS) (2007) 2006 national survey of fishing, hunting, and wildlife-associated recreation. USFWS, Washington DC

53. Wandeler P, Funk SM, Largiader CR, Gloor S, Breitenmoser U (2003) The city-fox phenomenon: genetic consequences of a recent colonization of urban habitat. Mol Ecol 12: 647-656

54. Warren PS, Madhusudan K, Ermann M, Brazel A (2006) Urban bioacoustics: it's not just noise. Anim Behav 71:491-502

55. Watts PC, Rouquette JR, Saccheri IJ, Kemp SJ, Thompson DJ (2004) Molecular and ecological evidence for small-scale isolation by distance in an endangered damselfly, Coenagrion mercurial. Mol Ecol 13:2931-2945

56. Whitehead A, Triant DA, Champlin D, Nacci D (2010) Comparative transcriptomics implicates mechanisms of evolved pollution tolerance in a killifish population. Mol Ecol 19: 5186-5203

57. Yeh PJ et al. (2004) Rapid evolution of a sexually selected trait following population establishment in a novel habitat. Evolution 58:166-174

58. Zipperer WC, Burgess RL, Nyland RD (1990) Patterns of deforestation and reforestation in different landscape types in central New York. For Ecol Manag 36:103-117

286

第十三章　城市环境中的环境正义

默纳·H. P. 霍尔　斯蒂芬·B. 巴洛格[①]

　　本章介绍的主题是环境正义。环境正义(environmental justice, EJ)指的是在环境污染或退化方面全部群体得到公平待遇并进行有意义的参与。这一呼吁来源于历史上的人群歧视,公司和政府在进行焚化炉、污水处理厂、公交车站等本地不良土地利用(locally undesirable land use, LULU)时,往往选择那些主要人口非白人种族或经济上处于贫困的地区。这就意味着此类群体不成比例地居住在一些最有毒的城市环境或农村地区,这些地区还为城市经济生活提供原料或进行城市废弃物处理。美国环境保护署的环境正义办公室(Office of Environmental Justice)成立于1993年,其目的就是为了帮助社区对抗制度化的种族主义。本章介绍了评估违反环境正义情况的案例及工具并评述了影响公众对环境风险反应的因素。

一、引言

　　美国环境保护署将环境正义定义为"在制定、实施和执行环境法律、法规和政策等方面,所有人不分种族、肤色、国籍或收入的公平待遇和有意义的参与。公平待遇意味着任何群体,包括种族、族裔或社会经济群体,都不应不成比例地

---

　　①　美国罗得岛州纳拉甘西特市,美国环境保护署大西洋生态学部研发办公室,邮箱:balogh. stephen@epa. gov。

承担因工业、市政和商业运营，或者联邦、州、地方和部落层面的项目或政策所带来的负面的环境后果。有意义的参与（meaningful involvement）意味着：①潜在可能受影响的社区居民有适当机会参与拟议活动的决策，这些活动将对居民健康或所在环境造成影响；②公众参与可以影响监管机构的决定；③所有参与方的关注问题都会纳入决策过程的考量；④决策者致力于协助那些可能受影响的居民进行参与。"总而言之，其目标就是保障所有社区和个人的环境正义，即不分种族、文化或收入，每个人都得到同等程度的免受环境和健康危害的保护，并且平等地参与决策过程，享有健康的生活、学习和工作环境（US EPA，2018a）。

1. 环境正义运动

环境正义运动代表了一个多元化、多种族、多民族和多问题的联盟，它倡导平等保护所有人免受环境危害，无论其种族、民族、出身和社会经济地位如何。与反战、民权、妇女权利等其他社会运动一样，环境正义运动的出现是对众人认为不公正、不公平、不合法的行业和社会实践、政策及状况的回应。它从草根激进主义和组织中脱颖而出并渗透到国家和国际舞台上。因此，环境正义运动融合了民权活动家的种族批评和环保运动的抗毒驱动力（antitoxins push）。

2. 环境正义的法律框架历史

1979 年，美国休斯敦市的一名律师琳达·麦基弗·布拉德（Linda McKeever Bullard）同意代理休斯敦一群居民的请求，这群居民希望阻止在其社区安装市政垃圾填埋场。这起名为"比恩诉西南废物管理公司"（Bean v. Southwestern Waste Management Corp.）的诉讼是美国第一次根据民权法以种族歧视为由反对废弃物处理设施的选址。这个位于休斯敦郊区的社区以中产阶级为主，乍看似乎不太可能建立垃圾填埋场，但事实上超过 82% 的社区居民是黑人。布拉德律师的丈夫罗伯特·布拉德（Robert Bullard）博士拥有两个硕士学位，一个是政府管理，另一个是社会学，其新近获得的社会学博士的研究则聚焦休斯敦市的现有废弃物设施（Bullard，1983）。研究发现，尽管黑人仅占城市总人口的 25%，但全市所有 5 个城市垃圾场、8 个城市垃圾焚烧炉中的 6 个以及 4 个私人垃圾填埋场中的 3 个均位于黑人社区（Bullard，1983）。布拉德博士揭露了环境种族主义的不公正现象，对其而言，这是他长期学术研究和社会活动家职业生涯的开端。用他的话来说，"这是一种种族隔离形式，只有白人在做决策，黑人、棕色人种和其他包括保留地的美洲原住民等在内的有色人种在决策制定中根本没有地位可言"（Dicum，2006）。他将研究工作扩展到研究整个美国南部的环境种族主义，并多次发现，在非裔美国人社区建造的有毒场地远多于白人社区，这意味着黑人的健康风险大于白人。根据这项工作，他于 1990 年出版了第一本书《迪克西的倾倒：种族、阶级和环境质量》（*Dumping in Dixie：Race，Class，and Environmental Quality*），这本书不仅记录了他的研究发现，也昭示了草根环境正义运动的到来（Bullard，2008）。

1987 年，美国联合基督教会种族正义委员会（United Church of Christ Commission for Racial Justice，1987）就美国的有毒废物和种族之间的关系问题开展了第一次全国性研究，报告由联合基督教会的牧师查尔斯·李（Charles Lee）撰写。研究报告指出种族是有毒废物设施选址的最重要因素。1990 年，密歇根大学的教师成立了"密歇根小组"（Michigan group），小组成员有布拉德博士、李牧师和该大学的班扬·布莱恩特博士（Dr. Bunyan Bryant）等。他们的任务是讨论关于环境种族主义的研究结果并将发现提交给政府官员。他们试图游说卫生与公众服务部（Department of Health and Human Services，HHS）和美国环境保护署（创建于 1970 年尼克松总统执政期间）的管理者及工作人员会面。尽管卫生与公众服务部部长路易斯·沙利文（Louis Sullivan）未对这些诉求做出过回应，但他们与乔治·H. W. 布什（George H. W. Bush）总统领导下的代理环境保护署署长威廉·赖利（William Reilly）成功会面，并随后成立了一个环境公平工作组（Workgroup on Environmental Equity），也就是后来的环境公平办公室（Office of Environmental Equity）。

在此期间，第一届全国有色人种环境领导峰会（First National People of Color Environmental Leadership Summit）于 1991 年 10 月 24～27 日在华盛顿特区举行，会议起草并通过了 17 项环境正义原则（National People of Color，1991）。他们的主要立场是，一些个人和团体因其地理位置、种族与经济地位而受到的（环境）保护比其他人少，而且这些差异长期存在、容忍并已经制度化。因此，应对现有环境政策进行规范和管理并由设施受益者分担风险。布拉德博士是这次会议上最有影响的人物之一，他现在被视为环境保护运动之父。其研究

表明,就美国环境保护署而言:

(1)在低收入社区,处罚污染企业的平均水平偏低;

(2)废弃的危险废物场地需要更长的时间才能被列入国家优先事项清单(National Priorities List,NPL)进行清理;

(3)当最终被列入这一清单时,在这些社区中所进行的有毒场地清理仍需要更长的时间。

在少数族裔社区,环境保护署更频繁地选择"遏制"而非永久性处理废物或有毒物质。国家环境正义咨询委员会(National Environmental Justice Advisory Council,NEJAC)是一个联邦咨询委员会,它于1993年9月30日特许成立,旨在向美国环境保护署的管理者提供独立的建议及咨询。1994年2月11日,白宫在克林顿总统的领导下发布有关联邦行动(Federal Actions)的第12898号行政令(Executive Order 12898),以解决少数族裔和低收入人群的环境正义问题。该命令规定,"每个联邦机构都应将实现环境正义列入使命,判断分析并解决其计划、政策、行动对少数族裔和低收入人群所造成的不成比例的严重不利的健康或环境影响"(12898 EO,1994,第1页)。环境正义始终将识别和解决环境事务中的不公平与不一致问题作为目标。一年后的1994年1月,美国环境保护署代理主任卡罗尔·布朗纳(Carol Browner)写道:

> 现在我们相信,在过去的20年中我们改善环境质量的补救措施并没有平等地惠及所有社区。有色人种和低收入社区所面临的环境风险通常高于大多数人,尤其是与危险废物暴露、处置和遏制领域相关的风险。其中一些社区承担着空气、水和废物污染问题的不成比例的份额。我们致力于解决这些问题并在环境正义倡议中发挥领导作用,以改善美国全民的环境质量。企业、社区以及联邦、部落、州、地方政府比以往任何时候都更加意识到环境正义、可持续发展、经济发展和社区赋权之间的联系。实现环境正义的最终目标的至关重要一步,是各方应以伙伴关系共同努力,进而有效改变当前的政策方向。为取得成功,环境正义呼吁管理者和所有利益相关者一道对环境展开有更好、更深入的了解。当前我们的挑战就是要抓住改变的机会。(Browner,1994)

二、环境正义目标

环境保护署的环境正义计划（Environmental Justice Program）和举措遵循以下指导原则及概念：

（1）以平等保护为目标；

（2）受影响社区的早期与有意义的参与是关键；

（3）社区所感知的就是其现实；

（4）所有利益相关者都应参与解决方案的讨论；

（5）受影响的社区应当能够很方便地参加会议讨论；

（6）检视现有环境法规、法令和政策，纳入环境正义的理念；

（7）环境正义是一个重要的公平问题（Bullard，1983）。

下文分别阐述平等保护、早期与有意义的参与以及感知与风险评估等概念内涵。

1. 平等保护

平等保护意味着在对那些必要但不受当地欢迎的设施进行选址时，所有人，无论种族或收入水平，都将受到同等对待。这些用地通常被称为"本地不良土地利用"（LULU），它们的种类包括但不限于：

- 回收厂
- 发电厂
- 交通路线
- 放射性废物处理场地
- 垃圾车停放点
- 焚化炉
- 有毒设施和工厂
- 废弃物填埋场
- 污泥设施
- 研究实验室
- 废弃物管理设施和废弃物转运站
- 监狱
- 机场及其他交通枢纽

人们对此类事情的反应通常呈现出"邻避效应"（"Not in my backyard!"，NIMBY）。2017年，环境保护署不再关注设施类型及其位置，而是将以下环境指标纳入其环境正义的筛选工具。以下是适用于上述设施的风险衡量要素：

（1）空气污染：①空气中的 $PM_{2.5}$ 水平；②空气中的臭氧水平；③NATA（国家检测机构协会）空气毒物，包括空气中的柴油颗粒物水平、空气中的毒物致癌风险、空气中的毒物呼吸危害指数。

291

(2)交通接近度和交通量:附近的车辆交通量以及与道路的距离。

(3)含铅涂料指标:采用 1960 年之前建造的住房单元的百分比作为潜在接触铅的指标。

(4)靠近废物和危险化学品的设施或场所:附近重要工业设施和危险废物场所的数量以及与这些设施的距离,包括:①国家优先事项清单所在场地;②属于风险管理计划(Risk Management Plan,RMP)的设施;③危险废物处理、储存和处置设施(Treatment,Storage and Disposal Facilities,TSDFs)。

(5)废水排放指标:与有毒废水排放之间的距离。

这些指标选择主要基于对若干主要因素的考虑,这些因素包括:可用环境数据(空气、水、住房存量、道路类别等)的空间分辨率,即数据覆盖的地理区域的精度;数据的地理覆盖范围,例如是否覆盖整个美国;是否有证据表明环境正义与这些污染物相关,例如不同人口群体之间存在的差异;每个数据的公共卫生重要性。

倡导环境正义的结果是,现在那些获得许可的机构必须考虑受益者及设施成本的承担者,以及是否有某些群体承担着不成比例的负担。这些"负担"的衡量指标主要指的是生活质量的下降,它须由整个社区而不仅仅是某一个人口群体承担,因此被称为是平等保护(equal protection)。成本实际指的是社区生活质量(包括健康)降低的程度。根据拉斯穆森(Rasmussen,2004)的说法,"环境正义的一个独特之处在于将不公正作为一种集体体验。因此,环境正义运动的参与者努力实践追求、促进和实现更好的集体生活条件,这里的集体不仅指人类,也包括非人类的集体。"自 20 世纪 60 年代以来,社区一直被作为衡量生活质量指标的集体(Besleme and Mullin,1997)。为了让公民参与建设更健康、更可持续的社区,人们制定了宜居社区的一系列清单,包括:

(1)住房:房屋所有权、经济适用住房和出租物业以及房产增值。

(2)教育:良好、安全的公共教育。

(3)机动性:交通选择和有效交通流线。

(4)医疗保健:获得良好且可负担的医疗保健设施和服务。

(5)就业:个人获得就业,社区失业率低。

(6)康乐:精心设计且无障碍的公共场所、开放空间、公园、绿道和康乐设施。

（7）环境：清洁、绿色、污染最小化，资源和能源高效利用的住宅和商业建筑，环境正义。

（8）经济：经济活力、可负担的产品和服务，本地企业，充满活力的市中心。

（9）公共安全：尽可能少地接触犯罪、污染、疾病威胁和灾害。

（10）公平和市民参与：居民、社区团体和私营部门参与规划及发展的能力。

（11）抗灾：具有抗灾韧性的住房、就业、交通和公共设施。

本地不良土地利用会降低生活质量并带来各种负面影响，这些问题包括：

（1）哮喘、癌症等健康问题高发；

（2）空气污染，例如公交设施所带来的污染；

（3）铅中毒；

（4）噪声；

（5）缺乏开放空间和公园；

（6）社区缺乏投资。

并非所有环境正义问题都围绕不受欢迎的设施或工业的未来选址，以及与这些实体相关的有害毒素、噪声或其他环境干扰，更常见的情况是它们往往聚焦于以前的设施选址所带来的污染遗留问题，这些问题影响到社区的新陈代谢，需要人们在获取服务、老旧房屋供暖或制冷等方面进行更多的能源投资。人们住在有毒场所附近的原因主要包括：①有能力离开该地区的人已经离开了该地区，住房存量失去了价值，因而这些住房是穷人可负担得起的；②这些地区遭遇了撤资问题，这些撤资主要基于联邦房主贷款公司协会（Federal Home Owners' Loan Corporation Association，HOLC）出于种族原因而在 20 世纪 30 年代制定的住房抵押贷款政策。该项目在大萧条期间作为罗斯福新政的一部分而成立，旨在为那些"并非因为自身过错"（through no fault of their own）而在支付抵押贷款方面遇到困难的人们提供贷款。联邦房主贷款公司协会将从贷款人那里购买抵押贷款，贷款人从中受益，而房主也得以获得更长时间来偿还贷款和降低利率。政府要求 239 个城市提交社区的彩色编码地图，以帮助住房购买者确定投资的安全区域，其中：绿色＝提供政府支持贷款的"最佳"场所；蓝色＝"尚可投资"；黄色＝"衰退"；红色＝"危险"。

"危险"的真正意思是当地贷款人认为居住在那里的人存在信用风险，但实际正如残留的少量地图上的评论所表明的，这种评判完全是基于种族因素的（明目张胆的种族主义地图本应被销毁，但近年仍有些会浮出水面，为这种动机提供了证据）。当时，这些街区主要居住的是非裔美国人、天主教徒、犹太人以及亚洲、东欧和南欧移民。在大多数城市，由于这段时间的撤资，这些位于城市核心的社区成为极为便宜的社区，因此被存在最大经济风险的居民所占据，其中大部分是非裔美国人。

这些社区往往缺乏功能齐全的杂货店等设施，这也被视为环境正义问题之一，但在《1994 年行政令》(1994 Executive Order)之下，还没有解决这一问题的法律渠道。尽管如此，缺乏可负担的食物和新鲜农产品是影响城市贫困人口及少数族裔社区的健康和福祉的另一种形式，也即所谓的食物沙漠(food desert)（见第十四章）(Grengs, 2000)。同样，废弃的房屋，尤其是那些用于非法活动的房屋或带有遗留垃圾场的废弃地段，也会降低这些社区的生活质量(Carter, 2006)。此外，这些普遍偏旧的街区的住房存量可以追溯到仍在使用含铅汽油和含铅涂料的时期。这就意味着它们的内墙和窗台以及外部土壤都被铅严重污染了。在这些住宅的地板上，大量存在着由鞋子从院子带入的铅尘(Mielke and Reagan, 1998)。这导致这些社区的儿童的血铅水平普遍偏高，这会导致行为问题和学习能力下降等问题(Needleman et al., 1979)。这是原有的行政令未曾明确涵盖的环境正义问题的另一个例子。

环境正义不仅是一个城市问题，事实上，许多采矿业和其他采掘业也造成农村社区环境的退化及严重的健康问题（例如西弗吉尼亚州的煤矿）。然而，来自这些场地的材料通常运往城市用于工业生产或为城市家庭和企业发电。因此，从系统的角度来看，生活在农村环境中的人们的健康因开发运往城市的资源或来自城市的废物而受损，这也应被视为城市环境正义问题的一部分。正如在第二、七、十等章节中所提到的，城市新陈代谢所需的物质可能来自很远的地方。同样，一个城市的废弃物通过长途跋涉，穿过广大农村地区，最后到达垃圾填埋场或向下游运送到农村地区，甚至被运往海外那些愿意接受有毒物质以换取美元的贫穷国家。

2. 早期与有意义的参与

早期与有意义的参与(early and meaningful involvement)意味着在进行这

些本地不良土地利用的选址时，就咨询社区成员。不仅要向他们提供信息，而且还必须安排对话以了解他们的看法，包括愿意和不愿容忍什么，以及可以将哪些便利设施纳入设计中以提升社区生活质量。很多时候，社区是在决定实施项目后才被告知的，是一种自上而下，而非自下而上的操作。

自 2000 年以来，环境保护署每年颁发的环境正义协作问题解决合作协议（Environmental Justice Collaborative Problem-Solving Cooperative Agreement）是一个旨在促进早期与有意义的参与的公共计划案例。该计划旨在提供机构支持和资金等资源，用于社区组织（community-based organizations，CBO）、部落政府（tribal governments）或其他组织。这些合作协议和赠款的目标是"帮助提升具有环境正义问题的社区的能力，建立自给自足的、以社区为基础的伙伴关系，并以此持续改善当地环境"（US EPA，2003）。通过将社区组织和部落置于主要调查员与项目经理的核心角色，为之赋权，使其能够制定以社区为中心的愿景和变革议程（Wilson et al. ，2007）。

基于两个指导原则和四个关键要素，国家环境正义咨询委员会创建了一个公众参与示范计划（Model Plan for Public Participation）（NEJAC，1996）。这些指导原则呼吁包括社区在内的公众参与，保持诚实和正直，并促进各方平等对话。四个关键要素包括：

（1）准备：共同发起人和共同策划对于会议的成功至关重要。

（2）参与者：来自社区和邻里团体、政府机构和决策者、工业以及一系列非政府组织和精神社区（spiritual communities）的各种利益相关者应参与到环境正义问题中。

（3）后勤：会议应是无障碍的；举行会议的时间/天数应反映受影响社区的需求；避免专题小组讨论（panels）和"主桌"（head tables），以保持平等参与的氛围。

（4）技术支持：使用专业的协调员；保持明确的目标，但也要有灵活性；制定行动计划；确定责任方。

［更全面的建议列表可以参见 NEJAC（1996）。］

3. 感知与风险评估

感知是人们根据自己的生活经历和文化来认识、理解或评估他们的处境的方式。简单举例来说，一个人住在本街区最小的房子里，即使房子维护得很好，

295

也可能会觉得自己很穷,但如果是住在贫困社区的同样一所房子里,他或她则可能会觉得能够拥有这样一个家非常幸运。因此,感知在很大程度上关乎与他人的比较之下感觉受到了怎样的对待。这并不是说一个人的权利受到侵犯只是"在他/她的脑海中",它其实说的是,当一群人一次又一次地受到歧视时,他们可能会更强烈地感受到其社区中被设置了本地不良用地所带来的伤害。关于这一类可被高估也可被忽视的环境风险,我们究竟应如何评估它呢?

环境风险指的是因暴露于环境压力源而对人类健康或生态系统产生有害影响的概率,其中的压力源是任何可引起不良反应的物理的、化学的或生物的实体。一般来说,我们可以通过风险分析来评估风险,主要侧重技术方面;风险管理主要以政策为重点;风险评估则主要侧重于社会方面。大多数读者都对基于风险分析(有时也称为风险评估)而得出的风险特征比较了解,而这些特征也往往成为网络文章或新闻报道的头条新闻。例如,分析表明暴露于特定环境污染物会增加死亡或癌症的风险。威尔逊(Wilson,1979)通过研究指出了使个体的死亡风险增加百万分之一(0.000001)的一系列行为(及原因)——可以是抽1.4支烟(肺癌),或乘飞机飞行6 000英里(约9 656千米,宇宙辐射),又或是吃100块烤牛排(摄入苯并芘可能引发癌症)。

很多时候,经科学的风险分析得出的不良事件的概率和后果,与公众对风险的接受程度并不相符。风险评估是识别、评估和比较那些与个人及社会对健康和环境风险的反应相关的因素的过程。风险评估的研究方法包括表达偏好研究(expressed preference studies),如采用民意调查等调查方法来衡量公众对环境风险问题的看法。显示偏好研究(revealed preference studies)则涉及更间接的评估,例如检查历史数据以确定公众偏好和观点。

影响公众对环境风险反应的因素包括信仰、环境、经济和公平(beliefs, environment, economics, and fairness, BEEF[①])。最初助记词"BEEF"来自20世纪80年代温迪(Wendy)的快餐连锁广告,其中的一位小老太太令人难忘地问道"牛肉在哪里?"("where's the BEEF?")。今天这个助记词仍然有用,因为俗语

---

① 　这里以及本文多处所用的"BEEF"一词源自纽约州锡拉丘兹市纽约州立大学环境科学与林业学院布伦达·诺德恩斯坦(Brenda Nordernstam)博士在2003年11月3日所做的环境风险评估讲座及之后的相关研究。

"与(某人或某物)有分歧"(have a beef with someone or something)指的是与某人发生未解决的争执。这些因素的简要说明如下：

(1)信仰(个人信仰和社会信仰)，包括风险感知因素、环境态度、世界观、群体规范、政治意识形态和文化信仰。

(2)环境(社会环境和物理环境)，包括背景框架效应、风险的政治和文化历史、对信息来源的信任、风险强度的类型和数据不确定性。

(3)经济(个人经济和社会经济)，包括个人、区域或国家层面的货币和行为成本/收益评估；禀赋效应；支付意愿与接受意愿；有形价值与环境价值的对比。

(4)公平(分配公平和程序公平)，包括个人、区域或国家层面的风险分配公平性；个人、社会和国家层面风险分配的程序公平性。

本地不良用地本身的特征也会影响公众或个人的感知风险水平和邻避效应的反应。有些特征会降低风险感知，而其他特征则可能提高风险感知(表 13-1)。例如，如果一个人或社区在废物焚烧设施附近居住多年，那么该居民或社区就不大会像在附近设置新的焚化设施那样担心汞中毒的风险。

表 13-1　提高或降低风险感知的因素

降低风险感知		提高风险感知
自发的	vs.	无意识的
慢性的	vs.	毁灭性的
普遍的	vs.	可怕的
有害的	vs.	致命的
已知的	vs.	未知的
可控的	vs.	不可控的
常见的	vs.	新兴的

资料来源：根据罗杰斯(Rogers，1998)、斯洛维奇等(Slovic et al.，1986)以及其他人的研究结果进行总结。

三、对社区的危害

在介绍申诉环境正义及其解决路径的研究案例之前，首先需要考虑本地不良用地选址会对社区造成哪些影响和潜在的危害。在美国各地，臭氧、氮氧化物和硫化物(SO_x)等许多城市污染物都会影响呼吸系统,并导致各地幼儿哮喘的流行(表 13-2)。多年来,已经被确定的其他物质包括二噁英(dioxin)、多氯联苯(polychlorinated biphenyls,PCB)、多环芳烃(polyaromatic hydrocarbons,PAH)、汞(Hg)以及苯(benzene)、甲苯(toluene)和二甲苯(xylene,BTX),苯类物质的危害甚至更大。美国环境保护署的有毒物质排放清单(Toxic Release Inventory,TRI)为大众提供了有关在其地理区域内已确定的污染物以及这些污染物所在工业或废物场所的信息(US EPA,2018b)。有毒物质排放清单列出了595 种化学品并根据需要不断更新(US EPA,2018b)。该清单包括已知会导致癌症和造成其他慢性人类健康影响的化学品,对人类健康有重大不利影响的化学品,以及对环境有重大不利影响的化学品。通过关注可能对人类健康和环境构成威胁的某些有毒化学品等设施,有毒物质排放清单对污染预防进展和废物管理进行跟踪。被确定为污染的公司或设施必须每年报告其每种化学品被回收、燃烧以实现能源回收、进行销毁处理、处置或以其他方式在现场和场外释放的数量。由于它们在环境中的持久性和生物累积性①,有五类毒素需要更严格

298

表 13-2　对人类健康的影响

污染物	影响
一氧化碳	减少人体内的氧气循环,影响注意力和学习能力,加重心血管疾病
二氧化氮	刺激肺,增加患流感等呼吸疾病的可能性
对流层的臭氧	影响肺部并且会加重如哮喘等呼吸问题
铅	会储存在身体的许多不同部位,主要影响神经系统,导致学习和行动障碍
硝酸过氧化乙酰(PANs)	刺激眼睛
二氧化硫	影响呼吸系统,特别是儿童和老年人
颗粒物	影响呼吸系统,特别是有呼吸系统疾病的人

注:硝酸过氧化乙酰(PANs)是雾霾的组成部分,由阳光、氮氧化物和碳氢化合物组成,在洛杉矶大量存在。

资料来源:改编自 Boubel et al.(2013)。

---

① 生物累积性指的是在食物链中,越处于顶端的生物在体内组织含有越高的化学物质含量,并且生物越大、越老,其化学物质越容易积累,即体内组织的化学物质含量越高,这可能是由于生物体内大量的脂肪所导致。

的报告,其中包括二恶英及其化合物(dioxin-like compounds)、六溴环十二烷〔hexabromocyclododecane,HBCD-溴化阻燃剂(brominated flame retardants)〕、铅化合物、汞化合物和多环芳烃化合物(polycyclic aromatic compounds,PAC),其中也包括多环芳烃。一般而言,污染的影响在邻里中树木的叶子上就可以看到(表 13-3)(有关污染对城市树木影响的更多讨论,请参见第八章)。暴露于这些化学品的社区的新陈代谢通过"疾病→缺课/学习障碍→受教育程度→失业→贫困"的途径遭受负面影响。

表 13-3　特定污染物对树叶的影响

污染物	影响	最敏感的部位
二氧化硫	斑点,褪色,对病原体的敏感性增加	中年叶片
臭氧	斑点,微粒	最老的叶片
硝酸过氧化乙酰	下叶表面出现釉质、银或铜色	最幼的叶片
二氧化氮	不规则白色或棕色病变	中年叶片

资料来源:改编自 Boubel et al. (2013)。

四、分析工具

确定社区是否遭受不公平待遇的一种方法是采用地理信息系统技术。借助最新的美国人口普查数据库和人口普查区的数字地图,我们可以评估该社区的人口概况,如用"贫困线以下的百分比"这一人口普查指标来衡量最主要的种族和经济状况。该情况需要与该地区其他社区的情况进行比较,以确定该社区是否受到不成比例的影响。满足这些标准阈值的社区称为受关注社区(community of concern),不同州的资格标准因州而异。少数族裔的门槛在城市地区约为 50%,在农村地区约为 30%,而贫困的门槛在 18%～24%。环境保护署出台了《将环境正义问题纳入国家环境保护法合规性分析的最终指南》(*Final Guidance For Incorporating Environmental Justice Concerns in EPA's NEPA Compliance Analyses*),其中第二部分列举了一些一般性准则(US EPA,1998)。环境保护署提供了一个用于分析的环境公正和筛选工具(US EPA,2018c),还向位于"污染场地"(superfund sites)^①附近的社区提供技术援助赠款(technical assistance grants,TAGs),以协助对危害和暴露的数据解释和评估(US EPA, 2018d)。最后,前面描述的环境保护署的有毒物质排放清单计划(Toxic Release Inventory Program)则为社区提供有关其社区现有危害的信息(US EPA, 2003)。

五、案例研究

在自布拉德博士倡导环境正义运动以来的多个环境影响案例中,有两个案例较为典型。第一个是 20 世纪 90 年代对纽约州纽约市布鲁克林海军造船厂(Brooklyn Navy Yards)的城市垃圾焚烧炉的抵制。这个早期的环境正义案例十分有名,既因为其涉及人数众多,包括了波多黎各人和哈西德犹太人(Hasidic Jews)独特的多民族/多种族联盟,也因为社区组织最终成功阻止了焚烧炉的建设(Sze,2007)。第二个案例不太知名,是关于纽约州锡拉丘兹污水处理设施的选址,该设施旨在减少合流制管道溢流的影响。这个案例表明,尽管一些社区主导的环境正义努力无法阻止本地不良用地的出现,但能助力公众舆论和政策范式的转变。此案发生后不久,锡拉丘兹所在的奥农达加县调整了有悖于《清洁水法案》(Clean Water Act)的做法,将市政设施转为绿色基础设施。

1. 布鲁克林海军造船厂的焚化炉

20 世纪,纽约市在其五个行政区的 24 个大型焚化炉设施以及公寓楼里的 1.7 万个生活垃圾燃烧器中燃烧了大约 1.1 亿吨城市垃圾[大部分残留物被掩埋在斯塔滕岛(Staten Island)的福来雪基尔斯(Fresh Kills)垃圾填埋场及其他六个计划设在盐沼的垃圾填埋场](De Angelo,2004)。然而到了 20 世纪 80 年代,焚烧导致环境、健康和财务成本高企,使得纽约市关闭了大部分市政设施。到了 1993 年,城市关闭了所有大型焚烧设施并出台了相关法规终止了城市周边焚烧炉的运行(Martin,1999)。

---

① 这些被污染过的地区又被称为"superfund sites",因为环境保护署会资助大批经费对这些地区的土壤及地下水进行治理。——译者注

　　尽管整体趋势是关闭焚化炉,但在 20 世纪 90 年代,在威廉斯堡(Williams-burg)附近的布鲁克林海军造船厂建造一座大型垃圾焚烧发电厂(55 层,每天3 000吨)的计划一直存在,因为斯塔滕岛的福来雪基尔斯垃圾填埋场面临关闭的压力,而海军造船厂的焚烧发电厂可以作为其替代方案。威廉斯堡附近居住着两个族群,分别是波多黎各和多米尼加天主教徒(Puerto Rican and Dominican Catholics)以及哈西德犹太人,这两个族群间有着很大的种族宗教差异并长期以来存在冲突,但尽管如此,这两个团体仍联合起来反对该发电厂的建设(Sze,2007)。几十年来,社区团体和非政府组织在法庭内外共同努力,以环境正义为前提进行了一场漫长而复杂的斗争。20 个社区组织组成了社区环境联盟(Community Alliance for the Environment),其标志图像是这两个群体手挽手走在街上的情景。尽管社区团体在早期遭遇了一些挫折,但最终还是占了上风,1996 年州政府取消了建设焚化炉的计划。纽约市的最后一个焚化炉——一个小型医疗废物设施,也于 1999 年被拆除,福来雪基尔斯垃圾填埋场则于 2001年关闭(Martin,1999)。如今纽约市的大部分城市垃圾通过铁路、卡车、驳船运往纽约州北部、宾夕法尼亚州、新泽西州和弗吉尼亚州的垃圾填埋场及垃圾焚烧发电设施(焚化炉),或者是被回收利用(The New York Times,2014)。

2. 米德兰地区的污水处理设施

　　纽约州锡拉丘兹米德兰社区(Midland)的社区团体十多年来致力于阻止在一个贫困且以非裔美国人为主的社区中建设区域污水处理设施,但最终以失败告终(图 13-1)。该设施是全市规划的几个设施之一,旨在收集、部分处理和储存雨水及废水,以防止合流制管道溢流(参见第六章的讨论)。该设施建设的合理性来自于大西洋州法律基金会(Atlantic States Legal Foundation,一个环境公民行动组织)的一项诉讼所产生的修改同意判决(Amended Consent Judgment,ACJ),这一诉讼所针对的是对奥农达加湖及其主要支流奥农达加溪(Onondaga Creek)的清理,起诉方是依据联邦《清洁水法案》的本地市民。在顾问工程师的建议下,选择该地点建设,是因为这里是几个污水/雨水管线(septic/storm lines)汇合或可能汇合的低海拔点。工程师设计安装旋流器以进行固体去除、氯处理,并在超过存储容量的情况下将处理过的污水重新排放回主流或小溪。然而,该设施的建造需要搬迁 35 户家庭,拆除其房屋,并拆除当地青年经常

301

图 13-1　米德兰社区公园附近的住宅被围封,这是为建造地区污水处理设施做准备

资料来源:默纳·霍尔。

光顾的打篮球的公园。米德兰社区认为,与使用含氯技术的地面处理/储存设施相比,绿色基础设施和地下储存更安全、更美观、更经济。他们向该县、纽约环境保护部和美国环境保护署提出了民事权利起诉(Title VI complain)[①],认为这里存在歧视行为。然而,尽管米德兰社区符合受关注社区的定义(85%的居民是非裔美国人),并存在环境不公正的历史(如社区附近建设的大型工业园区,该市的校车配送中心和停车场,当地一家大型医院床单的干洗设施存在遗留污染,以及存在市政设施建设多次驱逐房主的历史),他们的投诉还是失败了,该设施仍然按计划建造(Grafton and Mohai,2015)。如果说还有"一线希望"的话,则可能是在做出这一决定后,奥农达加县开始选择绿色基础设施来替代市政设施,以满足修改同意判决的精神和要求,进而取消了另外两个区域性处理设施的建设。

————————

①　第 42 卷第六章(§ 2000d et seq),作为 1964 年具有里程碑意义的《民权法案》(*Civil Rights Act*)的一部分颁布,主要内容是禁止基于种族、肤色和国籍的歧视而接受联邦财政援助的项目及活动,详情见 https://www.justice.gov/crt/fcs/TitleVI-Overview。

六、结论

今天我们所看到的环境不公正问题是长期以来的偏见、不容忍以及权力和财富持续失衡的结果。地方的环境条件和个人的地理区位（如靠近海岸）也会加剧其对环境风险不成比例的暴露。人们对环境危害做出反应、适应或隔离的能力取决于他们对资源的获取能力以及其社会联系和知识。环境不公正与城市系统中的人类和自然密切相关，因此我们必须从整体上解决这些问题。在过去的几十年里，通过基层和社区组织、政策的变化以及在决策过程加强与社区的合作等方式，我们在实现环境正义方面取得了很大进展，但许多环境正义的挑战仍然存在，新污染物和气候变化影响等新的威胁也依然存在。

302

（李志刚 译，梁思思 校）

参 考 文 献

1. 12898 EO (1994) Federal actions to address environmental justice in minority populations and low-income populations, vol 59

2. Besleme K, Mullin M (1997) Community indicators and healthy communities. Natl Civ Rev 86:43-52

3. Boubel RW, Vallero D, Fox DL, Turner B, Stern AC (2013) Fundamentals of air pollution. Elsevier, New York

4. Browner C (1994) Carol Browner, US EPA Administrator

5. Bullard RD (1983) Solid waste sites and the black Houston community. Sociol Inq 53:273-288

6. Bullard RD (2008) Dumping in Dixie: race, class, and environmental quality. Westview Press, Boulder

7. Carter M (2006)TEDTalk: greening the Ghetto. TED. https://www.ted.com/talks/majora_carter_s_tale_of_urban_renewal/transcript?language=en. Accessed 31 Oct 2018

8. De Angelo M (2004) Siting of waste-to-energy facilities in New York City using GIS technology. Master of science thesis, Department of Earth and Environmental Engineering, Columbia University, New York. http://www.seas.columbia.edu/earth/wtert/sofos/DeAn-

gelo_Thesis_ final. pdf. Accessed 11 Dec 2018

9. Dicum G (2006) Meet Robert Bullard, the father of environmental justice. https://grist. org/article/dicum/. Accessed 3 Oct 2018

10. Grafton B, Mohai P (2015) Midland avenue regional treatment facility in southside neighborhood of Syracuse, NY, USA. Environmental Justice Atlas. https://ejatlas. org/conflict/large-sewage-treatment-plant-in-minority-community. Accessed 10 Dec 2018

11. Grengs J (2000) Sprawl, supermarkets, and troubled transit: disadvantage in the Inner City of Syracuse. Colloqui XV:35-55

12. Martin D (1999) City's last waste incinerator is torn down. New York, NY

13. Mielke HW, Reagan PL (1998) Soil is an important pathway of human lead exposure. Environ Health Perspect 106:217-229

14. National Environmental Justice Advisory Council (NEJAC) (1996) The model plan for public participation. The model plan for public participation. Developed by the public participation and accountability subcommittee of the NEJAC. US EPA, OEJ, Washington, DC

15. National People of Color (1991) Principles of environmental justice. In: The proceedings to the first national people of color environmental leadership summit

16. Needleman HL, Gunnoe C, Leviton A, Reed R, Peresie H, Maher C, Barrett P (1979) Deficits in psychologic and classroom performance of children with elevated dentine lead levels. N Engl J Med 300:689-695

17. Rasmussen L (2004) Environmental racism and environmental justice: moral theory in the making? J Soc Christ Ethics 24:3-28

18. Rogers GO (1998) Siting potentially hazardous facilities: what factors impact perceived and acceptable risk? Landsc Urban Plan 39:265-281

19. Slovic P, Fischhoff B, Lichtenstein S (1986) The psychometric study of risk perception. In: Risk evaluation and management. Springer, New York, pp 3-24

20. Sze J (2007) Noxious New York: the racial politics of urban health and environmental justice. MIT, Cambridge

21. The New York Times (2014) Where does New York city's trash go? (video). https://www. youtube. com/watch? v=Y6LzB6rMDtA. Accessed 11 Dec 2018

22. United Church of Christ Commission for Racial Justice (1987) Toxic wastes and race: a national report on the racial and socio-economic characteristics of communities with hazardous waste sites

23. US Environmental Protection Agency (2018a) Learn about environmental justice. US EPA. https://www. epa. gov/environmentaljustice/learn-about-environmental-justice. Accessed 10 Dec 2018

24. US Environmental Protection Agency (2018b) Toxic release inventory program-TRI listed chemicals. US Environmental Protection Agency. https://www. epa. gov/toxics-release-

303

inventory-tri-program/tri-listed-chemicals. Accessed 31 Oct 2018

25. US Environmental Protection Agency (2018c) EJSCREEN: environmental justice screening and mapping tool. US EPA. https://www.epa.gov/ejscreen. Accessed 31 Oct 2018

26. US Environmental Protection Agency (US EPA) (2018d) Environmental protection agency technical assistant grant (TAG) Program. US EPA. https://www.epa.gov/superfund/technicalassistance-grant-tag-program. Accessed 31 Oct 2018

27. US Environmental Protection Agency Office of Environmental Justice (EPA OEJ) (2003) Environmental justice environmental problem solving grant program: application guidance, FY 2003. EPA OEJ, Washington, DC

28. US Environmental Protection Agency (US EPA) (1998) Final guidance for incorporating-environmental justice concerns in EPA's NEPA compliance analysis. US EPA, Washington, DC

29. Wilson R (1979) Analyzing the daily risks of life. Technol Rev 81:41-46

30. Wilson SM, Wilson OR, Heaney CD, Cooper J (2007) Use of EPA collaborative problem-solving model to obtain environmental justice in North Carolina. Prog Community Health Partnersh 1:327-337

第四部分

解决城市化影响的方案设计：过去、现在与未来

第十四章　城市食物系统

斯蒂芬·B. 巴洛格

　　本章概述了城市食物消费对本地和远距离地区的影响,介绍了城市食物沙漠的概念(即缺乏获得健康食物的途径),并描述了为提高城市食物系统应对极端事件和供应中断的可持续性与韧性所做的努力。

　　吃是一种农业行为。

——温德尔·贝瑞(Wendell Berry)

　　吃食物,不要太多,以植物为主。

——迈克尔·波伦(Michael Pollan)

一、引言

　　没有什么日常决定能比"我今天吃什么"这个问题的答案对地球的影响更大了。我们所在城市的数万人、数百万人乃至全世界的数十亿人,每天都会问这个问题好几次。无论我们是否意识到,每一顿饭都将我们与地球的生产能力及其废物消化过程联系在一起。我们的食物选择将我们与农村生计、全球交通系统、流动工人、包装商、加工商和经销商甚至城市营销企业联系在一起。

　　最贫穷的人可能会问:"我的餐桌上能有足够的食物吗?"普通的穷人则会问:"我的餐桌上能有健康的食物吗?"城市居民可能会问:"我的食物从哪里来?" 而吃饱喝足或有社会意识的人可能会反思:"我的餐桌上能有环境友好或动物友好的食物吗?"以及"我的食物选择如何影响我的社区?"

因此,要深入理解食物系统和我们的食物选择,就需要从生态学、经济学、哲学、伦理学、社会正义和人类学的多学科或跨学科系统视角来思考。本章回顾了创建可持续与韧性的城市食物系统所面临的一些挑战,提供了关于食物的社会和环境正义问题的深入见解,提出了一个分析食物系统的综合视角,并且重要的是,重点介绍了世界各地城市正在实施的创新和解决方案。

二、我们的食物选择对环境与社会的影响

本书的第二章从生物物理学和系统科学的角度来看城市生态学,提供了人类农业活动的历史以及这些活动对史前世界和现代世界的影响。伴随这段历史,我们进入了 21 世纪,在这一时期一个典型的美国三口之家每年购买大约 1 吨的食物(Balogh and Hall,2016),并且其中 1/3 会被浪费掉(Buzby et al.,2014)。城市中产生的食物需求可能与对环境的广泛影响有关(Tilman et al.,2002)。自然土地已经并且仍在持续转变为耕地和牧场。土壤很快就会耗尽养分,必须用肥料进行补充。

化肥中氮的固定以及种植作物和饲养动物释放的二氧化碳与甲烷影响着全球生物地球化学循环。现代农业在机械能、石油化肥、杀虫剂以及加工、配送和冷藏等方面越来越依赖化石燃料。在某些情况下,农业产业化的不利影响被去除了,但对于一些沿河或沿海城市,农业的影响加剧了当地环境退化,包括对邻近水体的污染。

1. 土地利用变化

传统上,随着城市的发展,自然土地被转变为农业用地,以种植更多的食物来满足需求。在某些情况下,这可能意味着附近的森林或草地变成了农田,但在当今全球化社会,土地利用变化可能发生在遥远的地方(Meyfroidt et al.,2013)。例如,上海的人口增长可能导致南美洲的森林消失或美国中西部的牧场扩大,因为这些地区跨越数千英里进行着食物供应。自然土地的丧失减少了本地物种的栖息地,并可能导致侵蚀,河流、湖泊、河口的过度沉积,土壤肥力丧失,以及温室气体排放(Foley et al.,2005)。新建道路可以创造新人类聚落的正反馈循环(这在南美洲和东南亚的热带雨林中尤其如此),从而增加对农业生产的

需求。在全球范围内,供给每位成人平均需要 0.22 公顷的耕地(Dubois,2011)。由于对肉类、奶酪、牛奶等蛋白质的高需求,发达国家的人均耕地面积(种植和放牧)可能要更高(例如美国的成人人均耕地面积为 0.37 公顷)。全球南方或欠发达世界的许多国家则必须与更少的耕地面积相抗衡(每位成人 0.17 公顷),而且他们往往只吃位于食物链较低端的食物。

2. 对全球生物地球化学循环的影响

为了满足人口不断增长的需求,农民必须阻止营养流失和土壤肥力退化并提高生产力。氮、磷、钾等土壤养分的天然来源是劳动密集型的(粪肥)且数量有限的(磷酸岩或鸟粪)。20 世纪出现的哈伯—博施法被用于将大气中的氮固定成活性形式(最初用于制造火药),并永远地改变了地球的生物地球化学循环。在全球范围内,哈伯—博施法目前每年从大气中的非活性氮气中生产近 5 亿吨活性氮肥,消耗了全球 1%～2% 的能源供应。肥料和品种选育使农田的生产力提高了四倍以上(玉米产量几乎增长至 1900 年的六倍,从 1.6 吨/公顷增长到 9.5 吨/公顷)(Edgerton,2009),从而减缓了土地利用变化的步伐;然而,农田施用的过量肥料会进入小溪、河流、湖泊和海洋。用磷肥会导致淡水小溪、河流和湖泊的富营养化,而用氮肥对咸水海湾和开放海域也有类似的影响。富营养化会刺激微型和大型藻类的生长,当这些植物死亡和腐烂时,水中的溶解氧会减少或耗尽,导致不适宜物种生存的区域和物种灭绝(见第九章关于环境中养分循环的更深入的讨论)。杀虫剂和除草剂也会影响农场边界以外的生态系统。许多鸟类、鱼类、两栖动物和授粉昆虫都易受这些化学物质影响。

3. 对化石能源的依赖

食物生产、运输、加工和储存系统消耗的能源约占美国能源消耗的 15%～20%(Canning et al.,2010)。人力劳动和太阳能输入几乎构成了早期自给农业的全部能源输入。动物的驯化使畜力取代人力劳动,但也需要更大的耕地面积。农业技术的进一步发展提高了人类的耕作效率,但 20 世纪初机械化农业设备的出现导致整个农业系统的效率基于千卡能量输入与输出比而言有所下降(Steinhart and Steinhart,1974)。到 20 世纪 70 年代,生产 1 千卡的可食用食物需要 5～10 千卡的化石、畜力和人力能量。灌溉技术的进步使以前的边际土地

(marginal land)得以投入生产,但需要额外的能源消耗。今天,在美国,这种趋势正在被略微提高的效率所逆转(Hamilton et al. ,2013)。

4. 肉类与动物产品消费的影响

含有大量肉类的饮食与更高的温室气体排放、更大的土地利用变化和更严重的水体营养污染有关(Tilman and Clark,2014)。与基本为植物且产量高的谷物相比,肉类和动物产品的产量基于单位面积与单位投入而言要低得多。每公顷仅种植谷物可以供给3~30人,但如果先用谷物喂养动物,能供给的人数就会少得多。因此,在人口最多的国家,许多人的饮食基本是以谷物为主的素食,通常是大米,全球低收入人群同样如此。动物产品的能量产量往往只有同等面积谷物的10%或更少。这是因为植物到肉类的能量转换效率只有10%~20%。牲畜每生产一个单位的动物蛋白必须消耗六个单位的植物蛋白(Pimentel and Pimentel,2003)。然而,动物确实有一个优势,即可以在质量较差、生产力较低的土地上进行饲养,而在这些土地上种植农作物则是十分昂贵且困难的(Pimentel and Pimentel,2003)。

美国的农民饲养和照料1亿头肉牛与小牛,其中900万~1 000万头是奶牛。每年饲养和屠宰约1.1亿头生猪,孵化超过90亿只鸡与火鸡。2010年,美国农场生产了900亿个鸡蛋和大约220亿加仑牛奶(USDA,2010)。每个美国人每年大约要吃掉100千克肉。随着一些国家财富的增长(如中国),人们的饮食正在向美国式的高肉类消费饮食转变。

5. 食物与人类健康及福祉

食物安全,或者说在任何时候都可以充分获得充足、安全、有营养的食物,与人类健康与福祉直接相关。食物安全的缺乏与慢性病发病率增加以及在学业和工作中表现不佳都有关联(USDA,2009)。社会障碍和经济地位限制了食物的选择。大约400万美国人(以城市居民为主)生活在食物沙漠中。食物沙漠地带通常位于低收入地区,在那里获得健康的和负担得起的食物的途径有限,例如有1/3以上的人口距离最近的杂货店超过一英里(约1.6千米)的社区。

6. 食物与社会政治影响

食物供应、需求和可获得性可能会产生国家及世界范围的社会政治影响。

在美国,可再生燃料标准为食物、能源和政策之间的联系提供了一个显著的案例。在 2017/2018 市场年度中,美国种植的玉米有 38% 用于生产乙醇(NASS,2017)。这些乙醇大部分被美国大都市地区的汽车所消耗。美国食物、能源、水和政策之间还有其他显著联系,比如将农业生产、发电、饮用水供应和环境条件联系起来的西方水权问题。例如,科罗拉多河为七个州的 4 000 万人供水,用于灌溉 550 万英亩(约 22 258 平方千米)的土地,并提供约 4.2 吉瓦的发电能力(Jerla et al.,2012)。这些相互竞争的目的往往会导致关于水"所有权"的争论。在全球范围内,出口作物生产(如咖啡)可以为农民带来利益,但也会让他们的收入易受到全球市场变化的影响。许多咖啡种植者必须负债以度过气候不佳的年份以及购买农药(Aguilar and Klocker,2000)。全球食物价格上涨直接影响到进口依赖型国家。一些人认为是 21 世纪初食物和商品价格上涨造成了"阿拉伯之春"以及北非和中东城市的其他起义(Lagi et al.,2011)。市场和饮食的日益全球化导致了文化异质性与社会联系的丧失,快餐(尤其是美式快餐)无处不在。

三、创建可持续与韧性的城市食物系统

城市是消费实体。古代城市被河谷、河口、海岸等丰产和肥沃地区所环绕。后来的城市利用食物可以从遥远生产区域运送来的优势,兴起于商贸线路的交汇点或者拥有重要资源的地区。今天,曾经邻近城市中心的生产区已经被不透水表面覆盖,或由于过度开发或污染而退化。大多数现代城市,也许除了像巴黎这样的少数城市,都同时受益于但也高度依赖于遥远的资源区和全球食物市场。在美国中部,国产食物到超市的平均运输距离约为 1 500 英里(2 414 千米),国际进口食物的距离则为 2 200 英里(3 541 千米)(Pirog et al.,2001)。这种更加一体化和全球化的供应链的好处是得到一个应对中断更有韧性的系统,这意味着本地作物歉收不会直接导致饥荒。此外,国家中最肥沃的土地可以用来代替当地生产力较低的地区。然而,由此产生的一个权衡结果是,这样的系统会促使大气中的碳含量增加,因为,食物必须通过船舶、卡车和铁路进行长距离运输。

1. 城市食物生产

针对城市食物沙漠中缺乏新鲜和本地食物的问题,解决方案是增加城市食

312

物产量;然而,在城市中生产更多的食物面临许多挑战,其中包括缺乏空间、土壤和专业知识等。城市空间稀缺,土地使用往往具有排他性。都市农业难以在房产价值和税收较高的地区与商业、工业或住宅用途竞争(图 14-1)。大多数城市确实有可用于种植食物的废弃或空置物业;然而,这些场地中相当一部分土壤固结不良且有遗留污染(通常是铅或其他重金属),或者可能被不透水表面覆盖(US EPA,2011)。此外,可能存在人力资本短缺,这意味着缺乏有关如何种植作物的知识。食物和能量盈余使越来越多的成年人能够从事非农职业[1870年,美国有一半人口从事农业(Daly,1981),相比之下,今天这一比例不到 2%

图 14-1　伊利诺伊州芝加哥一些新作物开始栽种并受到西面遮阳布屏障的保护

注:请注意背景中的新建筑。这个区域曾经全部是公共住房,高层"穷人的仓库"被拆除,取而代之的是市场价和低收入混合住房(也称为混合收入住房)。"城市农场"所在的 1.5 英亩(6 070 平方米)地块归芝加哥市所有并免租金提供给这个非营利组织。然而,该物业价值 800 万美元,因此,谁也说不准该市何时会决定终止协议,届时"城市农场"将必须再度搬迁。

资料来源:Linda N. © 2008 https://commons. wikimedia. org/wiki/File:
New_cropsChicago_urban_farm. jpg.

(United States Department of Labor，2017）]，这意味着城市居民可能与他们家族中最后一个照料花园的人相隔了几代人。

2. 食物加工与配送

除了生产食物的困难外，还有关于加工和分销本地种植或生产的食物的问题。商业种植的食物必须运输到加工和配送中心才能在零售店出售。这些加工点可能位于市中心（也可能不在），这意味着动物或粮食作物需要从种植它们的城市运输出去进行加工，然后再运回本地社区才能出售。预制食物必须在经过严格、定期食物安全检查的商业厨房中进行加工。本地企业家可能无法获得这些厨房的使用权，或者没有足够的规模来负担其使用费用。在获取本地食物上还有其他社会经济障碍，虽然联邦政府允许将"补充营养援助计划"（Supplemental Nutrition Assistance Program）的资金用于农贸市场，但这一做法在各州的难易程度不同。交通选择可能是有限的，并且有些社区比其他社区更远离市场。

尽管在城市中生产和加工食物存在诸多困难，但有些人仍然坚持建设了成功的城市农场和花园，这些农场和花园或提供了一种利基产品（布鲁克林的微型蔬菜）、一个参与式的和热情的社区（威尔艾伦在密尔沃基市中心的"成长的力量"），或提供了个人的成功和对家庭的健康的饮食补充：丹佛的后院鸡、布鲁克林的屋顶花园、加利福尼亚长滩的校园蔬菜。沿着城乡梯度进一步向外移动，少量但越来越多的郊区房主正在尝试园艺。如今约 1/3 的美国家庭拥有花园，花园曾经在二战期间美国人家的后院（"胜利花园"）很常见，并且在世界各地的许多社区中仍然很常见。大多数城市都有社区花园和共享场地，为缺乏空间、时间或经验的人提供耕地和知识基础（图 14-2）。对于那些不能或不愿意自己种植食物的人来说，农贸市场和社区支持农业（community-supported agriculture，CSA）为当地农场与城市和郊区客户之间提供了重要的直接联系。对于后者，客户可以购买农场当年产量的"份额"。生长季期间，每周一次的配送为社区支持农业参与者提供新鲜的本地食物，但配送仅限于成熟的水果和蔬菜，并且确实存在因虫害或干旱而造成损失的风险。

314

3. 食物垃圾与线性营养流

城市食物可持续性和韧性的另一个障碍是营养物质从农场到餐盘再到城市

图 14-2　在加拿大不列颠哥伦比亚省温哥华的戴维社区花园用餐

资料来源：Geoff Peters ⓒ 2010 https://commons. wikimedia. org/wiki/File：

2010_Davie_Street_community_garden_Vancouver_BC_Canada_5045979145. jpg.

废物流的单向流动。氮、磷以及其他滋养我们和宠物身体的营养物质最终进入固体废物流，由下水道输送到污水处理厂（通常不去除营养物质）或通过腐化池系统和污水池进入地下水。与生产氮不同，我们不能用哈伯—博施法来生产磷。磷的大部分流动是线性的，最终在水体或海洋中得到稀释。这种重要的农业养分必须从仅在少数几个国家发现的集中烃源岩中开采，从鸟粪中收集，或从动物粪便中回收。卡尔·马克思（Karl Marx）是闭合物质循环的早期支持者，他观察到土壤肥力通过驮畜粪便的沉积而从农场转移到城市，并将其描述为"代谢断裂"。

　　食物和庭院垃圾的堆肥增加了物质再利用循环，可以减少城市和郊区对化肥的需求。一些有责任心的城市居民在后院堆肥箱中把他们的食物垃圾制成堆肥，而加利福尼亚州的旧金山、俄勒冈州的波特兰和马萨诸塞州的剑桥等一些先进城市会在路边收集可堆肥垃圾。在剑桥，市政堆肥会被转化成泥浆并进行厌氧消化,产生的甲烷用于家庭供暖和发电。在市政和家庭堆肥中,丰富的有机固体可用作肥料。但总的来说,城市要闭合养分循环还有很长的路要走。可堆肥的食物垃圾占运往垃圾填埋场或焚化炉的城市固体垃圾的近22%,每年有约5 100万吨(US EPA,2016)。

四、城市食物韧性

生态韧性被定义为一个系统抵抗变化和干扰,或从变化和干扰中恢复,同时仍然保持系统构成之间相互关系的能力(Holling,1973)。这一概念同样应用于食物系统。通常,食物韧性是指农业生产与人口增长同步并在气候变化或化石燃料产量下降的情况下保持食物供应的能力,以及在供应中断的情况下城市中仍能获得安全和充足的食物的能力(Bullock et al.,2017)。本章侧重于后者,但人口增长、气候变化和石油峰值对食物供应的影响是值得深入了解的主题(请参阅本章末尾推荐的深入阅读材料)。

城市食物配送系统的韧性有时会被准时制库存管理系统(just-in-time inventory management systems)削弱。它们的主要目标是通过减少对存储空间和成本的需求,同时提高能源和原料利用效率,从而消除生产和运输过程中的浪费(Frazier et al.,1988)。原料准时在生产、装配、配送或销售需要的时候到达——这一概念始于制造业并已发展到食物配送系统。连锁超市在管理库存量和每日补货量方面已经变得非常熟练。在大多数情况下,即使在繁忙的假日购物季,购物者也会看到满满的货架和充足的库存。然而,在风暴、飓风和地震等自然灾害或其他紧急情况下,准时制库存管理和补货在消费者方面暴露了其脆弱性。在这些突发事件中,去食物店的"竞赛"导致面包、牛奶售空及库存耗尽。通常缺货情况是很短暂的,并且在一两天内商店就会通过配送完成补货。从自由市场经济学家的角度来看,这种相对较短的中断周期证明了全球化食物系统的好处,该系统有能力将食物储备转移到有需要的地方。类似波多黎各飓风玛丽亚灾后这种更长时间的灾害和能源供应中断,则暴露了供应商—消费者系统在应对食物供应中断上更深层次的脆弱性。微薄的社区和城市食物库存被迅速耗尽,供应链也中断了,开发和实施新的供应系统是有必要的。

316　　　"政府备灾计划"（government readiness campaigns）（例如 www. ready. gov)建议市民在家中储存足够的饮用水（每人每天 1 加仑）和至少 3 天的食物供应。一些宗教习俗要求成员储备食物和其他主要用品。例如,耶稣基督后期圣徒教会(The Church of Jesus Christ of the Latter-Day Saints)建议成员为其家庭储备至少 3 个月、最多 1 年的食物。其他在家庭层面提高食物韧性的方法包括支持农民直接向公众出售自己的食物,学习如何种植、罐装或储存食物以及学习如何从零开始烹饪（包括如何使用别的东西替代缺少的烹饪原料)。当个人或自然灾害发生时,社区食物储藏室也会提供多余的食物。

五、使用系统方法检验城市食物生产与配送

正如我们在前几章中所述,认识系统的复杂性并创建概念模型或数值模型来探索它,可以帮助自然和社会科学家及同行从业者了解选择的潜在影响。由于我们的食物选择嵌入到一个更大的社会生态系统中,因此,对系统组成部分、相互作用和视角的广泛考虑有助于戳穿有关"绿色"或可持续性的肤浅主张。

社会生态系统方法可以帮助识别我们在食物选择方面的权衡,识别食物系统中的知识或分配差距,以及识别对环境和人类健康的潜在驱动因素与压力。以一个普通的苹果为例,城市居民可能需要在有机/普通、本地/远距离和便宜/昂贵的苹果之间做出选择。这种选择背后的价值观来源于正规教育、大众媒体、市场营销、社会规范、精神或宗教信仰以及人生先前的决定。对于某些人来说,理想的选择——便宜的、本地的、有机的苹果——可能并不存在。因此,有些人可能会选择从秘鲁进口的有机苹果,而另一些人可能更喜欢城市郊区果园里种植的传统苹果。其他人可能会寻找外观最好、成本最低的水果。对于那些生活在食物沙漠中的人来说,唯一可选择的苹果可能是一罐含添加糖的苹果酱。

视情况而定的每一种选择抑或是没有选择,都是由历史、经济和文化驱动因素造成的。食物沙漠可以追溯到出于种族或民族动机的选择,例如二战前时代银行家们所做的选择（参见第十三章中关于"红线制度"的评述)。储存本地苹果或进口苹果的决定可能不是由商店经理做出的,而是由一个远程全国办事处的连锁超市采购员主要受股东利益驱动而做出的。其他影响因素,如新闻报道、社

交媒体上分享的文章或促销活动,可能会有意或无意地改变我们的行为。

当汇总到城市层面时,我们的个人选择会对经济、环境状况和公共健康产生影响。缺乏健康的食物选择会导致糖尿病或心脏病等慢性疾病,或导致学业表现不佳(Gregory and Coleman-Jensen,2017;Jyoti et al.,2005)。用传统方式种植的蔬菜可能会使消费者、劳动者和自然系统中的有机体接触到杀虫剂、除草剂和过量的营养物质。出于社会或生态责任心的选择甚至会产生不合理的权衡,例如决定在农贸市场购物以支持本地农民。虽然这一选择可能更有利于社区经济健康,但它可能会导致每单位基础上更多的空气污染和温室气体排放。用箱式卡车将食物从本地农场运送到农贸市场的效率较低,因为卡车往往会半载运达并空载返回农场(Balogh et al.,2012),而其他主要农业点的大型拖拉机拖车在配送点之间向任何方向都是满载行驶的。生命周期分析等方法可以帮助量化我们的食物选择对环境的影响。例如,佩尔蒂埃等(Pelletier et al.,2010)对美国中西部的饲养场和放牧场的牛肉生产系统进行了定量比较。他们发现,与传统观点相反,在某些情况下,与积极使用化肥和拖拉机管理的牧场相比,饲养场系统的生命周期能耗和温室气体排放更低(Pelletier et al.,2010)。超越生命周期分析的更广泛的社会生态视角可以帮助定量或定性社会和经济影响,并将选择和健康与福祉结果联系起来。例如,霍尔等人(Hall et al.,2013)从社会生态的角度将城市花园与其他开发城市可用空间的策略进行了比较。

六、其他提议解决方案

技术已经应用于解决许多城市问题并通常取得了巨大成功,例如通信网络、地铁系统、下水道和水处理、区域供热等。城市食物可持续性和韧性的技术手段也被提出。方案从高科技机器人照管的摩天大楼农场(图 14-3)到低技术的社区运营的水培种植/鱼菜共生的鱼类和作物生产系统。这两个系统都包括养分循环,避免与受污染土壤的接触,并使生产靠近消费者,从而限制了运输中的能源消耗和污染。社区承载的鱼菜共生系统将技术投资限制在一系列水泵、灯具、计时器和传感器上,并且能够在生产作物的同时生产鱼类蛋白。摩天大楼农场通过封闭生长环境并允许对养分的施用进行微调,旨在消除对杀虫剂和除草剂的需求,从而提高肥料使用效率并防止城市水体富营养化。这可能会以收入、就业和通过教育机会增强人力资本的形式带来额外的社会效益。然而,这些技术手段的广泛推广和使用面临挑战。

318

图 14-3　一个水培(鱼菜共生)垂直农场拥有数百个"垂直种植"塔,
用于为明尼苏达州社区种植农作物

资料来源:Bright Agrotech © 2014 https://commons. wikime-dia. org/wiki/File:
Hydroponic_vertical_farm. jpg.

　　你能否使用系统方法勾勒出摩天大楼农场和鱼菜共生系统的输入与输出图? 你能鉴别哪些挑战? 能鉴别额外的效益吗? 怎样才能使它们中的任何一个更"可持续"呢? 尝试以同样的方式思考堆肥、后院花园和上述其他解决方案。运用相同的批判方法,使用在其他章节中学到的一些知识,你能鉴别哪些共同利益或挑战? 还能鉴别哪些其他提高城市食物可持续性和韧性的解决方案?

七、结论

　　在城市中设计可持续与韧性的食物系统,对于解决食物不安全问题、环境和社会正义问题以及食物系统更广泛的环境和社会影响问题非常重要。但挑战是复杂的。本章概述了与增加食物生产、建立本地配送系统、减少食物沙漠和赋予公民权力相关的困难与机遇。为了更深入地研究这些问题，本章结尾为读者提供了一份额外的阅读清单。

致谢

我要感谢凯特·马尔瓦尼、内特·梅里尔和劳拉·埃尔班，他们的评价和建议极大地改进了本章内容。本章表达的观点属于作者本人，并不一定反映美国环境保护署的观点或政策。

319

（苏鹤放 译，梁思思 校）

参 考 文 献

1. Aguilar B, Klocker J (2000) The Costa Rican coffee industry. In: Hall CAS, Leon Perez C, Leclerc G (eds) Quantifying sustainable development. Elsevier, Amsterdam, pp 595-627

2. Balogh S, Hall CA, Guzman A, Balcarce D, Hamilton A (2012) The potential of Onondaga County to feed its own population and that of Syracuse New York: past, present and future. In: Pimentel D (ed) Global economic and environmental aspects of biofuels. CRC Press, Boca Raton, p 273

3. Balogh SB, Hall CA (2016) Food and energy. In: Steier G, Patel K (eds) International food law and policy. Springer, New York, pp 321-358

4. Bullock JM, Dhanjal-Adams KL, Milne A, Oliver TH, Todman LC, Whitmore AP, Pywell RF (2017) Resilience and food security: rethinking an ecological concept. J Ecol 105: 880-884

5. Buzby J, Farah-Wells H, Hyman J (2014) The estimated amount, value, and calories of postharvest food losses at the retail and consumer levels in the United States. United States Department of Agriculture, Washington

6. Canning PN, Charles A, Huang S, Polenske KR, Waters A (2010) Energy use in the US food system. United States Department of Agriculture, Economic Research Service, Washington

7. Daly PA (1981) Agricultural employment: has the decline ended? Mon Labor Rev 104: 11-17

8. Dubois O (2011) The state of the world's land and water resources for food and agriculture: managing systems at risk. Earthscan, Abingdon

9. Edgerton MD (2009) Increasing crop productivity to meet global needs for feed, food, and fuel. Plant Physiol 149:7-13

10. Foley JA et al. (2005) Global consequences of land use. Science 309:570-574

11. Frazier GL, Spekman RE, O'neal CR (1988) Just-in-time exchange relationships in industrial markets. J Mark 52(4):52-67

12. Gregory CA, Coleman-Jensen A (2017) Food insecurity, chronic disease, and health among working-age adults

13. Hall M, Sun N, Balogh S, Foley C, Li R (2013) Assessing the tradeoffs for an urban green economy. In: Richardson RB (ed) Building a green economy: perspectives from ecological economics. Michigan State University Press Google Scholar, East Lansing

14. Hamilton A, Balogh SB, Maxwell A, Hall CA (2013) Efficiency of edible agriculture in Canada and the US over the past three and four decades. Energies 6:1764-1793

15. Holling CS (1973) Resilience and stability of ecological systems. Annu Rev Ecol Syst 4: 1-23

16. Jerla C, Prairie J, Adams P (2012) Colorado River basin water supply and demand study: study report. US Department of Interior, Bureau of Reclamation, Washington

17. Jyoti DF, Frongillo EA, Jones SJ (2005) Food insecurity affects school children's academic performance, weight gain, and social skills. J Nutr 135:2831-2839

18. Lagi M, Bertrand K, Bar-Yam Y (2011) The food crises and political instability in North Africa and the Middle East. New England Complex Systems Institute, Cambridge, MA (necsi. edu)

19. Meyfroidt P, Lambin EF, Erb K-H, Hertel TW (2013) Globalization of land use: distant drivers of land change and geographic displacement of land use. Curr Opin Environ Sustain 5:438-444

20. NASS, USDA (2017) Quick stats [database]. USDA ERS—US Bioenergy Statistics: Table 5—Corn supply, disappearance and share of total corn used for ethanol. https://www. ers. usda. gov/data-products/us-bioenergy-statistics

21. Pelletier N, Pirog R, Rasmussen R (2010) Comparative life cycle environmental impacts of three beef production strategies in the upper Midwestern United States. Agric Syst 103: 380-389

22. Pimentel D, Pimentel M (2003) Sustainability of meat-based and plant-based diets and the environment. Am J Clin Nutr 78:660S-663S

23. Pirog R, Van Pelt T, Enshayan K, Cook E (2001) Food, fuel, and freeways. Leopold

320

center for sustainable agriculture. Iowa State University, Ames

24. Steinhart JS, Steinhart CE (1974) Energy use in the US food system. Science 184: 307-316

25. Tilman D, Cassman KG, Matson PA, Naylor R, Polasky S (2002) Agricultural sustainability and intensive production practices. Nature 418:671

26. Tilman D, Clark M (2014) Global diets link environmental sustainability and human health. Nature 515:518

27. United States Department of Agriculture (USDA) (2009) Access to affordable and nutritious food: measuring and understanding food deserts and their consequences. Report to congress Washington, DC. Diane Publishing, Derby

28. United States Department of Agriculture (USDA) (2010) Overview of U. S. livestock, poultry, and aquaculture production in 2010 and statistics on major commodities. USDA, Washington

29. United States Department of Labor, Bureau of Labor Statistics (2017) Employment Projections—Employment by major industry sector. https://www. bls. gov/emp/tables/employ-ment-by-major-industry-sector. htm

30. United States Environmental Protection Agency (EPA) (2011) Evaluation of urban soils: suitability for green infrastructure or urban agriculture. EPA Publication No. 905R1103. https://nepis. epa. gov/Exe/ZyPURL. cgi? Dockey=P100GOTW. TXT

31. United States Environmental Protection Agency (EPA) (2016) Municipal solid waste. https://archive. epa. gov/epawaste/nonhaz/municipal/web/html

深 入 阅 读

1. Allen W, Wilson C (2013) The good food revolution: growing healthy food, people, and communities. Gotham Books, New York

2. Astyk S, Newton A (2009) A nation of farmers: defeating the food crisis on American soil. Consortium Book Sales & Dist

3. Pimentel D, Pimentel MH (2007) Food, energy, and society. CRC Press, Boca Raton

4. Pollan M (2006) The omnivore's dilemma: a natural history of four meals. Penguin, New York

5. Smil V (2002) Feeding the world: a challenge for the twenty-first century. MIT Press, Cambridge

第十五章　面向更加整体系统的城市设计：强化学科整合与可持续性评价

斯图尔特·A. W. 迪蒙特① 蒂莫西·R. 托兰德②

可持续的城市生态系统设计必然是一个复杂的过程。在这个过程中，各方如何参与？多学科在设计中分别发挥什么作用？这些都会影响城市生态系统的可持续性，而城市设计专家研讨会（charrettes）则是一种确保社区需求和整合专业人士观点的方式。对可持续性的定义和衡量决定了设计的前提，而诸如能值评估（emergy evaluation）一类的整体指标，则能更清晰地阐明跨时空尺度的场地和区域关系，以及自然在城市生态系统中的作用。

一、引言

城市在不断变化，"新建—退化—衰败—再开发"的循环周而复始。虽然大区域尺度的规划对于城市生态学而言至关重要，但是城市景观中的大多数自然干预（physical interventions）发生在场地（site）这一尺度（图 15-1）。这里的"场地"可以定义为从几千平方英尺（平方米）到几千英亩（公顷）不等。场地设计与规划的不同之处在于，工作发生在较小的规模和不断增加的细节水平上（Hanna

① 美国纽约州锡拉丘兹市，纽约州立大学环境科学与林业学院环境与森林生物学系，邮箱：sdiemont@esf.edu。

② 美国马萨诸塞州剑桥市，迈克尔·范·瓦尔肯伯格联合公司（Michael Van Valkenburgh Associates, Inc.）。

and Culpepper,1998)。

322

图 15-1　场地开发:涉及大量土方工程和重型设备施工活动的滨河场地项目

注:该场地通过大规模改造方能符合最终设计,像这样的工程需要大量的环境保护。

资料来源:蒂莫西·托兰德。

　　场地层面的开发建设通常由业主、开发商和/或政府进行,多出于经济、社会和策划目标。通常,个别土地所有者会用特定方式处理环境生态问题,如基于规范管控,在现场处理对环境造成的影响。但是,这种渐进式开发的方式(incremental approach)往往导致生态系统(和社会)分裂,难以实现区域生态健康的明显改善(图 15-2),并常常损害生态系统服务功能。动物迁移、本地植物群落动态以及水循环和养分处理的生态系统功能,在考虑和设计更大的地方与区域景观水平时最为有效。

　　当前,已有一些优秀社区,寻求经济和生态问题的平衡,已在大尺度规划、环境系统动力学和小尺度场地开发过程之间建立了直接联系。这通常是通过总体规划(comprehensive planning)文件和场地开发指南来实现的。这些文件和指南将社区（建筑和自然）视为一个互相联系的网络，相关标准通常包括最低性能标准、设计标准、现场对其他系统影响审查以及实施政策。

图 15-2　场地开发的树木保护区项目

注：树木保护区通常是场地开发的一个组成部分，在某些情况下，可以作为开放空间并用于满足规定的绿覆率要求。然而，树林通常是曾经更大的生态系统的一部分，在施工建设的影响下，树木的健康和可持续性往往会受到损害。

资料来源：蒂莫西·托兰德。

即使没有这些指南，负责开发的专业人员（如景观设计师、建筑师、工程师等）也有可能通过跨学科方法进行场地建设：每个学科都与其他学科密切合作，对设计问题做出整体、综合的响应。跨学科方法至关重要，因为随着场地设计和环境问题日益复杂，没有一个学科能够单独解决社会和环境问题。

本章将讨论一种整体的系统性设计方法，该方法考虑项目中所涉及的每个学科如何与其他学科相互作用，将向读者介绍可持续设计的跨学科实践所涉及的一系列理论、问题、分歧和机遇，还将讨论设计决策所需的定量和定性信息，分析可持续场地设计的现行评价标准,并讨论如何通过系统导向的评估以及更多基于公共要点的评估来对标准进行优化,最终提高整体场地的可持续性。

二、背景

当代社会的问题十分复杂。当代设计,尤其是可持续设计,必须综合考虑社会、经济和环境目标(Walker and Seymour,2008)。正如书中所讨论的,生态系统受到相当广泛的要素的影响并涵盖了从本地到大区域的各个尺度类型。虽然生态影响被认为是大尺度的或全球性的问题,但小型场地和社区尺度的项目仍然可能会对较大的生态系统产生影响(Condon,2008)。例如,沥青路面和深色屋顶会加剧城市热岛效应,导致对冷却能量的依赖增加,加之数字技术运用增加了对电能的需求,从而导致发电厂二氧化碳排放增加(见第七、八章)。而使用沥青路面或深色材料的决定可能由场地设计师提出,形成面向客户的建议,并用于指导建设方在施工中使用沥青或深色材料。设计师还会在场地基础设施[如公用设施、建(构)筑物、景观美化等]层面做出变更决策。在施工过程中,清理土方、土地平整等大规模土方工程,也会显著改变场地并影响生态系统功能。

许多建筑产品和工艺的选择都基于可靠性(这能减少设计师的责任)、成本效益和可用性。基于额外的考虑,设计师有机会运用创新材料和其他元素来减轻环境影响并改善区域生态系统健康。比如,绿色基础设施可用于场地雨洪处理,浅色铺路材料可最大限度降低城市热岛效应,栖息地可作为开放空间并将生态敏感元素纳入场地。这些方法正日趋成熟,随着多年来的可靠性能,在场地项目中得到越来越多的广泛应用。由于正在进行的材料研究提供了更多的新产品,得以解决场地层面的环境影响,预计这种趋势将继续下去。

在处理场地设计时做出这些决定的项目团队通常是几个不同专业学科的组合。在工业时代,随着系统化和复杂性日益增加,专业组织开始形成(Boecker et al.,2009)。随后,出于维护公共健康、安全和福祉的需求,进一步采用许可制度来规范设计活动,从而形成了各类规定的专业分工。建筑师、风景园林师、土木工程师、机械师、环境和其他类型的工程师各自的行为活动受许可机构监管(通常为州教育委员会),从而确定他们行为的许可权。

　　此外，基于环境系统功能相互关联的尺度、相互作用的复杂性以及系统构成的广度，任何单一专业都很难独立地完全解决这些问题。当前，项目往往需要在社会、经济和环境目标之间寻找到折中方案，因此，跨学科合作对于确保考虑所有因素至关重要（Alexiou et al. ,2010；Walker and Seymour,2008）。每个学科通过审视相关因素并在其学科背景下理解分析这些因素，进而与其他学科合作，从而解决专业之间的差异。这一跨学科过程也有助于帮助培养参与项目的人员（如设计师、业主、利益相关者等）的能力，以更恰当的方式进行彼此间以及与公众和具体问题的互动（Carlson et al. ,2011）。

325

　　场地开发的过程中，通常需要客户指定一位首席设计顾问，可以是景观设计师、建筑师或工程师，具体专业取决于项目类型和其与客户的关系。客户则可以是产权人或其代理人，可以是私人业主、公司或政府机构，并有权进行开发建设。通常，客户制定项目任务书，其中包括项目和设计团队所需的要素和基本想法。任务书可以是具体而严谨地，也可以是开放灵活地由顾问设计团队进行优化细化（图 15-3）。

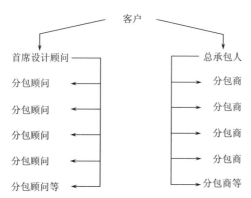

图 15-3　传统的场地开发团队组织呈现出自上而下的结构

注：图中展示了设计和施工环节之间的分离。通常，设计师在合同上独立于施工方。

资料来源：蒂莫西·托兰德。

　　为了全面、适宜地梳理这一复杂系统，首席设计顾问通常会组建一个分包顾问团队来进行协助。这些分包顾问包括了一系列专业（例如水工程师、生态学家、湿地顾问等），再根据项目范围的需要进行组合。各专业的组合因项目而异，组织方式以及各专业之间的互动将影响设计的最终结果。地理信息系统(GIS)和计算机辅助设计(CAD)等数字化软件有助于保障从规划到场地设计再到施工的顺利传导(Hanna and Culpepper,1998)。

　　场地的设计和开发也受到刚性规范的约束。许多政府部门制定了区划条例和设计导则,对如何开发建设场地进行了规定。尽管各类指南和规范在内容上存在差异,但多数都包括基础设施的标准、体量和密度要求,缓冲区要求,植被保护和开放空间要求等。此外,地方、州、联邦关于雨洪管理、湿地与河流保护、棕地再开发与其他系统的导则,也对场地开发的类型和程度进行了限制,或是要求在项目期间采用特定的结构和方法进程,以减轻对环境的影响。

326　　　监管过程旨在通过使用侵蚀控制装置、绿色基础设施和其他最佳管理实践(best management practices,BMPs)来防止或减轻对敏感生态系统的影响。当场地开发对敏感环境的干扰不可避免时,监管机构也可以根据系统的类型、质量和生态价值采取强制的补救策略,比如湿地缓解(wetland mitigation)(如设定每英亩受干扰土地的置换比例)、在河流等敏感自然系统建立缓冲区、重新种植树木或制定管理指南等等。

　　所有这些都会受到场地实际情况的影响,因为每个场地都是地形、植被、水、土壤等元素的复杂组合,并且这些元素通常会受到自然和社会文化影响。虽然借助现代机械和技术,可以将场地转换为任何其他用途,但具体开发方式仍然要因经济和环境具体情况而定(图15-4)。大多数设计师在设计之前都会进行全面的场地调研和分析,试图充分理解场地的特点。结合勘测和岩土工程评估,设计师可以避开潜在的敏感区域(如湿地、春季水塘、岩石露头等),并更好地利用适宜开发区域(appropriate development areas)。

327　　　在施工过程中,可能会对环境产生严重影响。裸露的土壤容易受到侵蚀,设备和车辆的使用消耗大量能源并产生排放物,未使用的材料最终可能被填埋,土壤也可能被过于压实。为了减轻这些环境影响,建造商需要成为设计团队的一员,因为他们不仅要负责设计的实施,还要负责实现侵蚀控制、污染控制和废物流(waste stream)等目标。

　　建造施工完毕后,场地投入使用,开始展开持续的运营维护。运维和使用也花费相关成本并存在潜在环境影响,具体影响的程度通常因场地开发方式以及

图 15-4　重型机械可以进行大规模的场地改造

注:图中移除了部分山坡和相关植被用于新建建筑。最终采用大型挡土墙来稳定斜坡。

资料来源:蒂莫西·托兰德。

材料结构选择而异。比如,雨水径流、用于加热和冷却的能源支出、维护行为(如清洁、种植草皮和结构维护)可在项目的整个使用生命周期内累积,并且往往远远超过施工本身造成的影响(Scheuer et al.,2003)。如前所述,材料或结构的最终选择受到若干竞争性因素的影响,但通过选择那些需要更少维护的材料、结构和产品或是在设计方案中考虑环境影响因素,则可以大大减轻持续的运维成本和对环境的影响(雨水径流的处理便是一例)。

三、协作设计过程

尽管开发商组建了整个项目团队来解决具体问题,但出于学科自身的特殊性,设计过程中不同的专业人员有不同的侧重点(图 15-5)。例如,水工程师可能会首先关注水情,次要考虑功能性湿地的动植物;生态学家可能更优先重视动植物;再如,同一项目中景观设计师可能会重视美学和休憩娱乐的可能性以及项目与相邻土地所有者的关系;建筑设计师可能会重视建筑系统胜过场地功能;其他学科专家也会有各自的侧重点。由于场地项目位于自然环境和建成环境的界面(interface)上,所以上面提到的每个要点对于整个项目来说都是十分必要的。

项目开发策划

概念设计

设计深化

施工方案

施工

图 15-5　场地开发过程:场地设计和开发通常涉及从策划、

设计到施工的多个步骤

注:虽然这个过程可以理想化为一个线性顺序,但经常存在需要回过头来重新评估早期的决策。例如,预算问题、施工过程中发现的障碍、采购和可用性问题以及其他因素等,都可能要求设计团队返回并重新设计项目的各个方面,即使在施工开始后也难以避免这样的循环往复。

资料来源:蒂莫西·托兰德。

每个学科都可以单独提出一个设计项目的解决方案,但这往往会让视野受到局限,而且这种狭隘的关注还会带来新的问题,即在解决一个问题的同时随之产生更多的严重问题。以二战后美国高速公路系统的发展为例,该系统虽解决了交通问题,但却在美国纽约州锡拉丘兹和密苏里州圣路易斯等城市造成了一些社会、文化及环境问题(Condon,2008)。在这些城市中,为了建造道路,一些社区被彻底拆除,也有一些曾经完整的社区被分割,河流改道,甚至导致城市中心住宅区衰落,加剧了郊区蔓延。在这种情况下,交通应该与很多其他规划要素结合起来考虑,会形成更全面的应对措施。当前城市理论家都致力于研究纠正这些过去的错误(更多例子详见第一章和第十三章)。

分项顾问之间的关系可能很复杂,因为每个专业重点各不相同,且都有自己对于项目的设计理念和方法。由于彼此的专业术语和语言可能缺乏共通的知识体系基础,这也会阻碍相互合作的进程,影响有效清晰的专业沟通(Musacchio et al.,2005)。为了解决这一问题,每个团队成员都需要努力了解合作者的特点和专业话语,以便在项目期间进行有效沟通,以便就场地的系统、机会和限制达成共识。

首席设计顾问负责统筹各种观点和想法并在达成共识的基础上协调工作。各专业顾问之间,如何互动并付出努力则取决于团队的互动方式、经费预算、项目组成、客户方向以及首席顾问如何统筹和协作整个过程。至少,多专业组合能够带来多学科的成果。

在多学科共同参与的场地设计中,各个专业不断合作、相互支持,共同完成最终设计成果,但其工作并不一定需要实时互动(Augsburg,2005)。在多学科参与的设计过程中,每个专业都分配有完成项目所需的特定任务(Fruchter et al.,1996),通常可以通过会议和文件交换(如 CAD 图纸)的形式进行协调。可通过定期会议的方式来协商解决各专业要素之间的冲突。例如,雨水排水管道的位置(由土木工程师确定)与停车场布局(由景观设计师确定)、建筑排水系统(由建筑师确定)的整体协调和优化等。每个专业提出的解决方案及其必须遵循的规范都经过协商,达成了共同的解决方案。在这种情况下,通常由首席设计顾问做出最终决定并指导行动和设计图绘制等工作。

虽然上述多学科方法是一种常见的工作方式,但往往耗时又耗资。比如,定期会议往往需要出差,既费钱又费时。此外,如果存在重大冲突,往往要等大家都确定了会面时间,见面之后才能解决,这就可能会导致项目完工周期被延长。如果某专业意见取代了另一专业的想法,则还可能需要对现有设计工作进行更改或修订,这也会花费时间和设计费用。团队成员之间沟通不畅也可能会造成工作重复或导致不当决策。例如,由于建筑师在建筑尺寸和太阳能增益(solar gain)方面的沟通不畅,机械工程师为建筑物提供了超大的空气处理系统(air-handling systems)(Boecker et al.,2009)。

由于设计本就是在意见的互相沟通中不断推进的,上述一些情况难以避免,但我们可以通过跨学科(interdisciplinary)或多学科(transdisciplinary)或协作设计(collaborative design)来实现所有专业有效同步推进。尽管穆萨基奥等人(Musacchio et al.,2005)讨论了跨学科、多学科等术语的差异,但就本章而言,

329

它们通常被视为同义词,因为其目的都是寻求学科间协作的过程。通过跨学科设计(interdisciplinary design),各个专业人员在整个项目中交互工作(interactively work together),每个学科的流程、方法甚至潜在的思维方式都会在互动中受到不同观点的影响和塑造。跨学科设计需要认识和理解其他学科的观点和方法,并愿意灵活地包容这些不同的观点(图 15-6)。通过将相关专业的观点和知识库纳入自己的设计流程,设计师可以将所有学科的独特优势都结合进来,开始发展出更全面的替代方案(holistic alternatives)。

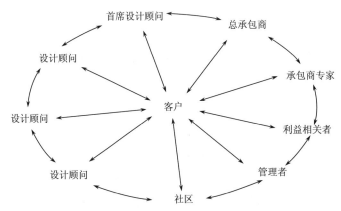

图 15-6　协作设计过程展示了项目团队如何通过
有效组织来搭建所有参与者之间的沟通渠道
注:图中所有顾问和利益相关者都参与了设计过程并在项目
中拥有平等的发言权。所有参与者最终都会将意见反馈至客户。
资料来源:蒂莫西·托兰德。

330　　　　专家研讨会(charrettes)是跨学科设计的主要方式。这是一项高强度的设计工作,在研讨会中,各专业人员并肩工作,探讨解决方案(图 15-7)。专家研讨会由来已久,缘起于 18 世纪的艺术学校并随着社区参与实践的广泛应用而越来越普遍。当前,专家研讨会已经成为让公众、利益相关者以及其他对项目感兴趣的代表与设计团队共同参与到项目过程并共同合作的首选方法(Condon,2008)。

　　专家研讨会成功的关键在于客户对其期望的设计愿景有清晰的认知并能明确表达他们的目标。此外,对问题的分析和界定以及关键人员提出的解决方案也十分重要。成功的专家研讨会还需要有适合的专业人员、公众、利益相关者等

图 15-7　交通运输规划项目的设计专家研讨会

注:图中来自景观建筑、交通和土木工程以及市政当局的代表正围绕底图探讨解决方案。

资料来源:蒂莫西·托兰德。

共同参与,以便能够全面、及时地解决面临的问题(Condon,2008)。在此过程中,客户通常会选择一个专业人员作为负责人,来组织整个专业团队并为专家研讨会制定目标(例如成果内容及工作框架等)。专家研讨会的流程中必须考虑到给所有参与者预留直接反馈的机会,以确保团队成员朝着所需的计划、法规和客户需求共同推进工作(图 15-8)。

　　根据项目的规模和复杂性,专家研讨会可以持续几个小时到几天不等。由于设计过程中各个专业都有代表,他们的需求、关注点和想法可以立即得到讨论并及时得到反馈。这样能够发现潜在的问题,在大量投入之前将之解决,也可以在更早期就达成各方都满意的方案(Condon,2008)。不同专业人士之间的讨论甚至辩论,也往往可以带来更好、更具创造性的方案。对于单一专业而言,固定

图 15-8　一个中期专家研讨会上,专家正在展示公园和街道景观项目的概念设计
资料来源:蒂莫西·托兰德。

约束或壁垒可能在另一专业那里得到解决,从而使双方共同推进设计想法。滨河岸线修复项目的沿线道路选址就是一个例子。对于水工程师而言,现有道路可能会成为重建小溪曲流的障碍;而景观设计师则可以构思改动道路走线,为恢复溪流留出空间(图 15-9)。

　　在专家研讨会过程中,每个参与者(包括非专业人员)都是贡献者。基于此,所有提出的想法都应该受到欢迎,所有问题都应该得到确认和解决。成功的专家研讨会不会在一开始就提出先入为主的解决方案,因为解决方案是在整个探索、讨论和辩论的过程中形成的。由于所有参与者的意见都受到重视,并且个人通常是由于他们对项目的认同而被招募的,因此,意见分歧通常可以通过协商、团队负责人或者通过制定多个必选方案来得到解决。在这样的环境中,与他人合作需要了解对方的常用语言和偏好并富有耐心、同理心、彼此相互尊重及理解(Condon,2008;Hanna and Culpepper,1998)。专家研讨会的成果经过每一位参与者的全面审查后,将更加有力且可信。

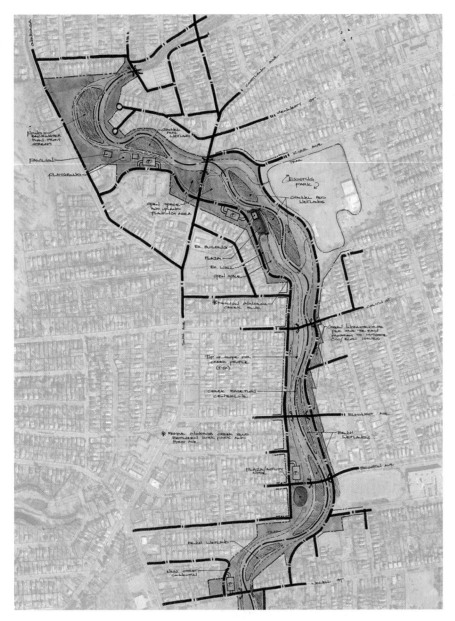

图 15-9 专家研讨会上基于底图手工描绘出的典型成果

注:在这个项目中,景观设计师、水工程师和生态学家建议通过移除多余的道路
以及利用现有的开放草坪区域来重新规划河道走廊。

资料来源:蒂莫西·托兰德。

333   为了满足客户、设计项目、专业人士和社区成员的需求及关注点,在专家研讨会过程中,通常会生成一个愿景和一个概念设计(Condon,2008)。基于共同的出发点,这些概念性想法可以在下一步设计阶段得到延续,并由不同专业学科来解决与其专业相关的问题。在最初的关注点和问题取得共识后,每个专项团队都可以更有效地推进后续的详细设计。

在项目的整个设计阶段都应该保持开放的给予和索取精神。只有让所有团队成员以明确的目标和良好的沟通参与到公开和持续的讨论中,才能够更好地完成工作。在整个项目中,可能会有多次专家研讨会或类似形式的会议(Boecker et al.,2009)。

四、利益相关者的参与

任何社区都存在大量本地和本土知识,这些信息对于构思设计解决方案至关重要,它们包括场地的历史、影响其使用的个人和活动、场地上当前发生的活动以及场地如何成为社区的一部分,最后一点尤其重要。这些信息往往由很多社区成员所掌握,他们是外部顾问,特别是非本地顾问可以利用的宝贵资源。

我们不仅可以通过分析公众意见来了解场地的宏观背景,还可以通过利益相关者参与来进行社区营造。场所营造(placemaking)旨在通过设计和创造日常场所来建立和加强社区场所感,涵盖了将那些将直接受到项目建设影响的人纳入设计过程,因为这些人可以成为项目的支持者。通过场所营造,在这些成员之间建立一种强烈的社区意识,进而使他们产生对项目的拥护者。场所营造还通过在人与项目之间以及人与人之间建立关系来建立稳定感(Schneekloth and Shibley,1995)。

如果社区成员的意见可以在早期就融入设计过程中,那么场所营造就能够易于实现。一系列基于社区的设计方法(Hester,1990;Sanoff,2000;Schneekloth and Shibley,1995)充分吸收了当地居民的不同专业知识、背景、观点和态度。这种前期输入有助于为项目建立批判性研究框架。

334   基于社区的设计不同于许多项目中使用的基本公众意见方法(basic public

input)。基于公众意见方法,以预定的时间间隔举行公开会议、收集和审查正在开发中的提案以及对这些提案的社区评论文件。虽然这种方式符合参与式设计的标准,但却极大地限制了将社区居民的理念、细节想法和关键信息完全融入项目的实际设计中,也错过了将独特视角和解决方案结合在一起的机会,而这些视角和解决方案本可以通过真正的基于社区的设计过程展现出来。

为了充分利用场所营造的流程,社区成员必须参与到前文提到的专家研讨会的流程中。作为专家研讨会的参与者,社区成员应被视为与专业人士及其他利益相关者平等的参与者,他们的想法和关注点需要同样得到认真考虑。这需要一名熟练的主持人和一个结构化的决策过程。这种方式能显著提高社区的参与度,因为社区成员根据他们对场地和问题的理解提出建议或替代方案。如果问题可以进行全面和公开的讨论,那么,每个人都可以更理解决策的原因,也就可以更易于达成共识(Murphy,2009;Sanoff,2000)。

专家研讨会在协助项目推进、协调各方和场所营造方面具有巨大潜力,但也存在一些需要考虑的问题。由于专家研讨会往往会在早期举行,那时候一些影响设计的关键议题可能尚未确定,或者无法在短时间内得到充分探讨(Willis,2010),例如施工方法对现有底部土壤的结构影响等。此外,专家研讨会也容易被能够快速、高效或更清晰地表达其想法的个人所影响或主导。为了解决这一问题,专家研讨会的主持人需要确保所有参与者都得到平等的倾听(Lindsey et al.,2009)。

专家研讨会还需要大量的计划和努力来实现,这对客户来说,会花费时间和金钱。比如,通常需要租用空间、提供食物、预留设备并安排出差和住宿,这些都会迅速增加成本。专家研讨会的准备可能需要几个月,然后还往往需要数周或数月的时间来汇报和总结会议的结论与发现,因此也涉及设计费用(Lindsey et al.,2009)。此外,如果没有很好的计划,专家研讨会可能收效甚微。比如缺乏明确的目标和预期结果,缺乏关键利益相关者或专业人士,以及不必要或无效参与者的加入等,都可能会限制专家研讨会的效果。有效的专家研讨会往往最好由那些有经验的人来主持。

五、可持续性

许多项目将"可持续性"融入设计中。可持续性适用的项目范围非常广泛，从本地堆肥和回收计划等小规模项目到流域保护和解决气候变化问题的区域、州、国家及国际项目等。但该词仍然是一个概念较为模糊的术语，不在具体语境中赋予其定义的话，通常只是泛泛而谈，并没有实际的意义。

从根本上说，可持续性最终取决于场所(place)，因为一个地区的问题与其他地区有很大的不同。以雨洪管理为例，降雨量较大的地区(如美国西北部或东北部)可能侧重于通过最佳管理实践和绿色基础设施进行峰值流量控制(peak flow control)，而较干燥的地区(如美国西南部)则可能会侧重收集雨水进行再利用。因此，客户和设计团队有责任清楚地阐明可持续性对其项目以及该项目所在的地理景观究竟意味着什么。

通常，可持续性举措指的是那些在满足场地规划要素的同时，还通过减少对环境的有害影响来造福社会而实施的内容，它可以是任何项目、产品或计划。在城市地区，可持续性与人口变化密不可分。过去一个世纪，全球人口呈指数级增长，人口从农村地区向城市地区迁移，迫切需要重新思考可持续性的需求。尤其是节能和节水的设计，以及有效管理、废物再利用和栖息地规划等，都至关重要。在项目开始时，利益相关者之间应就可持续性成果和目标达成一致，以便设计团队能够将其纳入项目的整个过程。如果在事后再添加可持续性举措，可能带来高昂的成本；但如果将其纳入整个项目过程中，通常可以以更具成本效益的方式实施(Boecker et al. , 2009)。

至于场所营造，桑德科克(Sandercock, 1998)认为基于社区的设计是创造可持续场所的核心。可持续性目标的实现需要所有社区成员的承诺，因为许多可持续性实践需要文化的改变才能取得成功，而这反过来又可能会改变个人的行为或做法。以纽约州罗切斯特市社区堆肥计划为例，它需要改变个人的思维定式，让人们对垃圾进行分类而非集体丢弃，并在家中添置新设施(比如内部和外部的堆肥容器)。如果室外堆肥容器未被纳入商议决策的过程，那么就可能会被社区所抵制。反过来，这就会降低该计划的效力，削弱或阻止可持续性目标的实现。

　　许多可持续发展举措是各级政府监管任务的结果,部分原因是政府认为这些举措可以有效缓解当前老化和超负荷基础设施的压力,并最大化降低或抵消更换现有基础设施的成本。例如,水质保护和水量管理在美国得到普遍推行,并作为美国国家污染物排放消除系统(National Pollutant Discharge Elimination System,NPDES)指南等项目的一部分,河流和湿地保护也是常见的举措。而其他可持续性要素可能在某些特定区域十分重要,如能源使用指南、棕地再开发、热岛效应和暗夜计划等。作为这些强制性举措的补充,企业主和开发商也正在逐渐认识到"绿色"设计日益成为公众的需求,并正在实施可持续发展计划,以达到营销的目的(Nelson,2007)。为了满足公众的绿色需求,客户会将可持续性成果作为设计方案的一部分,例如能源自足(energy independence)或减少建筑和场地维护操作所需的能耗(energy expenditures)等。

　　城市生态系统的可持续性目标旨在解决能源使用、雨洪管理、用水、基础设施要求、施工和维护实践、植被管理、用户舒适度、邻里空间等一系列问题,并通过具体的可持续措施来一一实现。例如,提供生物滞留池和其他渗透技术以缓解雨洪径流压力,安装太阳能光伏系统以减少对化石燃料的依赖,通过堆肥管理和回收计划以减少对废物流的投入等。研究者和活动家也在持续探索如何将粮食生产和野生动物栖息地融入城市空间结构。

　　可持续的设计师将全球能源和水资源的限制也纳入城市生态系统的考量之中。威廉姆斯(Williams,2010)呼吁城市设计者不仅少用,甚至要停止使用不可再生能源(nonrenewable resource)。基于这一方法,项目不再简单地只是本地开发的视角,而是要将其置于更大的生态区域环境中进行统筹考虑,进而优化可再生能源的使用并有效地消除对外部能源的依赖。设计风格、材料和施工方法都需要从项目的生态环境出发并考虑在该环境中各种组成部分之间的关系。其背后理念是基于充分认识生物区的设计优化。食品、水和能源等生态系统组成部分将纳入循环利用的规划,例如,可以利用建筑物屋顶的雨水径流(通常被视为废物)进行灌溉和冲厕。

　　戴维·奥尔(David Orr)领导的欧柏林项目(The Oberlin Project)就是将这些相互关系纳入设计的一个例子。在俄亥俄州奥伯林市的一个占地 13 英亩

(52 609平方米)的社区,是该市和欧柏林学院之间的一个合作项目。在项目规划阶段,就统筹考虑城市复兴、绿色发展、先进能源技术、都市农业、绿色就业和教育等各方面,对城市生态系统进行重构(Orr and Cohen,2013)。在更大的范围内,可持续性城市设计目前正在作为生态城市运动的一部分实施,该运动旨在在广阔的城市化地区实现区域经济和资源利用。这项工作包括瑞典斯德哥尔摩和美国华盛顿州西雅图等城市,这两个城市都设定了到 2050 年实现碳中和(carbon neutral)的目标。阿布扎比的马斯达尔城(Masdar City)和中国东滩新城等新城也正在规划与建设中,其中节水和节能是关键重点。尽管东滩的建设在 2008 年被暂停(Chang and Sheppard,2013),但其规划预计将能支持 50 万人使用可再生能源,而马斯达尔城正在世界上石油最丰富的地区之一尝试实现碳中和(Reiche,2010)。

337 　　虽然这些目标值得肯定,但问题仍然是这些举措是否真正减少了对环境的影响。可持续发展规划开始展开量化工作。虽然这些举措中的每一单项都可能有助于减少对环境的特定和局部影响,但与城市地区总物质和能量流的绝对量相比,其实施的渐进性很难完全确定其在实现可持续性目标方面是否得到了重大改进。戈尼格尔和斯塔克(M'Gonigle and Starke,2006)使用了"渐进激进主义"(incremental radicalism)一词来解释这些小微的提升变化,但仍然难以证实任何一次变化都能显著提高城市地区的整体可持续性。

　　由于每个方案、场地和环境影响都各具独特性,对可持续性进行量化颇具挑战。每项举措的可持续量化单位可能都不同,难以直接比较。例如,雨水花园的基本单位可能是每秒立方英尺,而风力涡轮机通常以兆瓦时为单位。这两者虽然可以比较初始安装成本,然而很难说哪一个举措更可持续或对可持续性的贡献更大,尤其是在兼顾成果要素的情况下。甚至,不同的可持续举措之间还需要权衡和抉择,例如通过种植大树可以减少能耗并改善空气质量,但这却会影响在低矮建筑物上安装太阳能光伏发电板(Hall et al.,2013)。此外,每个举措实施过程中的生产、运输和组件安装都可能会产生大量的能耗。

六、可持续性指标

为了进一步提升可持续性，全球各地制定了量化可持续指标的方法或标准，它们通常适用于特定项目类型。当前已有的评估体系有美国绿色能源与环境设计先锋（Leadership in Energy and Environmental Design，LEED），新兴评估体系例如可持续场地倡议（Sustainable Sites Initiative，SSI），以及高等教育可持续发展促进协会（Association for the Advancement of Sustainability in Higher Education，AASHE）的可持续性跟踪、评估和评级体系（Sustainability Tracking，Assessment and Rating System，STARS）等，都是通过设定基准线来评估项目可持续性绩效的方法。这些指标用积分或者得分的方法来表示可持续性，其中一个关键方面是它们致力于从整体视角综合评估建筑物、场地和/或系统设计（Boecker et al.，2009）。这些指标体系定义了各种不同维度的可持续性内涵与类别，并为业主和设计师提供参考，他们可以在设计方案中灵活选择适用的评价体系。

尽管这些指标体系基本都采用分值计算的方法，但其本质上并不相同。例如，LEED 体系是基于市场导向的评估，旨在倡导"建筑物和社区在当下这代人的时间内改造并维持所有生命的健康和活力"（USGBC，2009a）。虽然该体系不断发展，逐步开始整体考虑社区和城市生态系统，但其重点仍然聚焦在新建或近期改造的建筑上。LEED 评估体系最重视的是建筑内的高效能源、空气质量和用水（USGBC，2009b）。相比之下，SSI 由美国风景园林师协会、伯德·约翰逊（Bird Johnson）夫人野花中心和美国植物园开发。该评估体系侧重于分析景观生态系统服务，与建筑物关系较少（SSI，2009）。虽然 LEED 体系也包括可持续场地部分，但该指标侧重于尽量减少对自然影响的战略，而不是如 SSI 那样关注优化自然提供的服务（如水文管理）。

在使用这些分值评估体系时，有必要明确认识到这类方法所存在的局限性。例如，LEED 和 SSI 这类计算得分法被质疑无法准确评估项目的环境敏感性。此外，分值的主观选择也可能会让那些挑战性高或成本高的关键可持续举措的优先级下降。例如，不进行棕地重新开发或选择接受低能源性能水平的举措等。申德勒和乌达尔（Schendler and Udall，2005）的研究还指出，由于委员会自身的

338

协商性质,技术咨询委员会制定 LEED 标准的过程削弱了其应有的实力。他们的研究发现,获得 LEED 认证的建筑往往并非一致持续表现良好或具有优秀的可持续性。一个对 100 座 LEED 认证建筑的研究发现,平均而言,LEED 建筑减少了 39% 的能耗,但其中 1/4 以上建筑的每平方英尺能耗高于非 LEED 建筑(Newsham et al.,2009)。汤普森和索维格(Thompson and Sorvig,2007)研究还强调了可持续问题因不同区域而异,但标准化的评估体系无法充分解释地区差异。LEED 体系已经通过设立一些本土化专项部分来解决这一问题,但这些要点通常是基于区域层面而非场地层面。

尽管有上述这些差异和潜在的局限性,LEED 和 SSI 已被纳入越来越多的场地项目中。事实证明,这些指标体系有效促进和提升了可持续设计,并提高了设计行业以及开发商、社区利益相关者、政府机构和监管机构对可持续性的认识。下面我们将重点介绍两个应用了这些评估体系的项目。

位于美国纽约州锡拉丘兹市的纽约州立大学环境科学与林业学院的门户中心(Gateway Center)是基于 LEED-NC(绿色能源与环境设计先锋—新建筑)体系进行开发建设的。这座大楼选址于城市校园正门的停车场,建筑面积约 20 000 平方英尺(1 858 平方米),功能包括学院的招生办公室和外联办公室,可举办小型会议活动,并具有包括学院书店、咖啡馆和聚会空间在内的学生生活功能。该项目的多项可持续性举措使其获得了 LEED 铂金评级(这是可获得的最高评级),这些举措的核心是一个木颗粒动力能源系统,为校园内的五栋建筑提供能源,并有效解决了能源这一重要的可持性因素,使该中心建筑可独立于电网。其他举措还包括提供开放空间、缓解热岛效应、广泛应用的雨洪管理设施、最低限度的饮用水使用、使用当地材料、超级隔热建筑围护结构和提高室内环境质量(如自动太阳能控制以进行热增益管理)等(图 15-10)。

另一个项目是位于美国宾夕法尼亚州费城的休梅克绿色项目(Shoemaker Green),该项目获得了 SSI 的两星认证(共四星)。作为宾夕法尼亚大学校园内一个占地 2.75 英亩(11 129 平方米)的开放空间,该项目将老化的网球场、狭窄的通道以及历史战争纪念碑变成了社区的公共设施。场地设计包括座位和集会空间、灵活使用的休闲空间、与其他校园地标的连接以及强大的雨洪管理系统(图 15-11)。

图 15-10　纽约州锡拉丘兹市门户中心的绿色屋顶

注:图中突出显示了本地植物群落(阿尔瓦尔草原和安大略省东部沙丘)的情况,

这些植物全年都能提供增强传粉服务。

资料来源:蒂莫西·托兰德。

　　这两个项目都采用了本章所述的多学科和过程参与方法。门户中心是 2008 年该学院完成总体规划后建成的第一个建筑项目。在制定总体规划过程中,就举行了一系列社区参与会议,在会上学校的教职员工、学生和行政部门共同达成学院的发展愿景,即所有项目都应体现学院的使命和价值观并注重环境管理。门户中心之后的几个项目倡议都源自会议期间收集的想法,如最大限度加强场地雨洪管理、草坪用草最小化、打造栖息地种植群落、使用当地材料等等。另一个项目,休梅克绿地则从深入的场地评估开始探索场地的历史、环境、生态结构和功能容量。设计充分响应用户的需求,考虑了绿地使用的时间和季节。最终设计的审查过程十分严格,其评审组由多方利益相关者组成,包括来自校方、费城市当局和设计学界的专家等等。

340

图 15-11　宾夕法尼亚州费城的休梅克绿地项目,突出了双层雨水花园和宽阔的绿地
资料来源:经 Andropogon Associates 许可使用。

　　这两个项目都将雨洪管理作为设计的重心。门户中心的系统包括基于原生植物的绿色屋顶、生物滞留池设施、沿街生态湿地和地下储存室。这些设施通过一个处理系统相连接,将水从一处排放到另一处并充分利用各种储存、渗透和蒸发的机会。休梅克绿地的雨洪管理有两种方式:第一种策略是将雨水径流输送至大型双层雨水花园;第二种策略是收集场地径流、屋顶径流和相邻建筑物的冷凝水,将水释放到主绿地下的土壤中,然后渗滤到距离绿地下方几英尺的大型蓄水层中。没有被土壤和植物吸收的多余水则通过地下排水系统收集在蓄水层,并输送到大型蓄水池中储存起来以供再次使用。通过这样的设计,只有在非常大的暴雨情况,这些项目才会将水排向市政设施系统。

　　这些项目强调了系统思维,即考虑一个部分如何与其他部分相连接并为其提供输入,这样能够让哪怕是小规模的场地也能实现环境功能的提升。通过这种方法,自然系统(如土壤、植物、野生动物)与人类系统(如建筑物、基础设施)之间的关系使整个场地更像一个天然的系统。这两个项目都强化了生态系统服务的功能,同时也在各自的校园里提供了宜居的空间。

　　LEED 和 SSI 通常侧重于项目的建设并会考虑施工后场地的运营和维护。然而,这些指标获得认证后并没有后续持续的评估。生命周期分析和能值评估这两个可持续指标在现有城市生态系统设计中十分少见,不过仍可以填补

341

LEED 和 SSI 在可持续性评估方面存在的空白。这些评估包括了从项目开始到最后拆迁阶段(俗称"从摇篮到坟墓")的全过程中对可持续性影响的全面评估。

生命周期分析是一种用于量化产品、工艺或服务全周期整体环境影响的工具(Hendrickson et al.，2006;US EPA,2016)。它对整个系统展开评估分析,包括每个设计要素的提取、运输、制造、使用、最终更换和/或处理。生命周期分析的主要目标是选择对人类健康和环境影响最小的最佳产品、工艺或服务,同时考虑资源采购(如采矿)、制造、运输、维护、演示和处置等因素。在决定两个或多个基础设施备选方案时,生命周期分析可以帮助决策者比较产品、工艺或服务造成的所有主要环境影响并选择对环境影响最小的产品或工艺。生命周期分析数据往往能够发现是否一些举措转移了环境影响到其他介质中(例如使用湿式洗涤器尽管减少空气排放,却产生了废水)和/或是否将对环境的影响从一个生命周期阶段转移到另一个生命周期阶段(例如使用和再利用产品到获取原材料)。值得注意的是,LEED 第四版包含一个可选的评价得分点,就是设计中考虑生命周期。

能值评估是一个综合的可持续性分析过程,它将建筑物、场所、自然组成部分和人类活动视为整体系统的一部分,而不是孤立的项目。与大多数其他可持续性指标不同,能值有时被称为隐含能源,它考虑了从能源到水再到食物的整个系统流量的平衡。为了理解系统流,能值评估采用了通用单位,并以此为基础量化自然和经济资源的价值,从而得出自然对人类经济的价值(Odum,1996)。这些输入数据被整合成简明的可持续性指标,如能值可持续性指数(emergy sustainability index,ESI)和环境负荷比率(environmental loading ratio,ELR)等。相对于从经济中获得的如化石燃料能源、劳动力和材料等资源,这些指标在不同程度上量化了项目利用可再生资源和生态系统服务的程度。这种整体系统方法有助于全面了解项目的每个组成部分都是如何促进或削弱了可持续性目标和能值可持续性指标(Ulgiati and Brown,1998)。可以想象,基于这一系统,设计师可以与客户很轻松地讲明项目都使用了哪些"免费"的资源,以及哪些设计策略会对可持续性带来很大影响。例如,雨水花园(一种绿色基础设施)的能值可持续性指数较高,可以比市政设施提供更多的"免费"可再生资源(Rodriguez,2011);这一方法还可用于区分不同的绿色基础设施方案。比如,尽管雨水花园可获得足够的阳光和雨水等可再生资源，因此可作为绿色基础设施，但由于多孔路面的基础材料中有使用混凝土等市政设施并广泛使用机械，因而基本不可能通过节约和积累可再生资源来"抵消"或"回报"经济投资。在场地层面，研究发现纽约州立大学环境科学与林业学院校园的"绿化"工程为该大学获取可再生资源带来了可观的长期效益（Toland and Diemont，2009）。研究证明了大学在这方面的投资具有很高的可持续性，其主要原因是减少了能源使用以及实现了更多可再生能源形式的转换。

能值评估的一个重要组成部分是能值的可扩展性。城市生态系统位于流域内，而流域则位于更大的区域生态系统内。与 LEED、SSI 和生命周期分析不同，能值评估可以在多尺度空间上进行调整，从场地（Law et al.，2017）到区域生态系统（Tilley and Swank，2003）或整个州的规模（Campbell and Ohrt，2009），以了解设计师需要在哪个层次上修改不同规模的系统要素，进而优化系统可持续性。由于城市生态系统处于自然层和人类经济活动层之间，并且整合了自然资源、设计调整、维护和运营购买等各个方面，因而能值评估可以成为一个合适且有效的城市设计分析工具。例如，蒂利和斯旺克（Tilley and Swank，2003），在比迪蒙特等（Diemont et al.，2006）更大的森林尺度上工作，其研究包括森林游客与场地的社会互动。坎贝尔和奥尔特（Campbell and Ohrt，2009）的研究包括整个社会基础设施，例如政府支出和旅游业支出。这种方法的灵活性使设计师和决策者能够根据兴趣范围对调查与投资进行微调。

为了在项目中有效地使用这些指标，必须将其纳入设计过程的正常工作流程。首先，在项目开始时就需要定义项目目标；其次，在每个设计阶段间隔期对备选方案进行评估；最终，评估项目目标的实现情况。LEED、SSI 和其他指标都提供了检查表与评分标准作为指导，可供不同团队成员审查和使用。生命周期评价和能值评估的工作则更为复杂。

虽然生命周期评价和能值评估可以更准确地展现整体可持续性，但执行起来可能需要大量资源和时间，这取决于用户希望分析的广度和深度，因为数据收集具有不确定性，并且数据的可用性（或缺乏数据）也在很大程度上影响最终结果的可靠性。因此，权衡数据的可用性、研究耗时以及所需的财政资源与每项评估的预期效益十分重要。

　　尽管如此，所有可持续性指标都只是可持续整体设计的起点。每个项目必须根据具体情况进行处理，设计解决方案必须关注并解决当地和所在区域重要的问题。在某种程度上，可持续设计的部分思维方式是寻求最低性能。然而，这可能无法最大限度地提高建筑物或场地的寿命可持续性。在生命周期的视角下，我们需要考虑项目中使用的材料、可再生资源、劳动力和化石燃料能源的全部隐含能源以及项目对行为的影响（例如是否会有更多的人骑自行车上班等）。虽然设计和施工很重要，但持续运营、维护以及最终的翻新和/或拆除也会对可持续性产生重大影响。在设计过程中，应将能耗等可持续性标准尽可能降到最低水平之下，因为这些指标往往占了建筑在其使用周期内的大部分隐含能源。研究表明，超过 94% 的隐含能源以电气和暖通空调系统的形式存在（Scheuer et al.，2003）。设计师需要认识到，他们的想法和建议对长期可持续性具有持久的影响。

七、结论

　　在任何一个项目中，都是由客户发起大部分活动。投资者承担购买该资产的风险，花费资金用于改善资产，并从项目成功中获利。实施项目需要多专业的视角，对于那些具有多个复杂系统和目标的项目，尤其需要考虑许多因素以保障项目成功。如下方法将能够支持项目顺利推进并取得成功结果：①使用跨学科或协作专家研讨会的方法；②通过基于社区的设计过程征求利益相关者和社区的意见；③评估多个设计方案（例如使用可持续性指标），进而确定在各种可能的可持续性要素中，哪些要素将对长期项目可持续性目标做出更大的贡献。

　　在许多情况下，尽管客户也会留意到利益相关者和社区投入或需求，甚至注意到可持续性指标等因素，但设计师不应假设客户对这些方面有深入的了解。从法规管理步骤来看，这些方面对于设计和开发过程来说，可能是额外且不必要的负担。然而，项目顾问需要认识到利益相关者和社区的投入要求以及可持续性指标的优势，并主动倡导将其纳入设计过程。这种投入，对于更清晰、明确地实现社会、经济和环境目标，以及制定与社区融为一体的解决方案，实现增强社会生态代谢,都至关重要。

（梁思思 译,顾朝林 校）

参 考 文 献

1. Alexiou K, Johnson J, Zamenopoulos T (2010) Embracing complexity in design: emerging perspectives and opportunities. In: Inns T (ed) Designing for the 21st century: interdisciplinary methods and findings. Gower Publishing, Surry, pp 87-100

2. Augsburg T (2005) Becoming interdisciplinary: an introduction to interdisciplinary studies, 2nd edn. Kendall/Hunt, Dubuque

3. Boecker J, Horst S, Keiter T, Lau A, Sheffer M, Toevs B, Reed B (2009) The integrative design guide to green building. Wiley, New York

4. Campbell DE, Ohrt A (2009) Environmental accounting using energy: evaluation of Minnesota. US Environmental Protection Agency, Office of Research and Development, National Health and Environmental Effects Research Laboratory, Atlantic Ecology Division

5. Carlson MC, Koepke J, Hanson M (2011) From pits and piles to lakes and landscapes. Landsc J 30:1-11

6. Chang IC, Sheppard E (2013) China's eco-cities as variegated urban sustainability: Dongtan Eco-City and Chongming Eco-Island. J Urban Technol 20(1):57-75

7. Condon P (2008) Design charrettes for sustainable communities. Island Press, Washington, DC

8. Diemont SA, Martin JF, Levy-Tacher SI (2006) Emergy evaluation of Lacandon Maya indigenous swidden agroforestry in Chiapas, Mexico. Agrofor Syst 66(1):23-42

9. Fruchter R, Clayton MJ, Krawinkler H et al. (1996) Interdisciplinary communication medium for collaborative conceptual building design. Adv Eng Softw 25(2-3):89-101

10. Hall MH, Sun N, Balogh SB et al. (2013) Assessing the tradeoffs for an urban green economy. In: Richardson SB (ed) Building a green economy: perspectives from ecological economics. Michigan State University Press, East Lansing, pp 151-170

11. Hanna K, Culpepper RB (1998) GIS in site design. Wiley, New York

12. Hendrickson CT, Lave LB, Matthews HS (2006) Environmental life cycle assessment of goods and services. RFF Press, Washington, DC

13. Hester R (1990) Community design primer. Ridge Times Press, Mendocino

14. Law EP, Diemont SAW, Toland TR (2017) A sustainability comparison of green infrastructure interventions using emergy evaluation. J Clean Prod 145:374-385

15. Lindsey G, Todd JA, Hayter S et al. (2009) A handbook for planning and conducting charrettes for high-performance projects. National Renewable Energy Laboratory, Golden

16. M'Gonigle M, Starke J (2006) Planet U: sustaining the world, reinventing the university. New Society, Gabriola Island

17. Murphy CB (2009) President, State University of New York, College of Environmental Science and Forestry, interview, September 30

18. Musacchio L, Ozdenerol E, Bryant M, Evans T (2005) Changing landscapes, changing disciplines: seeking to understand interdisciplinarity in landscape ecological change research. Landsc Urban Plan 73:326-338

19. Nelson A (2007) The greening of US investment real-estate-market fundamentals, prospects and opportunities. RREEF, San Francisco

20. Newsham GR, Mancici S, Birt B (2009) Do LEED-certified buildings save energy? Yes, but. Energ Buildings 41:897-905

21. Odum HT (1996) Environmental accounting: emergy and environmental decision making. Wiley, New York

22. Orr DW, Cohen A (2013) Promoting partnerships for integrated post-carbon development: strategies at work in the Oberlin Project at Oberlin College. Plan Higher Educ J 4(3):22-25

23. Reiche D (2010) Renewable energy policies in the Gulf countries: a case study of the carbon-neutral "Masdar City" in Abu Dhabi. Energ Policy 38:378-382

24. Rodriguez B (2011) Assessment of green infrastructure design strategies for stormwater management: a comparative emergy analysis. Thesis, State University of New York, College of Environmental Science and Forestry

25. Sandercock L (1998) Towards cosmopolis: planning for multicultural cities. Wiley, London

26. Sanoff H (2000) Community participation methods in design and planning. Wiley, New York

27. Schendler A, Udall R (2005) LEED is broken; let's fix it. Grist Environmental News and Commentary. Available via CABA Information Seriers/. www.caba.org/CABA/DocumentLibrary/Public/IS-2005-45.aspx. Accessed 25 Oct 2018

28. Scheuer C, Keoleian GA, Reppe P (2003) Life cycle energy and environmental performance of a new university building: modeling challenges and design implications. Energ Buildings 35:1049-1064

29. Schneekloth L, Shibley R (1995) Placemaking: the art and practice of building communities. Wiley, New York

30. SSI (2009) The sustainable sites initiative: guidelines and performance benchmarks. American Society of Landscape Architects, Lady Bird Johnson Wildflower Center at The

University of Texas, United States Botanic Garden, Austin

345 31. Thompson JW, Sorvig K (2007) Sustainable landscape construction: a guide to green building outdoors. Island Press, Washington, DC

32. Tilley DR, Swank WT (2003) EMERGY-based environmental systems assessment of a multipurpose temperate mixed-forest watershed of the Southern Appalachian Mountains, USA. J Environ Manag 69(3):213-227

33. Toland TR, Diemont SAW (2009) Is there something better than LEED? Using emergy analysis as an alternative way to evaluate sustainability. Proceedings of the Council of Educators in Landscape Architecture Conference, January 17, Tuscon, Arizona

34. Ulgiati S, Brown MT (1998) Monitoring patterns of sustainability in natural and manmade ecosystems. Ecol Model 108:23-36

35. US EPA (United States Environmental Protection Agency) (2006) Life cycle assessment: principles and practice. US EPA, Cincinnati

36. USGBC (2009a) Foundations of LEED. US Green Building Council, Washington, DC

37. USGBC (2009b) LEED for new construction and major renovation. US Green Building Council, Washington, DC

38. Walker J, Seymour M (2008) Utilizing the design charrette for teaching sustainability. Int J Sust Higher Educ 9(2):157-169

39. Williams DE (2007) Sustainable design: ecology, architecture, and planning. Wiley, Hoboken

40. Willis D (2010) Are charrettes old school? Harv Des Mag 33:25-31

第十六章 结语

斯蒂芬·B. 巴洛格

本章回顾了本书的主要主题及见解，并展望了城市生态学的前沿与未来研究。

一、引言

我们将最后一章命名为"结语"，这个词通常用于戏剧或文学作品的结尾，既是对作品内容的总结，有时也用于描写作品完结后那些角色的情况，而这也正是我们的意图。下文首先总结本书所涵盖的内容，进而展望最近提出或开发的一些计划、政策和技术，旨在助力实现一个更可持续、更具韧性的城市化世界。

二、回溯过往

本书的前 15 章旨在提供从系统角度审视和理解城市所需的背景科学、见解与方法。通过阅读、讨论和实习这些内容，学生和老师就能回溯过往，深入思考构成城市地区的生物和非生物成分及其子系统的结构与功能，理解它们之间的相互作用。希望这能够帮助读者了解城市与他们可能未曾思考过的那些自然的、受人类影响的世界之间的联系。本书展示了能量和材料流动的量化分析，这些分析揭示了影响现在与未来城市生活可行性的那些依赖关系（第一章）。我们描述了人类行为、社区和机构在塑造、维持甚至改变我们的生物物理和社会现实方面的作用，我们还分析了人们对于城市生活的看法和期望是如何随时间推移而演变的（参见第二、三、四、五和十四章）。

我们解释了地质（第二章）、水文（第六章）和气候（第七章和第八章）因素如何影响最初城市的建设区位选址、城市设计与社会生态/社会经济代谢（运行）的演变历程。我们对城市中的生态学展开研究，涉及城市化进程如何改变环境从而改变城市植物和动物的多样性，使其进化调适并出现新兴生态系统（第十一章和第十二章）。本书还强调了人类获取太阳能和化石能源的能力在城市发展中的重要性，以及增加获取能源的机会是如何影响我们的社会安排、经济和福祉的（第二、四和五章）。

本书作者以及来自各领域的专家全面描述了城市居民目前与未来所面临的诸多挑战，如气候变化、资源限制、污染（第二、五、八和九章）、粮食生产和分配（第十四章）以及健康等，同时还包括权力和财富分配不均（第五章）、环境不正义（第十三章）和城市支持系统所面临的威胁，如土地利用变化（第三章和第六章）、粮食生产和水域富营养化（第六章和第九章），以及我们的消费对固体废物的影响（第十章）。通过将城市视为复杂的适应性生态系统，我们呈现了尝试干预这些系统时所存在的不确定性，以及它们作为自组织系统是如何对这些干预做出反应的过程。

为了帮助读者应对这些挑战，我们提供了一个整体系统的视角，其中包括用于理解城市是什么和做什么的心理模型的新工具，各种合作创建社会生态系统概念模型的方法，以及通过建模和参与式城市规划和设计策略来识别重要反馈回路和干预点的方法（第三章和第十五章）。

三、展望未来

未来，我们将在许多研究方面持续取得重要进展，这些研究方向包括：将城市理解为生态系统，收集和处理信息的技术，以及研究人类与自然的相互依存关系的社会和生态科学等等。这些"未解决的情节线"（unresolved plot lines）值得进一步展开分析。

1. 大数据与"智慧"城市

基于新的数据收集和分析工具,我们得以突破性地更加深入理解人类和自然系统的相互耦合关系。计算机数据存储和处理能力的进步,加上无处不在的互联网和手机连接,催生了一个"大数据"时代,极大数据集的编译和挖掘正带来有趣的模式及趋势。整个城市得以部署用于测量空气、水质、气象、步行和车辆交通以及其他环境和社会数据的传感器,可将信息实时传递给最终用户。同时,人们通过社交媒体有目的地分享看法和价值观信息,而通信和互联网媒体公司则跟踪着用户在虚拟和现实世界的位置信息。

例如,芝加哥市目前正在利用大数据创建智慧城市,其内涵是使用"计算技术来制造城市的关键基础设施组件并提供更智能、更互联、更高效的服务,包括城市管理、教育、医疗保健、公共安全、房地产、交通和公用事业等"(Washburn et al.，2009)。其中的物联网(Array of Things,AoT)指的是"城市传感项目",由安装在芝加哥周围的交互式模块化传感器盒组成网络,进而"收集有关城市环境、基础设施和活动的实时数据,以供科学研究及公众使用"。物联网被视为城市的"健身追踪器"(fitness tracker),可用于测量气候、空气质量和噪声等影响健康与福祉的因素。该项目旨在为科学家、工程师、决策者和居民提供信息,以使城市"更健康、更宜居、更高效"(AoT,2018)。当然,此类项目也并非没有批评者[见 Fussell(2018)中的例子],其中许多人认为城市居民并不愿意通过交换隐私来获得这些智慧城市推动者所描述的利益。

2. 气候与沿海地区的韧性行动

许多城市容易受到海平面上升、热带风暴、降水状况变化、洪水、火灾和其他气候变化的影响,因而已经开始评估其带来的风险。这些城市与居民、政策制定者、学者和其他利益相关者一道编制了降低风险、规划不确定性以及抵御、吸收、适应和恢复灾害的各种战略(Jabareen,2013)。洛克菲勒基金会(Rockefeller Foundation)向全球 100 个城市提供资金,以提高它们应对这些 21 世纪的问题的能力。在某种程度上,这需要创立和雇用首席韧性官(Chief Resilience Officer)并制定韧性战略(100 Resilient Cities,2018)。很多城市,尤其包括那些受到海平面上升或沿海洪水威胁的城市,都在设立此类职位,进而提升城市的韧性或可持续性。

350

图 16-1　东京大都市区外的地下排水通道局部

资料来源:© Flicker 用户"ptrktn",https://www.flickr.com/photos/ptrktn/3353015541。

　　过去对沿海地区的韧性投资采取的都是大型资本密集型市政设施项目的形式,比如泰晤士河屏障(Thames Barrier)就是一个于 1984 年安装的防洪系统,其建造的目的在于保护英国伦敦免受风暴潮和极端潮汐的影响;再如,MOSE是意大利威尼斯市的一项耗资数十亿美元的水闸系统,旨在保护城市免受极端潮汐的影响;新奥尔良持续建设堤坝和水泵系统,以防止洪水泛滥;东京则在 21世纪初期完成了大都市圈外地下泄洪道建设(Metropolitan Area Outer Underground Discharge Channel),这是一个巨大的地下洪水收储设施,旨在雨季和台风季节保护城市免受洪水侵袭(图 16-1);在密西西比河沿岸则建设了超过 3 000英里(4 828 千米)的堤防来保护当地城镇。

　　新的解决方案正在从传统的"故障—安全"(fail-safe)型基础设施(如风暴涵洞和堤坝)转向"万无一失"(safe-to-fail)的理念,即虽频繁故障但后果更轻(破坏性更小)(Kim et al.,2017a,2017b;Wharton,2015)。这些城市正在设计可以充当海绵或将洪水转移到自然走廊的系统,使之远离重要的基础设施或弱势群体。位于亚利桑那州斯科茨代尔(Scottsdale)的印第安本德沃什(Indian Bend Wash)绿化带(图 16-2)旨在提供通往绿地的通道，提升城市清凉、改善城市森林

351

图 16-2　亚利桑那州斯科茨代尔的印第安本德沃什

资料来源:南希·格里姆(Nancy Grimm)。

空气质量并在宜人天气时作为自行车骑行道。沃什绿化带还具有很强的排水能力,在降雨期间,自行车道和绿地就变成一条流动的河流,吸收来自周围不透水表面的地表径流(Wharton,2015)。其他沿海地区也在建设沿海湿地的"海拔资本"(elevation capital)以保护内陆城市和社区,还有如纽约市的斯塔滕岛等社区则正与常被洪水淹没的社区合作,特别是 2012 年受超级风暴桑迪影响的那些社区,通过买断业主(buy out owners)而非重建,纽约市得以扩大沿海湿地,从而建立抵挡风暴的缓冲区。

3. 从社会生态系统(SES)到社会生态技术/工艺系统(SETS)的概念演化

随着技术的进步,应对城市挑战的战略开始从风险规避(risk avoidance)转向以生态为基础的系统研究,科学家们开始强调在城市系统概念框架中建造基础设施的重要性。最近,城市生态学家、可持续性科学家等开始将技术作为与社会和生物物理系统同等重要的组成成分(coequal component)而区分出来,从而超越社会生态系统(social-ecological systems,SES)框架,构建了社会生态技术系统(social-ecological-technical systems,SETS)框架用于设计建成环境(McPhearson et al. ,2016a)。这一概念框架拓展源于人们认识到城市基础设施在人类活动与环境状况之间起到了重要的中介作用。基础设施的投资往往是长期的,并且可能会加剧或缓和人类对环境系统的压力。在一些情况下,基础设施投资的不足或撤资可能对人类健康和福祉造成负面影响(例如下水道收集和处理设施不足或老化、被重金属污染的饮用水分配系统等)。当然,在本书中,我们描述了在我们的经济系统发展(第五章)、城市诸多子系统(例如第一、六、九和十章),甚至我们所采用的技术可能会混淆或减轻环境正义问题(第十三章)中技术的历史重要性。正如我们在最后几章中所强调的,复杂城市问题的解决方案需要决策者与环境科学家、生态学家以及公民团体、工程师、设计师、规划师和建筑师的合作,寻找结合绿色基础设施和市政设施的方法,以及用好收集、处理和可视化数据的新方法(McPhearson et al. ,2016a)。

社会生态技术/工艺系统这一概念可通过协作式规划会议得以实现,如第十五章中所描述的专家研讨会,以及诸如城市极端韧性可持续性研究网络(Urban Resilience to Extremes Sustainability Research Network,UREx-SRN)指导下城市正在进行的新的"愿景研讨会"(visioning workshops)等。与传统的协作式工作一样,这些会议旨在纳入更多的利益相关者和决策者。此类研讨会将决策者、规划师和各类专家聚集在一起,从系统角度创建项目团队,同时注重社会和生态方面相互依存关系和反馈并在整个规划过程中予以贯彻(第十五章)。以变革为目标,城市极端韧性可持续研究网络流程在城市层面而非单个项目层面解决韧性和可持续性问题。它不仅包括政府官员、科学家、工程师和建筑师,还包括艺术家、社区领袖、教育工作者和其他人,各方人员共同协作输出成果,成果既包括传统数据和概念模型,也有故事、地图和图像。这些地图、绘画和技术草图都是根据参与者对韧性与可持续城市的想法而即时绘制的。城市为市民提供生态系统服务、改善社会福祉和利用新技术以造福全体市民(McPhearson et al.,2016b)。在此基础上,人们使用定性和定量数据,通过敏感性分析以探索实现未来的可能途径。

四、结论

正如前言中所述,我们希望在你读完本书后,在踏上职业生涯时,对城市生态系统惊人的复杂性有了更深的认识,并更好地理解了城市生态系统的生物和非生物组成部分随时间推移是如何相互作用并适应的(或无法适应)。我们希望这些知识会带给你启发,使你成为我们所描述的那些新兴的努力参与者,或者成为新的社会、生态或技术解决方案的创造者,这将有助于使我们未来的城市适应目前正在经历并将继续遇到的环境变化。我们不希望给你一种“这项任务是很容易”的印象,因为随着人口持续增长,世界需要更多的住房、基础设施和资源。我们现有的城市地区、新城市地区和资源有限的地球能否吸收这种增长,将是一个巨大的挑战。请不要寻找也不要期望任何简单的解决方案,相反,要应用你对城市生态学的理解来评估前进的最佳方式。人类天生就是问题的解决者(Forrester,1961),但我们必须思考,在现有的解决方案中,哪些会持续下去,哪些会改善地球上的生活?

致谢

感谢默纳·霍尔的审阅及其提出的改进建议。本文研究作者是美国环境保护署的一名雇员,本书由作者在其个人时间完成。本书的完成与环境保护署的相关工作无关,并且没有经过该机构的同行和行政审查。因此,本书结论和意见仅代表作者本人的观点,并不一定代表该机构观点。

（李志刚 译,梁思思 校）

参 考 文 献

1. 100 Resilient Cities（2018）About US. 100 Resilient Cities. http://www. 100resilientcities. org/about-us/. Accessed 30 Nov 2018

2. Array of Things（2018）Array of things. University of Chicago. https://arrayofthings. github.io/index. html. Accessed 30 Nov 2018

3. Forrester J（1961）Urban Dynamics, MIT Press, Cambridge

354　4. Fussell S （2018） The city of the future is a data-collection machine. https:// www. theatlantic. com/amp/article/575551/. Accessed 3 Dec 2018

5. Jabareen Y（2013）Planning the resilient city: concepts and strategies for coping with climate change and environmental risk. Cities 31:220-229

6. Kim Y, Eisenberg DA, Bondank EN, Chester MV, Mascaro G, Underwood BS（2017a）Failsafe and safe-to-fail adaptation: decision-making for urban flooding under climate change. Clim Chang 145:397-412

7. Kim Y, Eisenberg DA, Bondank EN, Chester MV, Mascaro G, Underwood BS（2017b）Safe-to-fail climate change adaptation strategies for phoenix roadways under extreme precipitation. In: International conference on sustainable infrastructure 2017, pp 348-353

8. McPhearson T, Pickett STA, Grimm NB, Niemelä J, Alberti M, Elmqvist T et al. （2016a）Advancing urban ecology toward a science of cities. Bioscience 66:198-212. https://doi. org/10. 1093/biosci/biw002

9. McPhearson T, Iwaniec DM, Bai X（2016b）Positive visions for guiding urban transformations toward sustainable futures. Curr Opin Environ Sustain 22:33-40. https://doi. org/ 10. 1016/j. cosust. 2017. 04. 004

10. Washburn D, Sindhu U, Balaouras S, Dines RA, Hayes N, Nelson LE (2009) Helping CIOs understand "smart city" initiatives. Growth 17:1-17

11. Wharton K (2015) Resilient cities: from fail-safe to safe-to-fail. https://research.asu.edu/stories/read/resilient-cities-fail-safe-safe-fail. Accessed 30 Nov 2018

名 词 索 引 ^①

（数字为英文原书页码，在本书中为边码）

A

Abiotic 非生物的,7,14,61,63,124,252,256,347,353

Adsorbed nutrients 吸附养分,209

Affordable housing 经济适用住房,106

Agent-based models 智能体模型,61

Air pollution 空气污染,9,139,144,164,168,176-187,189,193,263,291,317

Air quality 空气质量,9,11,132,160,163-164,175-194,337,338,349,350

Air quality improvement 空气质量改善,186

Air quality regulations 空气质量法规,177,178

Air temperature 气温,122,129,130,133,138,139,141,144,145,148,150,152-154,159-161,
166,167,169,176,178,179,183,185,186,189,193,194,240,242,261,274

Albedo 反照率,140,145,167,168

Allotment gardens 份地花园,72

Ammonia(NH₃) 氨(NH₃),183,207,208,210

Animal community 动物群落,34

Anoxic 缺氧,207

Anthropocene 人类世,265

Anthropogenic heat emissions 人为热排放,144

Apparent wind speed 表观风速,161

Array of Things(AoT) 物联网(AoT),349

Assembly line 装配线,106,107

Association for the Advancement of Sustainability in Higher Education's(AASHE) 高等教育
可持续发展协会(AASHE),337

Athenian empire 雅典帝国,89

---

① 译者对名词索引进行了增补,具体见"名词索引"中加粗的名词。——译者注

Atmospheric attenuation 大气衰减,144

Atmospheric boundary layer(ABL) 大气边界层(ABL),140,147,152

Autotrophic 自养,204

B

Best management practices(BMP) 最佳管理实践(BMP),326,335

Big data 大数据,349

Biocoenoses 生物群落,34,256

Biodiversity 生物多样性,11,65-67,69,72,224,264,265,270

Biogenic silica(BSi) 生物硅(BSi),209

Biogeochemistry 生物地球化学,14,201-215,221

Biological oceanography 生物海洋学,221

Biological oxygen demand(BOD) 生物需氧量(BOD),215

Biological productivity 生物生产力,28

Biophysical 生物物理,11,13,14,16,17,27-55,61-63,76,101,105,112,240,242,244,246, 252,260,261,308,348,352

Biophysical economics 生物物理经济学,11,55

Bioregional 生态区域,71,336

Biotic 生物,7,14,61,63,124,264,347,353

Biotopes 群落生境,251,252,260,264

Boundary layer 边界层,147-153

Brown agenda 棕地议程,68

Brownfield 棕地(工业污染场地),246,249,265,325,335,338

Buffer 缓冲,73,325,326,352

Building footprints 建筑足迹,161

C

Camouflage 伪装,275

Capitalism 资本主义,60,108,113,115

Carbohydrates 碳水化合物,39

Carbon cycling 碳循环,192-193

Carbon monoxide 一氧化碳,176,177,182-184,298

Carbon neutrality 碳中和,336

Carbon sequestration 碳封存,190,192,194

Carbon storage 碳储存,189,190,192

Cell membrane 细胞膜,209

Charrette 专家研讨会,330-334,343

Charter of European Cities and Towns Towards Sustainability 欧洲城镇可持续发展宪章,70

Citizen science 公众科学,272-273,283

City-beautifier 城市美化者,74

City-state 城邦,4,5,90

Civilization 文明 4,5,28,33,42,43,54

Clean Air Act 清洁空气法案,177

Clean Water Act 清洁水法案,299,300

Climate change 气候变化,53,66,113,114,120,125-131,133,138,139,151,158,165,169,188-194,242,259,265,315,335,348,349

Cloud condensation nuclei(CCN) 云凝结核(CCN),164

Collaboration 合作、协作,74,76,302,322,324,327-333,336,343,348,352

Combined sewer overflow(CSO) 合流制管道溢流(CSO),72,126-128,130-132,299,300

Community of concern(COC) 受关注社区(COC),299,301

Community-based design 基于社区的设计,333-335,343

Community-supported agriculture(CSA) 社区支持农业(CSA),313

Compact city 紧凑城市,114

Complexity 复杂性,14,60,86,101,316,323,324,331,353

Composting 堆肥,74,192,314,318,334-336

Comprehensiveplanning 总体规划,322

Concentric zone hypothesis 同心圆假说,59

Contemporary evolution 当代演变,270-283

Contextualist theory 语境主义理论,60

Corporate city 企业城市,101,105,106,107,110,112

Coupled nature-human systems 耦合的人类/自然系统,11,240

Cradle-to-grave 从摇篮到坟墓(从开始到结束),228,232,341

Crowd-sourcing 众包,273,275,281

Culture of mass consumption 大众消费文化,107

D

Data-logging sondes 数据记录仪,124

Dead zones 死亡带、盲区,204

Decarbonization 脱碳,53

Decision making 决策,11,13,15,16,60,65,67,71-72,74,76,288,302,334

Decomposer 分解者,207,215,221,232

Deindustrialized 去工业化,106

Denitrification 反硝化,202,207,215

Denitrifier 反硝化菌,207

Dependency theory 依附理论,108

Design 设计,10,62,98,103,125,139,186,213,214,225,249,292,318,321,348

Diatom 硅藻,36,206,209,210

Dioxin 二恶英,297,298

Dissolved nutrients 溶解营养物,208,209,214,215

Dissolved oxygen(DO) 溶解氧(DO),124,127-129,309

Diurnal wind system 昼夜风系统,163

Diurnal 昼夜的(一日间的),124,127,150,163

Division of labor 劳动分工,102,104,107

DNA 脱氧核糖核酸,209,271

Dominant species 优势物种,249

Dongtan，China 中国东滩(崇明东滩生态城),336

Dry deposition 干沉降,208

E

Ecological economics 生态经济学,11,240

Ecological footprint 生态足迹,20,37,55

Ecological metabolism 生态代谢,14,16,60,61,131,240

Economic surplus 经济盈余,101,102,108-110

Economies of scale 规模经济,104,232

EcoPark 生态公园,72,73,74

Ecosystem 生态系统,11,32,60,109,120,154,165,176,204,219,240,270,309,322,348

Ecosystem metabolism 生态系统代谢,127,202

Ecosystem services 生态系统服务,11,20,63,65,72,165,240,260,322,338,340,341,353

Electrification 电气化,107

Embodied energy 隐含能源,22,341,342,343

Emergy 能值,22,232-234,341,342

Enclaves 飞地,9

Energy 能量,3,28,60,86,101,120,138,176,201,220,242,292,308,324,348

Energy budget 能量收支,11,43,139,141,143,144,146,147,151,153,153,168

Energy conservation 节能(减排),69,184,336

Energy diagrams 能量图,220

Energy flows 能量流,11,16,33,37-39,61,141,220,224,226,337

Energy return on investment(EROI) 能源投资回报(EROI),21,40,44,50,113

Energy subsidy 能量补贴,28,34,39

Environmental effects 环境影响,8-10,63,64,76,290

Environmental gradients 环境梯度,17-18,255,256,260-264

Environmental impact 环境影响,50,227,228,235,299,317,324,325,327,337,341

Environmental justice 环境正义,63,65,76,139,288-302,308,352

Epidemiological 流行病学,66

Erosion 侵蚀,123,125,133,259,309,326,327

Estuary 河口,29,32,45,124,204,206,213,216,309,311

Eutrophication 富营养化,124,204,207,216,309,317,348

Evapotranspiration 蒸腾作用,120,122,123,125,132,133,143,145,168,260,261,340

Evolution 进化,39-46,51,106,210-211,221,223-225,229,232,245,246,259-260,262,263,
　　265,270-283,348

Exchange 交换,15,46,89,96-99,104,106,140-141,144,146,147,176,181,228,328

Exnora/India 埃克诺拉/印度,74-76

Experimental 实验性的,66,166

F

Fauna 动物群,11,240,250,265

Federal Home Owners' Loan Corporation Association（HOLC）联邦房主贷款公司协会
　　（HOLC）,293

Fertile Crescent 新月沃地(古代农业地区,中东的阿拉伯世界),4,41

Fight entropy 对抗熵,35

Flora 植物群,11,240-243,250,253,254,259-260,265

Fluoridation 氟化(反应),210

Fluorosilicic acid 氟硅酸,210

Food chain 食物链,37,40,41,206,207,209,210,296,298,309

Food desert 食物沙漠,294,310,312,316,318

Food systems 食物系统,307-318

Food-mile 食物里程,208

Foodshed 食物流布区,201-204,208,210-211

Fordism 福特主义,107

Forest canopy layer 森林冠层,147

Forest stands 林区,179,182,186,194

Forest 森林,9,37,103,122,143,176,210,240,272,308,342,350

Fossil fuels 化石燃料,16,21,33,37,39,41,43,45,47,48,50,51,53-55,86,98,104,105,112,
　　114,183,188,192,193,208,209,216,221,228,232,308,315,336,341,342

Function 功能,3-5,7-9,13,14,16,17,20,37,43,45,54,55,63,67-70,72,85,96,106,108-110,
　　112,120,133,165,177,193,220,222,226,236,242,251-260,264,265,271,294,302,322,
　　324,328,338,340,347

G

Gaian Theory 盖亚理论,234

Genetic variation 遗传变异,283

Genotypes 基因型,281,283

Gentrification 绅士化,106

Geographical cline 地理渐变群,281,282

Geographical setting 地理环境,29

Gini coefficient 基尼系数,110,111

Global Historical Climate Network(GHCN) 全球历史气候网络(GHCN),157

Global North 全球北方,108

Global South 全球南方,108

Governance approach 治理方法,60

Gradient 坡度、梯度,33

Gradients 梯度、渐变,18,67,68,123,141,155,242,251,256,260-264,270,272,281,283,313

Gray infrastructure 市政(灰色)设施,301,341,350,352

357 Gray squirrel 灰松鼠,271-283

Green Agenda 绿色议程,68

Green fuels 绿色燃料,21

Green infrastructure(GI) 绿色基础设施(GI),4,16,21,61,63,72,131-132,260,265,300,301,
324,326,335,341

Green space 绿地,59,61,64,65,67,69,72,76,205,240,242,254,270,340,350

Greenhouse gas(GHG) 温室气体(GHG),69,114,138,166,175-194,207,309,310,317

Gross Domestic Product(GDP) 国内生产总值(GDP),49,113

H

Haber-Bosch process 哈伯—博施法,207,208,309

Habitat 栖息地,4,5,7,8,13,15,37,66,68,70,125,240,242-246,250-253,260,261,264,265,
270,281,308,324,335,336,339

Health 健康,9,43,63-67,76,89,94,109,113-115,120,130,131,139,161,168,175-177,179,
182,183,187,190,194,204,210,229,240,242,254,270,288-290,292-299,308,310,313,
316,317,322-324,337,341,348,349,352

Heat island 热岛,132,138,139,150,152,163,164,166-168,178,185,193,282,324,335,338

Heavy metals 重金属,133,313,352

Heterotrophic 异养,204

High Tech Trash 高科技垃圾,235

High thermal entropy 高热熵,168

Historical theory 历史理论,59

Homogocene 同质世,265

Horizontal drilling and fracking 水平钻井和水力压裂,53,114

Human economy 人文经济,341,342

Human ecosystem 人类生态系统,63,64,67,76

Human-induced rapid evolutionary change(HIREC) 人类引起的快速进化变化(HIREC),259

Hunters 猎人、猎手,5,37,40,43,45,46,240,272,273,275,281

Hunting 狩猎,40,49,270,272,275,281-283

Hydrocarbons 烃类,39,47,49,50,113,114,297,298

Hydrology 水文学,11,13,14,120-133,160,203,206,213-214,245,256,348

Hypercity 超级城市,110

Hypoxic 缺氧,204

I

Impervious surface 不透水表面,19,126,127,131,154,202,203,206,213,214,311,313

Incremental radicalism 渐进激进主义,337

Industrial ecology 产业生态学,225-229,232,235

Industrialization 工业化、产业化,8,17,48,49,103,144,211

Inertial sublayer 惯性亚层,148,151

Infiltration capacity 渗透能力,124,131

Infiltration 浸润、渗入、渗透,120,122-125,131,132,179,336,340

Informal sector 非正规经济部门,108,109,113

Invasive 侵入性的,259

L

Labor process 劳动过程、生产进程,104,105,107,108

Land cover 土地覆盖,16,19,122,123,150,155,159,160,165,169,210,212,251,273,274,278

Land use 土地利用,10,14,16,19,20,60-62,64,67,68,70,71,76,122,123,145-147,151,155,156,159,160,188,203,212,213,253,260,264,270,272,273,278,281,283,291,308-310,312,348

Landscape 景观,14,17,28,31,32,54,60,61,65,68,71,74,131,132,138,139,143,145,164,179,190,202,207,211,213,240,242,247-249,252,253,255,259,265,271,273,277,278,282,283,321,322,324,325,328,335

Landscape architecture 景观建筑(学),328,330,331,338

Last glaciation 末次冰期,28,42

Latent heat of vaporization 汽化潜热,141,143

Lead 铅,10-13,291,293,294

Leadership in Energy and Environmental Design(LEED) 绿色能源与环境设计先锋(LEED)，337,338,340,342

Life-cycle analysis(LCA) 生命周期分析(LCA)，227,317

Livability 宜居性，63,65,76

Local Agenda 地方议程，21,69,70

Locally undesirable land use(LULU) 本地不良土地利用(LULU)，287,291,293,294-296,299

M

Mammals 哺乳动物，44,240,247,249,270,281

Masdar City 马斯达尔城，336

Mass balance 质量平衡，214,226

Material flows 物质流，20,219-222,225,233,235

Megacity 巨型城市，110

Melanism 黑化症，274,277

Mercury 汞，7,263,297,298

Mesopotamia 美索不达米亚，5,41,97

Metabolism 代谢、新陈代谢，3,4,8,10,12,14-16,20,22,33,34,37,46,55,60,61,76,85-99,122,124,127-128,131,144,201-204,219,221,223,224,226,240,243,293,298,348

Micrometeorology 微观气象(学)，206

Millennium Ecosystem Assessment 千年生态系统评估，65

Mortality 死亡率，168,194,254,270,272,277,296

Multidisciplinary 多学科、跨学科，14,308,328,329,339

N

Native species 本地物种，249,250,252,253,259,264,265,308

Natural analog 自然模拟，245

Natural cities 自然城市，34

Natural selection 自然选择，45,223,224,244,245,251,261,262,273,283

Naturalized 归化(某种植物在区内原无分布,从另一地区移入,在本区内正常繁育后代并大量繁衍成野生状态)，246,250,263,264

Net Anthropogenic Nitrogen Input(NANI) 净人为氮输入(NANI)，202

Net Anthropogenic Phosphorus Input(NAPI) 净人为磷输入(NAPI)，202

Net energy 净能，22,40,46,50,232

Net production 净生产(净产量)，27,32,224

Niche 生态位;利基，37,43,44,256,259

Nitrate(NO₃) 硝酸盐(NO₃)，207-210,215,298

Nitrite(NO₂⁻) 亚硝酸盐(NO₂⁻)，207,210,215

Nitrogen 氮,20,34,124,176,177,183,194,202,204,206,207,209,211-214,216,219-221,
244,255,308,309,314

Nitrogen dioxide(NO_2) 二氧化氮(NO_2),176,177,182

Nitrogen fixation 固氮,207

Nitrogen Oxide(NO_x) 氮氧化物(NO_x),176,177,182-184,208,209,297,298

Nitrous Oxide(N_2O) 一氧化二氮(N_2O),188

Novel ecosystems 新兴生态系统,243,264,348

Nutrient cycling 养分循环,13,154,204,206,255,309

Nutrient retention 养分保留,202

O

Oberlin Project 欧柏林项目,336

Overurbanization 过度城市化,104,108,109,110,112

Ozone 臭氧,7,160,167,168,176,177,179,182,183,185-187,263,291,297

P

Parks 公园,5,11,45,72-74,76,139,146,156,157,159,160,165,166,177,178,202,209,240,
242,252,253,255,261,265,270,275,292,293,300,301,331

Participatory research 参与式研究,272,281

Particulate matter 颗粒物,176,181-184,187,291

Particulates 颗粒物,16

Petroleum/oil 石油/石油类,50,52-53,126,133,177

Phospholipid 磷脂,209

Phosphorus 磷,201,206,207,209,212,215,216,219-221,309,314

Photosynthesis 光合作用,33,34,36,37,61,86,125,177,219,220,224

Photovoltaics 光伏,53,54

Phytoliths 植物岩,209

Phytoplankton 浮游植物,34,39,50,221

Placemaking 场所营造,333,334

Planetary boundary layer(PBL) 地球边界层(PBL),147,148,161

Platinum rating 铂金评级,338

Plume 羽流,147,152,161

Pollution removal 污染去除,179-181,185-187,194

Pollution 污染,4,9,18,69,105,109,123,126,132,145,164,176-182,185-187,189,193,194,
211,213,223,229,230,263,291,292,301,308,310,311,313,317,327,348

Population 人口、种群,4,5,8-10,13,32-34,37,39,43,44,47,49,54,55,60,61,66,68,86-91,
94,102,104,108,110,112,113,157-159,167,177,181,186,192,204,207,210,211,214,

215,222,242,254,270-272,281,282,289,290,308-311,313,315,335,336,350,353

Precipitation 沉淀、沉降、降水(量),13,86,120-123,126,128,129,131,133,139,145,157,164,165,168,179,188,193,349,350

Primary treatment 初级处理,214

Production 生产,16,20-22,31-39,45,47,50,53,55,61,87,102-109,115,124,131,133,141,168,193,202,208,210,211,213,216,219-224,226,227,229-234,236,257,309-313,315-318,329,330,336,337,348

P-R(production-respiration) model P-R(生产—呼吸)模型,220

Prospect theory 展望理论,72

Protective harbors 防护港,29

Q

Quality of life 生活质量,11,13,45,63,65,68,72,76,292-294

R

Radiolarians 放射虫,209

Rain gardens 雨水花园(指用于汇聚并吸收来自屋顶或地面的雨水的自然形成的或人工挖掘的浅凹绿地),72,131,132,249,265,337,340,341

Reactive nitrogen(Nr) 活性氮(Nr),208,309

Recycling 回收,35,45,76,109,222,224,227,229,231-233,235,291,317,334,336

Reductionist theory 还原论,60,76

Renewable energy 可再生能源,336,342

Resilience 韧性、恢复力,11,12,240,259,315-316,349,352

Resiliency 韧性、恢复力,68,314,315,317,318,352

Respiration 呼吸(作用),16,33,36,39,45,55,124,154,207,220,226

Risk perception 风险感知,296,297

Rochester 罗切斯特(美国纽约州城市),335

Roughness sublayer(RSL) 粗糙亚层(RSL),148,149

Runoff 径流,4,19,72,121-127,131,132,154,202,203,206,213,214,216,240,327,336,340

Rural to urban gradient 城乡梯度,17,18

S

Safe-to-fail 万无一失,350

Satellite skin surface images 卫星云图,167

Saturated hydraulic conductivity 饱和水力传导率,123,131

Sciurus carolinensis 灰松鼠,270-283

Seattle 西雅图,8,53,68,245,336

Secondary treatment 二级处理,215

Sensible heat 显热,137,141,143,146,147,168

Silicate(SiO_2) 硅酸盐(SiO_2),209

Silicon(Si) 硅(Si),206,209-210

Site design 场地设计,321,323-325,327

Site inventory 场地调研,326

Skyscrape 摩天大楼,105,151,164,223,317,318

Slums 贫民窟,8,9,75,108,109,112

Social benefits 社会效益,67,76,317

Social dynamics 社会动力学,61

Social sciences 社会科学,11,13,59-68,71-72,76

Social-ecological metabolism 社会生态代谢,14,16,61,348

Social-ecological systems(SES) 社会生态系统(SES),60,63,76,316,348,352

Social-ecological-technical/technological systems(SETS) 社会生态技术/工艺系统(SETS),352   359

Sociology-ecology 社会学—生态学,14

Sodium fluorosilicate 氟硅酸钠,210

Soil bulk density 土壤容重,17,261

Soil contamination 土壤污染,317

Soil fertility 土壤肥力,32,34

Soil horizons 土壤层,243

Solaremjoules(sej) 太阳焦耳,233

Solar PV 太阳能光伏,337

Solid waste 固体废物,74,76,207,214,222,229,230,232,233,314,315,348

Solid waste management(SWM) 固体废物管理(SWM),74-76,230,232

Squatter housing 棚户区,109

Squirrels 松鼠,4,7,271,274,276,278-280

Stakeholders 利益相关者,60,69,71,76,290,291,295,325,329,330,333-335,338,340,343,
349,352

State 邦

Stefan-Boltzmann constant 斯特凡—玻尔兹曼常数

Stockholm's National Urban Park 斯德哥尔摩国家城市公园,72-74,76

Stormwater 暴雨污水(雨水),4,22,125,126,131,132,214,265,324,325,327,328,335,336,
338-340

Stream metabolism 河流代谢,124,127-128

Structural adjustment programs(SAPs) 结构调整计划(SAPs),109,112

Structure 结构,3-5,7-9,13,14,17,18,33,38,39,43,60,67,72-74,76,103,104,106,108,112,
113,115,122,123,125,131,138,139,145,147,148,152,159,161,183,184,193,194,

206,209,210,233,243,246,251,252,263,270,294,325,327,328,334,340,347

Succession 演替,243,249-251,254-257

Sulfur dioxide(SO₂) 二氧化硫(SO₂),176,177,182-184,187,298

Supplemental Nutrition Assistance Program 补充营养援助计划,313

Survey-based 基于调查的,66

Sustainability 可持续性,10,11,16,17,20,59-77,109,133,227,232,240,259,260,314,316-318,321-343,349,352

Sustainability metrics 可持续性指标,337-343

Sustainability tracking, assessment and rating system(STARS) 可持续性跟踪、评估和评级系统(STARS),337

Sustainable cities 可持续城市,68-71,76,101,115,353

Sustainable Cities Programme(SCP) 可持续城市计划(SCP),69,70

Sustainable sites initiative(SSI) 可持续场地倡议(SSI),337-340,342

Sweden 瑞典,44,336

Symbiotic industrial network 共生工业网络,228

Symbiotic relationship 共生关系,224

Syracuse 锡拉丘兹(美国纽约州城市名),22,30,31,37,72,127,187,253,257,273,275,277-279,281,282,296,300,328,338,339

Systems approach 系统方法,46,76,316-318,323,341

Systems ecology 系统生态学,3,13-16,224

T

Taylorism 泰勒主义,107

Temperature 温度,17,31,206,208,240,274

Tertiary treatment 三级处理,207,215

The Gilded Age 镀金时代,49

Third world cities 第三世界城市,104,107-110

Threshold 阈值,17,102,114,299

Tidal energies 潮汐能,34

Time-shifting 时移,84,97,99

Totaldissolved solids(TDS) 总溶解性固体(TDS),215

Total nitrogen 总氮,215,216

Toxic Release Inventory(TRI) 有毒物质排放清单(TRI),297,299

Transformation 转型,20,22

Transportation 交通、交通运输,16,22,29,31,32,49,50,55,103,105-107,113-115,125,178,188,202,204,211,214,230,291-293,307,309,313,317,328,330,349

Tree canopy 树冠,161,165

Tree cover 林木植被、林木覆盖(率),139,146,155,161,165,179-187,189,190,194,282,323

Trophic 营养(的),34,37,39,46,270

Trophic dynamics 营养动力学,37

U

Ultraviolet 紫外线,145,187

Umbrella organization 伞式组织,73

UN Habitat Conference 联合国人居会议,68

UN Programs and the International Council of Local Environmental Initiatives(ICLEI) 联合国计划与国际地方环境倡议理事会(ICLEI),69

United Nations Conference on the Human Environment 联合国人类环境大会,68

United States Agency for International Development(US AID) 美国国际开发署,75

United States Environmental Protection Agency(US EPA) 美国环境保护署(US EPA),65,301

Ur 乌尔(古代美索不达米亚南部苏美尔的重要城邦名,也是 Urban 词源的词根来源),4,5,41,42,161

Urban 城市(的),3,37,59,85,101,120,138,176,201,222,239,270,321,347

Urban aerosol 城市气溶胶,145

Urban biosphere reserves 城市生物圈保护区,69

Urban boundary layers(UBL) 城市边界层(UBL),147,148,152-154

Urban canopy layer(UCL) 城市冠层(UCL),147,148,152

Urban canyon 城市峡谷,206

Urban ecology 城市生态(学),3-23,28-55,60,101,241,251,272,308,321

Urban ecosystems 城市生态系统,7,8,12-14,20,59-77,204,214,256,270,336,338,341,342,353

Urban forests 城市森林,18,21,37,151,154,176,183,184,190,192-194,275,277,278,282,350

Urban ghettos 城市隔离区,106

Urban heat island(UHI) 城市热岛(UHI),13,138,139,146,147,152-161,163-169,178,185,193,324

Urban Resilience to Extremes Sustainability Research Network(UREx-SRN) 城市极端韧性可持续性研究网络(UREx-SRN),352

urban transition 城市转型,53,55

Urban water cycle 城市水循环,120,213

Urban whitening 城市白化,139,140,168

Urbanism 城市主义,60,99

Urbanization 城市化、城镇化,10,11,17,20,59,61,108,112,120,125-131,133,138,139,145,

157,185,243,251,252,260,270-283,348

Urbanoneutral 城市中立的,263

Urbanophile 城市友好的,263

Urbanophobic 城市恐惧的,263

Urban-rural continuum 城乡连续体,112

Urban-rural gradients 城乡梯度,155,272,281,283

US National Pollutant Discharge Elimination System(NPDES) 美国国家污染物排放消除系统(NPDES),335

V

Vernal pools 春季水塘,326

Visioning 愿景,352

VOC emissions 挥发性有机化合物排放,183

Volatile organic compounds(VOC) 挥发性有机化合物(VOC),133,177,178,182,184,185

360 W

Waste sites 垃圾场,255,256,292,297

Wastes 废物、垃圾,9,14,20,34,61,68,74-76,202,206,207,209,211,213-216,288-292,297,299,300,327,348

Wastewater 废水,124,125,215,226,233,292,299-301,341

Water-powered machines 水轮机,48

Weather Research and Forecasting(WRF) 天气研究和预报模型(WRF),160

Wet deposition 湿沉降,208

Wetlands 湿地,10,130,133,207,243,325,326,328,335,350

Wildlife 野生生物,9,214,240,249,253,255,270-283,336,340

Wind turbines 风力涡轮机,53,54,337

Working-class wards 工人居住区,105,106

(顾朝林 译,李志刚、贾金虎 校)

译　后　记

中国是世界上人口最多、幅员辽阔、经济发展和城市化最快的国家,也是面临可持续发展和高质量发展问题挑战的国家,需要准确理解经济发展与生态环境保护的关系,城市化和生态学的研究变得越来越重要,越来越紧迫。

中华文化博大精深,尊重自然世界,科学利用自然资源,具有久远的历史。习近平总书记关于"山水林田湖草是生命共同体""人与自然和谐共生""绿水青山就是金山银山""生态兴则文明兴,生态衰则文明衰"等重要论述,赋予人与自然关系新的时代内容和历史传承的价值观。

中国已经全面进入城市时代。在经济、社会、科技和文化重心全部向城市地区转移的情况下,城市无疑承载得太多、太突然。科学地研究城市、规划城市、建设城市,就需要新思想、新理念、新价值观和新学科的注入。默纳·H. P. 霍尔(Myrna H. P. Hall)、斯蒂芬·B. 巴洛格(Stephen B. Balogh)编著的《城市生态学:跨学科系统方法视角》,由 20 位城市学、生态学、环境科学、经济学、城市规划与设计、历史学的专家参与编写,尽管各章节的撰写体例不太一致,但作为一门新兴的学科,已经具备科学性、系统性和实用性的价值。

《城市生态学:跨学科系统方法视角》由从城市研究的风险规避转向以生态为基础的系统研究切入,强调在城市系统概念框架中建造基础设施的重要性,摒弃了一度盛行的社会生态系统(social-ecological systems,SES)城市研究框架,构建了全新的社会生态技术系统(social-ecological-technical systems,SETS)研究框架,并与城市建成环境的设计相衔接,推动政府决策者与科学家、经济学家、社会学家、环境学家、生态学家以及公民团体、工程师、设计师、规划师和建筑师的合作，通过绿色基础设施和灰色基础设施的设计与建设方法，寻找复杂城市问题的解决方案。本书由四部分构成：第一部分，城市运行的系统方法；第二部分，历史上的城市；第三部分，城市生态系统：结构、功能、控制及其对社会生态代谢的影响；第四部分，解决城市化影响的方案设计：过去、现在与未来。对于中国当下的国家和社会发展需求，尤其是城市化过程，本书的翻译出版可以说是恰逢其时，具有重要的现实意义。

《城市生态学：跨学科系统方法视角》全书共十六章：第一章对影响现在和未来城市生活可行性的能量及物质流动进行量化分析；第二、六、七和八章分别从地质、水文和气候等方面揭示自然要素如何影响最初城市的建设区位选址、城市设计和社会生态/社会经济代谢（运行）的演变历程；第二、三、四、五和十四章描述了人类行为、社区和机构在塑造、维持甚至改变我们的生物物理及社会现实方面的作用，分析了人们对于城市生活的看法和期望随时间推移的演变状况；第五章描述城市经济系统发展，在第一、六、九和十章进一步展示城市诸多子系统及其各自的重要性；第十一和十二章论述了城市化进程如何改变环境，从而改变城市植物和动物的多样性，使其进化调适并出现新的生态系统；第三、五、六、九、十和十三章论述权力与财富分配不均、环境不正义、土地利用变化、粮食生产与水域富营养化、消费形成固体废物及垃圾对城市支持系统的威胁；第二、四和五章还强调了人类获取太阳能和化石能源的能力对城市发展的重要性，以及增加获取能源的机会将会影响未来的社会安排、经济和福祉；第二、五、八、九和十四章各领域的专家全面描述了城市居民目前和未来所面临的诸如气候变化、资源限制、污染、粮食生产与分配、健康等挑战；第十五章详细描述了通过协作规划的专家研讨会模式将社会生态技术/工艺系统这一概念植入设计、规划和建设的过程；第十六章回顾了本书的主要主题及见解并展望了城市生态学的前沿与未来研究。

本书列入自然资源部"自然资源与生态文明"译丛，商务印书馆李娟、姚雯在选题、编辑加工和出版方面付出巨大努力，生态环境部贾金虎对专业名词翻译给予了有益的建议。

　　本书第一、二、八和十章,由顾朝林翻译;第三、十三和十六章,由李志刚翻译;第四和十五章,由梁思思翻译;第五和十四章,由苏鹤放翻译;第六和九章,由高喆翻译;第七章,由陈乐琳翻译;第十一和十二章,由顾江翻译。第一和二部分由顾朝林统稿,第三部分由李志刚统稿,第四部分由梁思思统稿。

译　者

2022 年 5 月 27 日

图书在版编目(CIP)数据

城市生态学:跨学科系统方法视角/(美)默纳·H.P.霍尔,(美)斯蒂芬·B.巴洛格编;顾朝林等译. —北京:商务印书馆,2023

("自然资源与生态文明"译丛)

ISBN 978-7-100-22409-3

Ⅰ.①城… Ⅱ.①默…②斯…③顾… Ⅲ.①城市环境—环境生态学 Ⅳ.①X21

中国国家版本馆 CIP 数据核字(2023)第 091503 号

"自然资源与生态文明"译丛

城市生态学:跨学科系统方法视角

〔美〕默纳·H.P.霍尔 〔美〕斯蒂芬·B.巴洛格 编

顾朝林 李志刚 梁思思 顾江 高喆 苏鹤放 陈乐琳 译

商 务 印 书 馆 出 版
(北京王府井大街36号 邮政编码100710)
商 务 印 书 馆 发 行
北京中科印刷有限公司印刷
ISBN 978-7-100-22409-3
审 图 号:GS (2023) 2821 号

2023年11月第1版   开本710×1000 1/16
2023年11月北京第1次印刷 印张 27½
定价:168.00元